气候变化绿皮书
GREEN BOOK OF CLIMATE CHANGE

应对气候变化报告（2013）

ANNUAL REPORT ON ACTIONS TO ADDRESS CLIMATE CHANGE (2013)

聚焦低碳城镇化

FOCUS ON LOW-CARBON URBANIZATION

主　　编／王伟光　郑国光
副 主 编／巢清尘　潘家华　庄贵阳
执行副主编／朱守先　胡国权

社会科学文献出版社
SOCIAL SCIENCES ACADEMIC PRESS (CHINA)

图书在版编目（CIP）数据

应对气候变化报告．2013，聚焦低碳城镇化/王伟光，郑国光主编．—北京：社会科学文献出版社，2013.11
（气候变化绿皮书）
ISBN 978－7－5097－5165－7

Ⅰ.①应…　Ⅱ.①王…　②郑…　Ⅲ.①气候变化－研究报告－世界－2013　Ⅳ.①P467

中国版本图书馆CIP数据核字（2013）第238563号

气候变化绿皮书
应对气候变化报告（2013）
——聚焦低碳城镇化

主　　编／王伟光　郑国光
副 主 编／巢清尘　潘家华　庄贵阳
执行副主编／朱守先　胡国权

出 版 人／谢寿光
出 版 者／社会科学文献出版社
地　　址／北京市西城区北三环中路甲29号院3号楼华龙大厦
邮政编码／100029

责任部门／经济与管理出版中心　（010）59367226
责任编辑／蔡莎莎　陈凤玲　王莉莉
电子信箱／caijingbu@ssap.cn
责任校对／师晶晶
项目统筹／恽　薇　蔡莎莎
责任印制／岳　阳
经　　销／社会科学文献出版社市场营销中心（010）59367081　59367089
读者服务／读者服务中心（010）59367028

印　　装／北京季蜂印刷有限公司
开　　本／787mm×1092mm　1/16
印　　张／24.75
版　　次／2013年11月第1版
字　　数／398千字
印　　次／2013年11月第1次印刷
书　　号／ISBN 978－7－5097－5165－7
定　　价／79.00元

本书由“中国社会科学院－中国气象局气候变化经济学模拟联合实验室”组织编写。

本书由“十二五”国家科技支撑计划“城镇碳排放清单编制方法与决策支持系统研究、开发与示范”课题（编号：2011BAJ07B07）资助出版。

同时感谢国家科技支撑计划（编号：2012BAC20B05）、中国气象局气候变化专项（编号：CCSF201354）、国家自然科学基金重点项目（编号：70933005）、国家社科基金（12CGJ023）、中国清洁发展机制基金（1112097，2012034）的资助。

气候变化绿皮书编撰委员会

主要编撰者简介

王伟光 中国社会科学院院长、党组书记、学部主席团主席。哲学博士、博士研究生导师、教授，中国社会科学院学部委员。曾任中央党校副校长、中国社会科学院常务副院长。中国共产党第十七届中央候补委员、第十八届中央委员。中国辩证唯物主义研究会会长，马克思主义理论研究和建设工程咨询委员会委员、首席专家。荣获国务院颁发的“做出突出贡献的中国博士学位获得者”荣誉称号，享受政府特殊津贴。长期从事马克思主义理论和哲学、中国特色社会主义重大理论与现实问题的研究。

郑国光 中国气象局党组书记、局长，理学博士，研究员，北京大学兼职教授、博士研究生导师。1994 年获得加拿大多伦多大学物理系博士学位。中国共产党第十七次、第十八次全国代表大会代表，第十八届中央纪律检查委员会委员，中国人民政治协商会议第十一届全国委员会委员，国家气候委员会主任委员，全球气候观测系统中国委员会（CGOS）主席，全国人工影响天气协调会议协调人，国家应对气候变化及节能减排工作领导小组成员兼应对气候变化领导小组办公室副主任，世界气象组织（WMO）中国常任代表，WMO 执行理事会成员，政府间气候变化专门委员会（IPCC）中国代表，联合国秘书长全球可持续性高级别小组（GSP）成员。长期从事云物理和人工影响天气研究，以及中国气象事业发展的重大理论与现实问题研究。

潘家华 中国社会科学院城市发展与环境研究所所长，研究员，博士研究生导师。研究领域为世界经济、气候变化经济学、城市发展、能源与环境政策等。担任国家气候变化专家委员会委员，国家外交政策咨询委员会委员，中国生态经济学会副会长，政府间气候变化专门委员会（IPCC）第三次、第四次和第五次评估报告核心撰稿专家，先后发表学术（会议）论文200余篇，撰写专著4部，译著1部，主编大型国际综合评估报告和论文集8部；获中国社会科学院优秀成果一等奖（2004年）、二等奖（2002年），孙冶方经济学奖（2011年）。

巢清尘　中国气象局国家气候中心副主任、理学博士。主要研究领域为气候变化科学与政策研究、气候诊断分析。长期作为中国代表团成员参加联合国气候变化框架公约谈判，参与我国政府间气候变化专门委员会（IPCC）的组织和协调工作。承担国家气候变化专家委员会办公室相关工作。《气候变化研究进展》编委，第二次《气候变化国家评估报告》办公室副主任，第三次《气候变化国家评估报告》编写组副组长及主要作者。参与国家应对气候变化相关政策的讨论和制定。曾负责全球气候观测系统中国委员会办公室、国家气候委员会办公室工作。在海气相互作用、气候变化影响、气候政策等领域发表论文30余篇。

庄贵阳　经济学博士。中国社会科学院城市发展与环境研究所研究员、气候变化经济学研究室主任、中国社会科学院研究生院博士研究生导师。兼任中国社会科学院－中国气象局气候变化经济学模拟联合实验室副主任，北京市节能减排与应对气候变化业务支撑单位项目负责人，广元市低碳经济发展顾问。主要研究领域为低碳经济与气候变化政策。是国内最早研究低碳经济的学者之一，在低碳经济理论、评价方法、政策与实践方面开展了大量研究工作。目前的研究重点包括低碳城市发展战略与规划、低碳城市评价指标体系以及城市温室气体排放清单等。主持、协调和参与完成与低碳相关的研究项目20余项，出版专著7部（包括合著），发表重要论文60余篇。曾获中国社会科学院科研成果三等奖一项、胡绳青年学术奖提名奖一项。

摘　要

气候变化是人类面临的共同挑战。自 2012 年多哈会议以来，中国政府本着对本国人民和世界人民高度负责的态度，坚定不移地推进生态文明建设和绿色低碳发展，采取强有力的应对气候变化的国内政策和行动，按照“共同但有区别的责任”原则、公平原则和各自能力原则，建设性地推动气候变化国际谈判进程，为应对全球气候变化做出积极贡献。

党的十八大报告提出，促进工业化、信息化、城镇化、农业现代化同步发展，要求“必须以改善需求结构、优化产业结构、促进区域协调发展、推进城镇化为重点，着力解决制约经济持续健康发展的重大结构性问题”，推进经济结构战略性调整。如何提高城镇化发展的质量和效益，走出一条集约、智能、绿色、低碳的新型城镇化道路，是当前面临的新的重要课题。

低碳城市已成为世界各国降低资源能源消耗、转变旧有发展模式、谋求城市新兴竞争力的着力点。我国提高城镇化质量，走新型城镇化道路也要以城市为空间载体发展低碳经济。低碳城镇化是新型城镇化建设的重要内容，是提高城镇化质量、控制温室气体排放的重要实现路径。与此同时，在气候变化背景下，极端气候事件给城市带来的气候风险与脆弱性也日益凸显。因此，需要对城市加强适应性管理，打造低碳韧性城市。

至 2012 年底，中国已确定了 6 个省区低碳试点、36 个低碳试点城市、26 个低碳交通运输试点城市和 7 个绿色低碳重点小城镇，低碳试点已经在全国全面铺开。与此同时，中国政府启动低碳发展宏观战略研究，低碳城镇化成为国家低碳发展宏观战略研究的核心问题之一。

《应对气候变化报告（2013）》以“聚焦低碳城镇化”为主题，邀请从事气候科学评估、能源与气候政策研究、城镇化问题研究方面的专家撰稿，系统论述气候变化热点议题、城镇化与城市低碳转型实践、城镇化与城市适应气候变化等问题，并结合城市案例，讨论低碳城镇化建设与发展路径。

全书包括总报告及四个专题篇。

总报告系统分析低碳城镇化的背景、内涵、政策、战略目标与实现路径，提出低碳是新型城镇化的最核心的刚性约束。城镇化的速度不是问题，如何避免被高碳锁定才是关键。城市建设要加强适应性管理和碳预算管理，打造低碳韧性城市，协同应对气候变化挑战，建设美丽中国。

第一专题聚焦气候变化热点议题，分别就 COP19（华沙）预期成果、全球实现 2℃升温目标及中国的 CO_2 排放峰值问题、如何增强发达国家 2020 年减排力度问题、气候变化资金机制谈判进展及对中国形成的新挑战、国际气候谈判中的损失与危害立场，以及对 IPCC 第四次评估报告以来关于气候变化科学研究的最新进展进行了深入解读。

第二专题集中论述城镇化与城市低碳转型实践，包括中国城镇化的能源及碳排放问题、低碳试点省区和试点城市进展、中国中小城市低碳发展面临的挑战、中国城市温室气体清单编制方法的内容框架，以及中国绿色建筑发展和城市低碳交通运输体系试点评述。

第三专题聚焦城镇化与城市适应气候变化问题，包括低碳发展与适应的协同治理路径，气候变化对中国典型城市群的影响和潜在风险分析，城市基础设施的气候可行性论证，气候变化与城市布局、功能区规划案例分析，低碳宜居社区建设与低碳消费模式，中国雾霾趋势分析及治理对策，以及 2013 年江南极端高温事件的思考与启示。

第四专题为案例研究专论，选取了北京市“7·21”特大暴雨、深圳市土地利用、宁夏气候移民、杭州市下城区低碳智慧城区建设、济源市工业发展、广元市城乡统筹、美国纽约桑迪飓风的案例，就低碳发展与气候风险防护等问题进行了深入分析。

本书最后还收录了 2012 年主要国家、地区以及主要城市人口、经济、能源和 CO_2 排放等相关数据，以及全球和中国气象灾害及损失统计资料，供读者参考。

Abstract

Climate change is a common challenge faced by the entire mankind. Since the Doha Conference in 2012, with a responsible attitude for Chinese people and the world people, the Chinese government has been promoting the ecological civilization construction as well as the green and low-carbon development, implementing strong domestic policies and actions addressing climate change, pushing forward the international negotiation process constructively according to the principles of equity, respective capacities and "common but differentiate responsibilities", thus making positive contributions in global governance on climate change.

The report of the 18th Congress of the Communist Party of China points out that promoting the synchronous development of industrialization, IT application, urbanization and agriculture modernization should "remove major structural barriers to sustained and sound economic development, with a focus on improving the demand mix and the industrial structure, promoting balanced development between regions and advancing urbanization", and enhance the strategic restructuring of the economy. It's a new major task for current China to explore and develop an intensive, smart, green and low-carbon urbanization process.

Developing low-carbon cities has become a main focus in reducing energy consumption, transforming previous development patterns and seeking emerging urban competiveness around the world. In order to improve the quality of urbanization and explore new urbanization model, China also needs to develop low-carbon economy based on the cities. Low-carbon urbanization is a critical component of new urbanization concept and an effective way to improve urbanization quality as well as greenhouse gas emission control. Meanwhile, it is becoming more and more apparent that extreme climate disasters make cities vulnerable. As a result, it has become imperative to increase the adaptability and resilience of cities.

By the end of 2012, China has selected a series of pilot projects for low-carbon development across the country, including 6 provincial level pilots, 36 low-carbon pilot cities, 26 low-carbon transportation cities, 7 green and low-carbon towns. Meanwhile, macroscopical strategic researches on low-carbon development are also initiated, as low-carbon urbanization being one of its main research focuses.

Annual Report on Actions to Address Climate Change (2013) focuses on topics of low-carbon urbanization. Experts on climate science, energy, climate policies and urbanization are invited to write about hot topics on climate change, urbanization and low-carbon transition practices, climate resilience of cities, etc. The report also discusses low-carbon urbanization pathway based on case studies.

This report has an overview chapter followed by four sections.

"General Report" presents systematic analysis of the context, meaning, policies, strategic goals and pathways of urbanization, suggesting that low-carbon development is the core constraining factor for the new type of urbanization. The critical point of urbanization is not speed but how to avoid high carbon lock-in. Adaptability management and carbon budget management shall be better integrated into urban development in order to construct low-carbon and resilient cities, synergistically addressing climate change and contribute to the realization of Beautiful China.

Section I presents insights on topics including projected outcomes of COP19 in Warsaw, the global goal of 2 degree centigrade temperature increase and China's peak emission, how developed countries should commit to higher emission reduction by 2020, progress of negotiations on climate change financing mechanism and its new challenging implications for China, loss and damage standpoint in international climate negotiations, and interpretation of the latest conclusions of IPCC Fifth Assessment Report.

Section Ⅱ focuses on urbanization and cities' low-carbon transition practices. This section is fleshed with discussions on energy and carbon emission issues, progress of low-carbon pilot provinces and cities, challenges faced by China's medium and small-sized cities in their low-carbon development, framework of China's urban greenhouse gas inventory development methodologies, review of China's green building and low-carbon urban transportation pilot projects, etc.

Section Ⅲ highlights urbanization and cities' resilience to climate change, including synergetic pathway for low-carbon development and adaptability, analysis on risks that typical Chinese city clusters face in light of climate change, climate feasibility study for the planning and design of urban infrastructures, case studies on the implications of climate change for urban layout and function zone planning, low-carbon livable community development and low-carbon consumption patterns, analysis on China's air pollution trends and policies aiming to abate such pollution, and lessons learned from the heat waves in southern China in 2013.

Section Ⅳ presents a insightful analysis on low-carbon development and climate risk management through a collection of case studies, including studies on the rainstorm that hit Beijing in July 21st 2012, land use in Shenzhen, climate resettlement in Ningxia Hui autonomous region, low-carbon and smart city development in Xiacheng district of Hangzhou, industrial development of Jiyuan city, integration of urban and rural areas in Guangyuan, and hurricane Sandy that hit New York.

For the reference of the readers, this report also includes data on some basic facts of major cities across the world, including their population, economy, energy, carbon emission, as well as data on climate disasters that occurred in the year of 2012 and associated losses.

前　言

2013年是《京都议定书》第二承诺期、巴厘行动计划谈判成果首个执行年，国际社会尚处在摸索、适应和不断完善的阶段，中国在气候变化立法、碳市场等领域也不断推进，世界各国都在向着巴厘行动计划下承诺的减排或减排行动目标安排工作。第十九届《联合国气候变化框架公约》缔约方大会将于2013年11月在波兰首都华沙举行。这次会议是巴厘行动计划谈判结束后的第一次缔约方会议，也是德班平台密集开展谈判的第一届缔约方会议，具有承前启后、继往开来的作用。2013年既是巴厘成果的执行年，也是德班平台谈判的开局年，好的执行，是履行协议的必然要求，也是未来协议谈判的基础。因此，华沙会议承前启后，在后续谈判尚不明朗的局面下，应该更多关注巴厘行动计划谈判成果的落实和执行，尤其是减缓、适应、资金、技术等机制的进一步完善和持续稳定的运行，通过务实合作，为即将到来的联合国2014年首脑气候变化峰会、2015年完成德班授权谈判积累政治动能，打好合作基础。

在应对气候变化问题和发展低碳经济推动发展的问题上，低碳城市成为世界各国降低资源能源消耗、转变旧有发展模式、谋求城市新兴竞争力的着力点。我国提高城镇化质量，走新型城镇化道路也要以城市为空间载体发展低碳经济。因此，用低碳经济理念来引领城镇化，即低碳城镇化，就是要在城镇化进程中以低能耗、低污染、低排放、高效率、高产出为特征来进行低碳城市的规划设计与建设。2012年12月，中央经济工作会议提出，要构建科学合理的城市格局，大中小城市和小城镇、城市群要科学布局，与区域经济发展和产业布局紧密衔接，与资源环境承载能力相适应；要把有序推进农业转移人口市民化作为重要任务抓实、抓好；要把生态文明理念和原则全面融入城镇化全过程，走集约、智能、绿色、低碳的新型城镇化道路。

低碳城镇化是指在城镇化建设过程中，坚持可持续发展原则，通过制定低碳科学的城镇规划和建立低碳的城镇基础设施，形成低碳的能源消费结构，发展低碳经济，加强城镇生态环境的综合治理，尽可能减少城镇化建设对生态环境的影响，最终实现经济、社会、环境的协调发展。低碳城镇化是新型城镇化建设的重要内容，是提高城镇化质量、控制温室气体排放的重要实现路径。为了指导未来的城镇化建设，实现科学可持续发展，在低碳城镇化的发展过程中应该遵循以下基本原则。一是做好科学严谨的低碳城镇化发展规划；二是以产业为本，坚持节能优先的发展战略；三是促进制度创新，推进低碳城镇化建设；四是面向城镇居民普及低碳价值观，倡导低碳生活方式。

在全球变暖背景下，极端气候灾害愈加频繁，同时由于中国快速的城镇化发展，城镇化建设面临更大的脆弱性和风险。北方暴雨、南方干旱高温天气、中东部城市的长时间雾霾天气、城市局地暴雨等极端气候事件无不提醒着我们：城镇化的过程选择会对气候变化产生影响。同样，气候变化也对城镇化产生影响。因此，推进低碳城镇化，就要在城市治理和规划设计中协同考虑温室气体减排和应对气候变化相关风险与灾害的不同需要，转变传统的城市管理模式和治理理念，进行适应性管理，打造低碳韧性城市 。

继 2009 年推出第一部气候变化绿皮书《应对气候变化报告（2009）：通向哥本哈根》后，到 2012 年已连续出版了 4 部。2013 年围绕低碳城镇建设，编撰《应对气候变化报告（2013）：聚焦低碳城镇化》。本书由长期从事气候变化科学评估、应对气候变化经济政策分析以及直接参与国际气候谈判的资深专家撰稿，全面介绍多哈会议以来全球应对气候变化的最新进展，深入分析中国应对气候变化的行动、成效与面临的挑战，特别围绕低碳城镇化这一国际国内热点问题展开论述，力图为读者全景式地展示有关低碳城镇化发展的最新进展和发展方向，是一本集气候变化科学研究、气候外交与谈判、应对气候变化政策行动以及气候变化经济学分析于一体的综合性读物。

王伟光　郑国光

2013 年 10 月 8 日

目 录

ⒼⅠ 总报告

ⒼⅡ 气候变化谈判热点议题

ⒼⅢ 城镇化与城市低碳转型实践

GⅣ 城镇化与城市适应气候变化

GⅤ 案例研究专论

Ⓖ Ⅵ 附录

皮书数据库阅读**使用指南**

CONTENTS

Ⓖ I General Report

Ⓖ II Hot Topics in Climate Change Negotiation

ⒼⅢ Urbanization and Low-Carbon City Transition Practices

ⒼⅣ Urbanization and Cities' Adaptation to Climate Change

GV Case Studies

GVI Appendix

总　报　告

General Report

G.1
低碳城镇化：中国应对气候变化的战略选择

总报告编写组*

摘　要：

当前中国经济社会发展正处于重要战略转型期，城镇化被赋予了新的历史使命：扩大内需、培育新增长点。如何提高城镇化发展的质量和效益，走出一条集约、智能、绿色、低碳的新型城镇化道路，是中国面临的新的重要课题。低碳城市已成为世界各国降低资源能源消耗、转变旧有发展模式、谋求城市新兴竞争力的着力点。中国提高城镇化质量，走新型城

* 总报告编写组成员包括潘家华、庄贵阳、谢海生、张晓梅、周枕戈、张莹、熊娜等。由潘家华、庄贵阳统稿、定稿。潘家华，中国社会科学院城市发展与环境研究所所长、研究员，博士研究生导师。研究领域为世界经济、气候变化经济学、城市发展、能源与环境政策等。庄贵阳，中国社会科学院城市发展与环境研究所研究员，博士研究生导师。研究领域为低碳经济与气候变化政策。谢海生（北京语言大学教师）、张晓梅、周枕戈，中国社会科学院研究生院博士研究生，研究领域为可持续发展经济学。张莹，中国社会科学院城市发展与环境研究所副研究员，研究领域为气候变化经济学模型开发与应用。熊娜，中国社会科学院城市发展与环境研究所博士后，研究领域为低碳经济与区域可持续发展。

镇化道路也要依托城市为空间载体发展低碳经济。低碳城镇化是新型城镇化建设的重要内容，是提高城镇化质量、控制温室气体排放的重要实现路径。低碳城镇化相较新型城镇化虽然内涵相对聚焦，但具有和新型城镇化共同的特征：强调发展理念的科学性、发展过程的协调性、发展方式的集约性和发展目标的人本性。低碳是新型城镇化最核心的刚性约束。城镇化的速度不是问题，如何避免被高碳锁定才是关键，只有保持城市适度的规模才能有效避免城市病。最重要的是低碳城镇化也需要提高城市的低碳竞争力，由产业支撑城市的低碳转型。积极稳妥推进低碳城镇化建设，就要科学制定与主体功能区相适应的低碳城镇化发展规划，合理布局，促进大中小城市协调发展。充分发挥产业的支撑作用，提升城镇低碳竞争力。通过建设低碳示范社区，加强适应性管理和碳预算管理，打造低碳韧性城市，协同应对气候变化挑战，建设美丽中国。

关键词：

低碳　新型城镇化　锁定效应　实践路径

城镇化是经济社会发展的必然趋势，是社会文明进步的重要标志，也是"十二五"规划纲要提出的未来一个时期的重要战略任务。当前中国经济社会发展正处于重要战略转型期，工业化、城镇化快速推进。如何提高城镇化发展的质量和效益，走出一条集约、智能、绿色、低碳的新型城镇化道路，是当前中国面临的重要课题。

一　低碳城镇化的时代背景与现实意义

（一）中国的快速城镇化进程

城镇化[①]是一个国家或地区人口由农村向城市转移、农村地区逐步演变成

① "Urbanization"一词最早由西方学者提出，一般译为"城市化"。狭义上来说，城镇化与城市化的英文翻译均是"urbanization"，可理解为农村人口向各类城市、城镇转移的过（转下页注）

城市地区，城市人口不断增长的过程。21 世纪是城市的世纪，城市经济是当前经济的主导，也是未来经济的发展趋势。美国经济学家斯蒂格利茨（Joseph E. Stiglitz）认为中国的城市化是深刻影响 21 世纪人类发展的两大主题之一。①

改革开放之前，中国大中小城市的发展格局比较稳定；改革开放以来，中国的城镇化进入快速推进期，主要可以分为两个阶段。第一阶段是改革开放之后到 20 世纪 90 年代，中国的城镇化主要由小城镇的发展推动；第二阶段是 1990 年之后，中国的大城市迅速发展，表现为大城市人口占全部城镇人口的比重迅速上升，大城市的平均规模迅速扩张。1978 ~ 2012 年间，中国的城镇化率从 17.9% 提高到 52.6%，年均提高 1.02 个百分点，不仅推进速度快，更重要的是，扩张规模在人类发展史上前所未有。“十二五”期间，中国将进入城镇化与城市发展双重转型阶段，预计城镇化率年均提高 0.8 ~ 1 个百分点，到 2015 年达到 55%，到 2020 年将达到 60% 左右②（见图 1）。

城镇化的快速大规模推进，对当代中国及世界产生着深远影响。城镇化为工业化提供了空间，改变了中国的人口和产业布局，推动了生产力发展和社会财富积累。目前，中国已经结束了以乡村型社会为主体的时代，开始进入以城市型社会为主体的新的城市时代。如今，超过 7.1 亿人生活在中国的城镇，先进制造业和现代服务业在城镇聚集，城镇已经成为支撑中国经济快速发展的核心力量。

然而，中国改革开放以来的城镇化扩张走的是一条粗放外延式的城镇化道路。一方面，城镇化推进重速度、轻质量，农业转移人口市民化程度低，城镇

（接上页注①）程。由于“urban”包含城市（city）和镇（town），世界上许多国家镇的人口规模比较小，有的甚至没有镇的建制，“urbanization”往往仅指人口向“city”转移和集中的过程，故称“城市化”；中国设有镇的建制，人口规模不少与国外的小城市相当，人口不仅向“city”集聚，而且向“town”转移，这也可以看成中国特色的城镇化的一个特点，为了显示这种与外国的差别，涉及中国的“urbanization”，多用“城镇化”表述。

① 美国经济学家斯蒂格列茨教授（J. E. Stiglitz）1999 年 7 月 23 日在北京“城市发展高级圆桌会议”上的讲话。转引自邹德慈《对中国城镇化问题的几点认识》，载《城市规划汇刊》2004 年第 3 期。

② 数据来源：根据中国统计数据应用系统计算而来，本文中城镇化率的计算方法为城镇人口数除以总人口数。其中 1978 ~ 2012 年城镇化率数据为客观现实数据，2013 ~ 2020 年的城镇化率数据是按照每年递增 0.9 个百分点估算而来。

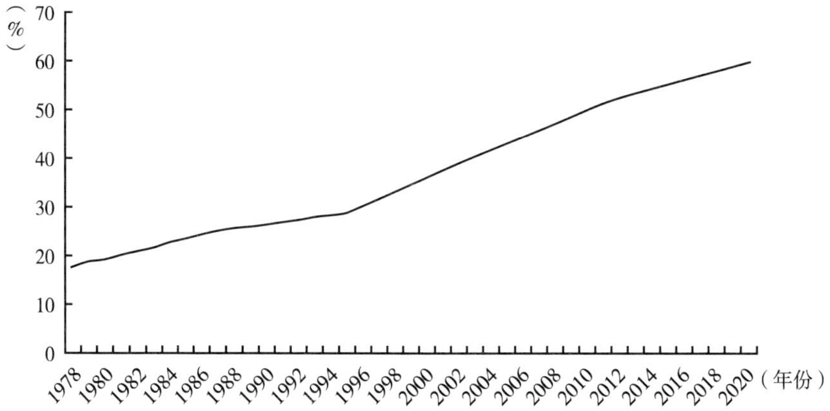

图1　中国城镇化率变化趋势（1978～2020年）

化速度与质量不匹配；另一方面，高消耗、高排放、高扩张特征明显，资源配置效率低，城镇化推进的资源环境代价大。高消耗、高排放与快速城镇化相伴相生，一些地方政府和部门讲形象、重增长，挤压民生投入，忽略城镇品质，造成城乡分割，城镇“千城一面”，城镇体系不尽合理，城市空间低效开发，大城市无序蔓延，城市社会和资源环境等问题日益突出。

在中国的快速城镇化进程中，中国政府也一直在作规划与努力。中共中央十八大报告提出：要推进经济结构战略性调整，坚持走中国特色新型工业化、信息化、城镇化、农业现代化道路，推动信息化和工业化深度融合、工业化和城镇化良性互动、城镇化和农业现代化相互协调，促进工业化、信息化、城镇化、农业现代化同步发展。

2012年12月，中央经济工作会议提出，要构建科学合理的城市格局，大中小城市和小城镇、城市群要科学布局，与区域经济发展和产业布局紧密衔接，与资源环境承载能力相适应；要把有序推进农业转移人口市民化作为重要任务抓实抓好；要把生态文明理念和原则全面融入城镇化全过程，走集约、智能、绿色、低碳的新型城镇化道路。2013年初，李克强总理指出，推进新型城镇化，核心是人的城镇化，关键是提高城镇化质量，目的是造福百姓和富裕农民。要着力提高内在承载力，不能人为“造城”，要实现产业发展和城镇建设融合，让农民工逐步融入城镇。

（二）城镇化进程中的资源环境挑战

在快速城镇化过程中，首要的问题是城市能源消耗急剧增加，污染物排放量大。城镇化进程的加快意味着巨大的城市基础设施和住宅需求，能源总需求势必快速增加。城镇基础设施建设所需的大规模的钢铁、水泥、电力等，主要依赖国内高耗能产业的迅速发展。此外，随着城镇化进程的推进和收入水平的提高，城镇居民消费方式的改变也给城市环境带来了巨大压力，例如私家轿车的剧增、住宅面积的扩大、家用电器的升级等对中国各大城市交通拥堵、资源紧缺和环境污染等都有着不同程度的影响。

中国的快速城镇化进程带动了城市基础设施和公共服务设施建设，促进了经济发展。但是归根结底，城镇化的初衷不是“造城运动”，不是简单的城市人口比例增加和行政面积的扩张，更重要的是实现产业结构、就业方式、人居环境、社会保障等一系列由“乡”到“城”的重要转变，并且这种转变是协调和可以持续发展的；在此过程中缩小城乡差距，努力使城乡基本公共服务均等化，最终达到城乡统筹，消除城乡二元结构、城市内部二元结构，实现共同发展、共同富裕的目的。未来中国城镇化率还将不断提高，不断有农村人口转化为城市人口，新一轮的投资快速增加，消费增长大潮即将来临。中国的城镇化进程在给城市带来大量劳动力资源的同时，也伴随着新转化市民对城市公共服务的巨量需求，子女教育、医疗、养老等问题均已显现。

但是，在尚未完成的城镇化进程中已产生了一系列的问题，主要表现在两个方面。第一，城市的资源承载能力不足，城市的能源、自然资源以及各项社会保障与服务难以承载快速扩张的城市规模和人口。第二，城镇化过程中环境污染，水污染、大气污染等事件频发，对城市人民的生命健康造成严重损害。这两方面问题都以“城市病”的形式展现出来，是对城镇化初衷“城市，让生活更美好”的一种违背。显然，这不是期许的城镇化结果，理想的城镇化模式应该是资源节约、环境友好的，是全面、协调、可持续的。

1. 能源危机与碳减排约束并存

能源是经济增长的引擎。中国经济的高速增长使其对能源的需求始终保持强劲增长的态势。1990 年中国能源消费总量为 9.9 亿吨标准煤，到 2012 年达到 36.2 亿吨标准煤。并且从 1992 年起，中国的能源消费总量超过了生产总量，到 2012 年，能源缺口已达到 2.8 亿吨标准煤。化石能源为不可再生资源，世界范围的能源安全问题已经受到广泛重视，而中国的能源危机却更加严重。在中国经济的高速发展过程中，能源安全越来越成为制约中国经济持续增长的瓶颈。

2012 年，中国能源消费量为 2735.2 百万吨标油，占全球能源总消费量的 21.9%。巨大的能源消费量也导致中国的 CO_2 排放量巨大，2012 年的碳排放总量已经达到 92.1 亿吨 CO_2，占世界总量的 26.7%；人均碳排放达到 6.82 吨 CO_2/人，大大超过世界平均水平 4.89 吨 CO_2/人（见表 1）。作为负责任的大国，为了保证发展的可持续性和顾及国际社会舆论压力，控制温室气体排放刻不容缓，总的碳排放容量非常有限。2011 年国务院印发的《“十二五”控制温室气体排放工作方案》提到 2015 年全国万元 GDP（按 2005 年价格计算）CO_2 排放为 1.9 吨左右，要比 2010 年下降 17%，比 2005 年下降 34%。根据《方案》制定的目标，到 2020 年，要在 2005 年的基础上单位 GDP 的 CO_2 降低 40% ~45%，非化石能源在一次能源中的比重要达到 15%，这是城镇化进程的现实减排压力。

表 1　2012 年全球能源消费与碳排放格局

国家/地区	碳排放（百万吨 CO_2）	能源消费量（百万吨油当量）	人均碳排放（吨 CO_2/人）
美　国	5786.1	2208.8	18.43
法　国	383.4	245.4	5.84
孟加拉国	66.1	26.3	0.43
中　国	9208.1	2735.2	6.82
印　度	1823.2	563.5	1.47
欧　盟	3977.5	1673.4	7.88
世界合计	34466.1	12476.6	4.89
其中:OECD	13899.8	5488.8	11.06
非 OECD	20566.3	6987.8	3.55

资料来源：能源及碳排放数据来自英国 BP 石油公司，人口数据来自世界银行。http：//www.bp.com/en/global/corporate/about - bp/statistical - review - of - world - energy - 2013.html. http：//datacatalog.worldbank.org/.

2. 自然资源短缺与现实需求难以满足同在

城市是大量人口与产业的集聚，对城市自然资源承载能力提出诸多挑战。以水资源为例，中国是一个水资源匮乏的国家，全国600多个城市中有400多个城市面临着不同程度的缺水，其中200多个城市严重缺水。与传统意义上的缺水不同，沿海地区缺水最主要的原因就在于水污染的频繁爆发和水生态的恶化，许多地区已经没有干净的饮用水源，从而导致日益严重的“水质性缺水”。在流经城市的河流中，有60%由于污染而不符合作为生活饮用水源的水质要求，长期积累的地表水和地下水污染，使得城市水源的污染问题在短期内难以得到缓解①。

此外，城镇化过程产生的现实需求也难以得到满足。2011年中国的钢铁产量占世界的45.4%，2012年这一数值达到46.3%。中国每年由农村转移到城市的人口规模达到甚至超过1500万，需要为这一部分新移民提供足够的住房、生活设施和相关的城市基础设施。所有这些都意味着，中国在相当长的时间内，煤炭及钢铁和水泥等建筑材料的消耗量还要维持在较高的水平上。随着城镇户籍制度的逐步放开，新进城的农业转移人口的教育、医疗和社会保障，也需要一笔巨大的资金投入，而目前在这些方面的努力还远未达标。

3. 各类环境污染严重

除了前述的水资源污染之外，机动车尾气排放已成为中国大中城市空气污染主要的污染源之一。2012年北京市环保局公布的监测数据显示，机动车排放的氮氧化物、挥发性有机物约占全市排放总量的58%、40%，机动车排放形成的PM2.5约占PM2.5来源的22.2%。另外，由于中国所有的城市都具有紧凑、密集特征，光污染、空气污染造成的危害将比西方国家的城市更加严重。形成这种局面的直接因素是高密度、超高层建筑规模以及汽车保有量的急剧上升。虽然汽车尾气排放标准近年来不断提高，但是由于不恰当的城市交通战略，中国城市私人汽车的拥有量呈现强劲的快速增长势头。

2013年初席卷中国中东部地区的雾霾天气使大家认识到大气污染的严重

① 仇保兴：《我国城镇化中后期的若干挑战与机遇——城市规划变革的新动向》，《城市规划》2010年第3期。

性，以及解决大气污染问题的紧迫性。大气污染的原因主要涉及城市工业结构、能源结构、城市规划等方方面面。雾霾主要由二氧化硫、氮氧化物和可吸入颗粒物这三项物质组成。氮氧化合物主要由机动车、电厂和工业企业排放造成。在众多因素中，机动车尾气排放是重要的一项。雾霾严重危害人体健康，随着机动车高强度使用、高密度聚集、高速度增长的问题日益突出，机动车尾气污染严重程度愈演愈烈。

垃圾是城市发展的附属物，城市的运转和居民的消费每年产生上亿吨的垃圾。一边是不断增加的城市垃圾，一边是无法忍受的垃圾恶臭，这成为城市垃圾处理中的棘手问题。有统计数据显示，全国600多座大中城市中，有2/3陷入垃圾的包围之中，且有1/4的城市已没有合适场所堆放垃圾。高速发展中的中国城市，特别是大城市，正在遭遇“垃圾围城”之痛。北京也一次又一次地拉响垃圾围城的警报，并且北京的“垃圾七环”逐渐形成。

4. “大城市病”显现

城市的三大主要功能包括工作、生活和休憩，以及连接这几项功能的交通。随着城市规模的不断扩大，人口、工业、交通运输过度集中造成种种弊病，称为城市病。中国城市的资源集中、社会保障与福利的地区差别，以及规划的摊大饼式的扩张是大城市病的主要原因，表现为交通拥堵、环境恶化、住房紧张、就业困难等加大城市负担、制约城市化发展以及引发市民身心疾病等。北京、上海的常住人口已超过2000万，远远超过其资源承载能力，“大城市病”难以避免。

（三）避免城镇化进程中的高碳锁定效应

中国经济取得的成就，很大程度上得益于快速城镇化的过程。“按照目前的趋势，到2030年，将有大约10亿中国人居住在城市。届时，中国将出现221座百万以上人口城市（目前欧洲只有35座类似规模的城市）以及23座五百万人口的城市。到2030年城市经济产值将占全国GDP的90%。”① 为此，

① 麦肯锡全球研究院：《迎接中国十亿城市大军》，http：//www. mckinsey. com/mgi/reports/pdfs/china_ urban_ billion/China_ urban_ billion_ full_ report. pdf，2009。

未来20年中国需要修建400亿平方米的建筑，相当于10个纽约和瑞士的国土面积。城市人口的激增对城市承载能力提出了诸多挑战。城市人口的快速增长需要城市在社会服务、资源、能源等方面同步供给，同时也对城市环境造成污染。为了满足投资需求，中国城市将消耗全球能源的20%，并消耗最高可达全球石油需求增量的四分之一。

不容乐观的是，中国城镇化过程中的高碳锁定逐渐形成。“十一五”期间，中国工业能源消耗总量增加很快，由2005年的15.95亿吨标准煤增加到2010年的24亿吨标准煤，约占全社会总能耗的73%；钢铁、有色金属、建材、石化、化工和电力六大高耗能行业能耗占工业总能耗的比重由71.3%上升到77%左右。这种工业化能耗强度高，排斥就业，污染环境，限制了农民工市民化。这是一种积重难返的高碳锁定城镇化，不是以民为本的城镇化。这种模式一旦形成，一段时期内很难改变。避免高碳锁定效应对中国城镇化发展至关重要，至少有以下几个原因。

第一，中国自有资源环境不足以支撑现在的高碳高排放的城镇化发展模式。即使是储量相对较多的煤炭，按照探明储量储采比与当前的开采速率，也只能开采31年。中国的城镇化，规模大、速度快、进程长，面临土地紧张、能源危机、水资源短缺和环境恶化等诸多挑战，而这些挑战最终受制于碳预算的刚性约束。

第二，低碳城镇化是低碳转型期间寻找新的经济增长点的必然要求。低碳城镇化带动着上百个产业部门几万种产品，具有低碳、低能耗等特点，这对于促进中国转型发展有着至关重要的影响。中国城市低碳发展既有存量升级改造的问题，也有增量优化调整的问题。针对中国城镇化发展的现状，促进城市经济低碳发展，必将在改造提升高碳型传统产业、发展低碳型新兴产业，以及提高第三产业的比重方面寻求突破，逐渐实现产业结构的低碳化调整。

第三，低碳是中国特色新型城镇化道路的刚性约束。中国特色的新型城镇化道路是把生态文明理念和原则全面融入城镇化全过程，坚持集约、智能、绿色和低碳的城镇化。绿色、循环、低碳和生态，是城镇化发展的基本要求，是国民经济发展的重要约束条件与发展边界。但是绿色、循环和生态不等于低碳，和绿色与循环相比，低碳是更深层次的约束条件与约束边界。

（四）通过低碳城镇化打造低碳韧性城市

气候变化是指经过相当一段时间的观察，在自然气候变化之外由人类活动直接或间接地改变全球大气组成所导致的气候改变。近年来，气候变化导致灾害性气候事件频发，冰川和积雪融化加速，水资源分布失衡，生物多样性受到威胁。并且，据政府间气候变化专门委员会报告，如果温度升高超过2℃，全球所有区域都可能遭受不利影响，发展中国家所受损失尤为严重；如果升温4℃，则可能对全球生态系统带来不可逆的损害，造成全球经济的重大损失。

在中国的快速城镇化过程中，气候变化愈发频繁，且程度有不断加重的势头。北方暴雨、南方干旱高温天气、中东部城市的长时间雾霾天气、城市局地暴雨等极端气候事件无不提醒着我们：城镇化的过程选择会对气候产生重要影响。近些年来，城市遭遇严重气象灾害的事例屡见不鲜，引发社会各界对城市公共管理、防灾减灾的广泛关注。城市经常遭遇的气象灾害包括暴雨引发内涝、干旱缺水、高温、雷电、霾、大风等。随着全球气候变暖，城市极端天气气候事件的发生频率增加、强度增大，从而使城市气象灾害的后果愈加严重。随着城市化和现代化进程的加快，城市防御气象灾害的脆弱性逐渐暴露。

研究显示，当城市发展到一定规模之后，由于人类活动密集，城市下垫面（指与大气下层直接接触的地球表面）和地貌的改变，会使城市局地气候特点和生态环境发生变化，使城市气象灾害打上人类活动的印迹①。随着全球气候变暖趋势的加剧和城镇化进程的加快，城市绿地减少，热岛效应明显，使城市高温现象越来越突出，威胁到居民的身体健康，造成城市供水、供电紧张，严重影响到城市居民的生产、生活。此外，城市规划和布局中存在的问题，使得城市的供电、供水、供气、通信、交通等生命线系统易受气象灾害的严重影

① 周鉴明：《北京大暴雨带来的反思》，《大公报》2012年11月6日。

响。另外，城市排水系统等基础设施建设滞后、不够完善，再加上大面积硬化，到处是钢筋水泥，降雨时渗透性不好，水不容易渗入，也容易形成积水内涝等灾害。

目前，在国家节能减排和低碳发展政策目标的推动下，建设低碳城市从理念到行动在中国已蔚然成风。然而，与减排相比，中国对于城市适应气候变化的战略目标、行动计划和治理机制，还缺乏有针对性的、可操作的政策规划。因此，低碳韧性城市的概念应运而生。低碳韧性城市在应对气候变化的共同目标下，协同考虑城市减缓温室气体排放和灵活应对气候灾害风险两大任务，从而提升城市可持续发展能力①。低碳韧性城市的多目标决策过程，需要城市管理者采用适应性管理②理念，改进城市治理方式。

中国城镇化发展的思路是积极发挥区域中心型城市的集聚效应，带动地区社会经济发展。这使得许多大城市（特别是京、沪、广、深等特大型的区域经济中心城市）承担着减排、就业、经济增长、环境治理多重压力。与此同时，在气候变化背景下，极端气候事件给城市带来的气候风险与城市的脆弱性也日益凸显。因此，以城市为切入点开展低碳韧性城市的示范和试点，有助于从理念到行动上推动减缓和适应的整合。并且，打造低碳韧性城市也是中国城镇化道路的必然选择。

二　低碳城镇化的内涵与碳排放特征

快速城镇化意味着城市将成为温室气体排放和增加的主要集中地。在应对气候变化问题和发展低碳经济推动社会发展的问题上，低碳城市成为世界各国降低资源能源消耗、转变旧有发展模式、谋求城市新兴竞争力的着力点。中国提高城镇化质量，走新型城镇化道路也要依托城市为空间载体发展低碳经济。因此，用低碳经济理念来引领城镇化，即低碳城镇化，就是要在城镇化进程中

① 郑艳等：《低碳韧性城市：理念、途径与政策选择》，《城市发展研究》2013 年第 3 期。

② 适应性管理是面对各种不确定性而采取的一种灵活的决策机制，其认识论的基础是人类生态系统的复杂性和不确定性。

以低能耗、低污染、低排放、高效率、高产出为特征来进行低碳城市的规划设计与建设。

（一）低碳城镇化与新型城镇化的关系

2012 年中央经济会议把“积极稳妥推动城镇化，着力提高城镇化质量”作为 2013 年中央经济工作的六大任务之一，城镇化成为中国经济发展的重大战略方向。新型城镇化就是按照统筹城乡、布局合理、节约土地、功能完善、以大带小的原则，由市场主导、政府引导的城镇化机制推动，实现城镇化与工业化、信息化和农业现代化良性互动，大中小城市和小城镇的合理布局与协调发展，形成以资源节约、环境友好、经济高效、社会和谐、城乡一体的集约、智慧、低碳、绿色城镇化道路。

低碳城镇化是新型城镇化建设的重要内容，是提高城镇化质量、控制温室气体排放的重要实现路径。低碳城镇化相较新型城镇化虽然内涵相对聚焦，但具有和新型城镇化共同的特征。

1. 发展理念的科学性

低碳城镇化是以科学发展观为指导的新型城镇化道路，要遵循城镇化发展的一般规律，坚持以人为本，尊重人民意愿，因势利导，稳步推进城镇化进程。

2. 发展过程的协调性

低碳城镇化尊重经济社会发展的客观规律，通过统筹城乡发展、统筹经济社会发展、统筹区域发展，构建大中小城市和小城镇协调发展的城镇体系，促进城镇化健康发展。

3. 发展方式的集约性

低碳城镇化是立足于中国资源环境刚性约束这一基本国情的理想选择。要改变传统的粗放型发展模式，走低投入、低消耗、低污染、高效益的集约型发展道路。

4. 发展目标的人本性

推进低碳城镇化过程中要坚持发展目标的人本性，始终把“人”而不是“物”作为工作的出发点和落脚点，不能把城镇化本身作为目的，不应为了城镇化而城镇化。

按照传统的城镇化发展模式，城镇化发展与碳排放是正相关的关系，粗放式的城镇化道路一方面破坏了生态环境，削弱了大自然的碳汇功能；另一方面城镇化发展进一步增加了碳排放量。低碳经济的核心内涵是利用市场机制，通过政策创新、制度设计和技术进步，建立低碳的能源系统和产业结构，实现经济、社会和环境的可持续发展，这也是新型城镇化所要求的。因此，新型城镇化必须走低碳发展之路。

低碳城镇化是指在城镇化建设过程中，坚持可持续发展原则，通过制定低碳科学的城镇规划，建立低碳的城镇基础设施，形成低碳的能源消费结构，发展低碳经济，加强城镇生态环境的综合治理，尽可能减少城镇化建设对生态环境的影响，最终实现经济、社会、环境的协调发展。

（二）增量的质量管理与存量的改造提升

目前中国的城镇化质量不高表现在规划的滞后性和执行效果不佳、城市的大拆大建造成的资源浪费以及城中村的存在等问题。低碳城镇化就是要综合考虑两部分：新城的建设和旧城的改造。新城的建设是增量的质量管理，旧城的改造是存量的改造提升。伴随着城镇化发展的高速进程，新城建设与旧城改造已经成为当前城市低碳发展的重要工作内容。新城建设是应用低碳技术，实践低碳发展理念，培育低碳城市机能，加快低碳城镇化建设的重要载体。美国地球政策研究所所长、生态经济学家莱斯特·R. 布朗（Lester R. Brown）认为，城镇化和经济发展的模式可分为两种——一种叫“A 模式”，一种为“B 模式”。“A 模式”是以美国为首的发达国家的发展模式，其主要特征为城市低密度蔓延、以私人轿车为主导的机动化、以化石燃料为基础、一次性产品泛滥等。其结果是美国以占世界 5% 的人口消费了三分之一以上的世界能源①。美国发展模式是一种典型的高耗能、高碳排放、不可持续的模式。这种模式一旦形成，一段时期内很难改变，碳排放持续高企，称为美国式的高碳锁定。据国

① 仇保兴：《中国特色的城镇化模式之辨——“C 模式”：超越“A 模式”的诱惑和“B 模式”的泥淖》，《城市发展研究》2009 年第 1 期。

际经验，城镇化达到30%～70%时属于加速阶段。2011年中国城镇化水平为51.27%，正处于上半段向下半段转折的中间点。加速阶段的前半段是量的扩张阶段，后半段是质的提高阶段。中国正处在城镇化的中期，城市形态可塑性大，新建城市要避免被高碳锁定。

旧城的低碳化改造也是低碳城镇化的主要内容。随着城市建设的日益高速推进，旧城改造已经成为城市尤其是大城市和特大城市建设中最为迫切的问题之一。随着城市规模的不断扩大，旧城改造对城市发展的影响也不断增强①。国外城市更新发展理念在不同的阶段有不同的目标与内容。从整个城市更新发展历程来看，基本上经历了从大规模的推倒式重来的物质改造，转向小规模的、分阶段的、渐进式的更新；从纯物质空间的美化建设，转向经济、社会、环境相结合的综合更新②。从国际经验来看，欧洲城市重视规划并且严格执行质量标准，一步到位基本没有反复。而在中国一些城市，换一任市长修编一次规划，修编一次规划则大拆大建一次。在城市里，我们经常会看到道路被“开膛破肚”，广场地砖被掀掉重铺。这种司空见惯的事情在欧洲则极少发生。

“十二五”期间，中国城镇建筑将从单一的建筑节能走向内涵丰富的绿色建筑，从单体建筑改造走向城市片区大规模综合改造。现阶段，国内对于既有社区的低碳化、生态化改造还未有成熟和公认的做法③。随着中国城镇化与工业化快速发展，城市可利用建设用地资源日益紧缺，城市产业升级、经济结构转型下的用地需求将逐渐通过旧城改造（旧城更新）方式取得④。推动城镇集约发展，进一步完善节约资源的相关政策和体制机制，大力推广城镇节能、节材、节水、节地技术，需要统筹旧城改造与新城建设，积极引导旧城人口疏散与新城产业集聚发展⑤。

---

① 张沛：《旧城改造与新区开发》，《城市问题》2000年第1期。

② 卢丹梅：《规划：走向存量改造与旧区更新——“三旧”改造规划思路探索》，《城市发展研究》2013年第6期。

③ 叶瑞克等：《推进楼宇节能减碳，发展低碳楼宇经济——基于杭州市下城区目标商务楼宇的典型调研》，《未来与发展》2012年第12期。

④ 潘悦等：《城市规划角色转变下的旧城改造规划策略研究》，《中国名城》2013年第3期。

⑤ 魏后凯、张燕：《全面推进中国城镇化绿色转型的思路与举措》，《经济纵横》2011年第9期。

（三）城镇化进程中的碳排放特征

低碳城镇化最终是以碳排放总量的整体降低为测度标准的，因此需要了解城镇化各个阶段碳排放的特征。1979 年，美国城市地理学家诺瑟姆（Ray M. Northam）将不同国家和地区城镇化进程的共同规律概括为一条被拉平的 S 形曲线，并将其分为三个阶段：①初期阶段城镇化水平较低（城市人口占总人口比重在30%以下），城市数量较少，规模较小。②中期阶段（城市人口比重超过 30%），人口和经济活动迅速向城市集聚，城市数量迅速增加，城镇化水平迅速提高。③后期阶段（城市人口比重在 70% 以上），城市化进程渐趋缓慢甚至停滞，城乡差别几乎消失①。虽然并非每个国家和地区的阶段性进程都是相同的，但是就世界大多数国家和地区的城市化进程来看，这是一个普遍规律。按照诺瑟姆曲线，虽然中国整体城镇化水平已经达到中期阶段，但因为中国幅员辽阔，区域发展不均衡，各地区的实际城镇化水平存在很大差异，因此不同地区要根据不同阶段需要采取不同的低碳城镇化战略。

城市发展早期阶段的碳排放主要来自新建建筑、公共交通、能源以及水相关的基础设施建设。城市的发展进入成熟期以后，城市不断增长扩张，使用既有基础设施维持城市运行的能源需求持续增加。城市在不同的发展阶段具有不同的能源使用特点，在城市形成阶段打造的城市形态将在未来很多年里决定城市的碳排放结构和特征（见图 2）。

现阶段中国的碳减排政策和战略都不能脱离阶段性社会发展规律。城镇化的人口转移对能源和碳排放的冲击是明显的，政府可以通过适当控制城镇化速度，并且把城镇化进程作为低碳发展的机会来控制碳排放增长速度，还可以通过制定和执行积极的能源政策，使城镇化进程中的能源效率提高、能源结构更为清洁。此外，城镇化进程也是一个选择生活方式的过程，而生活方式直接影响能源消费，通过政策引导来提倡节能生活方式，也是中国可持续发展的一个重要方面。中国必须在经济增长和城市化进程中尽量实现碳减排，这就是低碳

① Northam R. M. , *Urban Geography*, New York: John Wiley & Sons, 1979.

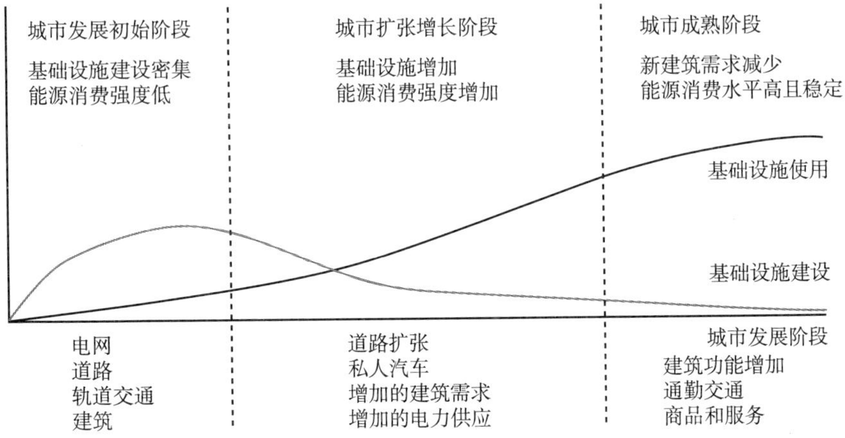

图 2　城市不同发展阶段碳排放特征

资料来源：Fernández J. E.，"Resource Consumption of New Urban Construction in China"，*Journal of Industrial Ecology*，2007，Vol. 11，No. 2，p. 99 – 115.

转型的基本意义①。

此外，作为碳排放的重要起因，各发展阶段国家的一次能源消耗量和趋势也值得研究。总体来看，作为后工业化国家代表的美国能源消费量趋于稳定，2001 ~2011 年期间美国能源消费总量从 22. 6 亿吨油当量增长到 22. 7 亿吨油当量，增长率仅为 0. 44%。与之形成反差的是，作为新兴经济体代表的中国随着工业化进程的快速推进，能源消费量迅猛攀升。2001 ~2011 年期间，中国的经济总量从 109655 亿元人民币飙升至 473104 亿元人民币，城镇化率由 37. 7% 增长到 51. 3%。中国的一次能源消费量也一路上扬，并且在 2009 年超过美国，达到 22. 1 亿吨油当量（见图 3）。

再看两国一次能源消耗占世界一次能源消耗总量的比重及趋势。以美国为代表的后工业化国家能源消费总量趋于稳定，但占世界总量的比重较大。2001 年仅美国一国的一次能源消费就占世界总消费量的 24. 0%；此后，该比重不断下降。与之形成鲜明对比的是，中国的一次能源消费量占世界的比重不断上升，已经由 2001 年的 11. 0% 上升到 2011 年的 21. 3%（见图 4）。

① 林伯强、刘希颖：《中国城市化阶段的碳排放：影响因素和减排策略》，《经济研究》2010 年第 8 期。

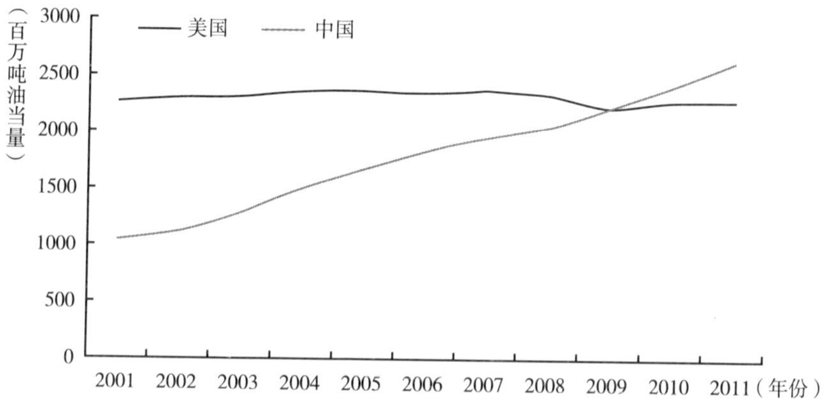

图3　中美两国一次能源消费量对比（2001～2011年）

资料来源：根据《BP世界能源统计年鉴》（2012年6月）相关数据整理而来。http：//www. bp. com/liveassets/bp_ internet/china/bpchina_ chinese/STAGING/local_ assets/downloads_ pdfs/Chinese_ BP_ StatsReview2012. pdf。

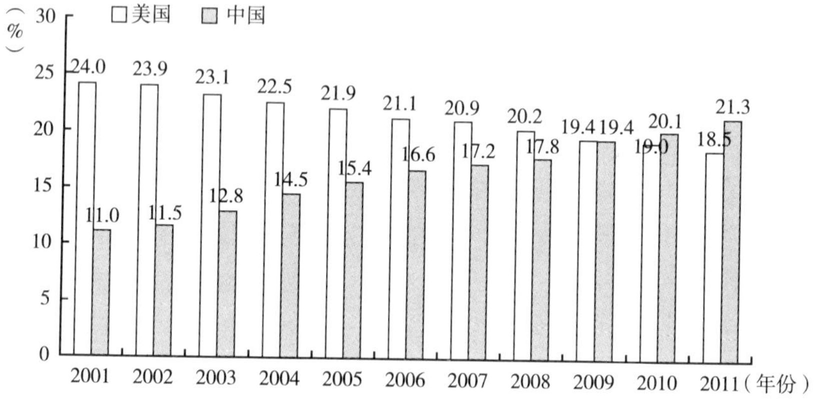

图4　中美一次能源消费量世界占比变化及对比（2001～2011年）

资料来源：根据《BP世界能源统计年鉴》（2012年6月）相关数据整理而来。http：//www. bp. com/liveassets/bp _ internet/china/bpchina _ chinese/STAGING/local _ assets/downloads_ pdfs/Chinese_ BP_ StatsReview2012. pdf。

各国能源消耗总量及变化趋势是对工业化和城镇化发展阶段特点的很好诠释：一国在工业化与城镇化快速推进时期，对能源的消耗必然快速增加；随着城镇化过程的完成、后工业化时期的到来，该国技术水平将不断发展，产业结构会发生根本调整，消费模式会有所变化，对能源的消费量将逐渐趋于稳定。

三　科学认识低碳城镇化的政策含义

城镇化是社会发展进步的一种必然趋势，也是人们提高生活品质的需要。这意味着城镇化本身也是经济增长的动力：扩大内需、培育新增长点。我们现在不需要考虑是否要推进城镇化，而是应考虑如何以低能耗、低排放、低碳的方式来完成城镇化进程。

（一）低碳是城镇化的终极刚性约束

城镇化发展的根本问题，是要解决人的生存、生活与发展问题。城市，让生活变得更美好，也充分体现了这一点。既然城镇化是以民为本，那就要考虑当地的资源能够适合多少人生存，而不能一味地追求城市规模、经济规模，不能单纯地搞造城运动。

任何事物的发展都要遵循自然规律，违背自然规律将要付出惨重的代价。城镇化发展服从自然规律，符合生态平衡原理，与当地的环境容量、气候容量以及资源承载力相匹配，这是科学发展观的要求，是城镇化是否低碳的评判标准。绿色、循环、低碳和生态，是城镇化发展的基本要求，也是城镇化发展的重要约束条件与发展边界。理论上，只要投入无限、能源无限，通过循环发展和绿色发展，可以实现循环和绿色。问题在于，绿色发展、循环发展必须要以低碳投入为前提条件，因为能源和投入都是有限的。黄河上游一些水资源缺乏城市过度抽取黄河水搞山水生态城市建设，有的城市采用高压抽水方式解决高原绿化问题，甚至一些南方城市也采用抽水方式在山顶人工建设湖，这些都要靠巨大的能源消耗来实现与维持。如此等等，都是与自然规律不符的做法，从而也不是低碳的。中国的城镇化，规模大、速度快、进程长，面临土地、能源、水资源短缺和环境恶化等诸多挑战，而这些挑战最终受制于碳预算的刚性约束。

中国的能源储备情况是“多煤、少气、贫油”，这样的能源资源禀赋条件决定了能源消费结构主要以煤炭为主，能源消费现状也是煤炭占主导。此外，化石能源的有限性不足以支撑现在的高碳、高排放的城镇化发展模式。天然气和石油作为更加清洁、热效率更高的化石能源（相对煤炭而言），2012 年中国的储采比也分别仅为 28.9 年和 11.4 年；即使是储量相对较多的煤炭，按照探明储量储采比与当前的开采速率，也只能开采 31 年左右（见表 2）。中国的快速工业化进程还将长期持续，能源安全以及能源消耗派生出的碳排放问题将成为制约中国城镇化推进的瓶颈。

表 2　2012 年的化石能源探明储量和储采比

地区	石　油		天然气		煤　炭	
	探明储量（亿吨）	储采比（年）	探明储量（万亿立方米）	储采比（年）	探明储量（亿吨）	储采比（年）
世界	2358	52.9	187.3	55.7	8609.38	109
中国	240	11.4	3.1	28.9	1145	31
印度	8	17.5	1.3	33.1	606	100
美国	42	10.7	8.5	12.5	2372.95	257
欧盟 -27	9	12.1	1.7	11.7	561.48	97

注：表中探明储量数据来源于官方公布资料，由于更新不及时，与实际情况可能有差距。

资料来源：根据 BP Statistical Review of World Energy, June 2013 整理（http://bp.com/statisticalreview）。

化石能源储量的绝对有限特征，决定了人工生态系统的运行和人类社会的永续发展，不可能长期依赖化石能源，也为低碳城镇化发展设置了终极刚性约束条件①。化石能源消费是碳排放的主要来源，为保护全球气候而规定的碳排放预算或控制总量，为低碳城镇化发展设置了理性刚性约束条件。

（二）速度不是问题，被高碳锁定才是问题

推进新型城镇化是顺应世界各国实现现代化的普遍规律。世界发达国家成为成熟经济体的过程就是其逐步提高城镇化率的过程。根据联合国 2012 年 4 月份发布的《世界城市化展望》②，从 2011 年到 2050 年，世界城镇人口将从 35.3 亿增加到 62.5 亿，城市化率由 52.08% 提高到 67.13%，其中较发达地区的城

① 潘家华：《新型城镇化道路的碳预算管理》，《经济研究》2013 年第 3 期。

② United Nations, Department of Economic Social Affairs, "Population Division World Urbanization Prospects: the 2011 Revision", 2012.

镇化率将提高到86.26%，而欠发达地区的城镇化率也将提高到64.08%。

实际上，发达国家在现代化过程中都有过城镇化较快推进的时期，而且这个时期往往也是工业化较快推进的时期。特别是德国和日本正是抓住了现代化发展阶段的历史性机遇，快速推进城镇化进程，并最终完成了城市化任务。譬如，日本城镇化率曾由1950年的37.5%猛增到1955年的56.3%，城镇化率5年上升18.8个百分点，年均提高3.76个百分点①。

对比法国、德国和日本城市化曾经出现过的高速度，中国城镇化速度并不是独有的，也不是最高的，更不能简单认定为不合理。中国要实现从经济大国向经济强国迈进，必须自觉遵循城镇化发展规律的内在要求，努力推进新型城镇化。其实，城市化是否合理，不能以速度的快慢作为标准，而是要看城市化的质量和健康状况。

研究表明，在城镇化快速发展时期，能源消耗及碳排放主要来自基础设施的建设。可以说，无论城镇化的速度快与慢，都要经历这一过程。关键是如何避免碳排放的锁定效应。要避免高碳锁定，需要有理性的城镇化发展规划。理性的城镇化发展规划要将生态文明的理念和原则融入城镇化进程，要考虑碳的预算约束。

（三）适度的城市规模可避免城市病

一个城市的发展及其效率，与它的规模是高度相关的。统计分析表明，从人口规模角度看，一个城市的人口为1万~10万人时，其规模收益是负的。因为虽然城市规模较小，没有多少公共负担，但城市居民所需要的各种社会服务的供给会明显不足，城市居民相互间的协调及由此产生的效率也会很低。当城市人口达到20万以上的时候，城市的规模收益会由负转正。而在城市人口达到50万以前，城市发展会一直面临较高的外部成本，城市规模收益也会小于100万人口和200万人口的城市。但当城市人口达到和超过200万的时候，城市发展的外部成本会进一步上升，城市发展的规模净收益率也随之达到最高点。随着城市人口规模继续扩大，城市规模净收益率会迅速下降。如果城市人

---

① 张占斌：《新型城镇化的战略意义和改革难题》，《国家行政学院学报》2013年第1期。

口超过1000万，城市规模净收益率就有可能重新出现负值。所以说，城市规模小了不行，但也并非越大越好。这是在推动城市发展和城镇化过程中需要把握和遵循的一条规律①。

1990年以来，中国城镇化进程中人口流动指向北京、上海、广州等超大城市，城镇化走特大、超大城市率先发展的道路。实践证明，这并不是一条科学的城镇化道路，更不是一条低碳城镇化道路。表现在北京、上海、广州等特大、超大城市的人口规模、用地面积和房地产价格出现了非理性的上涨，吸附了全国大量的金融资本，占用了小城镇发展用的大量资源，加剧了中国城乡之间、东中西部之间、大中小城镇之间发展的不平衡，带来了城市自身交通拥挤、空气环境质量严重恶化，能源在城市交通与建筑领域里过度消耗。除了北上广之外，各大中城市建设也是以大为主，以高为主，如武汉中国民生银行大厦高336米、深圳地王大厦楼高383.95米、南京紫峰大厦楼高450米、上海环球金融中心高632米。2013年7月20日，号称将高达838米、比当前“世界第一高楼”迪拜塔还要高10米的“天空城市”在长沙举行基础开工典礼。这样的规模势必造成供水供电以及运输耗能的巨大浪费。由此可见，不讲科学和理性的城镇化，不可能实现低碳城镇化。

防止出现“城市病”的一条有效途径是发展大中小城市规模适度、分工科学、功能配套的城市群。这样，既有利于缓解大城市中心城区压力，又可以促进中小城市发展，从而推动城镇化又好又快发展。因此，当前和今后一个时期，中国应贯彻落实“十二五”规划建议和中央经济工作会议精神，按照统筹规划、合理布局、完善功能、以大带小的原则，遵循城市发展客观规律，以大城市为依托，以中小城市为重点，逐步形成辐射作用大的城市群，促进大中小城市和小城镇协调发展。

（四）着力推进产业结构优化升级

城镇化本是一个自然的历史过程，是市场化、工业化和农业现代化的结果。尽管它也会反过来促进市场化、工业化和农业现代化，但作用是有限的。

① 刘迎秋：《积极稳妥推进城镇化》，《人民日报》2011年1月19日。

城镇化可以扩大内需、培育新增长点，但要通过产业发展、增加就业和收入去实现。

产业是城市发展的基础，形成各具特色的优势产业是城镇化的重要支撑。低碳城镇化必然需要在产业支撑上实现低碳化转型。理想的城镇化模式是以产业发展为基础、以就业岗位增加为前提，与农业发展相适应。产业结构优化升级包括传统产业的低碳化改造和新兴低碳产业的培育。对传统产业可以通过应用清洁能源、引入低碳技术、推广清洁生产工艺、对废弃物循环再利用等环节实现；培育新兴低碳产业可以通过加快产业结构升级，扩大第三产业、现代服务业、战略性新兴产业在产业结构中的比重等途径来实现。

在传统产业低碳化转型中，重点应放在第二产业的低碳、生态化改造上，因为中国三次产业产值结构2011年水平为10%∶46.6%∶43.4%，处于产业结构演进中的“二、三、一”阶段。因此，中国当前发展所处阶段和产业结构特征决定了在工业发展模式上，必须转变传统方式，走新型工业化道路，应用清洁能源、低碳技术、先进生产工艺、循环利用废弃物等措施实现节能减排。第三产业作为未来城镇化动力的潜力，应重点壮大金融、研发、信息、培训等现代服务业，提升物流业、旅游业等复合型产业层次，提高物流业的信息化水平，合理调配组织货源与线路；推进旅游业态升级，降低旅游业发展对生态环境的负荷与冲击。第一产业需要在“四化同步”背景下发展现代农业，注重能源消耗控制与面源污染防治，彰显现代农业的有机化、生态化、低碳化特征。

首先，大力发展低碳型新兴产业，实现工业增量的低碳化。城市低碳发展，必须首先从产业增量上，限制高能耗、高排放行业的过度膨胀，大力发展具有低碳特征的新兴产业，特别是节能环保、新一代信息技术、生物、高端装备制造、新能源、新材料以及新能源汽车等战略性新兴产业，从根本上减少二氧化碳的排放。

其次，改造提升高碳型传统产业，实现工业存量的低碳化。中国目前“高消耗、高排放、高污染、低效益”的传统产业仍占有主导地位，因此改造提升传统产业对实现城市的低碳发展具有十分关键的作用。对现有产业的调整改造和转型升级是优化城市产业结构、推动城市向低碳经济发展的另一重要途径。

最后，加快发展现代服务业，推动三次产业结构的低碳化。有关研究表明，全国工业平均碳排放强度大致是服务业的5倍（刘新宇，2010）。因此，大力发展第三产业，推进城市产业结构向高级化方向发展，提高服务业在城市经济中的比重，降低工业所占比重，减轻城市发展对高碳排放的第二产业的过度依赖，是在城镇化过程中实现产业结构升级和促进低碳经济发展的有效途径。

四　推进低碳城镇化的基本原则与战略目标

城镇化是现代化发展的必由之路，是新型工业化、信息化和农业现代化的重要载体和依托。党的十八大明确了推进新型城镇化的战略任务，明确了促进工业化、信息化、城镇化、农业现代化同步发展的总体要求。这是中国在新的历史时期，顺应经济社会发展转型而提出的重要战略。新型城镇化从本质上来说将更加重视城镇化的质量，更加强调“以人为本、产城互动、布局合理、城乡统筹与绿色低碳”，因此低碳城镇化是新型城镇化的内在要求。

（一）低碳城镇化的基本原则

城镇化发展所涉及的领域非常宽泛，包括经济、政治、社会、文化、自然等各方面，是一项非常复杂的综合性系统工程。为了指导未来的城镇实现科学的可持续发展，在低碳城镇化的发展过程中应该遵循以下基本原则。

一是做好科学严谨的低碳城镇化发展规划。规划的科学性决定着城镇化发展的质量。中国幅员辽阔，受自然条件、资源禀赋、气候、经济发展等因素的影响，各地区的城镇化发展水平都不尽相同，在地方层面也应该因地制宜，制定适合当地实际情况的低碳城镇化发展规划。

二是以产业为本，坚持节能优先的发展战略。产业是城市和区域发展的重要支柱，新型的城镇化应该依靠城镇产业和农业的全面升级来进一步加速和推动城镇化进程。因此低碳城镇化的实现也必须以优化调整产业结构和能源结构为基础，在提高能源利用效率的前提下，坚持节能优先的发展战略。

三是促进制度创新，推进低碳城镇化建设。通过创新城市管理和治理机制体制，激发低碳城镇发展和绿色转型的内生动力。深化资源利用、行政管理、投资融资、目标导向等重点领域和关键环节的改革创新和管理，推进智能化的管理模式，通过建设新的“智慧型”城市，建立高效的推进低碳城镇化的制度环境。

四是面向城镇居民普及低碳价值观，倡导低碳生活方式。城镇化进程的进一步深入、居民收入水平提高以及消费方式的改变，将会给城镇低碳发展和低碳转型带来更大的压力。目前，中国的排放仍主要来源于高耗能产业，但是可以预计，在未来，城市居民的交通、建筑和消费所产生的排放水平将持续提高。因此，为了实现低碳城镇化，也必须通过对普通居民和民众进行普及教育，建立新的低碳价值观，在与居民生活密切相关的交通、建筑和消费领域实现减排目标。

（二）低碳城镇化的战略目标

1. 中国低碳城镇化总体战略目标

低碳城镇化战略目标必须对未来中国城镇整体实现低碳发展的时间、路径和方式有系统的全面设计。低碳城镇化的发展目标应该强调“低碳”和“城镇发展”两方面的核心要求，从时间维度上来看，应该制定短期、中期和长期目标。同时，应该根据国家战略目标制定与之相适应但是又体现地区发展差异的地区目标。

从全国整体层面来说，实现低碳城镇化的总体战略目标体系必须体现“低碳”和“城镇化”两个核心的内在要求，同时低碳城镇化的本质要求还必须体现城市的宜居和可持续性。因此在建立和实现低碳城镇化目标时，必须考虑到城镇居民的人类发展需求。无论在短期或在长期，城镇地区都应该为其居民提供基本需求保障，在高效利用能源的同时，兼顾人的发展和需求。从世界其他国家的城市化发展进程来看，发展水平较高的国家城市化水平一般能达到80%以上。因此，从长期来看，中国的低碳城镇化发展战略目标应该保证到2050年大约80%的人口居住在城镇地区，同时能实现碳排放水平相对于峰值的绝对减排。根据这样的宏观战略目标可以构建包括城镇人口、人类发展水平、产业结构、能源消耗、二氧化碳排放、低碳经济体六个核心要素的低碳城镇化战略目标体系。具体来看，预计未来中国的城镇化水平将仍保持稳定提高的态势，在2020年达到约60%的城镇化水平，2030年的城镇化水平将达到70%左右，在2050年实现让全国人口的80%左右生活在城镇地区（见表3）。

低碳的城镇化还必须将城镇居民的人类发展需求作为重要的关切点，可以考虑将联合国发展计划署（UNDP）提出的人类发展指数（HDI）作为度量指标，因为该指标能够通过与居民寿命、知识水平和财富水平相关的子指标合成一个简单的定量指标，反映发展对于人们生活的影响以及发展所能给予每个人的选择。UNDP根据四分法把全球186个国家和地区均分为极高人类发展水平、高人类发展水平、中等人类发展水平和低人类发展水平4组。目前中等发展水平前列的国家人类发展指数约为0.7，高人类发展水平前列国家的水平约为0.8。根据UNDP在2010年更新的人类发展指数方法学计算出2010年中国的HDI为0.693，在全世界排101位①，属于中等发展水平国家略偏后行列。未来的城镇化进程应该同时关注城镇居民的基本发展需求，中国应该在2020年前后达到高人类发展中游水平，2030年步入高人类发展水平前列或极高人类发展水平国家行列，并在2050年达到极高人类发展国家中游水平。根据这样的分阶段人类发展指数战略目标，在2020年达到0.75，到2030年提高到0.80，到2050年提高到0.85，相当于目前全球排名25位左右的国家水平（见表3）。

---

① 数据来源于UNDP驻华代表处与中国社会科学院城市发展与环境研究所共同发布的《中国人类发展报告2013》，该数据与《全球人类发展报告》中提供的2010年中国HDI数据0.682略有差异，因此排名也有细微差异。造成这种差异的主要原因是指标计算原始数据的来源和处理方法不同，《中国人类发展报告2013》的数据来源于中国统计年鉴和人口普查数据，而《全球人类发展报告》多采用世界银行等国际机构所提供的数据。

表 3　中国低碳城镇化总体战略目标

指　标	2020 年	2030 年	2050 年
城镇化率(%)	60	70	80
人类发展指数	0.75	0.80	0.85
产业结构	第二产业 47% 第三产业 45%	第二产业 41% 第三产业 54%	第二产业 35% 第三产业 60%
能源消耗(亿吨标准煤)	48	60	75
二氧化碳排放(亿吨)	120	115	100
人均二氧化碳排放(吨/人)	9	8	7

低碳城镇化必然促进产业结构的优化和升级，未来 10 年，中国仍将处于工业化和工业现代化快速推进的过程中。战略性新兴产业将逐渐成为推动工业发展的重要力量，“清洁生产”“节能减排”和“精致制造”将成为中国工业发展的重要特征，① 第三产业的占比也应该保持稳步上升的态势。参考中国社会科学院工业经济研究所等机构的预测，为了更好地实现低碳城镇化，第二产业比重将逐渐达到峰值并下降，同时第三产业比重将不断上升，在 2050 年达到 60% 左右的水平。

随着经济的持续发展和城镇化进程的深入，中国一次能源消费总量在未来仍将保持持续上升的趋势，但在低碳城镇化的总体战略目标下，能源消费增速将大为趋缓。国内外有代表性的 6 家机构对未来的中国能源消耗和碳排放情景进行了研究，② 基准情景下中国到 2050 年的一次能源总消耗预测结构为 54 亿 ~ 74 亿吨标准煤，而各种低碳情景下能源消耗总量将有可能控制在 46 亿 ~ 57 亿吨标准煤。以此作为硬性的宏观战略目标，中国能源消耗总量在 2050 年应该被严格控制在 75 亿吨以内。同时，随着能源结构的进一步调整，更多清洁的非化石能源被投入使用，碳排放应该在 2025 年前后实现峰值，并在此之后实现绝对量减排。不同机构所构建的不同情景下碳排放总量的预测结果相差很大，

① 李平、江飞涛、王宏伟、巩书心：《2030 中国社会经济情景预测——兼论未来中国工业经济发展前景》，《宏观经济研究》2011 年第 6 期。

② 李惠民、齐晔：《中国 2050 年碳排放情景比较》，《气候变化研究进展》2011 年第 4 期。这里提到的研究机构包括国际能源机构（IEA）、劳伦斯 - 伯克利国家实验室（LBNL）、麦肯锡公司、联合国开发计划署驻华代表处（UNDP）、国家发改委能源研究所和英国廷德尔气候变化研究中心等。

2050 年约为 43 亿 ~ 162 亿吨。为了设定一个较为现实的战略目标，取一个中间的预测结果，到 2050 年，中国应将碳排放总量控制在 100 亿吨以内。结合人口总量的预测结果，中国人均排放水平应控制在 9 吨/人以内，并在 2050 年逐步降低到 7 吨/人左右水平。

2. 低碳城镇化战略目标的地区分解

中国地域广阔，自然资源和人力资源在空间上分布极为不均，加上不同地区的社会经济发展历史不同等原因，区域间的经济发展水平和社会发展方式等都呈现较大的差异性，由此导致不同区域的经济发展、城镇化水平、能源消耗和碳排放的区域差异性。中国碳减排和实现低碳城镇发展战略目标的实现依赖于省域等区域层面的低碳转型努力以及产业结构调整和技术进步。通过相关性分析，可以识别出碳生产力、人类发展指数（HDI）和人均 CO_2 排放三个核心要素，作为判定省区低碳发展水平的核心指标。

通过聚类分析，可以按照 2008 年的各省市的碳生产力、人均 CO_2 排放和 HDI 将不同省区的低碳和城镇化发展水平分为四个梯队（见表 4）。第一梯队是发达型低碳发展地区，具体包括北京、上海、天津、江苏、浙江和广东，这些省市多地处东部沿海地区，凭借区位优势而获得了较早的快速发展，当前的碳生产力、人均 CO_2 排放以及 HDI 均处于较高水平。处于该梯队的省市，未来碳强度仍有一定的下降空间，其中也有很多城市已经成为全国低碳发展的示范区域。因此，这类发展区域的低碳城镇化发展目标的制定和绩效评估工作，不应苛求能源效率和第三产业比重等指标的提升，而应重视能源结构和技术密集型产业比重等指标并分析其合理性，从而优化区域的能源利用结构，促进区域低碳产业的发展。

第二梯队包括山东、河北、山西、内蒙古、辽宁、吉林、黑龙江、青海和宁夏，这些地区的碳生产力水平较低，人均 CO_2 排放也处于较高水平，HDI 水平存在差异，主要是因为这些省区多以能源产业和重工业为主要支柱行业。随着城镇化水平的进一步提高、经济发展水平的不断提高和产业结构的调整，这些地区的碳生产力水平必将进一步提高，发展低碳城镇的潜力很大。因此，未来这类地区的发展要强调产业结构的优化，在提高人类发展水平和碳生产力的同时，控制人均 CO_2 排放的增幅。

表 4　中国分地区低碳城镇化发展目标

地　区	2015 年	2020 年	2030 年	2040 年	2050 年
第一梯队（北京、上海、天津、江苏、浙江、广东）	实现“十二五”规划目标，合理控制能源消费总量	实施碳排放总量控制目标，达到碳排放峰值，人均 CO_2 排放量控制在 10 吨以内	相对于碳排放峰值水平下降 10%	相对于碳排放峰值水平下降 20%	相对于碳排放峰值水平下降 30%
第二梯队（山东、河北、山西、内蒙古、辽宁、吉林、黑龙江、青海、宁夏）	实现“十二五”规划目标	实现碳强度下降 40% ~45% 目标，合理控制能源消费总量	实施碳排放总量控制目标，人均 CO_2 排放峰值控制在 9 吨以内	相对于碳排放峰值水平下降 8%	相对于碳排放峰值水平下降 15%
第三梯队（全国、福建、河南、陕西、重庆、云南、四川、湖南、湖北、江西、安徽）	实现“十二五”规划目标	实现碳强度下降 40% ~45% 目标	碳排放达到峰值，人均 CO_2 排放量控制在 8 吨以内	相对于碳排放峰值水平下降 10%	相对于碳排放峰值水平下降 20%
第四梯队（广西、海南、贵州、甘肃、新疆）	实现“十二五”规划目标	实现碳强度下降 40% ~45% 目标	碳排放达到峰值，人均 CO_2 排放量控制在 7 吨以内	相对于碳排放峰值水平下降 5%	相对于碳排放峰值水平下降 10%

第三梯队包括福建、河南、陕西、重庆、云南、四川、湖南、湖北、江西、安徽等地区，处于该梯队的省市基本介于第一梯队和第二梯队之间，碳生产力水平、人均 CO_2 排放和 HDI 水平均处于中等水平。这些地区资源禀赋差异性较大，但是基本都处于社会经济的快速发展阶段，典型标志就是高耗能产业快速上马，在地区工业体系中的比重日益增加。因此，未来这些地区要推进低碳城镇发展，首先要在保证经济增长的同时积极转变发展方式，构建具有区域特色的低碳产业体系，探索适合本地区发展的低碳路径。

第四梯队包括广西、海南、贵州、甘肃和新疆，这些地区的低碳资源比较丰富，因此碳生产力水平较高，人均 CO_2 排放水平相对来说最低，但是由于经济和城镇化发展水平较低，人类发展水平不高。在未来的发展中，这些地区是最有潜力实现低碳城镇化的重点地区，大力发展低耗能、低排放的产业，可以使这些地区避免重蹈高碳锁定的发展路径。

五　低碳城镇化的实践路径

积极稳妥推进城镇化，进行低碳城镇建设，就要科学制定与城镇综合规划和专项规划相衔接的低碳城镇化发展规划，提升城镇化质量，合理布局，促进大中小城市协调发展。低碳产业和技术是未来城市竞争的制高点，要发展低碳产业的支撑作用，提升城镇低碳竞争力，充分发挥低碳科技的“第一生产力”作用，增强城市创新能力，要注重节能环保，打造清洁宜居城市低碳生活，积极顺应人民群众过上美好生活的愿望和对良好生态环境的殷切诉求，通过建设低碳示范社区，加强适应性管理和碳预算管理，打造低碳韧性城市，协同应对气候变化挑战，建设“美丽中国”。

（一）规划先行——提升城镇化质量

积极稳妥推进城镇化，提升城镇化质量，就要坚持规划先行，以低碳的路径，引领城镇发展。整体来看，无论是国际方面不可避免的应对气候变化、进行温室气体减排的需要，还是中国国内城镇化加速期面对能源消费总量约束和降低单位国内生产总值碳排放强度的需要，都应本着尊重本地区自然环境、区域地理条件、历史文化风情，便利本地区人民生产生活的原则，在严格执行国家区域发展战略和国家主体功能区发展规划基础上，围绕“了解城市当前碳排放状况 - 研究城市未来中长期的碳排放情景 - 设定减碳目标 - 编制并施行城市低碳发展规划 - 评估和监测减碳效果 - 提出行动方案”① 这一不断改进的循环过程科学制定与本地区城镇化综合规划和专项规划相匹配的低碳城镇化发展规划，以低碳的路径，引领城镇发展。

低碳城镇化的落实需要在规划基底上由主体功能区规划作保障。“十一五”规划针对中国区域空间开发秩序失衡、国土利用效率低下的问题提出了主体功能区的规划理念，即根据资源环境承载能力、现有开发密度和未来发展潜力，将国土空间划分为优化开发、重点开发、限制开发、禁止开发四类主体

① 雷红鹏等：《把脉中国低碳城市发展——策略与方法》，中国环境科学出版社，2011。

功能区域，按照主体功能定位调整完善区域政策和绩效评价，规范空间开发秩序，形成合理的空间开发结构。“十二五”规划仍然延续主体功能区划的理念，更为具体地按三种类型区域来实施主体功能区战略，即城市化地区、农产品主产区、重点生态功能区。可见，主体功能区规划由理念到付诸实施，必然改变以往各区域不顾资源条件和实际可能，都盲目追求工业化、城镇化的现象，转为根据各区域在更大范围内承担的职能来差异化地选择发展方向，在推进城镇化过程中更不可能都追求一个速度和水平，而是立足于资源环境承载能力来适度集聚产业和人口，形成差异有序的城镇化格局①。

作为空间规划的主体功能区战略，在现实中应把它作为各类规划的基础和约束，这既有利于形成差异有序的城镇化空间格局，也为实施低碳城镇化模式提供了基底规划依据。因为主体功能区规划是基于各区域自然生态的本底条件与承载能力来选择适宜本地区的发展模式与道路，是从根本上减少工业化、城市化对生态敏感地区的冲击与破坏，降低不同区域碳排放，克服超出区域承载能力的过度开发的战略思路。唯有落实主体功能区规划，才能规范国土空间开发秩序，协调不同区域的主体功能定位，形成差异化定位、错位互补的协调发展格局。在此基础上，针对各类主体功能区构建适应开发强度的碳减排实施路径，发挥不同功能区之间在固碳减排上的协作效应，从而实现整体节能减排、固碳增汇的目标。

（二）合理布局——大中小城市协调发展

走低碳城镇化道路，积极稳妥推进城镇化，促进大中小城市协调发展，就要合理布局，构建城镇发展的低碳格局与空间，以空间的优化与集约，节能增效，减少不必要的交通排放和建筑排放，服务于城镇低碳发展。

在城镇之间，合理布局，建设城镇发展的低碳空间，准确贯彻实施国家区域发展总体战略和主体功能区战略，积极推进城市群建设，全面提升东部城市群发展水平，在中西部资源环境承载能力较强的地区培育壮大新的城市群，构筑区域经济优势互补、主体功能定位清晰、国土空间高效利用、人与

---

① 郝华勇：《欠发达地区城镇化转型》，《开放导报》2013 年第 2 期。

自然和谐相处的区域发展格局①。在城镇内部，要将低碳城镇化发展规划建设要求纳入本行政区城镇规划建设管理体系，在提高城镇控制性详细规划的覆盖率同时，把反映城镇低碳发展的关键要素和关键指标纳入总体规划指标体系和控制性详细规划指标体系中，充分发挥低碳城镇规划在城镇减碳过程中的引领作用，构建与低碳城镇建设相适应的土地利用模式及空间格局，优化城市形态结构和用地功能分区，以空间的优化与集约，节能增效，服务于城镇低碳发展。

其中，在城镇总体规划层面，注重应用公共交通走廊建设提高职住平衡指数，引导职住平衡发展，提高土地混合使用街区比例，在土地利用疏密有度的同时，弱化土地使用模式的锁定效应，注重城市绿化率提高，同时要保障生态绿地系统之间的有序串联。通过提高城市中心与公交枢纽设置耦合度，以交通枢纽引导城市公共设施综合配套的完善和周边用地的高效利用，提高绿色出行率和交通清洁能源使用率。在控制性详细规划层面，推行以紧凑集中为导向的混合布局模式，通过提高雨水利用率、建筑综合节能率、绿色建筑在整个新区建筑中的比例、建筑中可再生能源使用率等控制指标，指导城市用地的开发建设，从而在促进城镇化发展模式转变、降低城镇碳排放的锁定效应的同时，使城镇发展更具“集约、智能、绿色、低碳”的新型城镇化特征。

（三）低碳产业——提升低碳竞争力

低碳城镇化要以产业发展为支撑，发展建立在本地区比较优势基础上的低碳产业体系，制定低碳产业发展规划，在促进产业结构调整、提升低碳竞争力的同时，为城镇低碳发展提供实体经济支撑和新的经济增长点。

发展低碳产业，提升低碳竞争力，把经济结构的战略性调整作为转变发展方式的主攻方向，严格控制“高能源消耗、高污染、高温室气体排放”产业过快增长，推动低碳行业与高碳行业协同发展。加强节能、减碳、环保等指标

---

① 胡锦涛：《坚定不移沿着中国特色社会主义道路前进，为全面建成小康社会而奋斗——在中国共产党第十八次全国代表大会上的报告》，人民出版社，2012。

的约束作用，探索将强制性物料消耗标准、清洁生产水平作为落后产能界定依据，加大淘汰落后产能的力度。进一步提高“高能源消耗、高污染、高温室气体排放”行业准入门槛，建立新建项目与能源资源节约、污染减排、温室气体减排、淘汰落后产能相衔接的审批机制，落实产能等量或减量置换制度，推进工业清洁生产。

发展低碳产业，提升低碳竞争力，在控制“高能源消耗、高污染、高温室气体排放”产业发展的同时，更要以提高碳生产力为目标，调整优化产业结构和用能结构，强化从生产源头、生产过程到产品使用的碳排放管理，发展建立在本地区比较优势基础上的低碳产业，积极推动以产业链为纽带、产业资源要素集聚的产业集群建设，提高产业集中度，同时积极促进信息化和工业化深度融合，大力培育发展高端装备制造、新一代信息技术、节能环保、新能源汽车等战略性新兴产业，大力发展生产性服务业和低碳型服务产业，促进气候变化背景下产业结构的转型与升级，积极构建以绿色低碳排放为特征的现代化产业体系，把应对气候变化、推动低碳发展落实到节能减排、提高能源利用效率上，落实到改造和提升传统产业上，促进产业低碳转型，实现产业持续发展和应对气候变化的双赢。

（四）低碳科技——增强城市创新能力

低碳技术是未来城市竞争的制高点，其发展状况也是反映未来城市综合竞争力的一个重要指标，推进低碳城镇化，就要增强城市创新能力，发展低碳科技。

发展低碳科技，积极部署低碳技术发展规划，完善以企业为主体的低碳技术创新体系，立足于“原始创新－集成创新－引进消化吸收再创新”，要密切跟踪低碳领域技术的最新进展①，形成更多拥有自主知识产权的核心技术和具有国际品牌的产品，提升低碳装备制造能力和水平，充分发挥低碳技术在促进城镇低碳发展方面的“第一生产力”作用，使低碳技术“研究－发展－推广”成为城镇应对气候变化和产业转型升级的重要手段，使城镇成为探索建立低碳

① WWF, “Booz & Company Analysis. Reinventing the City”, March 22, 2010.

经济发展模式，研发和推广零碳、低碳技术，推动温室气体排放降低，促进可持续发展的重要空间和基本行政单元①。

要以工业园区、产业集聚区为重点，开发应用源头减量、循环利用、再制造、零排放技术，着力推动低碳技术创新，提高核心技术和关键技术水平，加强先进适用低碳技术、低碳工艺、低碳设备、低碳材料的推广应用，积极运用低碳技术改造提升传统产业。要以高能耗、高排放、污染重和资源消耗型行业为重点，集中力量开发一批重大关键基础性、前沿性和共性清洁生产工艺技术和绿色环保原材料（产品），加快建立清洁生产方式，引导企业把低碳技术改造同产品升级结合起来，利用新技术、新工艺、新设备、新材料改造提升传统产业，提升工业整体技术水平。要围绕低碳科技“研究－发展－推广”不同阶段的不同特征与风险建立相应的财政投融资体制机制，积极发挥公私伙伴关系在低碳科技“研究－发展－推广”中的风险应对作用和价格、财政、税收政策在低碳科技“研究－发展－推广”中的导向与激励作用。

（五）节能环保——打造清洁宜居城市

面对人民群众过上更加美好生活的殷切期待和建设“美丽中国”的诉求，走中国特色城镇化道路，积极稳妥推进城镇化，就要坚持以人为本，积极推进人居环境优化，注重能源节约与环境保护，以节能环保促进城镇低碳发展，打造清洁、宜居城市。

优化人居环境，打造清洁宜居城市，在以碳基燃料为主要能量来源的城镇生产生活体系下，要严格实施能源消费强度和消费总量双控制②，形成倒逼机制。围绕提高能源使用效率，通过工业节能、建筑节能、交通运输节能、农业和农村节能、商用和民用节能、公共机构节能促进能源节约使用，实施重点节能工程，以节能促减排。

优化人居环境，打造清洁宜居城市，就要注重环境保护。在城镇内部，积极通过城镇生活污水处理设施建设、重点行业污染物减排、农业源污染防治、

---

① 雷红鹏等：《把脉中国低碳城市发展——策略与方法》，中国环境科学出版社，2011。

② 国务院：《国务院关于印发能源发展“十二五”规划的通知》（国发〔2013〕2号），2013年1月1日。http：//www. gov. cn/zwgk/2013－01/23/content_ 2318554。

机动车污染物排放控制等强化主要污染物减排，实施重大环保工程，加快发展低碳建筑、低碳交通。在城镇之间，根据不同地区主要环境功能差异，以维护水体、空气、土壤环境健康等为目标，结合全国主体功能区规划，编制国家环境功能区划，实施区域环境保护战略，加大对优化开发地区和重点开发地区的环境治理力度。结合环境容量和气候容量实施严格的污染物排放标准，在联防联控重点区域，建立区域空气、水体、土壤等环境质量评价体系，开展多种污染物协同控制工程建设，大力推进大气中细颗粒污染物（PM2.5）的治理，加强环境风险防范。在保护和扩大生态空间的同时，推进环境保护基本公共服务均等化。

（六）低碳生活——建设低碳示范社区

面对资源能源环境约束下进行节能减排、应对气候变化、改善生存环境的需要，在需求导向的经济、社会和环境标准下，推进低碳城镇化，就要坚持以人为本，建设低碳示范社区，积极提倡低碳生活，不断提高人文发展水平。

社区是社会的基层组织，充分发挥街道、居委会、小区物业等的引导作用，调动居民的参与积极性，通过具有“试验性、指导性、示范性”低碳示范社区建设，积极开展低碳生活相关项目和管理制度等能力建设，创新社区低碳管理方法与工作机制。

家庭是社会的细胞，要围绕“吃、穿、住、行”，在家庭用水、用电、用气、烹饪、用暖、出行、装修、节能抗震改造、室内/小区绿化、垃圾分类收集等方面编制家庭低碳生活手册，普及低碳生活相关知识，积极促进“节约能源资源和保护生态环境的消费模式”基本形成，并在需求导向的经济、社会和环境标准下，通过消费理念和生活方式向低碳的转变，以家庭带动社区，以消费促进生产方式转变。

低碳城镇化涉及消费模式、生活方式、生活观念和地区发展权益等问题。推动“高碳消费方式”向“低碳消费方式”转变，是低碳城镇化的重要组成部分。转变生活方式与消费观念，强化低碳意识，一方面，通过强调商品生产者的环境履责情况，从消费端引导上述生产单位提升环境意识；另一方面，削减城市非必要生活垃圾产生量及污染物排放量，减小城市对周边城镇施加的环境压力。

低碳城镇化亦是民生工程，有利于协调城乡关系，加速社会主义新农村建设，有利于推进城乡居民消费结构的升级，提高他们的生活质量与健康水平。在通过工业经济解决了“吃、穿、用”之后，要有效解决目前严重短缺的“住、行、学”等问题，并在资源环境节约的前提下继续做好“吃、穿、用”，要推进工业低碳化转型，加快发展低碳城镇经济。通过扩大消费性投资解决“住、行、学”等供给不足，同时推进低碳适用技术在上述领域广泛应用，营造社会发展与环境良好的和谐局面，是低碳城镇化建设的重要组成部分。

（七）适应性管理——打造低碳韧性城市

推进低碳城镇化，就要在城市治理和规划设计中协同考虑温室气体减排和应对气候变化相关风险与灾害的不同需要，转变传统的城市管理模式和治理理念，进行适应性管理，打造低碳韧性城市①。

适应性管理是在全球环境和气候变化的大背景下应运而生的新的环境管理理念，是指对气候变化及其风险进行管理，以降低生态系统和社会经济的脆弱性，增强适应能力。适应性管理是一个长期的不断学习、总结经验的实践过程，首先需要对现有的相关政策和机制设计进行评估，改进现有决策机制和生态系统管理的目标、功能、结构，协同不同时间和空间尺度的问题及政策需求，提高信息、技术、资源等能力建设和机制保障。

进行适应性管理，打造低碳韧性城市，就要构建城镇应对气候变化的协同治理机制，尽可能考虑多种城市发展目标之间的关联，在减少能源消费和温室气体排放的同时，协同考虑创造就业机会、促进社会公平、生态保护和资源的可持续使用，制定科学合理的城市空间规划。在保护城市生态环境完整性的同时减少不必要的交通排放和建筑排放，进行紧凑型的城市形态设计与建设，以缓解热岛效应，并促进能源消费的节约。在准确定位韧性城市建设的性质——是增量型适应还是发展型适应——的基础上，科学制定低碳韧性城市规划，将反映低碳韧性城市建设理念的关键目标与因素纳入城市综合规划指标体系和控

① 郑艳等：《低碳韧性城市：理念、途径与政策选择》，《城市发展研究》2013 年第 3 期。

制性详细规划指标体系，推动低碳韧性城市的社区示范和试点建设，综合考虑建筑、交通、生态保护与绿化、减灾、防灾、社区治理等方面的协同效应。

（八）碳预算管理——协同应对气候变化挑战

城镇作为人类生产和生活集聚中心，是能源的主要消耗者和温室气体的主要排放者。走中国特色的城镇化道路，积极稳妥推进城镇化，就要尊重城镇内部、外部各生产活动与消费活动及相应设施之间碳排放的复杂关联性与影响机理的客观情况，认清形势，及早筹划，把握好碳预算，避免城市产业发展、城市基础设施建设、大型机器装备制造和耐用消费品生产的高碳锁定效应[①]，努力使整个社会的生产消费系统摆脱对化石能源的过度依赖，避免在应对气候变化方面产生较高的未来成本，以加强碳预算管理为推动城镇低碳发展的着力点，统筹各领域、各行业与部门有条不紊地应对气候变化挑战，促进城镇可持续发展。

加强碳预算管理，就要秉承人文发展理念，以提高人文发展水平为政策目标，以保障资源能源环境安全和可持续使用为必要条件，通过编制城镇温室气体排放清单，进行城镇未来中长期的碳排放情景分析，科学地确定合理的碳预算水平，围绕“预算额度初始分配－预算调整－转移支付－市场机制－资金机制－测量、报告、核查机制（MRV）－遵约机制”，建立一整套与“能源消费强度和消费总量双控制”[②] 相衔接的碳预算方案[③]——以气候安全容量的允许排放量为全球碳预算总量，并将之设为刚性约束，确保碳预算方案的可持续性，将有限的碳预算总额以人均方式初始分配到每位城镇公民，满足基本需求，确保碳预算方案的公平性，根据历史排放和未来需求进行碳预算转移支付，设计相应的资金机制，使碳预算方案具有效率配置特征。

---

① 庄贵阳、谢倩漪：《低碳经济转型的国际经验与发展趋势》，见《应对气候变化报告（2009）：通向哥本哈根》，社会科学文献出版社，2009。

② 国务院：《国务院关于印发能源发展“十二五”规划的通知》（国发〔2013〕2号），2013年1月1日，http://www.gov.cn/zwgk/2013-01/23/content_2318554。

③ 潘家华、陈迎：《碳预算方案：一个公平、可持续的国际气候制度框架》，《中国社会科学》2009年第5期。

气候变化谈判热点议题

Hot Topics in Climate Change Negotiation

G.2

华沙务实合作：以行动夯实基础*

王 谋**

摘 要：

第十九届《联合国气候变化框架公约》缔约方大会将于2013年11月在波兰首都华沙举行。这次会议是“巴厘路线图”谈判结束后的第一次缔约方会议，也是德班平台密集开展谈判的第一届缔约方会议，具有继往开来的作用。本文认为，华沙会议应该更多关注“巴厘路线图”谈判成果的落实和执行，尤其是减缓、适应、资金、技术等机制的进一步完善和持续稳定的运行。这些国际合作机制的正常运行，不仅是实现各国减排目标或减排行动目标的保障，更是未来国际气候制度谈判政治互信的基础。华沙会议如果刻意寻求突进，欲推动德班平台谈判大步快进，而忽略推进已有机制的执行和进一步完善，其结果可能适得其反，不仅不能推动

* 资助项目：国家社科基金（12CGJ023）；中国清洁发展机制基金赠款项目（1112097，2012034）。

** 王谋，博士，副研究员，从事国际气候制度、环境治理、绿色低碳发展等相关问题研究，长期跟踪参与国际气候谈判进程，研究成果获省部级二等奖3次，三等奖4次。

谈判进展，更有可能丢失谈判基础，透支政治动能，反而延缓后续谈判，或者引发不满情绪，对后续谈判形成阻力。

关键词：

气候变化　缔约方大会　华沙务实合作

2012年国际气候谈判多哈会议结束了始于2007年的“巴厘路线图”谈判授权（以下简称“巴厘授权”），最终形成了包括《京都议定书》第二承诺期、公约、德班平台工作组以及资金机制等在内的一揽子成果，为巴厘授权画上了句号。与《京都议定书》第二承诺期不同，公约下的谈判，并没有形成一个多年谈判成果集成的协议文本供缔约方国内批约。因此，公约下的谈判成果，除多哈成果外，还应包括坎昆、德班会议的相关决议。2013年既是德班平台密集谈判的第一年，更是巴厘授权谈判成果落实执行的第一年。开展并执行巴厘授权谈判成果中建立的相关国际合作机制，帮助发展中国家适应和应对气候变化，不仅是2020年前实现国际协议的关键，也是未来国际协议建立政治互信、持续有效地开展国际合作的前提。

一　“巴厘路线图”谈判建立的多种国际合作机制

巴厘授权通过5年的密集谈判，在《京都议定书》第二承诺期、减缓、适应、资金、技术等问题上，形成了丰硕的成果。这些成果，既是实现2020年前温室气体减排目标的前提，也是构建2020年后国际气候制度的基础。

在减缓方面，缔约方同意在议定书下建立进一步提高发达国家第二承诺期减排指标力度的相关机制，要求发达国家于2014年提出更大力度的减排指标，议定书之外的发达国家提出具有可比性的减排目标。在适应气候变化方面，“坎昆适应框架”设立了具有明确职能的适应委员会，建立了帮助最不发达国家制定实施国家适应计划的进程。在资金机制方面，建立绿色气候基金作为公约资金机制的经营实体，成立临时委员会启动资金机制设计进程，成立发达国家和发展中国家席位均等的基金董事会；敦促发达国家制定具体措施，实现到

2020年每年1000亿美元的出资目标，明确要求发达国家2012～2015年提供不少于快速启动资金的资金规模。在技术合作机制方面，成立技术执行委员会和技术中心网络，确定优先支持领域及工作计划。在能力建设机制方面，建立了每年一次的德班论坛交流机制。

二　国际合作机制保障气候目标实现

国际合作机制是碳排放全球治理的前提条件。据《联合国气候变化框架公约》秘书处统计，2010年发达国家与发展中国家温室气体排放分别占全球排放量的39%和61%[①]；而据世界银行测算，发达国家和发展中国家人均GDP分别为37000美元和约4000美元[②]。从这两组数据可以看出，发展中国家开展减排行动对于控制全球温室气体排放至关重要；而对于发展中国家而言，发展经济依然是首要工作；二者之间需要通过执行相关国际机制实现协同，并实现碳排放的全球治理。

发展中国家应对气候变化面临资金和技术约束。2012年发布的IPCC－SREX报告显示，联合国开发计划署和世界银行在2007年和2010年开展的适应气候变化的社会经济成本研究认为，发展中国家每年适应气候变化的社会经济成本不低于700亿美元，并有可能超过1000亿美元[③]；如果要实现经济转型、走低碳发展的道路，建立节能低碳的社会经济体系，更需要大量的资金投入。《联合国气候变化框架公约》秘书处发布的全球应对气候变化资金需求表明，到2030年为实现温室气体减排每年需投入2000亿～2100亿美元，其中发展中国家需求约为760亿～770亿美元[④]。以中国为例，随着节能工作的深入开展，节能潜力越来越小，节能投资则加倍增长。麦肯锡研究认为，

---

① http：//unfccc. int/ghg_ data/ghg_ data_ unfccc/ghg_ profiles/items/4625. php.

② World Bank，http：//data. worldbank. org/indicator/NY. GDP. PCAP. CD/countries/1W－XD－XO－OE? display = graph.

③ IPCC，Managing the Risks of Extreme Events and Disasters to Advance Climate Change Adaptation（SREX）（Cambridge：Cambridge University Press，2011）.

④ UNFCCC，"Investment and Financial Flows to Address Climate Change"，http：//unfccc. int/files/cooperation_ and_ support/financial_ mechanism/application/pdf/executive_ summary. pdf.

中国在2016～2020年间的节能投资可能为2011～2015年的4倍；中国社科院城环所研究测算，在2016～2020年间，中国的低碳发展需要6.8万亿～18.12万亿元的增量投资，大约每年需要新增1.36万亿～3.6万亿元的增量投资①。这么大量的资金需求，对于正处于工业化、城市化阶段的发展中国家而言，无疑具有很大挑战，发展中国家亟待投资的领域很多，未必有能力顾及气候变化治理问题。而如果有国际合作资金支持，将可能转变气候治理在发展中国家的地位，并促进适应和减排活动在发展中国家的开展。先进技术的获取和普及也是发展中国家面临的重大问题，发展中国家生产和消费体系普遍存在技术落后、效率低、单位产品碳排放量高的特征，先进技术的获取和普及不仅有助于发展中国家发展经济、消除贫困，对于控制和减少温室气体排放更具有关键性的作用。

向发展中国家提供支持是发达国家在公约下的义务。《联合国气候变化框架公约》缔结之初就承认缔约方在经济发展、历史责任以及应对气候变化能力上的巨大差异，因此将“共同但有区别的责任”作为公约原则，运用于国际合作治理进程中。公约在不同的章节，要求发达国家向发展中国家提供资金和技术帮助。公约序言中表述，应当以统筹兼顾的方式把应付气候变化的行动与社会和经济发展协调起来，以免后者受到不利影响，同时充分考虑到发展中国家实现持续经济增长和消除贫困的正当的优先需要；公约第4.3条、4.8条则明确指出发达国家对发展中国家应该给予资金和技术方面的支持。

三　落实国际合作机制建立信任、增强信心

《联合国气候变化框架公约》是国际社会应对气候变化、减缓温室气体排放的合作平台，也被认为是国际合作应对气候变化的核心机制。尤其是发展中国家，对通过开展国际合作，提高适应气候变化能力，发展低碳经济寄予厚望，希望通过公约下确立的合作机制真正地获得资金和技术方面的支持，实现技术创新、产业升级并实现社会经济发展。“巴厘路线图”谈判在减缓、适

① 中国社科院城环所低碳融资的资金需求分析。

应、资金和技术等方面设立了一系列的国际合作机制，这些机制的执行效果，是否对发展中国家适应和应对气候变化起到作用，不仅是未来国际气候制度谈判的基础，更是能否建立政治互信、实现气候变化问题国际治理的基础。

国际机制的执行效果是德班平台的谈判基础。德班平台授权明确指出，德班平台谈判是在公约原则指导下进行，以公约和议定书工作组工作成果为基础，包括开展2020年后强化行动安排和提高2020年前减排力度两方面工作。巴厘授权下建立的相关合作机制必然影响德班平台的谈判进程。发展中国家2020年前减排目标很大程度上取决于国际合作机制的执行效率，发展中国家的减排行动目标多是在获得国际资金和技术支持的前提下提出的，因此，这些合作机制的执行效率，直接影响到发展中国家实现减排行动目标的程度；对于德班平台下讨论的如何提高2020年前减排力度的问题，谈判能否取得实质进展，更取决于与资金和技术相关的国际机制的执行效率。关于德班平台下2020年后国际气候制度的讨论，这些已经建立的国际合作机制的执行情况，则是讨论未来制度的基础。执行效果好的机制，可能得以延续并促进谈判进程；而执行效果差的机制，则可能成为谈判中的阻力点，延缓谈判进程。

合作机制的执行效率事关政治互信。巴厘授权历经5年的谈判，形成了一系列合作机制。发展中国家积极参与谈判，也是为了争取国际合作，以增强适应和应对气候变化的能力，实现经济发展与气候治理的协同。受到国内经济实力与技术条件的限制，发展中国家对国际合作寄予高期望。如果相关机制安排不能推动国际合作的开展，不能实现实实在在的为发展中国家提供资金、技术等援助，不能帮助发展中国家提高适应和应对气候变化的能力，发展中国家无疑会对公约谈判成果失去信心，对公约谈判失去信任，从而危及国际气候治理进程，难以实现公约目标。

合作机制的执行效果可以增加信心、促进减排。良好的政治互信，是建立有雄心的减排目标的基本条件。资金、适应、技术等相关国际机制的良好执行，不仅可以帮助发展中国家实现减排行动目标，更可以为发展中国家提供信心保证，以实现更具雄心的减排行动目标。发展中国家在经济发展过程中，温室气体排放问题往往伴随其他污染物排放等环境问题以及能源供给问题，发展中国家事实上是有意愿开展减排行动和气候治理的。如果相关国际保障和帮助机制能平稳执行，为发展中国家治理环境问题和发展经济提供助力，可以促进各国提出更具雄心的减排目标，这些积极承诺，将更加符合 IPCC 评估报告提出的减排目标的要求，保障公约目标的实现，也为未来有执行力的、高效、大幅度的国际减排制度打下基础。

四　展望华沙：明确定位调预期，务实合作夯基础

第十九届缔约方会议将于 2013 年 11 月在波兰首都华沙举行。本届缔约方会议是巴厘授权谈判结束后的第一次缔约方会议，也是德班平台密集开展谈判的第一届缔约方会议，具有继往开来的作用。虽然部分缔约方可能借 IPCC 第五次评估报告发布的政治动能，急推德班平台谈判，但更多的发展中国家缔约方倾向于推动执行巴厘授权下达成的诸多国际合作机制，务实开展国际合作。

华沙会议应推进协议落实，建立健全相关国际合作机制。在巴厘授权下，缔约方在减缓、适应、资金、技术等方面形成了一系列工作与合作机制，但这些机制的建设并不完善，机构设置、人员配备、经费来源与使用、业务开展等都还需要进一步谈判细化。例如适应和技术合作的资金渠道如何创建、资金机制中短期和长期资金如何筹集、如何保证资金的稳定供给等问题上，缔约方尚存分歧，这些分歧也使得相关机制并没有得到真正的执行，也无法为国际合作治理做出贡献。因此，华沙会议应该着力推进已有机制的细化和执行，以保证这些机制能正常运转，推动减缓、适应等具体国际合作项目的开展。

调整预期，避免突进。2013 年是《京都议定书》第二承诺期、巴厘授权谈判成果首个执行年，国际社会尚处在摸索、适应和规划、布署工作的阶段，各国国内政策也在逐步跟进。美国发布了总统气候变化行动计划，从减缓、适应和国际合作等方面布局应对气候变化工作；中国在气候变化立法、碳市场等领域也在开展积极探索；世界各国都在向着巴厘行动计划下承诺的减排或减排行动目标安排工作。在这种背景下，如华沙会议寻求突进，推动国际谈判大步快进，超越多数国家预期，忽略推动已有机制的执行和执行效果，其结果可能适得其反，不仅不能在推动谈判进展上达到预期设想，更有可能丢失谈判基

础，透支各国政治动能，反而可能滞缓后续谈判，或者引发不满情绪，对后续谈判形成阻力。

2013 年既是巴厘成果的首个执行年，也是德班平台谈判密集展开磋商的奠基年。好的执行，是履行协议的必然要求，也是未来协议谈判的基础。因此，华沙会议是继往开来的一届会议。在后续谈判尚不明朗的局面下，“继往”应是重点，通过务实合作，为即将到来的联合国 2014 年首脑气候变化峰会、2015 年完成德班授权谈判积累政治动能，打好合作基础。

G.3

全球实现2℃升温目标及中国的排放峰值

姜克隽*

摘　要：

近几年来，全球到2100年将自工业化以来温度上升控制在2℃的目标已经形成共识。但是未来如何实现全球2℃升温目标是目前各国研究机构需要答复的问题，也是IPCC第五次评估报告的重点。近期全球几个研究项目已经着重利用模型分析实现全球2℃升温目标的排放途径。我们利用模型分析中国在全球框架下实现2℃升温目标的排放情景，本文给出了这一情景的主要因素，同时讨论了中国实现2℃升温目标排放情景的可行性。研究发现，如果全球要实现2℃升温目标，中国需要使CO_2排放在2025年之前达到峰值，而且中国实现这样的排放也是可能的。近期经济结构调整、可再生能源以及节能技术进步、对低碳发展的投资潜力、中国走向低碳发展的政策环境，为中国在2025年实现排放峰值提供了基础。同时中国的国际谈判策略也需要相应调整，应更加积极主动，引领全球减排。

关键词：

气候变化　减缓　模型　情景　中国

一　全球气候变化减缓目标

1992年公布的《联合国气候变化框架公约》最终目标是将大气中温室气

* 姜克隽，国家发展和改革委员会能源研究所研究员。

体浓度稳定在不对气候系统造成危害的水平。长期以来，科学研究一直想提出一个什么样的浓度水平是不对气候系统造成危害的，致力于给出一个阈值。但是由于气候系统以及产生影响的渐变性，提出一个气体浓度或者温度阈值难度很大，到目前为止也没有一致性结论。

2009 年意大利 G8 峰会提出的 2℃升温目标被写入《哥本哈根协议》，这样一个温度目标，主要是在大量研究基础上提出的一个政治目标，而不是基于一个阈值研究。无论怎样，政策制定需要一个目标。世界上许多研究都针对 450ppm、550ppm，以及更高浓度目标进行分析（IPCC，2007）。一般概念下，450ppm 的浓度水平对应 2℃升温水平。经过大量政治讨论之后，最终提出了 2℃目标。

值得注意的是，温升控制在 2℃之内只是一个全球平均目标，在此水平上一些非洲国家的升温有可能达到 3.5℃，可以预期将给非洲大陆带来大面积灾害。哥本哈根会议上，非洲国家和小岛国呼吁全球温升目标控制在 1.5℃，希望缓解气候变化对本地区的影响。尽管协议指出将在 2015 年前对 1.5℃进行评估，但文本绝大部分内容还是突出了 2℃目标，这也是许多非洲国家和小岛国拒绝接受《哥本哈根协议》的根本原因。基于 2℃目标的协议不仅在国家间，也在支持不同温升指标的环境集团之间制造了鸿沟。

由于缺乏基于 1.5℃目标进行的排放情景分析，目前对其研究支持也不多。文献中常见的目标是稳定大气中的 CO_2 浓度，若研究的温室气体不只一种，可采取 CO_2 当量浓度或辐射强迫的形式，根据不同气体的辐射特性权衡其浓度。另一种方法是以稳定全球平均温度为目标。辐射强度指标优于温度指标之处在于计算时无需考虑气候敏感度，缺点在于统一辐射强迫水平可能对应着较大范围的温度冲击，而温度指标则与气候变化影响更直接相关。

2010 年的坎昆气候变化大会和 2011 年的德班气候变化大会再次确认了全球 2℃的气候变化控制目标，国际推动减排的合作已经在不断推进中，而且进度将越来越快。

但是未来如何实现全球 2℃升温目标是目前各国研究机构需要答复的问题，也是 IPCC 第五次评估报告的重点。近期全球几个研究项目已经着重利用模型分析实现全球 2℃目标的排放途径。

二　实现全球2℃升温目标的排放情景

现有研究表明①，2100 年 CO_2 当量浓度（辐射强迫）与 CO_2 浓度之间存在着很强的相关性，因为 CO_2 是辐射强迫的最重要影响因素。正是基于这个原因，为简化情景对比和评估，稳定情景（既包括多种温室气体的研究，也包括仅对 CO_2 进行的研究）。

在进行未来气候变化减缓目标的设置时，一般采用控制未来的温度上升。IPCC 报告中主要讨论到 2100 年的升温目标，目前大家所讨论的减排基本上是在 IPCC 报告给出的升温目标下确定的。

如果目前可以以 2100 年控制在 2℃ 升温为目标，从 2℃ 升温到辐射强迫，再到浓度，再到排放，每一步都会存在不确定性，这就会导致最终确定排放途径的范围比较大。不同的模型组在同样实现 2100 年 2℃ 升温目标的情况下，给出的到 2100 年的排放途径会多种多样。要较大可能实现全球 2℃ 升温目标，最好是在 2015 年之前达到 CO_2 排放的峰值，之后开始下降。如果 2020 年或者 2025 年达到峰值，则实现 2℃ 升温目标的可能性就会下降。目前欧盟提出的到 2050 年全球减排目标，实现 2100 年 2℃ 升温目标的可能性仅有 50%。在实现同样减排目标的情况下，欧洲研究人员和美国研究人员分别给出未来各自的排放途径，欧洲的研究结果是全球减排峰值较早，而美国的研究则是实现峰值较晚，但之后大规模下降，2050 年之后低于欧洲研究的结果。

这些说明实现未来减排的途径可以有多个。如果要分析未来全球减排目标，也同样需要有一个全球减排情景。最近正在进行的 IPCC 第五次评估报告，已经分析评估了最近的研究，进一步提出了全球的减排情景。和 2007 年的 IPCC 第四次评估报告相比，现在的模型研究大量提出了实现 2℃ 升温目标的排放情景，同时最为重要的是，从研究角度确认 2℃ 升温目标是可行的。

---

① IPCC，*Forth Assessment Report*，2007.

三　实现全球2℃目标的关键因素

一旦说到实现全球升温目标，一些关键因素就需要考虑，主要包括全球排放峰值的大小、各个区域的排放途径，以及实现峰值的时间。这其中一个很政治化的问题是负担分配。

目前全球实现减排目标（如2℃升温目标）有几种排放途径。第一种是快速实现减排，在近期达到全球排放峰值，之后可以相对缓慢地减排，最终实现减排目标。第二种是将全球减缓和实现排放峰值的时间推迟，如到2020年之后，然后快速减排，到2050年前后实现减排70%以上，之后缓慢减排。第三种是将全球减缓和实现排放峰值的时间推迟，如到2020年之后，然后全球减排，2070年左右开始进入负排放（通过生物质发电或者能源利用，采用CCS技术）。这样的话，如果要实现全球2℃升温目标，第一种排放途径是在2015年之前实现排放峰值，目前看来已经希望不大。我们这里主要采用后面两种全球排放途径分析中国的排放。

目前在准备IPCC第五次评估报告的进程中，模型组提供的实现2℃升温目标的情景已经有不少是在2020～2025年实现全球排放峰值。由于全球越早实现排放峰值，对中国的压力就越大，因此我们选择了全球排放途径中较晚实现排放峰值的情景，分析中国的减排情景。可以说，这种考虑分析得出的中国排放情景，已经是在实现全球升温目标的情况下，对中国最为有利的情景。

我们利用IPAC模型的排放情景对目标进行分析，得到的排放路径如图1所示。

在进行未来气候变化减缓目标的设置时，一般采用控制未来的温度上升。IPCC报告中主要讨论到2100年的升温目标，目前大家所讨论的减排基本上是在IPCC报告中给出的升温目标下确定的。

这里我们就利用能源研究所的IPAC模型中的气候模型，也即NCAR的简单气候模型MAGGIC来得到实现未来升温目标的全球排放途径。图1给出了一个结果。该结果设置的目标为2100年浓度控制在450PPMe的目标。输入的温室气体排放利用了IPAC－Emission全球模型的多种温室气体排放途径。

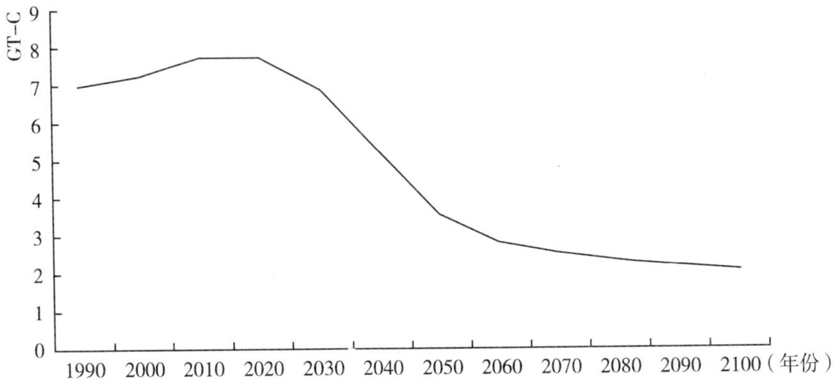

图 1　全球实现 450PPMe 浓度目标的 CO_2 排放途径

为模拟各个国家或地区的未来排放空间，应采取责任分担的形式。关于责任分担的一些主流观点包括以下几点。

①人均排放趋同：是指年人均 CO_2 或者温室气体排放在某一目标年趋同，以在排放上体现人权。一般常将 2020 年、2070 年，以及 2100 年作为人均排放趋同的目标年份。各个研究组有所区别。在达到最终人均排放趋同年份之前，各国和地区的排放途径也很重要，需要在分析人均排放趋同的时候进行分析。

②人均累积排放：认为在目标年（如 2050 年、2075 年）人均累积排放应趋同，起始年则可以选取 1850 年、1900 年。

③混合方式：综合考虑支付能力、人均排放和减排潜力，已得到能被大多数人接受的分担方式。

根据全球减排情景以及世界银行的人口预测（见图 2），我们对人均排放趋同进行了分析。

在进行人均分配时，有几个主要的假定，这些假定的不同导致不同的分配。这些假定包括以下几方面。

①人均一致的时间：2050 年、2075 年。

②中间时间段优先发达国家减排，发展中国家偏离基准线。

③可以允许某一些时间发展中国家的人均排放超过一些发达国家。

图 3 给出了按照人均趋同进行分担分析的结果。

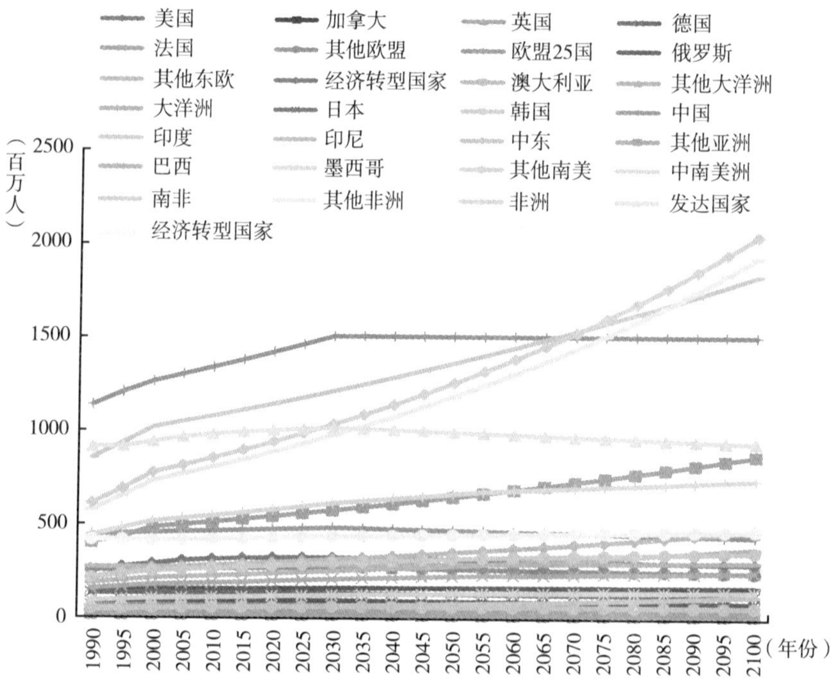

图 2　全球人口情景，IPAC 模型

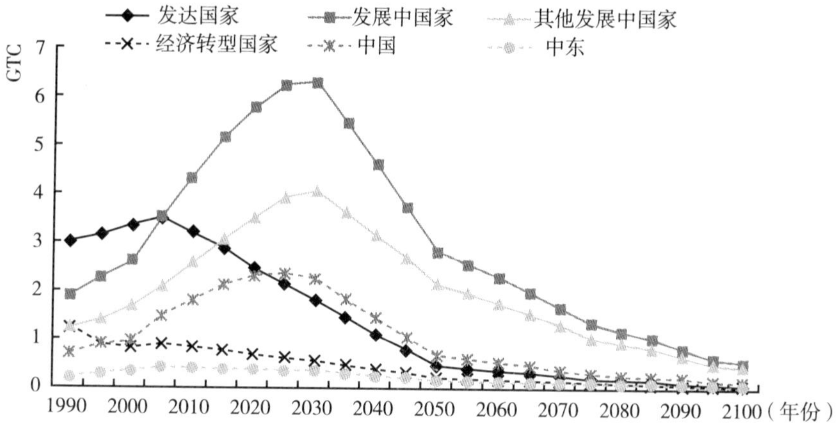

图 3　IPAC 模型人均趋同分配方案

发达国家必须尽早深度减排，为发展中国家提供排放空间。在我们的研究中，仍假设其他发展中国家在可持续发展的前提下，通过国际合作做出减排的努力。

四　区域排放途径

根据上述责任分担的机理，表1给出各国和地区2020年相比1990年的减排幅度。利用IPAC模型组全球排放情景的研究，这里也考虑了技术进步的因素。

表1　各国/地区相比1990年的减排幅度

单位：%

国家/地区	2020年	国家/地区	2020年
美　国	16.63	中　国	-228.99
加拿大	15.48	印　度	-323.13
英　国	33.72	印度尼西亚	-353.87
德　国	32.20	中　东	-75.25
法　国	27.80	其他亚洲国家	-195.98
其他欧盟国家	23.87	亚洲(中东除外)	-206.76
欧盟25国	27.74	巴　西	-138.92
俄罗斯	43.75	墨西哥	-88.99
其他东欧国家	47.63	其他南美国家	-121.91
经济转型国家	45.80	中南美	-115.33
澳大利亚	13.57	南　非	-97.34
其他大洋洲国家	-18.72	其他非洲国家	-165.47
大洋洲	10.48	非　洲	-151.89
日　本	18.46	全　球	-50.45
韩　国	-93.94		

注：正数为减排，负数为增排。

五　中国 CO_2 排放峰值

在IPAC全球模型的研究基础上，我们利用IPAC-AIM/技术模型对中国是不是可以实现2025年达到排放峰值这一目标进行了技术模型的分析。这个研究是在已经进行的中国低碳情景分析基础上进行的①。

① 姜克隽、胡秀莲、庄幸、刘强、朱松丽：《中国2050年的能源需求与 CO_2 排放情景》，《气候变化研究进展》2008年9月第四卷第五期，第296~302页。或姜克隽、胡秀莲、庄幸、刘强、刘虹：《中国2050年的能源需求与 CO_2 排放情景》，《中国2050能源和 CO_2 排放报告》，科学出版社，2009。

由图3可知，中国能源活动 CO_2 排放将在2025年前后达到峰值，约为85.6亿吨 CO_2e。但是这样的分析的前提是：要求发达国家到2020年时相比1990年减排30%～35%，以及其他发展中国家也进行强有力的减排行动。这个前提的可能性存在，但似乎也很困难。这样就是说，如果要实现全球2℃升温的控制目标，中国有可能要在2025年之前达到峰值。上面我们的分析主要是考虑了要给中国的减排留出空间，但这种空间看起来也很有限。此结论比IPAC强化低碳情景更为严峻。基于对GDP的不同假设，2020～2025年碳强度的降幅为49%～59%，高于政府公布的行动目标。

依据IPAC模型的研究，在2025年之前达到 CO_2 排放峰值是有其可行性的。为了进行这样的分析，我们利用IPAC－AIM技术模型，在已有的强化低碳情景下，进一步地进行可再生能源利用、CCS、节能等，看是不是可以做到在强化低碳情景下，在2025年之前达到 CO_2 排放峰值（见图4）。主要因素分析如下。

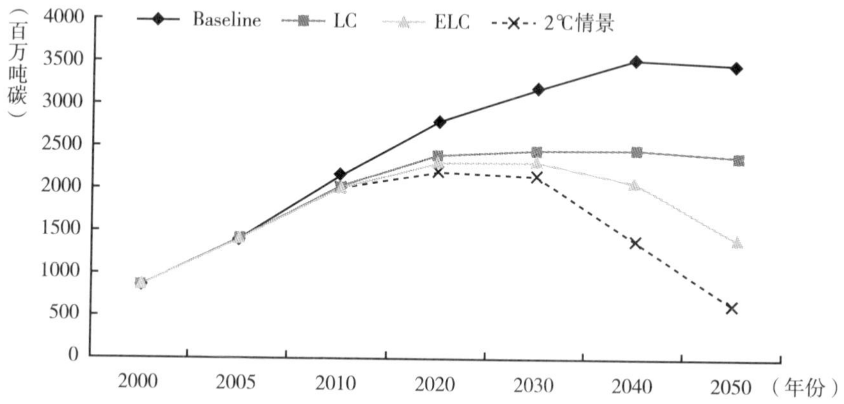

图4　中国能源活动 CO_2 排放情景

中国的经济结构将在2020年之前发生重大变化。绝大部分高耗能工业产品产量在2020年之前达到生产峰值，之后开始下降。目前的钢铁、建材，以及有色金属、化工产量已经能够满足中国经济快速发展对基础设施以及工业生产的需要，从每年新增的建筑面积、机场、道路、铁道、大坝等看，目前基本已经处于顶峰。如果继续扩展，中国人均建筑面积很快超过欧洲、日本平均水平，在2030～2040年会接近美国，但这对中国这么庞大人口和有限土地面积的国家是不可想象的。而这几个高耗能工业部门和相关行业消耗了中国过去10年新增能源的70%。如果这些部门不再增长，同时考虑其能源效率提高，未来几年内这些部门的能源消费很有可能开始下降，中国能耗上升的一个很大的驱动力就消失了。

从政策环境上看，中国发展低碳经济已经有了很好的社会环境和政策导向。中国政府宣布了2020年单位GDP二氧化碳排放相比2005年下降40%～45%的国内行动目标。中国可以做得更好，一方面需要在今后两个五年计划内继续推行现有节能、可再生能源和核电政策，并努力推进低碳发展，提倡低碳交通和生活方式；另一方面，可以通过技术、碳金融、碳市场等国际合作，获得更多的外部支持。

近两年可再生能源技术的快速进步，为实现中国的2℃升温目标提供了强有力的支持。到2011年，风机成本下降到了3200～3500元/千瓦，光伏发电装机成本下降到了16000元/千瓦。在沿海地区一些风力发电成本已经可以和燃煤发电相竞争。在终端用户侧，一些光伏发电成本也已经具有成本竞争性。中国2020年可再生能源发展的目标不断被提高，如从2006年计划2020年风电装机3000万千瓦，到2008年计划8000万千瓦，2010年计划1.5亿千瓦，目前在讨论2亿千瓦以上的装机。根据目前风力发电的发展格局，尽管在风电入网时遇到了一些困难，但根据工程院相关研究的结论，随着电网建设和纳入风电的规划进一步完善，这些困难会较快得到解决。因此到2020年，甚至有可能发展到2.5亿～3亿千瓦的装机。对于光伏发电来说也是同样。近期2020年光伏发电的目标已经提高到了2000万千瓦，相关专家在讨论5000万千瓦的目标。做得好的话，有可能进一步超出这个目标。

因此在2℃情景中，进一步提高了2050年可再生能源的利用目标。模型考虑未来可再生能源和化石燃料发电技术成本下降的学习曲线效应，到2020年之前，随着化石能源成本不断上升，以及对环境外部性的内部化，可再生能源已经全面对化石能源发电具有成本竞争性。这样在模型中，到2050年，风力发电装机达到8.6亿千瓦，光伏发电装机达到10.4亿千瓦。同时模型中还进一步加大了太阳能热水、采暖的应用，还考虑了大量分布式可再生能源利用技术，如太阳能空调、光伏发电采暖等技术。

模型中同时进一步考虑了CCS技术。由于非化石能源的进一步增加，在2℃情景中燃煤发电装机从强化低碳情景2020年的7.6亿千瓦和2050年6.3亿千瓦分别下降到7.1亿千瓦和5.7亿千瓦。在2℃情景中，到2050年有4.1亿千瓦的煤电使用CCS技术，那时燃煤发电已经以IGCC为主。

同时低碳发展由于国家经济实力的快速发展而得以全面实现。到2020年、2030年和2050年中国GDP总量会从2010年40.3万亿元，分别上升到130万亿元、290万亿元和520万亿元（按照现价计算）。由于技术成本的下降，即使按照现价计算也下降明显，因此未来可以用于低碳发展的投入将远远大于目前国内主要模型研究机构的模型中对低碳投入的需求。充足的资金投入可以在低碳交通、建筑方面全面满足低碳发展的需求，实现更低的CO_2排放量。

依据上面主要因素，利用IPAC－AIM技术模型，可以看出，如果政策明确，投资充足，中国实现2℃情景的CO_2排放途径是可以的。但前提是要有很好的政策设计以及资金投入。

六　结论

通过分析可以看出，实现2100年比1850年温度上升2℃的目标，全球的CO_2排放量需要在2020年之前达到峰值。虽然有多种全球分担的方式，但对于中国而言，要支持全球实现2℃升温目标，中国能源活动的CO_2排放需要最晚在2025年达到峰值，之后开始明显下降。

近两年可再生能源技术的快速进步，为实现中国的2℃情景提供了强有力的支持。到2050年时可再生能源将有大规模的发展，风力发电装机容量接近9亿千瓦，光伏发电装机超过10亿千瓦。

CCS技术在中国也将得到大规模应用，使得2050年化石燃料发电低碳化。CCS是一个长期存在的技术，近期IPCC报告中针对2℃情景的研究中，大量出现了负排放情景，这使得CCS的应用成为一个重要的选择。中国可以在CCS技术上领先。根据情景分析，到2050年将有4.1亿千瓦的煤电使用CCS技术，届时燃煤发电已经以IGCC为主。

这样的情况下，中国可以做出相应的政策和制度安排，提出一个强有力的气候变化战略，用于指导社会经济发展、产业发展，以及低碳技术发展。同时，中国的国际谈判策略也需要有明显的调整，进入更加积极的引领阶段，促使世界各国和我们一道实现全球减排目标，这样可以在国际道义上为中国创造良好声誉，同时为中国低碳技术的出口打开广阔的空间，促进中国新型经济发展模式的形成。

G.4

发达国家减排以及增强2020年减排力度问题研究

李 婷*

摘 要：

《联合国气候变化框架公约》明确规定发达国家对气候变化负有历史责任，并且应按照“共同但有区别的责任原则”，率先承担量化减排义务。公约“附件一”以具体罗列的方式，详细列出了公约附件一国家。在《联合国气候变化框架公约》的语境与权利义务下，发达国家等同于“附件一国家”，其减排问题是国际合作、应对气候变化的关键问题。但是，联合国气候变化谈判历经《京都议定书》第一承诺期谈判、“巴厘行动计划”谈判，已经进入有关2020年后国际气候制度的德班平台谈判，发达国家减排问题却始终未取得根本性的突破。本文从发达国家减排的法律义务入手，并结合当前谈判实际，探讨增强发达国家2020年减排力度问题的性质、目标与方式，同时指出这一问题对中国参与气候变化进程的影响。

关键词：

发达国家减排义务　2020年　德班平台

《联合国气候变化框架公约》明确规定发达国家对气候变化负有历史责任，并且应按照“共同但有区别的责任原则”，率先承担起量化减排义务，这是公约最核心的原则与规定，是公约在应对气候变化问题上最根本的出发点。本文从发达国家减排的法律义务入手，并结合当前谈判实际，探讨增强发达国家2020年减排力度问题的性质、目标与方式。

---

* 李婷，清华大学公共管理学院政策研究顾问、中国社会科学院城环所创新工程执行研究员。

一 公约及《京都议定书》对发达国家减排义务的相关规定

1. 公约相关规定

1992年签订、1994年生效的《联合国气候变化框架公约》截至目前共有196个缔约方，除欧盟作为经济一体化组织外，195个缔约方都是主权国家。国家是公约的主体，同时，按照“共同但有区别的责任原则”，公约将权利义务主体按照国家集团划分为“发达国家”和“发展中国家”，具体名单则体现为公约附件一国家和非附件一国家。公约规定发达国家对气候变化负有历史责任，“历史上和目前全球温室气体排放的最大部分源自发达国家”，并应“带头依循本公约的目标，改变人为排放的长期趋势”，“使二氧化碳和《蒙特利尔议定书》未予管制的其他温室气体的人为排放回复到1990年的水平”。这成为公约最重要、最突出的原则和规定，是公约的基础和精髓所在。

2. 《京都议定书》对发达国家减排指标做出量化规定

根据公约的规定，1995年公约第一次缔约方会议通过“柏林授权”，启动谈判制定一项议定书的进程，以在公约基础之上，进一步为发达国家确定具体量化的减排义务。按照这一授权，1997年《京都议定书》得以通过，议定书附件B对附件一国家的强制量化减排指标做出了具体罗列。发达国家减排义务分阶段进行，其中，2008～2012年为第一承诺期，发达国家整体应实现温室气体排放总量在1990年基础上至少减少5%的目标。在具体减排指标方面，原欧盟15国作为整体在第一承诺期承担在1990年基础上减排8%的义务，美国虽至今未批准议定书①，但在附件B中列出其应承担在1990年基础之上减排7%的减排义务。日本、加拿大、匈牙利、波兰承担6%的减排义务，克罗地亚承担5%的减排义务，新西兰、俄罗斯、乌克兰保持在1990年的排放水平上，挪威、澳大利亚和冰岛则可以分别增加1%、8%和10%。此外，在议

① 1997年12月美国参议院以95∶0通过“伯德－哈格尔”议案，不参加《京都议定书》，2001年3月布什宣布不参加《京都议定书》。

定书谈判进程中，按照公约相关规定，2006年第7/CMP.2号规定决定将白俄罗斯列入附件B，指标为减排8%，但迄今未生效。此外，2010年，哈萨克斯坦提出希望列入附件B，指标为减排10%，但缔约方大会尚未做出决定。

3. 发达国家第一承诺期的履约情况

《京都议定书》第一承诺期发达国家整体减排5.2%的承诺谈不上十分有力度，加上基年、气体种类、土地利用、灵活机制等减排方式的影响，发达国家减排的实际力度特别是在本土的减排力度十分有限。实际上，根据公约秘书处公布的温室气体清单和相关数据[①]，1990~2006年期间，发达国家的排放普遍较快增长，7个国家的温室气体排放增长达40%以上，5个国家增长幅度在20%~30%，3个国家增长10%~20%。到第一承诺期尾期，共有16个附件一国家[②]未能完成《京都议定书》的减排指标，22个附件一国家已经完成议定书的减排指标，但其中12个是经济转型或前苏东国家[③]。如果不算经济滑坡的东欧经济转型国家，附件一国家（不包括土地利用等）排放从1990年的13亿吨二氧化碳当量增长到2006年的14.29亿吨，增幅为9.9%[④]。整体上，发达国家指标完成情况并不理想，主观努力不足，即使在欧盟，其减排“成绩”主要也是由于整体经济下滑，特别是东欧经济转轨国家经济萧条而引发的“被动减排”，而非大幅度主动减排而取得的。

二 “巴厘路线图”谈判相关内容和成果

1. “巴厘路线图”的具体授权

按照议定书第3.9条的规定，缔约方还将在第一承诺期末的7年前开始谈判

① 见第四次国家信息通报，http：//www.unfccc.int/national_ report/annex_ i_ natcom/submitted_ natcom/items/3625.php。

② 未完成议定书指标的国家有冰岛、加拿大、澳大利亚、新西兰、卢森堡、列支敦士登、奥地利、西班牙、美国、丹麦、瑞士、斯洛文尼亚、挪威、日本、意大利、爱尔兰。

③ 完成议定书指标的有瑞典、英国、欧盟、法国、摩纳哥、希腊、芬兰、比利时、德国、葡萄牙、荷兰，以及经济转轨国家乌克兰、拉脱维亚、爱沙尼亚、立陶宛、罗马尼亚、保加利亚、俄罗斯、匈牙利、斯洛伐克、波兰、捷克、克罗地亚。

④ FCCC/SBI/2008/12，第15段。

制订附件一国家在第一承诺期之后的后续承诺期的减排指标。据此规定，2005年缔约方大会通过“蒙特利尔授权”，开启了制订发达国家减排指标的特设工作组谈判（AWG－KP，以下称KP工作组）。此外，2007年底在印尼巴厘岛召开的缔约方大会通过了“巴厘行动计划”，设立了公约长期合作工作组（AWG－LCA，以下称LCA工作组），其中发达国家减排问题也是最重要的内容之一。这两个特设工作组齐头并进，形成了著名的“巴厘路线图”双轨谈判。

在发达国家减排问题上，十分明确的是，两个工作组的授权各有侧重，彼此之间并不存在重合，但有着鲜明的先后次序，简言之，KP工作组应首先制订第二承诺期发达国家的减排指标，以便在LCA工作组下达成包括不参加议定书的发达国家在内的所有发达国家可测量、可报告、可核实、可比的量化减排指标①。

2. “巴厘路线图”谈判中的焦点问题

在“巴厘路线图”谈判阶段，发达国家的减排整体指标和国别指标，以及相应带来的减排模式问题是谈判的焦点。按照IPCC第四次评估报告给出的建议，发达国家整体应承担在1990年基础上减排25%～40%的中期减排指标，这一要求体现在坎昆协议②之中。按照议定书第21条第3款，修改议定书附件的建议案文应至少在6个月前由秘书处送交各缔约方。为在2009年底的哥本哈根会议上通过相关案文，包括中国在内的37个发展中国家在2009年6月的波恩会议上联合提交了发达国家在2020年应在1990年基础上至少减排40%的相关提案。玻利维亚等一些发展中国家要求发达国家的整体减排指标至少为50%。

尽管发展中国家要求发达国家通过深度减排目标，履行对气候变化负有的历史责任，切实体现率先减排的呼声一直十分强烈，发达国家却一直未接受这一整体减排指标的具体数值，特别是“伞形国家集团”③坚决反对“自上而下”这一方式，即先确定发达国家整体指标，再分配到国别。2008年至哥本哈根会议前，发达国家纷纷自主提出减排允诺，其中，欧盟提出在2020年将

① 1/CP. 13. para. 1（b）i.

② 1/CP. 16 序言部分。

③ 包括美国、日本、加拿大、澳大利亚、新西兰、俄罗斯。

其温室气体排放在 1990 年基础上减排 20%，日本提出的目标是 25%，挪威提出的目标为 30%，新西兰提出的减排目标为 10% ~20%，美国和加拿大分别提出到 2020 年在 2005 年基础上减排 17%，俄罗斯提出到 2020 年在 1990 年基础上减排 10% ~15%，但其现阶段排放已经比 1990 年下降 33%。并且，这些减排目标多是以发展中国家减排为前提①。

发达国家从哥本哈根会议至坎昆会议，最终基本实现以“自下而上”的方式，“锁定了”其自主提出的低水平减排承诺。按照一些研究机构的测算，发达国家整体减排强度为 16% ~23%，大大低于它们基于历史责任所应负的减排义务。

3. “巴厘路线图”谈判就发达国家减排问题形成的最终成果

2012 年底的多哈缔约方大会，通过了被称为“多哈之门”（Doha Gate）的一揽子成果文件，“巴厘路线图”谈判正式宣告结束，双轨制谈判分别取得了相关成果。其中，有关发达国家减排的内容为如下方面。

（1）在 KP 工作组，制定了发达国家有关《京都议定书》第二承诺期的安排，通过了以附件 B 为核心的第二承诺期法律安排，确定第二承诺期从 2013 年 1 月起至 2020 年 12 月 31 日终止；欧盟与澳大利亚等 38 个国家或地区②在第二承诺期的整体年平均排放将比 1990 年减少 18%，新西兰、日本、俄罗斯不参加第二承诺期。加拿大则于 2011 年 12 月 15 日向联合国提交了退出《京都议定书》的书面通知，于 2012 年 12 月 15 日起不再是议定书缔约方。此外，多哈会议还决定设立一个重新调整第二承诺期减排指标的机制，要求发达国家最晚于 2014 年 4 月 30 日前向秘书处提交一份提高减排指标的意向文件，并随后组织高级别圆桌会讨论相关事宜，以便向 2014 年底的第 20 次缔约方会议提交报告。

（2）在 LCA 工作组，以公约正式文件 FCCC/SB/2011/INF. 1 编入发达国家的涵盖所有经济部门的量化减排指标（economy wide quantified emission

---

① 见公约文件 FCCC/SB/2011/INF. 1。

② 继续同意在第二承诺期框架下承担减排义务的附件一国家包括欧盟及其 27 个成员，挪威、冰岛、瑞士、列支敦士登、摩纳哥、克罗地亚、澳大利亚、乌克兰、白俄罗斯和哈萨克斯坦。其中塞浦路斯和马耳他是新加入欧盟的国家，未在第一承诺期承担减排指标，白俄罗斯、哈萨克斯坦是新加入第二承诺期的经济转轨国家。

targets）；在公约履约附属机构（SBI）下设立减排目标的“国际评估进程”，同意发达国家每两年提交一次进展报告（biannual report），并接受国际评估与审评（International Assessment and Review，IAR）。在公约科学附属机构（SBSTA）启动一个工作计划，继续澄清发达国家所提出的承诺指标，以期确认衡量减排努力水平的共同要素，并确保发达国家之间减排努力的可比性。

三　德班平台谈判有关发达国家减排问题谈判的现状及前景分析

1. 德班平台有关2020年前减排问题的具体规定

2011年底召开的《联合国气候变化框架公约》第17次缔约方大会第一号决定（1/CP. 17）设立了德班平台特设工作组（AWG - DP）这一新的公约附属机构，启动“在公约下谈判制订一项适用于所有缔约方的议定书、另一个法律文件或具有法律效力的一致成果的进程”。1/CP. 17号决定构成德班平台谈判的授权基础，确定工作组应于2012年上半年展开工作，并最迟于2015年完成任务，以便第21次缔约方大会通过成果，令该成果自2020年生效并实施。

1/CP. 17号决定明确了德班平台谈判的范围和要素，即减缓、适应、资金和技术转让、透明度以及能力建设。此外，德班平台谈判授权还引入了一个关于提高2020年前减排力度的工作计划，全称为“启动一个有关提高减排水平的工作计划，以挖掘和探索一系列行动选项，从而通过所有缔约方最高限度的减排努力弥补（减排）水平之差距”。2012年6月德班平台第一次会议上，各方就此产生了比较大的分歧。

（1）欧盟认为，德班平台谈判有关提高2020年前减排力度问题与2020年生效的有法律约束力的协议有区别。2020年前提高减排力度可以仅仅通过一些措施，如未提出承诺的各方提出新的承诺，已经提出有幅度承诺的争取高幅度；将公约外的减排行动进行量化，并采取其他能够取得减排效果的具体措施。这一工作计划的最终成果可能只体现在公约相关决定或文件之中。

（2）小岛国特别重视2020年前的减排力度提高问题，不仅要提高《京都议定书》第二承诺期的减排承诺，而且要求能够产生短期减排效果的行动方案。这与2020年后的协议同等重要，应齐头并进。

（3）主要发展中国家认为提高2020年前的减排力度问题主要应在“巴厘路线图”谈判中解决，即发达国家在《京都议定书》第二承诺期承担更大的义务，或在“巴厘行动计划”中承担起与第二承诺期义务可比的减排指标。德班平台谈判不能替代“巴厘路线图”谈判，不能给发达国家提供“跳船”的机会，使其得以利用德班平台逃脱自身率先减排的义务。

会议最终决定建立两个工作流程（working stream），一个流程指向2020年后协议的谈判，一个流程指向2020年前提高减排力度的工作计划。

2. 现阶段谈判就发达国家2020年前减排问题需要主要解决的问题

第一，多哈会议结束了“巴厘路线图”谈判之后，参加《京都议定书》的发达国家在议定书第二承诺期有了减排指标，这一指标明显是不足的，发展中国家强烈呼吁发达国家应提高相应指标。那么，如何根据落实多哈平台的决定，通过2014年开始的审评，提高发达国家在《京都议定书》下的减排指标？

第二，在德班平台下的第二工作流程（WS2），如何提高（发达国家）减排力度以弥补其与2℃温度阈值所要求的减排力度的落差？

目前谈判中，发达国家和主要发展中国家在上述两个问题上均存在较大的分歧。在2013年上半年，第一次波恩届会就WS2召开了四轮圆桌会，主题为“促进行动”和“以务实的、成果为导向的方式提高2020年前减排力度”。第二次波恩会议又就后一主题召开了两轮圆桌会。可以看出，ADP联合会议主席①所设立的主题侧重于增加“行动的实际效果”，而非减排指标本身。发达国家和主要发展中国家的主要态度如下。

（1）发达国家在提案与发言中就“一系列行动选项”提出了很多具体建议。比较有代表性的是欧盟，提出推行行业方法减排、削减HFCs、开展农业减排、取消石油补贴、促进清洁技术发展和投资友好环境、推行（低碳）生态标准（ecological standards）以及全球（低碳）标签（global environmental

① 分别由印度的Jayant Mauskar和挪威的Harald Dovland担任。

label）等具体行动，美国等发达国家提出将继续加强公约之外的减排努力，并将之量化。

（2）小岛屿国家联盟（AOSIS）提出探讨和汇集各种有关提高能效和推动可再生能源发展的措施以及最佳实践方案。AOSIS 的此项提案是针对所有国家的，并要求为此在附件一国家和非附件一国家中各找出一个“领袖国家”，引入更多专家参与，并在 2013 年第 19 次缔约方大会上为这一议题举办部长级会议，特别要邀请财长与会，以探讨解决有关化石燃料补贴和可再生能源的资本投入等问题。

（3）多数发展中国家继续强调，发达国家要切实落实多哈一揽子成果，在减排等方面发挥领导作用。要弥补 2020 年的减排水平差距，发达国家应尽快批准关于第二承诺期的修正案。在 2014 年 4 月之前，提高在《京都议定书》下承担的减排指标。除去各种履约条件，不参加议定书第二承诺期的发达国家也要在 2014 年 4 月之前相应提高其在坎昆会议上所做的减排承诺。此外，针对联合国环境署 2012 年出版的一份题为《减排水平差距》的报告①，中国、印度、南非、马里、肯尼亚等主要发展中国家强调，发达国家低水平承诺是减排水平差距的主要原因，发达国家如果按照科学和历史责任的要求承担 40% 的中期目标，即能有效地弥补这一减排差距。另外，发展中国家还强调在对发展中国家的支持力度方面同样存在巨大差距。

3. 减排问题解决之前景探讨

尽管存在上述分歧，但可以看出，伴随着 IPCC 第五次评估报告的陆续出台，以及又一次气候首脑峰会的召开，提高减排力度的呼声日益高涨，而压力将主要聚集在 2020 年后的新协议上。对于 2020 年前的减排力度问题，“求务实、重效果”的“中间”立场可能成为主流。初步判断，未来在这一问题上

① 2011 年 11 月 21 日发布，是 UNEP 第三次在缔约方会议之前发布此报告的更新版，由来自 22 个国家的 55 位科学家共同撰写，提出 2011 年全球排放量为 500 亿吨二氧化碳当量，如果要将温升控制在 2 摄氏度，到 2020 年排放必须降到 440 亿吨，达到峰值，到 2030 年要在目前基础上减排 23%，到 2050 年减排 56%。但是，目前看，排放是要升到 580 亿吨的，即使所有国家都高水平地完成其当前承诺的减排目标，排放仍要升到 520 亿吨。减排差距为 80 亿 ~ 140 亿吨二氧化碳当量。UNEP 找出了 170 亿吨减排潜力所在，主要集中在农业、交通、建筑和林业等领域。

的前景很可能是如下情形。

（1）发达国家和发展中国家就主要分歧达成妥协性方案：关于发达国家是否需要提高减排指标，从大的政治形势判断，未来几年的谈判形势相比“巴厘路线图”阶段并不会有大的改变。因此，无论发展中国家是否继续施加政治压力，发达国家整体朝着25%～40%的中期减排目标调整、多数就2020年前的承诺做出更高承诺的可能性不大。美国等国家对于在SBSTA“澄清”其减排指标的态度都十分消极；领头的欧盟能否做出30%的减排承诺，尚属未知，更多取决于欧盟内部对于减排责任的分配能否达成一致看法。相对的，由于发达国家带头作用的欠缺，发展中国家所需资金与技术问题始终不能得到实质性的解决。因此，尽管不排除个别未做出减排承诺的发展中国家自愿提出承诺目标，但为未承诺的发展中国家引入强制承诺义务有失平衡，可能性也不大。

（2）在具体行动方案方面，“中间派”的印度尼西亚等国提出的“系统性推进先进知识与最佳实践方案”以提高减排的效果、小岛国等提出的能效方案、巴西等国提出的减少毁林等，以及UNEP所主张的建筑、交通领域，有可能在2013～2014年达成一些具体行动方案。一些公约外进程中，如“气候与清洁空气联盟”（Climate and Clean Air Coalition）、“主要经济体气候变化论坛”（MEF）等，发展中国家将强调并坚持其作为公约补充行动的地位保持不变，但相关发达国家推动力度会继续加大，双边以及区域性行动会由此增强。

（3）在目前一些争议性较大的问题上，如HFCs的具体减排安排，化石能源补贴问题，共同能效以及可再生能源标准，农业、国际航运等行业减排问题上，深层次的南北矛盾仍将凸显，能否将某些领域的行动聚焦在发达国家身上，如南非提出发达国家取消化石能源补贴、在发达国家就行业减排寻找旗舰项目，能否确保避免变相地向发展中国家转嫁责任义务，将是这些问题取得进展的关键。

四　相关结论及对中国参与气候变化进程的影响

综上所述，发达国家减排义务、指标、模式是气候变化谈判及相关国际进程的核心，也是国际气候治理的核心内容。公约及《京都议定书》以全面、清晰、平衡的方式，从气候变化问题的本质和解决气候变化问题的核心出发，对发达国家所应承担的带头削减温室气体排放做出了具体明确的规定，从减排指标到履约机制，一应俱全。从条约法的角度看，公约及《京都议定书》的制定是人类合作应对气候变化的里程碑。发达国家在履行其所承担的强制量化减排义务时效果普遍偏弱，很多观点将之归结为条约义务的不平衡，即发展中国家未承担相同的义务，这涉及的不是公约本身在立法技术和内容方面的分歧，而是对整个气候变化问题根源的认识，是对公约原则和宗旨的认同。也就是说，是否继续认同气候变化的根源在于发达国家在一百多年来工业化过程中所累积的温室气体排放，是否继续认同发达国家因此需要率先减排，发达国家和发展中国家承担了共同但有区别的责任，发展中国家有削减贫困和实现可持续发展的优先任务。

正是因为对发达国家减排问题的认识及立场，关系到对气候变化问题本质及公约宗旨原则的认识和立场，因此，在发达国家减排问题上，无论就“具体”“额外”减排措施达成何种方案，中国将和其他广大发展中国家一样，坚持维护公约及其原则和规定的基本立场。

另外，客观而言，由于发达国家履约不足，在排放空间有限的大前提下，发展中国家特别是中国等排放量大的发展中国家，在未来可能承担的减排义务在理论上相应增大，因而会面临更大的减排压力；发达国家在 2020 年前以及《京都议定书》第二承诺期所承诺的指标越低，发展中国家在 2020 年后的减排压力就会越大。这一问题作为焦点问题在德班平台谈判中将会日益突出。在气候变化问题上是否能够真正体现公平，将是未来协议成败的关键，既关系到全人类合作应对气候变化的进程，也关系到中国在未来可持续发展问题上的国际环境。

G.5

气候变化资金机制谈判进展及中国参与构建资金机制的建议

张雯　潘寻*

摘　要：

资金机制是支持发展中国家开展应对气候变化减缓适应行动的关键。由于发达国家缺乏履行公约义务的政治诚意，长期以来在资金问题上同发展中国家展开了斗争。随着全球政治经济形势的变化，气候变化资金问题呈现资金规模不足、资金来源不可靠、资金分配待改善、资金机制政治色彩趋浓的演变趋势。因此，完善与规划气候变化资金机制，充分认识和利用国际与国内两种资源，建立多元化、多渠道的融资机制，并引导资金在减缓和适应两个领域平衡投入，对推动发展中国家应对气候变化和实现低碳发展具有十分重要的现实意义。

关键词：

气候变化　资金机制　减缓　适应　融资

一　前言

气候是人类赖以生存的自然环境，是经济社会可持续发展的重要基础资源。气候问题表面是环境问题，其背后的发展空间、产业竞争力、国际政治领导权等利益问题涉及各国经济发展的根本利益，因此，气候问题归根结底是发展问题①。

* 张雯，环境保护部对外合作中心高级工程师，香港科技大学海洋环境科学博士，研究领域为气候变化公约资金机制、环境公约履约资金机制与环境国际合作；潘寻，环境保护部对外合作中心工程师、博士。

① 曾贤刚、吴雅玲、朱留财：《气候谈判国际阵营变化的经济学分析》，《环境经济》2011 年第 1 期，第 12 ~ 14 页。

人类应对气候变化通常有两方面的措施和行动：减缓和适应。减缓偏重于影响气候系统，阻碍变化的进程和幅度；适应则是减轻气候系统带来的不利影响，控制气候变化的风险。因此，减缓指向气候变化的原因，适应指向气候变化的结果①。

无论是减缓还是适应均需要大量资金的投入，因此资金问题成为国际气候变化谈判的核心议题之一，成为落实应对气候变化国际合作安排的关键。近年来，发达国家和发展中国家各大阵营在气候变化资金机制内的合作与博弈呈现新的特点与演变趋势，气候变化资金机制在未来既面临机遇又充满挑战。鉴于气候变化谈判已成为各国较量的新舞台，科学应对气候变化资金议题，加强对气候变化资金机制的研究及前瞻性判断，对中国积极参加气候变化国际合作，维护国家当前利益和未来发展权益，推进生态文明建设，具有十分重要的现实意义。

二　气候变化资金机制最新进展态势与焦点

（一）公约与德班平台资金议题谈判进展

2012年年底举行的第十八届《联合国气候变化框架公约》缔约方大会标志着“巴厘路线图”谈判进程结束，全球气候变化谈判重心转入德班平台进程，一个着眼于2020年后的国际应对气候变化新制度的谈判时间表正式进入3年倒计时。德班平台的主要任务是在2015年前形成一个适用于公约所有缔约方的法律文件或法律成果，并作为2020年后各方加强公约实施、减控温室气体排放和应对气候变化的依据。各缔约方争论的焦点是继续维护还是根本改变现有的公约和《京都议定书》（以下简称“议定书”）体制，以及如何界定和体现“共同但有区别的责任原则”（CBDR）及公平、各自能力等重要原则。

① 姜冬梅、张孟衡：《中国适应气候变化的国家资金机制》，《世界环境》2006年第5期，第72～74页。

资金议题是德班平台2020年后强化行动安排和提高2020年前行动力度两方面的重要内容。发展中国家普遍认为德班平台应综合平衡考虑资金问题，发达国家应为发展中国家提高2020年前行动力度及2020年后自主减缓行动提供资金支持，并就其如何履行资金承诺、强化资金安排作出规定。发达国家认为资金问题在“巴厘路线图”进程中已经基本得到解决，未来协议的核心是减缓问题，不应将发达国家出资问题列入讨论议程。尽管各方将就未来协议的基本框架、强化行动的界定等问题进行深入谈判，但由于在资金谈判日程、资金具体实现形式上分歧严重，德班平台资金议题在短时间内取得实质性进展的可能性较小。

（二）公约内气候变化资金机制最新进展

公约依据“共同但有区别的责任原则”及“公平原则”，要求发达国家缔约方向发展中国家缔约方提供新的、额外的资金，用于支持发展中国家缔约方履约发生的全额资金或增量成本，保障公约全面、有效、持续地实施，同时规定发展中国家的履约力度将取决于发达国家履行公约提供资金和技术支持义务的程度。

全球环境基金（GEF）是公约的主要资金机制，是气候变化国际合作的主要资金渠道之一，为发展中国家加强应对气候变化的能力提供赠款，促进发展中国家为取得全球环境效益做出贡献。自1991年成立以来，GEF在气候变化领域累计为发展中国家提供了超过39亿美元的资金支持，并通过各种渠道撬动了逾280亿美元的联合融资。该基金支持的气候变化行动内容主要是减缓，兼顾适应活动。目前，GEF正处于第五增资期（2010年7月至2014年6月），气候变化领域总体目标是通过市场转型、投资环境友好型技术等手段，全力帮助受援国向低碳发展转型。2012年6月，日本人石井菜穗子女士在第42届理事会上被任命为GEF第四任主席。石井上任后一是积极推动GEF转型改革与业务创新，提出在城市可持续发展、森林保护、粮食安全等领域开展旗舰项目，力求在全球环境公共产品保护方面发挥更大作用。二是尝试转变与包括中国在内的中等收入国家的合作方式，为这些国家设定用款限制并要求其提高增资比例分摊。石井上任1年来，中国只有2个国别项目获批，占同期 GEF 批准的全部项目资金的比例不到 4%，较以往中国 10% 以上的资金比例出现急剧下滑。2013 年 4 月，GEF 开启了第六期（2014.7～2018.6）增资磋商，气候变化领域资金支持的优先战略与具体内容预计于 2014 年 2 月出炉。

GEF 是公约下发展中国家接受气候变化国际合作援助的主要资金渠道，但是 GEF 通常更关注具有全球环境效益的大型减缓项目，加上许多发展中小国能力欠缺，致使大部分资金流向发展中大国。为改变这种状况，2001 年公约第七次缔约方大会（COP7）决定设立气候变化特别基金（SCCF）、最不发达国家基金（LDCF）和适应基金（AF）以弥补 GEF 的不足。

SCCF 资金来源为发达国家或其他国家的自愿捐款，目前支持的领域包括适应和技术转让。截至 2013 年 6 月，SCCF 向 35 个发展中国家的 46 个项目提供了约 1.79 亿美元的赠款，并通过各种渠道动员了 15.59 亿美元的联合融资。LDCF 是针对非洲等地区最不发达国家设立的基金，支持最不发达国家编制国家适应气候变化行动计划（NAPA），以及执行 NAPA 中确定的紧急和优先适应措施，开展气候变化相关能力建设及有关活动。截至 2013 年 6 月，LDCF 为最不发达国家的 161 个项目提供了 5.07 亿美元的资金支持，并动员了 19.87 亿美元的联合融资。中国不在 LDCF 支持之列。目前，SCCF 和 LDCF 可用资金分别为 182 万美元和 838 万美元。比利时、德国、挪威、瑞典、瑞士、美国近期承诺向 SCCF 和 LDCF 分别捐资 6928 万美元和 1.29 亿美元，使两个基金历史累积总资金量超过 10 亿美元。

AF 旨在支持发展中国家具体的适应项目和规划，资金来源主要是 CDM 项目 2% 交易减排量经卖出后所获得的收入，再加上来自发达国家的自愿捐资。尽管 2012 年年底在多哈举行的联合国气候大会通过一揽子决议，从法律上确保了议定书第二承诺期在 2013 年实施，但加拿大、日本、新西兰及俄罗斯已明确表态不参加议定书第二承诺期，且在处理第一承诺期的碳排放余额的问题上，仅有澳大利亚、日本等六国表示不会使用或购买议定书一期排放余额来扩充二期碳排额度。因此，议定书第二承诺期锁定的减排承诺缺乏力度，目前核证减排量（CER）价格持续低迷且市场回升尚不可预期，AF 的资金来源或将面临调整，今后是主要基于 CDM 项目还是转为以发达国家自愿捐资为主要来源，还需进一步探索与磋商。根据世界银行发布的 AF 财务报告①，截至 2012 年 12 月 31 日，AF 共支持了 28 个发展中国家的适应项目，涉及赠款约为 1.98 亿美元。目前 AF 可用资金为 1.24 亿美元，考虑到 2020 年前来自 CDM 项目的收入将只有 400 万~800 万美元，即使发达国家按时兑现承诺赠款 1720 万美元，AF 可用资金总量也不超过 1.50 亿美元。

由于气候变化问题不断升温，GEF 承担责任和掌控资金的失衡激起了发展中国家日益强烈的不满情绪，发展中国家迫切希望能够建立专属于公约的资金机制，而发达国家也愿意利用新机制的建立扩大碳市场和私营部门在气候融资体系中的作用②。2011 年德班缔约方大会上，经过三年艰苦谈判，绿色气候基金（GCF）终于正式启动，成为公约谈判的标志性成果。公约要求大部分用于支持适应的新的多边资金通过 GCF 提供，资金将平衡用于减缓和适应活动。由于新基金涉及各国在气候变化问题上的核心利益，各利益方均想借 GCF 建章立制的机会融入于己有利的制度安排。尽管从 2012 年 8 月至今已召开 4 次董事会，但 GCF 整体谈判情况依然进展缓慢，发达国家同发展中国家围绕基金业务模式、筹资模式与进程、私营部门机制、独立秘书处组建等重点议题展开了激烈的讨论。

（三）公约外气候变化资金机制稳步发展

因公约内资金机制存在谈判进展缓慢、项目准备周期长、用款程序复杂、结果导向性差、缺乏绩效评价指标等弊端，发达国家和发展中国家均倾向于利用公约外气候变化资金机制，因此近年来公约外多边资金机制发展迅速。比如，2008 年 7 月，世界银行根据八国集团财长会议的决定正式批准设立气候投资基金（CIF），CIF 包括清洁技术基金和战略气候基金两个子基金，旨在通过赠款、优惠贷款以及风险减缓工具等方式对发展中国家提供资金支持，帮助发展中国家在清洁技术、可持续林业管理、增加清洁能源获取及适应气

① Adaptation Fund Trust Fund Financial Report Prepared by the Trustee，http：//fiftrustee. worldbank. org/webroot /data/ AF_ TR_ 12_ 12. pdf.

② 陈兰、王文涛、朱留财：《国际气候融资的演变与发展》，《世界环境》2012 年第 5 期，第 48 ~ 49 页。

候变化方面示范转型。CIF 成立时即获得发达国家 61 亿美元的赠款承诺，截至 2012 年年底，基金委员会批准项目资助资金总额达到 27.8 亿美元。值得关注的是，CIF 将为发展中国家适应项目提供优惠贷款，但是从公约要求出发，发达国家的义务是为发展中国家适应项目提供资金，并不应该仅仅是优惠贷款。

关于以 CIF 为代表的公约外资金机制的发展趋势，一种可能是与公约内资金机制相互补充，这一点在 CIF 的发起目的、重点领域及与公约内资金机制的关系等方面可以看出，CIF 并没有与公约内资金机制建立直接合作的关系，而是定位为补充。另一种可能是，由于 CIF 委托给世界银行运行，与发达国家在公约外平台下力推的以多边银行为主的资金机制相符。因此，发达国家可能会在公约内资金机制以外另起炉灶，将公约外资金机制演变成一种重要的出资渠道和掌握应对气候变化的国际主导权的工具。

（四）现行资金机制面临的问题

在构建 2012 年后气候变化国际合作制度的过程中，作为核心谈判内容之一，现行资金机制面临的问题主要表现在资金规模、资金来源与分配、资金运行体制等方面。

第一，现有资金机制的资金规模严重不足。发达国家不愿落实资金承诺，不断降低出资标准并利用多种途径“计算”出资金额。无论是减缓还是适应均需要大量资金的投入，据世界银行《2010 年世界发展报告》分析，未来 20 年，发展中国家在减缓方面每年需花费 1400 亿 ~ 1750 亿美元，在适应方面每年需花费 300 亿 ~ 1000 亿美元①。欧盟在《加快国际气候融资步伐》一文中同样指出目前发展中国家每年减缓和适应所需的资金将超过 1000 亿欧元②。哥本哈根协议要求发达国家在 2010 ~ 2012 年间提供 300 亿美元资金作为快速启动资金，并从 2020 年开始每年提供 1000 亿美元的长期资金用于发展中国家应对气候变化。尽管发达国家宣称已通过官方发展援助、其他官方渠道（如与

---

① *World Development Report 2010*, http://siteresources.worldbank.org/INTWDRS/resources/477365.

② Stepping up International Climate Finance: A European Blueprint for the Copenhagen Deal, http://ec.europa.eu/environment/climat/pdf/future_action/com_2009_475.pdf. 2010-09-27.

私人部门合作）等方式向发展中国家提供和做出资金承诺294亿美元，但由于存在严重的重复计算及歪曲统计标准问题，快速启动资金官方网站的数据表明发达国家仅仅兑现了36亿美元，世界发展行动机构也指出快速启动资金落实比例仅为13%①。同时，由于发达国家出资意愿日益降低，1000亿美元长期资金的实现形式、途径、管理和使用方式还处在漫长的谈判过程中。为了避免从2013年开始“快速启动资金”结束而后续不明，出现致命的“资金断崖”，发展中国家集体呼吁发达国家提高出资规模用于2013～2015年的中期需求，数额应该至少翻番达到600亿美元。

第二，现有资金机制的资金来源不可靠。发达国家利用多种手段逃避出资责任，淡化或转嫁出资义务，导致各资金机制运行面临巨大挑战。发达国家一方面模糊自身同发展中大国之间的责任和义务区别，要求发展中大国加大捐资力度，企图向发展中大国转嫁出资义务；另一方面大力宣扬市场机制和私营部门作用，意图帮助私营部门利用基金资源开拓发展中国家市场。虽然私营部门拥有的资金量庞大，但是其具有逐利性、不稳定性和不可预期性的特点，既不符合公约要求，又难以提供充足和稳定的资金支持，因此只能作为政府公共资金的补充；同时，发达国家企图将航空税、航海税与碳相关的税收等创新性融资工具作为气候变化多边资金机制中重要的中长期资金来源，变相将发展中国家纳入供资体系中，为发展中国家经济增长带来新的障碍，意欲巩固和加强自身在全球应对气候变化进程中的领导地位。

第三，现有资金机制的运行效率及资金分配效率有待提高。发展中国家受援国抱怨现有资金机制用款程序复杂，项目准备周期长；发达国家则认为难以期望现有资金机制发挥更大的影响力，既不利于它们利用资金机制对发展中国家施加更大的影响，也不利于它们更方便地控制国际气候制度的运行。发展中国家各国在发展水平、应对气候变化的能力建设和具体行动需求方面存在差异，利用气候变化国际资金机制、开发相关项目的能力也不同，因此造成资金主要流向发展中大国，以绩效分配资金的政策实施也限制了能力较弱的中小发

---

① 张雯、王谋、连慧珊：《气候公约快速启动资金实现进展与发达国家环境履约新动向》，《生态经济》2013年第3期，第29～32页。

展中国家使用资金的有效性。由于目前气候变化资金机制多渠道并行，如何在资助领域和具体内容方面协调好公约内外多个基金，并保证合理的项目资金供给，始终是气候变化资金机制面临的难题。另外，资金机制涉及的多个国际机构各自为政，也难以形成动员和集成多渠道资金为项目服务的有效合力。

第四，现有资金机制政治色彩趋浓。从治理角度看，现有资金机制逐渐成为发达国家渗透自身政治意图的工具。在 GCF 董事会磋商进程中，发达国家力图使 GCF 脱离缔约方大会，在基金目标上要求 GCF 在帮助发展中国家实施减排目标、推动德班平台达成全球统一的减排协议方面发挥积极作用，并强化项目结果导向和绩效评价指标的引入；在增资进程中逃避出资责任，不愿设定明确的时间表，认为应优先考虑基金的业务模式并以确定业务模式作为增资的先决条件，同时主张发展中国家也应向基金积极捐资；主张做大私营部门，降低私营部门在发展中国家的投资风险，推动私营部门在发展中国家政策制定、能力建设、技术转让等方面发挥更加积极的作用。在 GEF 第六轮增资谈判进程中，发达国家意图把 GEF 搞成政治工具，忽视 GEF 致力于提高全球环境效益的主旨，提出应制定发展中大国毕业政策、改变其用款条件。发展中大国良好的执行能力、突出的项目绩效不但产生了广泛的全球环境效益，也成为 GEF 在国际社会赖以立足的基础。将资源分配问题政治化必将动摇 GEF 作为专业环境机构的根基，危及其长远发展。

三　参与构建气候变化资金机制的建议

（一）坚持国家定位，维护用款权利

发达国家宣扬“碳排放大国责任论”，并联合其他发展中国家要求中国承担减排义务和出资责任。中国需强调和坚持维护“共同但有区别的责任”原则，坚持发展中国家定位，不应承担约束性的出资义务。积极应对气候变化多边资金机制中上中等收入国家毕业的问题，强调气候资金特别是用于减排的资金应体现全球减排效应，为中国继续保留用款权利做好铺垫；中国资金使用效率高，成效显著，示范效果明显，应该继续受到资金支持。

（二）照顾多方利益，创新合作模式

中国应推动并强化“发达国家逃避公约出资责任”的外部舆论，敦促发达国家加快增资进程的同时，对中国在应对气候变化行动中的努力、减排成果、出资状况加大宣传力度。进一步强化同印度、巴西等利益诉求相似、立场接近的发展中大国的联盟，同时关注最不发达国家和小岛国的气候利益，谋求共识。此外，中国可以考虑创新南南合作方式，通过提议建立“应对气候变化南南合作基金”及其他双边或多边渠道，与其他发展中国家进行资金、技术合作，共同提高发展中国家应对气候变化的能力，营造和谐的外部发展空间。

（三）积极参与规则制定，推动建立公平高效的资金机制

中国应积极参与 GEF、GCF 的治理和运行，引导基金的规则制定和发展方向，有效提升中国在国际事务中的影响力；在此基础上，本着推动气候变化资金机制“公平合理、务实有效、合作共赢”发展与团结发展中国家的原则，尽早研究确定中国在气候资金问题上的中长期考虑，在气候变化资金机制框架下承担与中国发展阶段和经济实力相符的国际责任。

（四）转变传统合作方式，探索合作新思路

中国与气候变化资金机制的合作进入转型期，中国需通过创新合作内容与形式，不断拓展新的合作空间，逐步将单纯的资金合作拓展到知识合作、能力合作和人力合作。一是注重在多边资金机制下借助外部智力联合开展综合性、战略性研究；二是通过参与多边资金机制积极推进自身体制机制创新和能力建设；三是系统总结项目经验，全面评估项目经济、社会效益并借助多边资金机制平台走向世界，加深国际社会对中国发展理念和经验的了解，加强中国执行项目成果在国际范围内的推广；四是注重国际化人才的培养，积极尝试与多边资金机制开展人才培养合作，为解决新问题、迎接新挑战奠定坚实的人才基础。

G.6

国际气候谈判中损失与危害立场分析

李玉娥　马　欣*

摘　要：

本文根据近两年《联合国气候变化框架公约》（以下简称《公约》）下有关应对气候变化造成的损失与危害的谈判进展总结了主要谈判方的立场。小岛屿国家联盟、最不发达国家集团由于自身对气候变化的脆弱性以及对全球温室气体排放贡献小，极力推动建立相关的国际机制以应对气候变化对其造成的损失与危害，其他国家出资的原则要依据历史和现实排放量的大小、减排力度等。其他发展中国家也支持建立应对气候变化造成的损失与危害的国家机制，但在出资原则方面要明确发达国家对气候变化造成的损失与危害负有历史责任。发达国家反对建立这一机制，认为《公约》下适应委员会将解决这一问题，未来这一问题的讨论将放在经验共享和信息交流方面，防止这一机制的建立增加它们在《公约》下的出资义务。最后提出了对这一问题的认识和思考。

关键词：

气候变化　损失与危害　谈判立场

一　损失与危害谈判背景

2008 年《联合国气候变化框架公约》（以下简称《公约》）第 14 次缔约方会议（COP14）期间，小岛屿国家联盟（AOSIS）提出“解决气候变化影响

---

* 李玉娥，研究员，任职于中国农业科学院农业环境与可持续发展研究所，研究领域为气候变化影响与适应；马欣，博士，助理研究员，任职于中国农业科学院农业环境与可持续发展研究所，研究领域为气候变化影响评估与适应。

造成的损失与危害多窗口机制”建议①。“多窗口机制”包括保险、恢复和赔偿、风险管理三个方面。COP16 决定建立一个工作计划以考虑解决气候变化造成的损失和危害的方法②。经过 2011 ~ 2012 年的艰苦谈判，COP18 就《公约》在解决气候变化造成的损失与危害方面的作用达成一致意见，确定了各国和国际层面上应开展的工作，并决定在 COP19 会议上就解决气候变化造成的损失与危害做出机制安排，并阐述机制的功能和模式③。由于气候变化造成的损失和危害对发展中国家的经济发展影响重大，解决气候变化造成的损失和危害需要发达国家投入大量的资金，因此解决气候变化造成的损失和危害的谈判受到各方的特别关注。小岛屿国家联盟（AOSIS）、最不发达国家（LDCs）极力推动 COP19 建立应对气候变化造成的损失与危害的国际机制，而发达国家强调实施国家减灾战略的重要性，提出国内良好的执行环境是减灾的关键，强调私营部门在减灾和保险业中的作用，提出评估、管理和降低以及分担减灾风险是执行适应气候变化行动的一部分内容。由于利益冲突，各方矛盾尖锐，目前谈判陷入僵局。

二　损失与危害议题谈判的焦点问题与各方观点

适应气候变化谈判的重点和难点是如何应对气候变化的损失与危害。COP19 有关损失与危害议题的谈判焦点问题为是否建立应对损失与危害的国际机制。针对这一问题，发达国家和发展中国家的立场难以调和，各方就解决气候变化造成的损失与危害的观点和建议如下。

---

① AOSIS, “Alliance of Small Island States (AOSIS) proposal to the AWG-LCA Multi-window Mechanism to Address Loss and Damage from Climate Change Impacts”, http://unfccc.int/files/kyoto_protocol/application/pdf/aosisinsurance061208.pdf, 2008.

② UNFCCC, “The Cancun Agreements (Decision 1/CP.16): Outcome of the Work of the Ad Hoc Working Group on Long-term Cooperative Action under the Convention”, http://unfccc.int/resource/docs/2010/cop16/eng/07a01.pdf#page=2, 2010.

③ UNFCCC, “Approaches to Address Loss and Damage Associated with Climate Change Impacts in Developing Countries that are Particularly Vulnerable to the Adverse Effects of Climate Change to Enhance Adaptive Capacity”, http://unfccc.int/resource/docs/2012/cop18/eng/08a01.pdf#page=21, 2012a.

（一）发展中国家

1. 小岛屿国家联盟（AOSIS）

由于温室气体排放量迅速增加及其不利影响日益加剧，且没有有效的降低气候变化造成的损失与危害的机制，因此，AOSIS 提出需要创建包括适应工具、风险管理和风险转移、减少和处理损失与危害在内的综合国际机制，这一机制包括三个要素：①保险；②恢复和赔偿；③风险管理。AOSIS 提出应制定国际机制的管理指南及其职能，在《公约》下成立国际机制应的理事会，具体制定每一要素的技术、资金和管理职能。

国际机制三个要素的作用：①保险。极端气候事件已经造成了巨大损失或者危害，预计在气候变化情景下，这种损失与危害加剧。由于保险市场小或者没有建立保险市场，很难获得风险分担和风险转移，或者虽然可以获得保险，但由于气候变化，风险增加，越来越难以支付商业保险。新的保险工具有助于管理、分担、避免、减少和转移与气象灾害有关的风险。如果没有国际层面的干预，仅仅依靠私营部门是不能帮助 AOSIS 和 LDCs 分担气候变化风险的。因此，AOSIS 提出在国际机制下建立保险机制，帮助 AOSIS 和其他特别脆弱的发展中国家对强度与频率日益增加的极端气候事件（台风、热带风暴、风浪潮、洪涝和干旱）进行风险管理。②恢复和赔偿。即使建立了新的风险转移机制和拥有降低风险的措施，气候风险也是不能完全避免的，应在国际层面上减少这种损失与危害。发达国家应当提供资金赔偿气候变化和海平面升高给 AOSIS 和地势低洼的发展中国家造成的损失与危害，目的是减弱日趋严重的气候变化不利影响，包括海平面上升、陆地和海洋温度的上升、海洋酸化（如造成珊瑚的破坏、渔业损失等）。③风险管理。支持风险评估和管理，并为保险、恢复和赔偿两个要素提供技术支撑。需要发达国家提供技术和资金开展降低气候风险的行动①。

---

① UNFCCC, "Views and information from Parties and relevant organizations on the possible elements to be included in the recommendations on loss and damage in accordance with decision 1/CP. 16", FCCC/SBI/2012/MISC. 14/Add. 1, http://unfccc. int/resource/docs/2012/sbi/eng/misc14. pdf, 2012b.

2. 最不发达国家

最不发达国家提出在气候变化造成的损失与危害评估方面与发达国家存在很大的差距，主要包括：①缺乏评估标准与指南；②风险评估技术欠缺；③对最不发达国家与其他易受影响的国家公共行业与私营行业用户的气候服务不到位；④没有评估气候变化造成的非经济损失；⑤缺乏缓慢的气候变化和事件对生存、粮食安全、移民、安置等相关问题的影响评估。在损失与危害信息共享和监测方法上也存在很大的不足。尽管在《公约》下有相关的信息交流，但发展中国家缔约方无法及时获取损失和危害程度方面的信息。目前还缺乏一个渠道供各个国家来报告各自的损失和危害监测系统。在降低损失和危害问题上存在的差距主要包括：①风险降低与风险转移措施缺乏；②在应对缓慢性事件的立法与规划方面存在差距；③需要加强或者构建国家应对机制[①]。

最不发达国家认为当前在评估、信息共享和监测以及降低损失与危害三个方面存在的差距无法通过《公约》内外现有的松散活动来消除。因此，最不发达国家提议建立一套降低损失和危害的国际机制，从而为不同层面的活动提供支持。最不发达国家提出国际机制的职能主要包括：①通过国际协调和合作，推动损失与危害评估模型的改进和评估能力的提高；②推动发展解决损失与危害的方法，如协调对发展中国家的技术支持，提供稳定、可预测和可持续的额外资金支持，探索保险机制的作用和形式，以帮助 LDCs 进行风险分担和风险转移，协助最不发达国家实现灾后快速恢复，制定与损失和危害恢复以及发展中国家个人救济和赔偿机制相关的技术指导；③加强《公约》内外与损失和危害相关的机构之间的交流。

3. 其他发展中国家

其他发展中国家提出，虽然根据《公约》规定可以使用现有的机构和机制，但是该问题的解决需要不断增加投入和增设相关机构，以系统性地考虑和解决发展中国家的需求。

---

① UNFCCC, "Views and Information from Parties and Relevant Organizations on the Possible Elements to be Included in the Recommendations on Loss and Damage in Accordance with Decision 1/CP. 16", FCCC/SBI/2012/MISC. 14/Add. 1 http://unfccc.int/files/adaptation/cancun_adaptation_framework/loss_and_damage/application/pdf/bisc14a1_advance.pdf, 2012c.

关于资金支持，需要在《公约》下采取的主要行动措施包括：①提供经济援助，包括为气候变化不利影响带来的损失和危害长期融资；②在适应性行动措施相关技术和其他能力需求上加强协调和合作，包括气候变化不利影响带来的损失和危害；③支持发达国家协助发展中国家制定降低气候变化不利影响带来的损失和危害的方法。这些措施行动可以通过国际机制来实施。

《公约》秘书处关于提高解决损失和危害的力度，与气候变化不利影响带来的损失和危害相比，存在极大的差距。根据《公约》要求，这些损失和危害必须予以消除。

（1）缓慢性影响与事件：需要对降低缓慢性事件的影响开展相关工作，如加强对特定类型危害的理解，设定基准线、评估参数和在降低气候变化不利影响带来的损失和危害方面可能采取的常用方法。《公约》还应考虑和支持特定的行动措施以复原受损环境。

（2）移民：很多人被迫迁离受气候变化影响的地区，所以需要适当考虑气候移民（移民、搬迁和规划安置）的需求。应通过与相关国际机构和其他利益相关者共同制定规定，考虑如何解决移民、搬迁和规划安置等问题。COP可为其他国际机构提供建议，帮助协调行动的方向和力度。

（3）非经济损失：应解决经济和非经济损失。金钱无法完全补偿人们在生命健康、财产、生活、文化或生态系统方面遭受的损失。

（4）保险：目前开展的与气候变化相关的损失和危害工作计划已经识别了保险在应对损失和危害方面存在的机遇和挑战，在《公约》下应设计新型的保险手段解决长期加剧的与气候变化相关的损失和危害，也应尝试通过制定中期保险计划，支持区域性方案，如在寻找长期区域性补偿性方案的同时，采用区域性风险转移方式以减轻极端天气事件带来的直接影响。

应根据《公约》要求制定长期降低气候变化不利影响带来的损失和危害的措施，明确规定适应委员会的近期职能。同时，还需关注降低气候变化不利影响带来损失和危害的资金机制。COP会议作出的决议应包含构建能够降低气候变化不利影响带来的损失和危害的国际机制，保证该国际机制不只是一个方法，还需要依靠《公约》全力支持这一复杂问题的解决。

国际机制将有助于协助发展中国家解决气候变化不利影响带来的损失和危

害等问题，并在全世界范围内加深对解决该问题所进行的协作和合作的理解。总而言之，应在《公约》下构建一个机制，使缔约方能够采取措施解决以下问题。

（1）评估气候变化不利影响带来的损失和危害：技术能力、能力建设和融资。

（2）通过风险降低和风险转移机制降低气候变化不利影响带来的损失和危害：融资和技术能力。

（3）降低气候变化不利影响残留的损失和危害，包括采用能够解决气候变率和缓慢性气候变化带来的风险和影响的特定手段、能力和融资。

关于国际机制的职能，发展中国家提出了国际机制应包括的职能如下。

（1）评估气候变化不利影响带来的损失和危害：通过采取措施避免一些可预见的损失和危害，而部分损失和危害无论采取何种措施，如移民和适应都无法避免。在评估气候变化不利影响带来的损失和危害的可避免性和不可避免性时，要考虑那些特别易受影响的发展中国家在这方面的特殊需求。国际机制的这个职能可包含协助对损失和危害的评估并提供相关指导，例如指导数据采集和相关机构的研究与分析活动。

（2）降低气候变化不利影响带来的损失和危害，包括提供赔偿和重建基金：气候变化不利影响带来的不可避免的损失和危害可通过风险分担机制来解决，但是总体的损失和危害还需要通过赔偿和重建机制来补救。国际机制的这个职能包括协调和提供技术援助，并成为适应、灾害风险降低、重建能力建设、风险转移方面的交流平台，建立和支持区域性政府内外合作伙伴网络建设。可以通过绿色气候基金（GCF）成立一个专门基金，加快制定降低地区和国家层面的损失和危害的方法。

（3）加强《公约》在应对气候变化不利影响带来的损失与危害方面的领导力和协调作用：《公约》在国际机制下采取系统性措施，支持应对缓慢性危害的举措，并协同其他联合国公约与联合国机构（如 CBD、CCD 和其他联合国及国际性相关组织）共同解决移民问题。

关于国际机制的管理。国际机制由缔约方大会管理，管理过程中应考虑并决定是否需要在权力范围内建立特定的专家机构，以执行特定职能，并提供相应的委托管理。此外，缔约方大会、《公约》下的附属机构和其他机构各自的角色需要进一步规划和明确。缔约方大会应提供方向，附属机构包括适应委员会，应在国际机制的实施层面或技术层面上开展工作。缔约方大会将进一步考虑国家和国际层面上所需的框架类型，特别是要确保措施符合国家环境特点，并满足国家特定需求。在国际层面上，应该建立一个机制来支持国家级决策制定流程，回应相关缔约方的需求。

4. 欧盟

解决损失和危害问题超过了《联合国气候变化框架公约》的限制，许多正在实施中的措施旨在培养适应能力，使它们能够理解特定灾害的风险评估，为各个国家或地区的发展做出贡献。关于损失和危害的探讨必须着眼于风险评估，首先要制定一套综合方法来管理风险。欧盟指出，虽然目前各个地区正在采取行动，但还是存在很大的差异；在很多情况下，当前正在采取的行动并没有实现协调效应最大化。例如，通过投保来转移风险的行为应该放在风险缓解的更大情境下去审视，确保在某些金融风险发生时，能够减少与管理风险，构建恢复力。

每个国家在损失与危害处理过程中能够动用的财力、物力与资源存在较大差异，不同的国家之间有十分明显的差距。这些关系到机构能力、调控能力以及评估与回应风险的能力。当前数据、信息与知识尚不足以评估和解决风险，包括经济与非经济的损失，无法支持前期预警系统与政策响应，表现为有限的机构能力以及有限的金融、技术与人力资源。风险转移工具的使用方法因各个国家具体国情的不同而不同，保险产品在最不发达国家与落后地区推广较弱。

欧盟建议未来降低气候变化不利影响带来的损失和危害的工作包括如下几方面。

（1）完善气候变化相关的损失和危害信息、数据与知识，包括非经济损失的信息。

（2）加强机构能力与人为能力，研发、制定并支持前期预警系统，包括政策制定者与其他决策者。

（3）支持一些国家进行综合风险评估，包括在主要易受气候灾害影响的地区确认灾害区域与风险，识别并采取适宜措施。

（4）将与气候变化的恶劣影响相关的损失和危害以书面形式存档，包括气候变化的缓慢不利影响，作为解决气候变化问题的具体行动。

（5）加强与人道主义及灾害风险团体的协同合作，确保灾难救济与重建工作在更广泛的背景下进行，构建长期气候恢复力。

（6）在国家或地区范围内，鼓励跨领域协作与合作，思考如何采取行动。

（7）继续支持发展中国家制定与实施计划、战略与项目，以可持续发展的思路构建气候恢复力，解决气候变化问题。

（8）继续研究缓慢性事件以及缓慢性事件与极端事件之间的相互作用，研究构建长期气候恢复力的方法，并进行相应管理。

缔约方会议应鼓励各国进行更为广泛的跨领域协作，包括私营部门和加强信息交流。

5. 美国

美国认为部分缔约方所推出的国际机制理念并不符合各国通过工作计划确认的需求和优先性要求。

（1）国际机制（国际保险共同基金和赔偿/恢复支持）将妨碍以国家为主导的气候变化适应方式的发展。国际机制理念假设，所有弱势国家都希望获得大量的气候变化应对资源，作为保险费或之后用于灾后恢复的费用，而非用于适应当前气候变化。这一机制削弱了各个国家根据其自身特殊情况和需求自行确定优先活动的能力。一个带有保险和赔偿基础的国际机制将严重削弱各国做出国家层面决定的能力，并且会减少为该措施所提供的资源。

（2）风险评估是按照生命、生活和财产的经济价值进行的。但是，国际社会没有能力就生命、生活和财产是否具有价值做出规范性判断。对价值的判断很可能导致贫苦社会价值低估、土地更加廉价、生活标准达到最低程度。

（3）保费补贴会将私人保险服务提供商排挤出保险行业，从而降低保险工具的总体数量。因此，创建一个完全依靠保费补贴的国际保险共同基金实际上将降低弱势国家和社会的整体保险能力。

（4）保费补贴会鼓励“错误适应”的产生，使弱势国家和社会遭遇更大的损失和危害风险。若补贴导致保险成本降低，这将削弱降低风险的动力，降低气候变化适应能力。当受保险的个体、群体或国家知道其在财产被毁后能够获得赔偿时，就无法鼓励他们停止继续在洪泛区开展建设活动。

（5）受条款的影响，《公约》秘书处下运行的国际保险共同基金没办法灵活地快速支付保险费用。风险转移的一项优势是它能够比人道主义援助更快地向受影响国家和人口拨付相关款项。若《公约》秘书处下运行的国际保险共同基金所支付的保险费在不良事件发生后数月或数年才到账，那么这笔钱就无法用于解决紧急救援需求。

（6）通过国际机制支付与气候变化所导致的危害等值的款项，是没有技术可能性的。要将特定的损失和危害事件归因于气候变化，这与非气候压力和趋势（如毁林和发展模式）导致的国家气候变化和/或脆弱性截然不同。在大部分情况下，没有技术可能性，因为发展中国家缺乏对气候体系进行监控并提供相应指标的气候观测站。《公约》秘书处之外运行的区域性保险共同基金能够提供与风险和所付保费相对应的款项，因此也无须评估危害以及寻找气候变化的原因。

（7）由于气候变化给不同国家造成的影响不同，因此国际保险共同基金可能更加偏袒部分国家。例如，某些国家处在频繁的热带风暴风险中，这些国家就能够获得不按比例分配的款项，而其他一些风险较低的国家所能获得的资助就减少了。部分国家可能面对更多可保风险，能够从国际保险共同基金中获利；而其他国家可能没有太多可保风险，就无法从中受益。

（8）国际保险共同基金可能更偏向一些具备参与能力的国家。最弱势的国家通常因为较低的体制能力而无法从国际保险共同基金中获益。例如，参与多国保险共同基金意味着必须在国家层面上经历烦琐的审批过程。由于这会使一个国家受其他主权国家的约束，因此经常需要获得议会批准。那些对国际保险共同基金运行机制理解和解释能力较差且政府工作人员和政府管理体系负担过重的国家，在参与这一机制和获取有利资源时将出现重大延迟。对于这类国家而言，双边或区域性的风险管理援助方式将使其获得更快、更实在的利益。

美国并不支持部分缔约方所提出的国际机制理念，认为《公约》秘书处必须继续通过执行《坎昆适应框架》提高和强化气候变化适应措施，从而降低损失和危害的风险。《公约》秘书处可以协助发展中国家作出有关何时以及如何在国家和国家以下层面执行气候风险管理措施的决定。《公约》秘书处可以鼓励各方、相关机构以及私营部门在如下方面开展工作。

（1）评估气候风险管理工具对气候脆弱性以及损失和危害的影响。

（2）分享知识和教训。

（3）协助缩小能力差距和数据差距。

（4）参与新的适应活动，包括按比例放大或复制试点项目。

此外，《公约》下相关的气候变化适应机构和工作计划（如适应委员会、最不发达国家专家组和内罗毕工作计划）可以利用这些损失和危害工作方案成果，加强对综合风险管理的理解，提高综合风险管理能力。美国坚持认为气候变化适应机会还有很多，在增强适应能力方面还有很大的进步空间，因此还有很多机会可以减少损失和危害的风险。

总之，发展中国家特别是小岛屿国家联盟和最不发达国家集团积极推动建立国际机制，欧盟不明确反对建立国际机制，但将未来的工作范围限定在风险评估、经验交流和知识共享方面，而美国则强烈反对建立国际机制。欧盟和挪威立场较为缓和，但都是强调信息交流和知识共享方面的事情。

三　争论核心问题

（一）损失与危害的科学问题

由于《公约》中气候变化的定义是狭义的，特指工业革命以来由直接或间接人类活动排放温室气体改变地球的大气组成导致的气候变化，不包含气候的自然变率①。现有科学认识无法准确地区分气候自然变率和人类活动导致的气候变化在发展中国家遭受的损失与危害中的贡献。与气候变化相关的损失与危害的空间范围巨大，涉及的类型和种类多种多样，几乎全球所有国家都面临

① UNFCCC，“Views and Information on Elements to be Included in the Work Programme on Loss and Damage”，Submissions from Parties and relevant organizations，FCCC/SBI/2011/MISC1，http：//unfccc. int/documentation/documents/advanced_ search/items/6911. php？ priref =600006238，2011.

与气候变化相关的损失与危害，广义上包括人员伤亡、经济损失、生态破坏、环境污染、文化和社会传统等。谈判中对损失与危害的定义和识别存有争议，无法建立具有共识的科学评估方法，以获得全球和各国准确的损失与危害数据。因此，损失与危害谈判中存在一些科学问题争论，对谈判进展形成了一定的阻碍。

（二）机制与机构

经过20多年的谈判，广大发展中国家认识到对关键性问题建立专门的执行机构是推动应对气候变化具体行动的可行道路。在COP18上，小岛屿国家联盟和最不发达国家集团联手强行推动建立与气候变化相关的损失与危害国际机构，希望尽快从发达国家得到损失与危害的补偿。《公约》建立以后，设有附属履约机构（SBI）、附属科技咨询机构（SBSTA）和最不发达国家专家组（LEG）等相关机构。“巴厘路线图”谈判期间，《公约》下又建立了一系列新的机构与平台，其中“适应委员会”在《公约》下总体协调适应相关活动，其中包括损失与危害的相关内容。同时，缔约方在谈判中对损失与危害国际机构的定位、功能、组成等技术性问题均未深入讨论。因此，损失与危害国际机构的谈判面临与现有机构重叠、技术性细节未定等具体的困难。

（三）责任认定与出资义务

《公约》第4.3条中关于气候变化不利影响的责任认定是非常明确的，发达国家对此负有不可推卸的历史责任。但近年来，美、欧等发达国家竭力逃避和转嫁自身责任，一方面强调包括发达国家在内的所有国家在气候变化面前都是脆弱的，在国家驱动的原则下，损失与危害是各国自己的问题，应该由各国对自身的损失与危害负责。另一方面，对新兴的发展中大国施压，让与发达国家“具有同等能力”的国家在损失与危害补偿方面出资，承担出资义务。因此，发达国家逃避和转嫁自身责任是损失与危害谈判过程中的核心障碍。同时，小岛屿国家联盟提出“污染者付费”原则不符合《公约》由发达国家承担历史责任的宗旨，有向发展中国家转嫁责任的倾向。

以上三个方面是气候变化损失与危害谈判过程中的难点，由于各方立场严重对立，谈判进展缓慢。但多哈会议期间，美国首席谈判代表斯特恩在陈述美国的基本考虑时却道出了症结的根本，“美国正面临严重的经济和财政危机，政府和公共部门的经费十分困难，再拿出资金应对损失与危害不可行，同时，如果补偿所有国家与气候变化相关的损失与危害，将是一个无底洞，这也是美国所无法负担的责任”。

四　认识与思考

1. 解决气候变化对发展中国家造成的损失与危害问题是发达国家的历史责任

气候变化是发达国家在其发展中毫无节制地向大气中排放大量温室气体造成的，发达国家对气候变化的成因及其不利影响负有不可推卸的历史责任。

2. 在损失与危害谈判议题上如何促进发展中国家的团结是我们面临的难题

AOSIS、LDCs 等多次在不同场合提到解决气候变化造成的损失与危害的问题要基于“污染者付费”的原则，出资义务不仅与历史排放、排放现状有关，还应与各国采取的减排措施力度有关，这一提议也得到部分发达国家的响应，如澳大利亚提出减排是适应气候变化最好的选择。如果基于“污染者付费”的原则，那么一些发展中国家排放大国或者人均排放量较高的发展中国家都具有出资义务和责任支持降低气候变化造成的损失与危害，这将影响到发展中国家的团结。因此，如何协调发展中国家的立场也是摆在我们面前的难题。

3. 尚无定量评价气候变化造成的损失与危害的方法，国际机制的操作存在难度

有限的证据表明，在 2001 ~ 2006 年期间，中等收入的国家受到与天气、气候和地球物理事件相关的灾害造成的经济损失约占 GDP 的 1%，而对于低收入国家这一比例约占 GDP 的 0.3%，对于高收入国家则不足 GDP 的 0.1%。在受到影响的小国家，特别是小岛屿发展中国家，损失和危害在许多情况下相当于GDP 的 1% 以上，在最极端的情况下相当于 GDP 的 8% 以上[①]。中国也是气象灾害频繁发生和受害严重的国家之一，每年气象灾害造成的经济损失占 GDP 的 1% ~3%[②]。但目前科学水平尚不能区分出气候变化造成的额外损失，也还没有评估大气中温室气体浓度增加导致的气候变化造成的额外损失的定量结果，甚至还没有公认的定量评价方法，因此，即使是建立了国际机制，也可能因为不能量化气候变化造成的损失和危害，而不能赔付造成的损失。

---

① IPCC, "Managing the Risks of Extreme Events and Disasters to Advance Climate Change Adaptation", *Summary for Policymakers*, Cambridge University Press, 2012.

② 中国气象局：《中国气象灾害年鉴》，气象出版社，2008。

G.7

IPCC AR4 以来气候变化自然科学研究的最新进展*

孙 颖 巢清尘 刘洪滨 周波涛 黄 磊**

摘 要：

2013 年 9 月，政府间气候变化专门委员会（IPCC）第一工作组发布第五次评估报告决策者摘要。该报告对第四次评估报告（AR4）以来 6 年多气候变化自然科学领域的一些关键科学问题进行了综合评估。可以看到，国际科学界对气候变化自然科学问题的研究日趋深化，对一些关键科学问题有了更深刻的认识，在一些领域取得了新的进展。

观测资料的质量和数量明显提升，对观测资料不确定性及区域气候变化的理解明显深化。新的和更精确的资料信息已经被用于古气候重建，区域信息综合及古气候模拟发展迅速。对全球碳源汇的分布及其时间变化的探讨和分析更系统，在土地利用变化导致全球碳平衡变化方面有了更深刻的科学认识。在全球平均大气成分辐射强迫及其空间变化特征方面的研究有了新进展，对气溶胶辐射强迫及其物理过程的理解和模拟能力有所提高。

人类活动影响气候系统的证据更多更强，在区域温度变化、水循环、冰雪圈和海洋等方面，提出了人为因素导致气候变化的新证据。研发出了新一代具有更高分辨率并能更准确描述物理过程的气候系统模式，发展了地球系统模式，高精度区域气候模式也在全球更多地区的气候模拟研究中得到应用。作为新的排放情景，典型浓度路径 RCPs 被应用于未来情景预

* 本文由国家科技支撑计划（编号：2012BAC20B05）资助。

** 孙颖，国家气候中心气候变化适应室首席专家，研究员；巢清尘，国家气候中心副主任，主要研究领域为气候变化科学与政策研究、气候诊断分析；刘洪滨，国家气候中心副总工程师，研究员；周波涛，国家气候中心气候变化适应室主任，副研究员；黄磊，国家气候中心气候变化适应室副主任，副研究员。

估中。预估结果不确定性的评估和定量化方法得到较大发展。[1]

关键词：

气候变化　新进展　IPCC

自2007年政府间气候变化专门委员会（IPCC）发布第四次评估报告（AR4）以来，国际科学界在气候变化自然科学领域的许多研究方面取得了新进展，特别是在辐射强迫、碳循环、云和气溶胶、气候变化检测归因、海平面变化以及未来气候变化预估等方面。对近期气候变化预估问题给予了更多的关注，新的排放情景（典型浓度路径RCPs）已被广泛用于气候预估，对一些关键科学问题有了更深刻的认识。

本文主要参考了2013年9月最新发布的IPCC第一工作组第五次评估报告（AR5）决策者摘要以及相关方面最新研究成果，从气候变化观测事实、古气候视角、碳循环、云和气溶胶以及辐射强迫、气候变化检测和归因、气候模式发展和未来气候变化趋势预估等方面，对气候变化领域重要科学问题的研究进展和成果进行了整理和分析。

一　近年来在气候变化观测事实方面的新进展

自AR4以来，观测资料的质量和数量都有了明显提升，并被大量使用在再分析资料中。这些新增的资料主要来源于卫星资料的使用以及一些观测台站观测频次的增加，而质量的改进则得益于观测仪器性能的改善及观测误差的减小。这些针对大气、海洋、冰冻圈以及生物圈等气候系统多圈层的不同观测资料，为分析观测到的气候变化提供了多种信息来源，增进了对观测资料不确定性以及区域气候变化的理解，进一步从多种角度印证了近百年全球变暖的事实。

（一）大气和地表

（1）更新后的新一代观测资料进一步支持了近百年全球地表温度增加的

① 本文参考文献为IPCC第一工作组第五次评估报告。

事实。三个著名的国际气候资料研究机构分别发布的观测数据表明，19 世纪末以来，全球平均地表温度已增加。过去 30 年中每个十年的温度均显著高于有器测记录以来任何一个十年的温度，21 世纪的第一个十年是最暖的十年。20 世纪中叶以来，在全球范围内对流层已变暖，而平流层已变冷。

（2）更完善的降水观测资料分析结果表明，1901 年以来，全球陆地降水量的变化不大，且降水变化的空间分布和季节变化上具有明显的差异。在北半球中纬度地区，降水可能全面增加（在 1951 年之前为中等信度，之后为高信度）。在 1951 年之前，全球陆地地区平均降水变化的信度低，而在此之后则为中等信度，原因是资料不足，在记录的早期部分尤是如此。

（3）1950 年以来，全球冷昼和冷夜的数量很可能已减少，而暖昼和暖夜的数量很可能已增加。欧洲、亚洲和澳大利亚的大部分地区出现热浪的频率可能已增加。强降水事件数量已经增加的区域可能要多于强降水减少的区域。在北美和欧洲，强降水事件的频率或强度可能已增加。在其他陆地区域，强降水事件变化至多是中等信度。

（4）20 世纪 70 年代以来，大气环流表现为向极地移动的特征，热带变宽，风暴路径和急流向极地移动，北半球极涡收缩。对于北半球而言，证据更为确凿。而在许多情况下，年际至年代际时间尺度的变率对大气环流长期变化的确凿性产生影响。20 世纪 90 年代以来大气环流的一些变化特征，与 20 世纪 50 年代到 90 年代有所不同，包括中纬度西风和北大西洋涛动的变化等。

（5）2011 年全球平均大气二氧化碳（CO_2）浓度达 390.5 ppm（百万分之一），比 1750 年增加了 40%。大气氧化亚氮（N_2O）浓度为 324.2 ppb（十亿分之一），比 1750 年增加了 20%。大气甲烷（CH_4）浓度为 1803.2 ppb，比 1750 年增加了 150%。CH_4 浓度在 1999 ~ 2006 年期间几乎保持稳定不变之后，从 2007 年开始继续增加。各类 HFC、PFC 和 SF6 均继续以相对较快的速率增加，但与充分混合的温室气体总贡献相比，这些气体对辐射强迫的贡献不足 1%。

（6）在 1950 年后，地表太阳辐射可能经历了普遍的年代际变化。在许多陆地站点观测到，在 20 世纪 80 年代之前辐射一直在减少（“变暗”），此后不断增加（“变亮”）。具有中等信度的是，20 世纪 90 年代初以来，在一些陆地观测站观测到地面增加的向下长波辐射和净辐射。

（二）海洋

（1）近40年来海洋也在变暖。最强的变暖发生在海表，上层75米每十年变暖超过0.1℃。表层暖信号的增强使得上层海洋热力层结增加。1971～2010年地球系统内部增加的热能中，有93%以上可以由海洋增暖解释。

（2）全球平均海平面高度仍在上升。1901～2010年，全球平均海平面很可能上升了0.19（0.17～0.21）米。20世纪初以来，全球平均海平面的上升速率可能在持续增加。卫星高度计观测的全球平均海平面高度与潮汐观测站得到的结果相当一致，说明海平面高度观测的分析结果是可靠的。

（3）海洋盐度的变化表现为咸区更咸、淡区更淡。20世纪50年代以来，在以蒸发为主的中纬度地区，海表咸水已变得更咸，而在以降水为主的热带和极地地区，相对淡的海表水已变得更淡。海盆之间的对比度增加，为海洋蒸发和降水的变化提供了间接证据。

（4）海洋的生物、化学状态已经发生变化。从1994年到2010年，全球海洋的人为碳库很可能已增加。海洋对人为排放 CO_2 的吸收很可能导致海水逐渐酸化。

（三）冰冻圈

（1）世界范围内几乎所有的冰川均在持续消退中（很高信度）。自AR4以来，对冰川变化的测量数据大幅增加。大部分新建的资料集和全球性的完整冰川资料可根据卫星遥感得到。

（2）格陵兰岛冰盖的冰量损失正在增加。格陵兰岛冰盖的冰量损失很可能从1992～2001年期间的34（－6～74）$Gt\ yr^{-1}$ 上升到2002～2011年期间的215（157～274）$Gt\ yr^{-1}$。

（3）南极冰盖的冰量损失在过去20年里可能已经增加。具有很高信度的是，这些冰量损失主要发生在南极半岛北部和南极洲西部的阿蒙森海区域，并且具有高信度的是，损失是由冰川溢出的加速造成的。

（4）北半球积雪的范围已缩小，尤其在春季（很高信度）。卫星资料显示，在1967～2012年期间，积雪范围的年均值在统计上显著下降；其中最大的变化发生在六月，积雪范围很可能缩减了53%。

（5）20世纪80年代初以来，大多数地区多年冻土的温度升高（高信度），虽然不同地区增温率不同。一般来说，较冷的多年冻土增温比较暖的多年冻土增温更大（高信度）。在俄罗斯的北部出现了显著的多年冻土退化（中等信度）。

二　近年来古气候方面的新进展

自AR4以来，古气候资料更加丰富，一些新的和更精确的资料信息已经被用于古气候重建。区域综合信息被用于重建古气候的动力学特征，古气候模拟的进展很快，使科学界对古气候的辐射强迫变化、地球系统的响应和反馈、海平面变化以及气候突变与气候系统的不可逆性有了新的了解。

（1）当前（2011年）大气中温室气体，包括CO_2、CH_4和N_2O的浓度超过了冰芯记录的过去80万年的浓度范围。大气温室气体的浓度在历史上的变化可以根据极地的冰芯予以判断，而且可以达到很高的信度。自AR4以来这些记录的时间可以从距今65万年推到距今80万年。

（2）根据对记录过去22000年的最高分辨率的冰芯判断，大气中CO_2、CH_4和N_2O浓度及相关辐射强迫当前的增速是前所未有的（很高信度）。与记录过去80万年的较低分辨率的冰芯相比，观测到的温室气体增速的变化速率也是前所未有的（中等信度）。

（3）1983～2012年的北半球年平均温度很可能是过去800年中最暖的30年（高信度），而且可能是过去1400年最暖的30年（中等信度）。基于器测资料和多种代用资料及统计方法重建的结果分析均支持了这一结论，而且该结论与AR4一致。

（4）末次间冰期（129000～116000年前）全球平均最高海平面至少比当前高出5米（很高信度），最佳的估值是比当前高出6米。通过新的格陵兰冰芯记录和冰盖模式的结果推测，格陵兰岛冰盖对这一海平面变化的贡献可能在1.4～4.3米海平面当量之间。

三　近年来碳循环、云和气溶胶以及辐射强迫方面的新进展

碳循环和其他生物地球化学循环一直是科学界关注的重大问题，近年来也取得了更加丰富和全面的研究成果，更系统地探讨和分析了全球碳源汇的分布及其时间变化，并在土地利用变化导致的全球碳平衡变化方面有了更加深刻的科学认识。云－气溶胶－气候的相互作用，仍被认为是气候变化研究中最大的不确定性来源之一。

近年来，在测量温室气体对全球变暖长期影响的方法方面，除了对全球增温潜能（GWP）的理解取得进展以外，还引入了全球温变潜能（GTP）等一些新的概念，分析了大气成分辐射强迫的空间变化特征和全球平均值。通过对大气化学模式模拟结果进行比较，分析了大气化学物质在全球的时空分布特征及气候影响。在计算方面改进了辐射传输模式中的云光学特性参数化，考虑了甲烷的短波吸收效应。

（一）碳循环和地球生物化学循环

（1）1750～2011 年人为排放到大气中的 CO_2 为 545 ± 85 PgC（1 PgC = 10^{15} gC）。其中，化石燃料燃烧和水泥生产排放了 365 ± 30 PgC，土地利用变化（包括森林采伐、造林和再造林）排放了 180 ± 80 PgC。

（2）由化石燃料燃烧和土地利用改变导致的 CO_2 排放量的增加是大气中 CO_2 浓度增加的主要原因（很高信度）。1750 年以来，大约一半的排放气体依然保留在大气中，剩余的气体通过碳汇从大气中移除，并被封存在自然碳循环库中。

（3）2002～2011 年期间大气 CO_2 浓度的平均增速为 2.0 ± 0.1 ppm yr^{-1}。与自 1958 年开始测量大气 CO_2 浓度之后的任何十年相比，这十年间的增速是最快的。20 世纪 90 年代初以来 CH_4 浓度稳定了 10 年的时间，对此后的大气观测显示，2007 年以来 CH_4 浓度重新增长。重新增长的驱动因子仍在争论中。在过去的 30 年中，N_2O 的浓度的增速为 0.73 ± 0.03 ppb yr^{-1}。排放到大气中的 N_2O 多是由土壤和海洋中的活性氮通过氮化和脱氮反应产生的。

（4）从大气中大规模清除 CO_2 的非常规方法被称为二氧化碳去除方法（CDR）。理论上 CDR 可用来降低 CO_2 大气浓度，但这些方法的潜力受到生物地球化学上的限制和技术上的限制。不确定性使其难以量化 CDR 在人类时间尺度上可以抵消多少 CO_2 排放，虽然有可能必须大规模使用 CDR 至少一个世纪才能显著降低大气中的 CO_2。

（二）云和气溶胶

（1）近年来对气溶胶的观测能力已明显增强，对气溶胶辐射强迫的认识也在逐渐加深，对各类气溶胶物理过程的理解和模拟能力有所提高。但是，如何将气溶胶过程放大到全球尺度，仍然是一个亟待解决的科学问题。

（2）云和气溶胶在空间和时间上都有非常明显的变化，对云和气溶胶的观测和模拟依然具有非常大的不确定性。对模式中的云和对流效应，以及对气溶胶－云相互作用进行量化仍然是一个挑战。气候模式比 AR4 评估时纳入更多的相关过程，但这些过程的代表性信度仍然很低。

（三）辐射强迫

（1）有效辐射强迫（ERF）被认为是更好的表征辐射强迫的指标。与以前的 IPCC 评估报告一样，AR5 使用辐射强迫（RF）概念，但它还采用了有效辐射强迫的指标。在 RF 概念中所有地面和对流层条件都保持固定，而 ERF 的计算能够让所有物理变量响应除了那些关于海洋和海冰以外的扰动。纳入这些调整使得 ERF 成为最终温度响应的更好指标。人为气溶胶的 ERF 和 RF 值的差异很大，因为它们会对云和积雪产生影响。

（2）1750 年以来，人为总辐射强迫值为 2.29 Wm^{-2}（1.13 ~ 3.33 Wm^{-2}），1970 年以来该估计值的增加速率比之前的各个年代的增速更快。与 AR4 中对 2005 年的人为排放辐射强迫的总估值相比，2011 年要大大高于 2005 年，这是因为大多数温室气体浓度的继续增加和气溶胶强迫作用的估值得到改善。

（3）仅 CO_2 排放已产生了 1.68 Wm^{-2}（1.33 ~ 2.03 Wm^{-2}）的辐射强迫，仅 CH_4 排放已产生了 0.97 Wm^{-2}（0.74 ~ 1.20 Wm^{-2}）的辐射强迫。这远大

于基于浓度的估值0.48 Wm^{-2}（0.38～0.58 Wm^{-2}）（自AR4以来无变化）。估值中的差异是由于CH_4排放导致的臭氧浓度的变化和平流层水汽含量的变化以及其他排放间接影响CH_4。

（4）气溶胶总效应的辐射强迫为－0.9 Wm^{-2}（－1.9～－0.1 Wm^{-2}）（中等信度），其中包括气溶胶造成的云调节整过程，该估值基于大多数气溶胶产生的负强迫和黑碳吸收太阳辐射产生的正贡献得到。具有高信度的是，气溶胶及其与云的相互作用已抵消了充分混合的温室气体引起的全球平均强迫的很大一部分，但它们仍然是总辐射强迫估值中不确定性的最大来源。

（5）在过去的一个世纪中，除了大的火山爆发的短期影响之外，太阳辐射变化和平流层火山气溶胶的自然总辐射强迫仅仅在净辐射强迫中贡献了很小的一部分。

四　近年来气候变化检测和归因方面的新进展

近年来，有关人类活动影响气候系统的证据更多、更强。源自区域温度、水循环、冰雪圈和海洋等方面的新证据进一步表明，人类活动对全球气候系统的影响是明确的。人类活动影响极端事件频率和强度的证据得到进一步加强。

（1）可在地表、自由大气和海洋温度的观测中检测到人为变暖信号。更新的研究表明，人类活动对气候系统变暖影响的检测分析结果是明确的。极有可能的是，人为影响是20世纪中期以来全球变暖的主要因子。多信号检测和归因分析表明，自20世纪早中期以来，在量化的人为和自然强迫的贡献中，导致全球变暖的最大贡献来自温室气体。其他强迫（包括对流层和平流层气溶胶、平流层水、太阳辐射等）能够导致气候系统年际和年代际的变化，但是不能解释20世纪早中期以来气候系统的系统性变暖趋势。

（2）人为变暖的检测归因分析从全球尺度细化到区域尺度。除6个有人类世代居住的大陆地区外，南极大陆以及一些次大陆尺度地区气候变暖的人为影响（如土地利用变化、硫酸盐和含碳气溶胶）也已经被检测到。一般区域尺度气候变化的检测归因很复杂，除温室气体浓度升高因素外，还要考虑动力学因素（如环流的变化）和更大范围的强迫。

（3）新的证据表明，在水循环变化中可以检测到人为影响信号。大气和海洋证据一致表明，人类活动对水循环的变化存在影响。检测分析结果表明，可以在全球陆地降水变化、北半球高纬降水变化以及大气湿度变化中检测到人为影响。海洋盐度变化的检测归因分析也支持了水循环变化中存在人为信号的论点。

（4）人为强迫很可能对1979年以来北极海冰的损失有影响。模拟的一系列明确的结果表明，只有当模式包括人为强迫在内时，才能模拟出观测到的海冰范围的下降。同时，人类活动可能对1990年以来格陵兰冰盖的融化和20世纪60年代以来的冰川退缩产生影响。但由于科学认识的水平较低，对1993年以来观测到的南极冰盖质量损失的归因具有低信度。此外，北半球1970年来观测到的积雪减少中可能有人为因素。

（5）更多的证据表明，人类活动对极端温度事件的变化存在影响。人为强迫很可能对于20世纪中期以来全球尺度日温度极值的频率和强度变化有影响。在使用不同方法和不同数据集开展的独立分析中很明确地将温度极值的变化归因于人为影响。人为影响可能已经大大增加了一些地区发生热浪的概率。在观测覆盖程度足以用于评估的陆地区域，人为强迫对20世纪下半叶全球尺度的强降水增强有作用，这一点为中等信度。

（6）气候变暖检测归因中的不确定性问题受到更多的关注。虽然气候模式成功地模拟出许多全球和半球尺度的气候变率和变化，但也有证据表明，气候模式可能高估了过去30年热带和南半球对流层的变暖趋势。在区域尺度上，将观测到的气候变化归因于外部强迫，仍然存在很大难度。

五　近年来气候模式和未来预估方面的新进展

自AR4以来，具有更高分辨率以及对物理过程有更好表述的气候系统模式已研发出来，同时地球系统模式也得到了发展。新一代气候系统模式提高了水平和垂直分辨率，特别是海洋模式的分辨率进一步细化。在全球更多的地区能够获得更多高精度的区域模式，以作出更可靠的区域气候变化预估。同时，地球系统物理过程的参数化也有了很大改善，特别是对辐射与云相互作用以及冰冻圈的模拟。更多的模式包括了碳循环以及高精度的平流层模式。这些模式的改进将可能提高未来气候变化预估的可信度。

以全球气候模式比较计划第五阶段（CMIP5）为主，近年来开展了很多新的气候模式试验以研究上述新过程。CMIP5 中的模式采用了新的排放情景，即典型浓度路径 RCPs。其中每个 RCP 路径情景提供了一种受社会经济条件和环境、气候影响的排放路径，并给出到 2100 年相应的辐射值。同时，未来预估中不确定性的评估和定量化方法得到了较大发展，在可能的情况下，未来气候变化趋势预估将以概率分布函数（PDF）的方式给出。

（一）气候模式评估

（1）自 1990 年 IPCC 发布第一次综合评估报告以来，每次 IPCC 综合评估报告都提供了一套未来气候变化的预估信息，通过与观测结果进行对比，可以评估气候模式及其对近 20 年预估结果的可靠性。通过对多种观测资料的分析，全球平均温度变化位于所有 IPCC 预估结果的不确定性范围以内，并大致沿着中等排放情景下的预估结果而变化。对各种温室气体排放情景以及大气中温室气体浓度变化情景预估所进行的分析结果表明，大气 CO_2 浓度的观测位于预估范围以内。CH_4 和 N_2O 的变化位于预估范围的较低限处。由此可以认为，在目前的科技发展水平条件下，对未来全球气候变化趋势的预估是合理的。

（2）自 AR4 以来，评估模式性能的技术和方法有了较大发展。AR5 除了评估全球大气海洋模式外，还对全球气候系统模式、中等复杂度气候系统模式以及区域气候模式的性能进行评估。同时，除评估气候模式对 20 世纪气候变化特征的模拟性能以外，还将古气候和历史时期气候变化的模拟效果与代用资料进行对比，并将气候模式评估的时间和空间尺度细化到日尺度以及较小的区域尺度。现有的分析结果表明，由于评估标准和评估对象的不同，没有任何一个气候模式能够在所有方面都表现出最优性能。但在一般情况下，具有较高水平分辨率、较高的模式顶以及包括更复杂碳循环过程的气候模式，能够更好地再现观测到的气候。

（二）未来气候变化预估

（1）进一步证实了 AR4 中关于近期（2016 ~ 2035 年）气候变化的结果，预估结果显示，未来全球平均温度将会继续升高。但近期气候变化的可预测性受很多方面的限制，除大气变率本身所具有的非线性特征外，所设定的未来温室气体排放情景的不确定性也是一个重要原因。但在 2030 年之前的年代际气候变化预测方面，排放情景的不确定性并不是一个主要的限制条件。此外，外部自然强迫的不可预测性也可能会影响到预报技巧。

（2）从长期来看，如果温室气体排放量持续不减，21 世纪全球平均温度将会继续上升。全球陆地的平均增温幅度大于海洋，北大西洋和南大洋的增温最小。大气纬向平均温度的变化显示整个对流层变暖，特别是在对流层上部和北部高纬度地区变暖，而在平流层变冷。

（3）21 世纪全球的平均降水将会增加。全球平均降水随温度增加 1℃的增长率将低于大气水汽的增长率。平均降水量的变化将会出现显著的空间变化。有些地区会上升，有些地区会下降，而有些地区没有显著变化。

（4）未来大部分地区将出现更多高温极端事件和较少寒冷极端事件。预计高温极端事件的频率、持续时间和幅度会增加，而偶发的极端冷冬事件将会继续发生。在高排放情景下，到 21 世纪末，大部分陆地区域目前 20 年一遇的高温事件有可能将会更为频繁，目前 20 年一遇的低温事件将变得更为罕见。

（5）未来平均海面气压在高纬度地区下降，在中纬度地区上升。在热带地区，哈德莱环流和沃克环流可能会减慢。两半球的中纬度急流可能会向极地移动。在北半球，特别是在北大西洋，风暴路径变化的未来预估具有显著的不确定性，因而为低信度。

（6）21 世纪北极海冰很可能继续全年缩小变薄。同时，在南极，预计海冰面积和冰量减小，但是为低信度。随着全球温度的上升，下个世纪北半球积雪很可能会减少，几乎确定冻土层的面积会退缩。

（7）由于海洋进一步变暖以及冰川和冰盖更大的冰量损失，因此在所有 RCP 情景下，21 世纪全球平均海平面上升速率很可能超过 1971 ~ 2010 年观测到的速率。与 1986 ~2005 年相比，2081 ~2100 年全球平均海平面在所有 RCP 情景下都将可能上升。几乎可以确定的是，由于热膨胀将持续数个世纪，因此在 2100 年之后，全球平均海平面将持续上升。海平面的长期上升取决于未来的排放。

（8）大西洋经向翻转环流（AMOC）在 21 世纪很可能会减弱，但不可能出现突然转变或崩溃；在各 RCP 情景下，21 世纪末之后 AMOC 也不可能崩溃。

（9）长期变化的首要驱动因子是 CO_2 的排放总量。即使温度达到稳定水平，气候的某些方面也将继续变化。与植被变化、冰盖变化、深海变暖以及海平面上升等相关的过程，以及与海洋和冰盖相关的潜在反馈，都有其自身的内在长期时间尺度，而且在全球温度达到稳定水平后仍会出现数百到数千年的显著变化。

城镇化与城市低碳转型实践

Urbanization and Low-Carbon City Transition Practices

G.8

中国城市化的能源及碳排放问题

胡秀莲*

摘　要：

本文分析了中国城市化发展的现状和趋势①；探讨了城市发展模式选择，城市能源服务与能源需求持续增长，城市发展与改变环境和向低碳发展转型的矛盾日益突出等是中国城市发展所面临的主要问题；简单介绍了中国可借鉴的解决城市能源和碳排放问题的国际经验；提出了促进中国城市能源和低碳发展的政策选择。

关键词：

城市化　能源　碳排放　政策选择

* 胡秀莲，国家发展和改革委员会能源研究所，研究员，e-mail：huxl@ eri. org. cn。

① 本文主要讨论城市能源及碳排放问题，故采用“城市化”一词表述。

一　中国城市化进程的现状与趋势

改革开放以来，中国的城市化进入快速发展阶段。城市化率由改革开放初期1978年的17.9%迅速提高到2012年的52.57%。在2000～2012年12年间城市化率提高了16.35个百分点。2012年中国的城市化率已接近世界平均水平[①]。中国只用了30多年的时间，就走过了西方国家200年的城市化历程。中国城市化进程加快的主要驱动因素是中国改革开放和经济的快速发展，特别是工业的迅速发展，但也与土地资源成本过低导致的土地利用类型转换速度加快、无地农民进城、进城的农民工提供了大量低成本的劳动力，以及城市化过程中污染的排放代价非常低等因素有关。从中国所处的发展阶段来看，工业化已成为中国城市发展的主要助推因素。目前，在具有一定规模的大中型城市中，以工业为主要特征的第二产业仍是驱动城市发展的主要力量。

未来，尽管快速的城市化发展将面临着城镇居民住房、道路、管网等城市基础设施建设，就业，能源供应和消费，空气质量，环境污染和CO_2排放增长等众多挑战，但仍阻止不了城市化快速发展的进程。随着中国社会经济发展和工业化进程持续加快，未来几十年中国城市化水平将不断提升。

根据国内外相关研究机构对中国未来城市化率变化趋势的情景分析结果，到2020年中国的城市化率将提高到58%～63%，这意味着从现在到2020年，中国将大约有2亿～2.5亿人口由农村移居到城市工作和生活。到2050年中国的城市化率将继续提高到60%～79%[②]，达到高收入国家目前的水平，见图1。

二　中国城市发展面临的主要能源和碳排放问题

城市作为人类社会经济活动的主要聚集地和社会生产力高度集聚的一个空间组合形态，与整个社会的能源生产、供给和需求状况有着极为密切

① http：//api. worldbank. org/datafiles/16_ Topic_ MetaData_ en_ EXCEL. xls.

② 樊纲、马蔚华主编《低碳城市在行动：政策与实践》，中国经济出版社，2011。

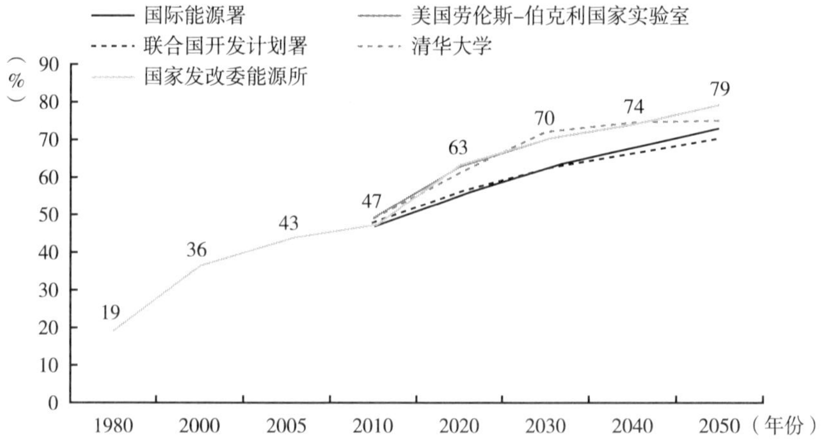

图 1　中国未来城市化发展趋势

的联系。一方面，它运行的特殊性和复杂性，使其能源需求更为多样，从而对城市能源系统内部的相互替代和转换提出较高要求；另一方面，城市能源的利用又与其环境的质量息息相关，友好的城市环境需要能源的高效和洁净利用。因此，城市能源问题是一个庞大的系统工程，需要一个长期的发展过程。

中国正处在城市化进程之中，西方发达国家曾经历的“高投入、高消耗、高污染”的粗放式城市发展模式值得反思，但由于中国所处的发展阶段的特征之一是工业化驱动下的城市化发展，因此，城市能源系统发展仍面临着城市发展模式选择复杂、能源服务需求增长潜力大、能源需求总量持续增长、优质能源供应不足、节能减排潜力大、资源约束、城市发展与环境和低碳的矛盾日益突出、城市现代化能源系统改革和创新能力有待加强，以及能源系统智能化管理薄弱等诸多问题和挑战。

（一）城市发展模式选择

城市是资源和能源消费的聚集地，中国以占全球 7% 的耕地、7% 的淡水资源、4% 的石油储量、2% 的天然气储量来推动占全球 21% 的人口的城市化进程，这将使中国的城市化不能照搬西方发达国家的城市化发展模式，否则中国的城市化将没有支撑。

城市发展模式对城市能源消费的影响，主要表现在以下方面：城市规模大小和经济结构决定了城市对基础设施建设的需求，进而导致了大量原材料和能源的生产和消费；城市的低密度和分散化发展倾向将带来耕地面积减少过多过快进而导致土地容积率低下等问题；城市规模大小和空间布局决定了城市人口日常的休闲与工作的交通出行距离；城市的人口、密度和空间布局决定了交通流线上的日常出行量；城市建筑规模（即总的建筑面积）将影响建筑总能耗。例如，在过去的十年里，中国的人均城镇建筑面积增加了一倍，而建筑能耗也几乎增加了一倍。

近年来，中国在城市面积扩大的同时，土地利用效率却不高。以在中国经济总量居前10位的城市中土地利用效率最高的深圳为例，每平方公里土地面积产生的GDP仅为日本大阪和法国巴黎的1/25、日本东京和韩国首尔的1/10，明显体现出城市化的粗放增长特征。

目前，中国正处在经济体制和经济结构调整的双重转折时期，各地区之间在社会经济发展上尚存在较大差距，因此，中国的城市化将是一个较长的渐进的社会转型过程。在推进城市化发展进程中，如何选择符合中国国情、适应中国发展阶段、体现不同地区差异性、符合未来社会可持续发展趋势的新型城市化发展模式是一个严峻的挑战。

（二）城市能源服务与能源需求的持续增长

1. 城市能源服务需求的持续增长

能源服务需求是反映城市化水平的重要因素之一。2011年，中国城镇每百户居民家用汽车平均拥有量为18.58辆，占城镇总户数10%的最低收入户仅为1.96辆，而在1970年时美国已达170辆，日本为61辆，世界平均为27辆。2011年中国城镇居民人均居住面积为32.7平方米，美国、丹麦、德国在2007年时人均居住面积已分别达到了60平方米、52平方米和40平方米。因此，中国城市化进程中城镇居民对能源服务需求增长的潜力和空间都很大。相关研究显示，到21世纪中叶中国城镇每户居民的家用电器拥有量将达到或超过日本或欧洲国家目前的水平，人均居住面积将超过

40 平方米，每千户汽车拥有量也将达到或超过 400 辆。届时，中国城镇居民居住总面积将比 2010 年新增加近 200 亿平方米，外加公共建筑面积，总建筑面积将比目前翻一番，达到 900 亿～1000 亿平方米。家用汽车拥有量将超过 1.4 亿辆①。

目前，中国钢材消费量的 53% 和水泥消费量的 48% 用于建筑物的建设。根据对典型案例的抽样调查，并结合每年中国钢铁、水泥等产品的消费流向进行分析的结果显示，目前中国城镇地区每建造 1 亿平方米的建筑物，需要消耗约 810 万吨钢材、2200 万吨水泥和 240 万立方米木材，若城镇人均建筑面积每减少 1 平方米，按照 2050 年中国城市化率达到 70%、城镇人口为 10.7 亿人计算，则全国每年可减少 8000 多万吨的钢材消耗和近 3 亿吨的水泥消耗。

公路、铁路、机场等交通基础设施是社会赖以生存和城市发展的重要物质基础。目前，中国的道路密度仅为 0.4 公里/平方公里，人均道路长度不足 30 公里/万人，分别是发达国家的 40% 和 50%。中国的公路建设已经成为制约很多地区经济发展的最大瓶颈。作为一个人口数量大、出行需求高的国家，中国公路里程至少要在目前规模的基础上翻一番。

从铁路发展的需求上看，美国和日本人均铁路里程目前分别为 6.9 公里/万人和 1.6 公里/万人。中国的人均铁路里程只有 0.6 公里/万人，中国每百平方公里铁路密度为 1.54 公里左右，而德国已达到 10.6 公里。在欧洲和日本，火车已成为最方便的交通出行工具，时速高达 300 多公里的高速铁路在当地交通中发挥着骨干作用。作为一个国土面积与美国、欧盟几乎相等的大国，中国无论是普通铁路还是高速铁路，建设规模的需求还很大。

国内很多研究结果显示，2020～2030 年中国钢铁、水泥、玻璃、合成氨等主要高耗能产品产量将达到峰值。直至 2050 年中国的建筑面积和交通运输量均将呈持续增长趋势，但 2030 年以后增长速度相对 2030 年前要缓慢②。总

① 国家发展和改革委员会能源研究所课题组：《中国 2050 年低碳发展之路：能源需求暨碳排放情景分析》，科学出版社，2009。

② 国家发展和改革委员会能源研究所课题组：《中国 2050 年低碳发展之路：能源需求暨碳排放情景分析》，科学出版社，2009。

之，中国城市化进程中能源服务需求的持续增长将促进中国工业化进程的加快和能源需求量的持续增长。

2. 城市能源需求量的持续增长

中国城市的代谢量统计显示，2010年中国城市能源消费量占全国能源消费总量的85%，城市人均能源消费量和人均用电量分别是农村的4.3倍和5.03倍。

目前，在具有一定规模的大中型城市中，以工业为主要特征的第二产业仍是驱动城市发展的主要力量。工业行业在快速发展的同时，导致了能源消费量的相应增长。目前工业能耗在中国终端能耗中所占比例在70%以上。即使像广州这样的经济发达城市，2011年其工业增加值占城市经济总量的45%左右，而工业的能源消耗量占城市能源消耗总量的比重却高达70%左右。

国内很多研究结果显示，在城市化进程中由于能源服务需求持续增长的驱动，到2020年中国城市能源需求量将由2010年的28亿吨标准煤增加到36亿~40亿吨标准煤。届时，中国城镇人均能源消费量将从2010年的4.1吨标准煤增加到2020年的4.3~4.8吨标准煤。而随着建筑和交通部门的能源消费在城市能源消费结构中所占比重的提高，石油、天然气和电力等优质能源的保障供应将面临巨大的挑战。

（三）城市发展与改善环境和向低碳发展转型矛盾日益突出

全球气候变化深刻影响着人类的生存和发展，成为各国共同面临的重大挑战。城市是全球经济中最活跃的部分，碳排放与城市化过程相交织，低碳城市的建设与发展已成为应对全球气候变化和促进人与自然和谐相处的重要领域和关注点。

中国城市排放的CO_2占全国的90%，排放的SO_2占全国的98%。中国地级以上287座城市排放的CO_2约占全国排放总量的72%。因此，中国城市发展与改善环境和向低碳发展转型的矛盾日益突出，城市化进程中面临着如何避免高碳化发展模式的各种挑战，主要表现在以下几个方面。

1. 资源禀赋的制约

受中国能源资源禀赋的制约，中国能源生产和消费结构长期以煤炭为主，煤炭占能源消费总量的比重近20年来均徘徊在70%左右①。燃用同等热值的化石燃料排放的CO_2，煤炭要比石油高出25%以上，比天然气高出40%以上。由于资源禀赋所限，中国近期采用相对低碳或无碳的石油、天然气、水电、核电和可再生能源大量替代煤炭的可能性有限，而且还面临着需要将固体煤炭转化为液态燃料以保障交通用油安全的压力。

2011年，中国进口石油2.71亿吨，占中国石油消费量的比重达到55.3%。中国一些地处老工业基地、重化工业占比较高、隶属资源型地区的城市将面临着向低碳转型的困难和挑战。例如邯郸、滁州、榆林、阿勒泰、海西州等城市的煤炭消费量占一次能源消费总量的80%左右。"十一五"以来，虽然这些城市的单位GDP能耗也呈逐年下降趋势，但由于底子差、基数大，时有反弹。因此，以煤为主的能源消费结构，成为这些城市改善环境和向低碳发展转型的主要障碍。

2. 发展阶段的制约

中国幅员辽阔，地区之间的发展差别较大，城市化水平的差距更大。因此，一些城市在相当长时期内的首要任务将是发展经济。例如，在阿勒泰、滁州等一些欠发达城市，总体碳排放水平低于全国水平。滁州市人均能耗只有全国的44%，单位GDP能耗只是全国平均水平的88%。从数据上看，滁州好像已经是一个低碳城市。但是，当进一步分析滁州市碳排放水平低的原因时，发现这个城市的经济尚不发达，消耗能源少的农业占GDP的比重高达23.3%。因此，对类似滁州这样的经济欠发达城市，低碳转型面临所处发展阶段的制约。

3. 节约能源和减排CO_2的潜力大

当前，中国能源统计体系中没有针对城市能源消费量的专门统计，根据能源统计年鉴中的相关数据并参考城市统计年鉴中的相关数据估算，2010年，按照发电煤耗计算法核算的全国能源消费量为32.5亿吨标准煤，城镇能耗总量约为27.6亿吨标准煤，占全国能源消费总量的85%。全国电力消耗总量为

---

① 国家统计局能源统计司编《中国能源统计年鉴》，中国统计出版社，2012。

4.2 万亿 kWh，其中城市市辖区电力消耗总量为 2.31 万亿 kWh，即仅占全国地域总面积 13.3% 的市辖区，消费了全社会电力的 55%。可见中国城市尤其是城市市辖区是能源消费密度集中的区域。

相关研究机构的专家对 2005～2010 年中国不同区域城市间的单位 GDP 能耗、人均能耗、单位 GDP 电耗、单位工业增加值能耗、市辖区人均生活电耗等指标进行对比分析，结果显示中国城镇能源利用效率分布呈现“中间多、两端少”的特点。

以单位 GDP 能耗为例，2009 年在有观测值的 214 个城市中，城市能耗强度平均值为 1.43 吨标准煤/万元，能耗强度最大的是石嘴山市的 6.75 吨标准煤/万元，是平均值的 4.7 倍；能耗强度最小的是汕尾市的 0.528 吨标准煤/万元，仅是平均值的 36.9%。可见城市间的能源利用效率水平存在较大差异①。

目前，中国城市用于交通和建筑的人均能源消费量与发达国家相比要低很多，但城市生产端能耗后的人均能源消费量和相应的人均 CO_2 排放量却比发达国家的城市高出很多。目前，中国上海、天津、北京和香港等大城市的人均 CO_2 排放量均超过了纽约、东京、伦敦和巴黎。

另外，中国城市工业、交通和建筑的运行能耗均高于发达国家。中国工业主要产品的平均单位产品能耗比国际先进水平高出 15%～20%，单位面积采暖能耗为同等气候条件下发达国家的 2～3 倍，中国乘用车平均燃油消耗量与欧洲和日本相比仍然存在较大差距。相关研究结果显示，到 2020 年中国城市通过应用各种节能减排技术可实现的 CO_2 减排潜力约 17 亿吨，其中工业、建筑和交通部门分别占 62%、24% 和 14%②。

三 中国可借鉴的解决城市能源和碳排放问题的国际经验

能源问题是国内外所有城市在发展过程中必须应对的重要问题。伦敦、纽

① 宋国君、马本等：《中国城市能源效率评估研究》，化学工业出版社，2013。

② 2050 中国能源和碳排放研究课题组：《2050 中国能源和碳排放报告》，科学出版社，2009 年 9 月 23 日。

约、东京等国外城市的实践经验显示，能源多元化、环保化、高效化以及低碳化是未来国际上城市能源发展的必然趋势。尤其是国外城市化水平已经很高的城市的一些共性的经验非常值得中国借鉴，主要如下。

（1）制定促进城市发展的能源战略，而且无论是近期还是中、长期的能源战略均遵循了节约与开发并重的原则，从供需两个方面采取措施，以确保城市能源供给安全和提高能源的利用效率。

（2）将建筑和交通两大部门视为城市发展中节能和提高能源效率的优先和重点领域，并采取了各种有针对性的技术措施和政策。

（3）将新能源和可再生能源的开发和利用作为城市能源发展战略的重要组成部分，以应对化石能源的有限性和污染性。

（4）控制和减少 CO_2 排放成为城市能源发展战略的重要组成部分。

（5）政府在政策、法律、财税、金融等方面的相应支持，为这些城市能源战略的实施起到了保驾护航的作用。

从全球层面看，许多城市已经意识到在减缓气候变化进程中城市所发挥的重要作用，并且开始付诸行动。通过制定低碳发展战略和相关行动计划，促进城市的发展转型，已经成为现代城市发展的重要方向并逐渐成为城市品牌的新目标，在城市软实力的竞争中发挥着日益关键的作用。

目前，大多数世界知名城市都发布了低碳发展战略与行动计划。尤其是伦敦、东京和纽约等大城市，在应对气候变化行动上反应迅速，在城市低碳建设方面起到了领跑者的作用。了解国外城市低碳发展的实践经验，有助于中国的城市结合自身特点，探索一条适合中国城市低碳发展的新型模式。

四　促进中国城市能源和低碳发展的政策选择

（一）积极探索新型城市化道路，建设低碳城市

中国应当全面评估过去 30 年城市化政策，建立基于低能源增长和低碳排放、高环境质量和高生活水准的新型城市化道路的总体战略。中国新型城市化道路应当把城市发展中的能源、环境和应对气候变化问题等作为优先领域，统

筹考虑，抓好城市建筑、交通、生活用能等能源消费快速增长的重点领域，强化政策制定，使中国逐步走向可持续的城市发展之路。

倡导紧凑型城市化发展道路，并将紧凑型城市的发展理念贯彻到全国城市规划中。适度提高城市密度，依托特大型城市和中心城市，发展城市群、城市带和城市组团，优化空间功能布局，增强城市的可持续发展能力。加快全国城镇体系规划和全国土地利用规划的编制与实施进程，开展以低能源消耗为基础的低碳、低污染试点示范。

（二）识别发展潜力和发展优势，制定发展计划、规划和战略

中国城市正处于高速的发展过程中，城区面积在扩张，大规模基础设施建设正在进行。在这样一个动态环境中，城市的政策制定者和所有的利益相关方应协调一致，立足基本国情和市情，清晰的认识和识别城市的现状、发展潜力、发展能力、发展优势，发展所需要的条件，并在此基础上制定出适合城市自身特色、使城市逐步走向可持续发展和低碳发展的五年规划、近期规划和长远战略。

城市低碳发展计划和规划应当被定位为介于国民经济与社会发展五年规划和具体专项规划之间，作为两者间的纽带和桥梁。城市低碳发展规划的目的在于进一步细化在五年规划中确定的低碳发展的原则和指导意见，并且将其与相关专项规划予以结合与协调。低碳发展综合规划事实上是促进城市低碳发展的需求与城市发展的主攻方向相结合的工具与载体。低碳发展规划将影响投资项目的决策过程，城市的财政支出，土地利用，技术选择和其他发展议题。

（三）确定促进城市低碳发展的重点和优先领域

不同的城市处于不同经济发展阶段时，其发展的重点和优先领域是有区别的。中国大部分城市在未来一段时期内工业部门将是温室气体控排和减排潜力较大的重点领域。而随着城市城区面积的扩大、机动车保有量的增长、建筑面积的增长、居民生活水平的提高，来自建筑和交通部门的排放绝对量也将快速增长。而近期建筑和交通部门的减排成本相对工业部门要高。因此，城市在低碳发展过程中要明确在不同时期减缓和控制温室气体排放的重点和优先领域，

以便有的放矢地制定和采取一系列的技术和政策措施，实现重点领域的低碳发展目标。

（四）构建支撑城市可持续发展的能源供应系统

城市是中国能源生产和消费的主体，也是造成大气污染、温室气体排放的罪魁祸首。要改变城市原有的能源结构和利用方式，将国家能源消费结构的变化与城市燃料供应的改善紧密结合起来，扩大石油和天然气消费，尽快实现城区无原煤直接燃烧，推广天然气、太阳能、电力等清洁能源，实现城市能源清洁化、低碳化，最大限度地提高各类城市的优质能源供应比重。

包括供电、供热、供气在内的城市能源系统要与城市功能布局、产业结构、交通系统等统筹考虑。通过建设智能电网，为发展分布式能源系统和电动交通系统提供便利。把各行各业节能放到重要位置，以减轻能源供应的压力。

（五）推广应用和研究开发先进的能源利用和低碳技术

在城市的各个领域推广应用和研究开发先进的能源利用和低碳技术是实现城市可持续发展的核心因素。工业是中国城市提高能源效率和减排 CO_2 潜力最大的行业。可供工业部门选择的高效低碳技术主要有高效率的终端用电和用气设备，热、电回收技术，材料回收利用和替代技术，控制非 CO_2 气体排放技术，和各种大量先进的工艺流程类技术，各种提高能源效率的技术，水泥、氨和钢铁生产过程中碳捕获和封存技术，新能源和可再生能源利用技术等①。

交通是中国国民经济的基础产业部门之一，是社会经济活动中物流和客流的纽带，也是中国的石油消费大户。因此，需要实施紧凑型城市空间规划，以减少交通需求量；优先发展城市公共交通，构建合理的交通结构；推进城市轨道交通建设，发展大运量的快速公交系统；加大交通科技研发力度，提高清洁能源比重等。

由于大部分建筑寿命较长，近期低成本、高效率和低碳的措施和技术是重要选择。建筑部门未来具有发展潜力的节能和碳减排技术主要有建筑围护结构

① 国际能源机构：《世界能源展望，2010》，IEA，2010。

节能技术、采暖系统节能技术、供冷系统节能技术、高效照明和采光技术、高效电器以及新建建筑节能设计、商用建筑的一体化设计等。对于空间供暖和水加热来说，高效热泵、太阳能热系统和使用氢燃料电池的热电联供系统都是可供选择的技术①。

（六）建立完备的政策机制、完善各种配套和保障措施

实现城市能源可持续发展的路径可以概括为：选择合理的生活方式和消费模式；多层面的结构优化，诸如经济结构、产业结构、行业结构、产品结构、能源结构的优化；终端用能技术进步；能源供应技术进步；另外还要为克服实现以上路经可能会遇到的问题和障碍提供保障和配套政策，诸如相应的法律法规、各种经济和税收政策、低碳发展的产业政策、严格的能源效率标准、低碳产品标准、各种革新机制、市场机制、促进技术创新的政策、增进国际合作和技术转让政策等。因此，建立完备的政策机制、各种配套和保障措施是实现城市能源可持续发展的重要措施。

（七）加强能力建设和开展广泛的国际合作

能力建设的范围比较广泛，包括政策制定能力，低碳规划制定能力，城市温室气体清单编制能力，能源消费和温室气体排放量的统计、报告和监测能力，技术研究、开发与创新能力，政策法规执行能力，等等。在不同的层面，针对不同的主体开展长期、持续的能力建设，将有利地助推城市低碳发展的质量和进程。另外借鉴国外城市低碳发展的实践经验，开展广泛的国际合作与交流，将有利于中国城市能源系统的可持续发展和低碳发展。

---

① 戴彦德、胡秀莲等：《中国二氧化碳减排技术潜力和成本研究》，中国环境出版社，2013。

G.9

低碳试点省区和试点城市进展评估

丁丁　杨秀*

摘　要：

在中国发展经济、改善民生的同时，为有效控制温室气体排放，国家发改委分别于2010年和2012年下发通知，分两批在42个省市开展国家低碳省区和低碳城市试点工作。第一批的五省八市开展低碳试点三年以来，在领导机制的完善、加强战略规划编制和引领、低碳发展任务和目标的确立、温室气体清单编制以及监测与考核体系建设、倡导低碳消费和低碳生活理念等方面积极探索，并取得了一定的成效。第二批试点的范围进一步扩大，已具备良好的前期工作基础，更加重视顶层设计工作，在试点工作方案中提出了定量排放控制目标。总结两批试点省市的工作进展，可以发现目前低碳评价指标体系缺乏，数据基础薄弱，不能满足对低碳发展评估的需求，因此需积极推动试点地区低碳发展评价方法的完善。在政策和技术层面，低碳发展急需顶层设计，支持配套政策有待完善，低碳技术的发展和普及更急需加大投入力量。推动城市低碳产业发展和园区建设是低碳发展的重要抓手，传统产业低碳化升级改造是产业结构调整的基础，现代服务业应当成为产业结构调整的着力点。建议在促进未来低碳试点工作中，应当重视试点城市低碳发展的引导机制与政策措施，遵循政府推动与公众参与相结合、理念引导与制度创新相结合、自主创新与技术引进相结合、示范带动与科学推进相结合的思路。

关键词：

气候变化　低碳试点　低碳产业

---

* 丁丁，博士，副研究员，国家气候战略中心政策法规部主任；杨秀，博士，助理研究员，国家气候战略中心政策法规部。

气候变化问题关系人类的生存和发展，是当今世界面临的重大挑战。在中国发展经济、改善民生的同时，有效控制温室气体排放，妥善应对气候变化，是一项全新的课题。在应对气候变化的背景下，2010 年 7 月 19 日，国家发改委下发通知，确定在五省八市开展第一批低碳试点①，并于 2012 年 11 月 29 日开展了第二批国家低碳省区和低碳城市试点工作②。本章对低碳试点地区的进展进行阶段性评估，为全面实现低碳发展工作的进一步开展提供参考。

一　低碳试点省区和试点城市工作进展总结

为了充分调动各方面的积极性，积累对不同地区和行业分类指导的工作经验，推动落实控制温室气体排放行动目标，2010 年 7 月 19 日，国家发改委下发《国家发展改革委关于开展低碳省区和低碳城市试点工作的通知》（发改气候〔2010〕1587 号），确定在广东、辽宁、湖北、陕西、云南五省和天津、重庆、深圳、厦门、杭州、南昌、贵阳、保定八市开展试点工作；2012 年 11 月 29 日下发了《国家发展改革委关于开展第二批低碳省区和低碳城市试点工作的通知》（发改气候〔2012〕3760 号），确定 29 个城市为第二批国家低碳试点城市。

（一）第一批低碳试点地区的工作进展与成效

第一批试点地区选择的标准包括：申请试点的积极性和领导的重视程度；试点省市有关低碳发展的工作积累；同时考虑到不同经济水平和发展阶段的省市入选以起到积累经验、示范推广作用，地域平衡也是发改委选择第一批低碳试点地区的一个重要出发点。

根据中央政府提出的编制低碳发展规划、制定支持绿色低碳发展的配套政策、加快建立以低碳排放为特征的产业体系、建立温室气体排放数据统计和管

① 《国家发展改革委关于开展低碳省区和低碳城市试点工作的通知》（发改气候〔2010〕1587 号），2010 年 7 月 19 日。

② 《国家发展改革委关于开展第二批低碳省区和低碳城市试点工作的通知》（发改气候〔2012〕3760 号），2012 年 11 月 29 日。

理体系、积极倡导绿色低碳生活方式和消费模式五项要求，第一批低碳试点地区积极行动，取得了很大的进展和成效。

1. 领导机制的完善

所有的试点省市都在试点申请之前或成为试点地区的前期就成立了低碳工作领导小组，领导小组的职能主要是对全省（市）的低碳发展实行统一领导、统一指挥、统一协调和统一监督。不少省市为加强试点工作的组织协调，建立了联席会议制度，建立激励约束机制和重大项目、示范试点单位全程管理制度，以全方位推进低碳建设。以地方主要领导作为组长的低碳领导小组建设体现了地方政府对于低碳试点工作的高度重视，同时领导小组办公室基本都设在发改委，负责统筹、协调和推进全省（市）的低碳发展工作。

2. 加强战略规划引领，编制、完善了低碳发展规划

低碳发展规划对于保障试点工作扎实、有序、有效地开展具有重要作用。从应对气候变化到建设低碳试点，2007～2011 年，低碳试点省市总体形成了“1+4+X”规划体系。其中，“1”表示要在试点地区将应对气候变化工作全面纳入本地区“十二五”规划。“4”包括编制本地区应对气候变化的方案、将《“十二五”控制温室气体排放工作方案》提出的地方政府碳减排控制指标落实、制定本地区的试点工作实施方案，以及研究制定试点省和试点城市低碳发展规划。“X”指试点省市根据各自特点制定节能、发展清洁能源、循环经济、建筑、交通等方面的各种专项规划。例如，贵阳市主要通过“低碳交通”和“绿色建筑”构筑低碳城市①；天津市提出要从产业结构调整、促进产业集聚区形成、加强投资项目能源评估、实施工业节能等方面着手推进低碳城市发展②。

3. 加快温室气体清单编制，启动统计、监测与考核体系建设

在试点省市中，广东、湖北、辽宁、云南、陕西、天津六个省市还是编制 2005 年温室气体排放清单试点省市，已于 2011 年年底完成清单报告，并于

---

① 《贵阳：用“低碳交通”和“绿色建筑”构筑“低碳城市”》，中华人民共和国中央人民政府网，http://www.gov.cn/jrzg/2010-08/20/content_1684771.htm，2010-08-20。

② 《低碳城市探路　地方踊跃试水》，人民网，http://energy.people.com.cn/GB/12653517.html，2010-09-07。

2012年顺利通过国家验收。六个省市先后启动省级2010年、市（区、县）级2005年和2010年清单编制工作。在试点城市中，杭州开展了2005～2010年各年度的清单编制工作①，重庆、厦门、深圳等其他城市也在积极研究编制2005年和2010年温室气体清单。

试点省市积极部署工作协调机制，根据2011年国务院发布的《“十二五”控制温室气体排放工作方案》对各地区控制二氧化碳排放的要求，落实指标分解方案和考核体系。广东省②和重庆市③已经分别将碳排放的指标分解到下一级行政单位，其他如贵阳、陕西、湖北等省市也正在制定指标分解方案。

4. 倡导低碳消费和低碳生活理念

低碳消费和低碳生活包括低碳交通、低碳建筑、低碳社区建设和低碳消费等多个方面。第一批低碳试点的五省八市均在低碳交通试点中，均将低碳交通或绿色交通作为低碳试点工作的一项重要内容。各地区出台了交通相关的专项规划，主要的相关工作包括：①优先发展公共交通；②发展慢行系统，把步行、自行车等慢速出行方式作为城市交通的主体；③推广新能源汽车，一方面是发展新能源汽车产业，另一方面是在交通领域推广清洁能源；④发展智能交通，目前在多数试点省市的行动方案中都有提及，但大部分还处于规划阶段。试点省区和城市还积极推动低碳建筑，主要做法包括：①既有建筑节能改造；②制定新建建筑节能标准；③制定公共机构节能标准和用能监测；④可再生能源利用；⑤采用节能材料、产品和技术等。此外，试点省市注重扩大舆论宣传，通过报纸、电台、电视、网络等开展广泛的宣传教育及社会动员活动。通过建设低碳社区、示范项目，以点带面，促进居民价值观和生活消费方式的变革。

---

① 《杭州市温室气体清单顺利通过国家专家评审》，浙江省发展和改革委员会，http://www.zjdpc.gov.cn/art/2013/2/5/art_10_498022.html，2013-02-05。

② 《广东首试碳排放总量控制　碳强度下降指标分解至21市》，中国产业经济信息网，http://www.cinic.org.cn/site951/cjkx/2012-03-13/543193_1.shtml，2012-3-13。

③ 《重庆碳排放指标将分解到38个区县》，重庆市政府网，http://www.cq.gov.cn/today/news/385384.htm，2012-03-07。

（二）第二批低碳试点地区的工作进展与变化

除延续第一批低碳试点的五项要求外，对第二批低碳试点地区还增加了一项，即明确工作方向和原则要求，提出把全面协调可持续作为开展低碳试点的根本要求，以全面落实经济建设、政治建设、文化建设、社会建设、生态文明建设"五位一体"总体布局为原则，进一步协调资源、能源、环境、发展与改善人民生活的关系，合理调整空间布局，积极创新体制机制，不断完善政策措施，加快形成绿色低碳发展的新格局，开创生态文明建设新局面。

由于第一批低碳试点地区的工作打下了较好的认知和实践基础，与第一批试点省区与试点城市的工作实施方案相比，第二批低碳试点申请地区的工作方案总体科学合理、内容完整、主要措施切实可行、编制水平整体提高。相比第一批低碳试点的工作情况，其工作体现出以下特点①。

1. 低碳试点范围扩大

第一批低碳试点的五省八市共涉及全国12个省和直辖市，而第二批低碳试点申报共有46个省区和城市提交申请，涉及25个省、自治区和直辖市，批准成为第二批低碳试点的29个省市分布在全国24个省、自治区和直辖市。低碳试点范围的扩大，体现了低碳发展理念日趋深入人心，成为越来越多地方政府实现转型与发展并重的重要抓手。

2. 试点申请地区重视顶层设计工作

与第一批试点先确定低碳试点地区，再批准试点工作实施方案的流程不同的是，第二批低碳试点首先对申报地区的试点工作实施方案进行评审与修改，再选择方案设计成熟、工作基础较好的地区作为试点。因此，第二批试点的申请地区均在前期做了大量工作，对实施方案进行了充分论证与修改，大大加强了低碳发展工作的顶层设计水平、综合性和引领性。

3. 工作方案中提出了定量排放控制目标

从2012年6月各试点申请地区提交的试点工作实施方案初稿来看，大部分地区均在试点方案的初稿中提出了不低于国家或所在省下达的控制目标，其

① 第二批低碳试点地区的低碳试点工作实施方案。

中北京、上海、苏州、镇江、石家庄和广元在工作方案中明确提出了温室气体排放控制总量目标、峰值时间或相应的人均排放目标；北京和上海还提出了能源消费的总量控制目标。经过几轮的低碳试点实施方案评审，各试点地区均根据当地的基础条件提出了排放峰值。

4. 已具备良好的前期工作基础

各地区充分吸取第一批低碳试点的经验，在申请低碳试点工作前期，已在能力建设、资金保障、温室气体编制等方面开展了大量工作，具备了良好的基础。在重视组织领导方面，各申报地区均成立了由当地人民政府领导任组长、发展改革部门牵头、相关部门为成员的应对气候变化或低碳发展领导小组。在增加投入、保障低碳发展资金方面，浙江温州、江西赣州、河南济源和甘肃金昌等地都设立不同形式的低碳城市建设专项资金，加大对低碳技术研发和能力建设项目的支持力度。在温室气体排放清单编制方面，北京、上海、镇江、温州、池州、呼伦贝尔、淮安、赣州、吉林、遵义、金昌等城市积极开展温室气体排放清单报告编制工作，并建立完善温室气体排放统计、核算和考核制度。

二 促进城市低碳发展的政策与技术需求分析

（一）低碳发展急需顶层设计

目前低碳发展缺少顶层设计，试点工作容易出现偏差。低碳发展是一项崭新的工作，是涉及发展方式、生产方式、生活方式和各方面利益格局调整的系统工程。目前中国仍处在高速城镇化、工业化发展过程中，存量与增量并行控制给低碳发展带来了巨大挑战。一方面，高速城镇化进程同时伴随着城市住房、道路、管网和卫生设施等城市基础设施的大规模建设和钢铁、水泥的大量消耗，相关设施和建筑的建设、运行和维护都需要比以前消耗更多的能源，排放更多的温室气体；另一方面，城市的基础设施建设有长期的锁定效应，因此当前急需做好顶层设计工作，避免当前城市化、工业化进程中的开发模式将未来长期的发展锁定为高碳模式。

（二）低碳发展的支持配套政策有待完善

在中央政府对地方的指导性政策方面，中央政府发布了《国务院关于印发“十二五”控制温室气体排放工作方案的通知》（国发〔2011〕41号），提出了国家控制温室气体排放工作的总体要求、主要目标、控制措施等，并提出要通过研究制定配套政策制定试点建设规范和评价标准、出台考核办法等，加大对试点工作的支持力度，加强对试验试点工作的统筹协调和指导。41号文件中首次提出“十二五”期间各地区单位国内生产总值二氧化碳排放下降指标，并以此作为低碳发展的定量目标，要求地方各级政府将其分解落实，并制定实施方案。除此之外，还有一系列指导性政策（见表1）。

表1　中央政府发布的指导性政策

政策类型	文件名称	下发机构	时间	主要内容
开展碳排放权交易试点	《关于开展碳排放权交易试点工作的通知》	国家发改委	2011年10月	同意北京、天津、上海、重庆、湖北省、广东省及深圳市开展碳排放权交易试点工作
	《温室气体自愿减排交易管理暂行办法》	国家发改委	2012年6月	保障自愿减排交易活动有序开展
颁布产业发展规划，建立低碳产业体系	《国务院关于加快培育和发展战略性新兴产业的决定》	国务院	2010年10月	加快培育和发展节能环保、新一代信息技术、生物、高端装备制造、新能源、新材料、新能源汽车等战略性新兴产业
	《“十二五”国家战略性新兴产业发展规划》	国务院	2012年7月	加快培育和发展节能环保、新一代信息技术、生物、高端装备制造、新能源、新材料、新能源汽车等战略性新兴产业
开展清单编制试点	《关于启动省级温室气体排放清单编制工作有关事项的通知》	国家发改委	2010年9月	要求各省、自治区、直辖市启动省级温室气体2005年清单的编制工作

中央政府颁发的与地方低碳试点直接相关的政策指导并不多，低碳试点工作总体来看还是一项自下而上的实践工作，采用一边实施、一边总结、一边学习、一边推广的工作思路，支持地方“先行先试”，自下而上地探索不同基础、不同特点地区实现低碳发展的模式和路径。围绕中央政府提出的试点工作

的具体任务，试点地区通过命令与控制、专项资金、财税政策、碳交易机制、政府采购及优先服务等政策，积极探索并逐步完善配套政策。然而，低碳试点工作抓手不多，支持配套政策急需完善。中国未来经济转型发展的道路需要通过低碳发展试点示范来积累经验，形成对不同地域、不同自然条件、不同发展基础的省市低碳发展的有益指导。

（三）低碳发展急需发展技术

受技术水平相对较低、经济结构有待完善、人口基数大、城市膨胀式发展等诸多因素限制，试点工作面临瓶颈制约。低碳产业经济总量比重低，不能支撑试点省区市的发展；低碳技术水平较低，不能满足试点省区市发展的需要；低碳消费社会氛围没有形成，制约试点省区市的健康发展。当前，中国能源结构仍以煤炭为主，能源利用效率不高，能源结构调整难。中国正处在工业化和城镇化加快发展的时期，一些高耗能产业仍然是支撑国民经济发展的主导产业。要想在保持经济发展的同时实现降碳减排的目标，就必须发挥调整和优化产业结构在低碳发展中的重要作用。基于节能的产业结构调整主要包括两方面内容，一是通过技术创新及推广实现高碳产业“低碳化”；二是制定和完善产业扶持政策，加快新兴低碳产业的发展。

（四）低碳评价与考核指标体系缺乏

低碳试点地区的实施方案提出的主要约束性指标包括单位 GDP 能耗下降指标、单位 GDP 碳排放下降指标、非化石能源占一次能源消耗的比例以及森林覆盖率指标等。但是目前整个政府的评估体系、方式、模式与低碳发展所需要的发展模式并不配套，存在很大的差距，碳强度下降目标考核办法有待制定和完善，而对地方政府来说，缺乏用以衡量低碳发展的状况与效果的明确指标，也给地方的政策制定带来一定的困难。

（五）统计数据基础薄弱

低碳发展的评估需要准确而全面的温室气体排放数据。地方 GDP 和温室气体排放数据的真实性、准确性，一直是中央政府长期致力解决的一个难题。

虽然各试点地区的排放清单编制工作已顺利完成，各地区也提出了基于此的定量目标，但能够给出各行业、各领域排放状况详细数据的并不多。因为企业提供数据的主动性并不高，而且盘查的范围有限，对规模以下企业的调研由于客观原因，力度不够，数据欠缺较多，只能按产值和电耗等统计数据进行简单估算，这在一定程度上存在很大误差。

除上述几个方面外，资金支持、财税政策等激励措施没有很好的配套，地方受行政管理职责权限制约，能够提供的经济手段有限，需要从国家层面上得到根本解决。温室气体排放统计核算体系建设有待加强，目前清单编制技术路线主要针对省级温室气体排放核算设计，还不能向市（区、县）、园区及企业层面普及推广。人才培养和队伍建设亟待加强，地方推动低碳发展的工作缺乏得力的研究单位、专业机构、社会组织等载体支持。

三　推动城市低碳产业发展和园区建设

低碳发展的重要抓手之一是建立低碳的产业体系。而战略性新兴产业是引导未来经济社会发展的重要力量。发展战略性新兴产业已成为世界主要国家抢占新一轮经济和科技发展制高点的重大战略。加快培育和发展战略性新兴产业也成为中国低碳发展中的重要一环。为加快培育和发展节能环保、新一代信息技术、生物、高端装备制造、新能源、新材料、新能源汽车等战略性新兴产业，在产业结构调整方面，各试点省市都制定了全面规划，涉及农业、第二产业（即先进制造业、高新技术产业等）及服务业等主要产业部门。在不同的产业领域，各试点省市因地制宜发展，具备地方特色。总体来看，各试点省市产业结构和能源结构调整体现了以下三个特点。

（一）传统产业低碳化升级改造是产业结构调整的基础

传统产业低碳化升级改造包括加快淘汰电力、钢铁、化工、水泥、印染等行业的落后产能，同时加强对冶金、电力、化工、石油石化等高耗能、高碳排放行业的节能监管，充分利用能源审计和清洁生产审核手段，抓好重点用能企业的节能降耗工作，推动产业低碳化升级改造。

此外，先进制造业和高新技术产业是产业调整的主体。各试点主要依据当地传统工业的基础与优势，提出在低碳框架下发展先进制造业的各项规划，包括装备、钢铁、汽车、航空、电力、石化、烟草等行业，内容翔实、目标明确。

（二）加快低碳园区和低碳社区建设是落实低碳发展的试验田

目前，试点地区通过制定园区低碳发展实施方案、培育建设低碳示范园区来实现部分工业园区的低碳转型。如天津经济技术开发区组织重点企业开展了温室气体排放核算工作，建设了低碳示范楼，展示低碳技术和建筑产品，通过设立低碳技术超市促进低碳技术的推广与应用。重庆选择两江新区、涪陵、万州规划建设低碳产业园区①。

部分试点地区通过制定低碳社区建设实施方案，结合循环经济示范试点建设工作，将绿色发展、循环发展、低碳发展理念纳入社区建设，在资源节约及低碳生活工作基础较好的社区开展试点建设，推动居民绿色低碳生活。

（三）现代服务业成为产业结构调整的着力点

试点省市纷纷将大力发展现代服务业作为低碳试点的重要工作。例如，贵阳市提出了“继续加大以旅游、文化、会展、休闲度假房地产业和现代物流业为龙头的第三产业的发展力度”。陕西着力发展工程设计、信息咨询、服务外包、文化创意、低碳咨询服务等产业，全力打造具有国际一流水平的服务外包基地和全国创意产业示范基地。天津提出 2015 年服务业增加值占全市生产总值的比重达到 50%②。辽宁省大力支持非化石能源的开发利用，大力发展风电，积极开发太阳能、生物质发电，安全有序发展核电，有序推进绿色能源示范县建设。黑龙江省战略性新兴产业和高技术产业发展迅速，文化创意、金融、物流、旅游、云计算、物联网等服务业总体呈快速发展势头，对经济增长

① 《重庆市 2012 年重大前期项目名单》，http：//www. keyproject. cq. cn/Doc/18% E9% 99% 84% E4% BB% B63. htm。

② 《天津着力低碳发展　建设生态城市》，新华网，http：//news. xinhuanet. com/house/tj/2013 -08 -26/c_ 117091773. htm，2013 -08 -26。

形成有力的支撑①。辽宁、陕西、云南、湖北、天津、保定、南昌、厦门等地区提出了第三产业的定量发展目标，并通过多项举措努力推动服务业发展。

四　试点城市低碳发展的引导机制与政策措施

全面贯彻落实科学发展观，紧紧围绕经济发展方式的根本转变，按照“立足长远，创新模式，示范先行”的思路，以可持续发展理念为指导，以科技创新、体制创新和管理创新为动力，以实现低碳发展、增强城市可持续发展能力、促进人与自然和谐相处为目标，以优化能源结构、提高能源效率为核心，以减少温室气体排放、降低单位 GDP 碳排放强度、构建低碳生产方式和生活方式为工作主线，坚持政府推动、规划先行，示范带动、公众参与，重点推进、循序渐进的原则，加快经济结构调整和产业结构升级，着力培育低碳产业，发展低碳经济，建设低碳社会，努力完善管理体制、政策机制等支撑体系建设，探索一条符合我国国情的低碳发展之路，是中国低碳试点省市开展工作的基本思路。具体来说体现在以下四个方面。

（一）政府推动与公众参与相结合

政府充分运用规划指导功能和政策扶持手段，引领和推动低碳发展。同时，发挥企业的积极性和创造性，建立符合低碳发展要求的生产体系和开发模式。通过开展广泛、深入、持久的宣传教育，提高公众的低碳意识，营造人与自然和谐发展的文化氛围。引导全社会广泛参与，建立公众参与机制和舆论监督机制，夯实低碳发展的群众基础。

（二）理念引导与制度创新相结合

理念思维的改变是低碳发展的源泉，制度创新是低碳发展的持久动力。通过舆论宣传、培训教育和典型引路，摒弃传统的发展思维方式，树立以节能减

---

① 《黑龙江省战略性新兴产业“十二五”发展规划》，http://gjss.ndrc.gov.cn/zcgh/dfghzc/gdxggh/t20120328_471631.htm。

排为主导的低碳经济理念。推动建立与低碳发展相适应的法律法规保障体系、政策支持体系、技术创新体系和激励约束机制，以及碳排放监测、管理及交易体系。通过制度、法律和政策创新，规范和激发微观经济主体的活力，引导、激励、规范各类经济活动，促进低碳发展。

（三）自主创新与技术引进相结合

技术创新是低碳发展的关键领域之一。试点省市在技术引进的基础上，通过消化、吸收、再创新，不断提高低碳技术竞争能力。同时，加紧提高自身创新能力，充分利用自身优势，加强和高校及科研机构合作，提高关键领域技术开发和创新能力，占领未来全球低碳技术制高点。深化科技体制改革，充分发挥科技在低碳发展中的基础和先导作用，促进关键领域自主创新与科技进步，依靠自主创新推进节能减排，控制温室气体排放，增强适应气候变化的能力。

（四）示范带动与科学推进相结合

立足中国国情，确立低碳经济社会发展的阶段目标，科学规划，统筹布局，循序推进低碳发展。结合我国经济发展实践，重点在电力、交通、建筑、冶金、化工、石化等高能耗、高污染行业先行试点，同时开展低碳发展试点地区的组织工作。本着“有限目标，重点突破”的原则，大胆创新，总结经验。充分发挥典型城市和项目的示范引导作用，并及时向相关领域和相似区域推广应用。

G.10

中国中小城市低碳发展面临的挑战及建议*

庄贵阳　张晓梅**

摘　要：

中国城镇化正处于一个重要的战略转型期，作为城镇化发展重点的中小城市和小城镇能否实现低碳发展具有重要意义。同大中型城市相比，中小城市的低碳发展面临更多的挑战，中小城市需要探索适合自身特点的模式。中小城市不具备大城市的政治优势和历史机遇，只有根据其自身特点、基本能力和资源禀赋才能探索出适合自身发展的低碳发展道路。

关键词：

中小城市　低碳发展　挑战

党的十八大报告提出，“要把生态文明理念和原则全面融入城镇化全过程，走集约、智能、绿色、低碳的新型城镇化道路”。走新型城镇化道路是党中央、国务院加快新经济模式形成、促进中国经济持续健康发展的重要战略部署。2012 年 5 月 3 日，国务院副总理李克强曾在中欧城镇化伙伴关系高层会议讲话中表示：“推进城镇化，需要走节约集约利用资源、保护自然生态和文化特征、大中小城市和小城镇并举的可持续发展之路。”大型城市因为人口的急剧增长，环境问题、交通问题日益突出，已经不堪重负。中小型城市也开始面临这些问题。因此，在城镇化推进过程中做好中小城市的低碳发展十分重要。

---

* 亚行技术援助项目（TA7687 - PRC）成果。

** 庄贵阳，中国社会科学院城市发展与环境研究所研究员，博士生导师，主要研究方向为低碳经济与气候变化政策；张晓梅，中国社会科学院城市发展与环境研究所博士研究生，主要研究方向为能源经济与城市可持续发展。

一　中小城市的定义

中小城市并不是一个简单定义所能涵盖的。从国内外若干定义中小城市的标准来看，各国各地区根据各自社会经济发展的特点，制订了不同的中小城市定义标准。相比较而言，国内以往关于中小城市概念的定义较单纯侧重“城市人口规模”标准。1989 年 12 月 26 日制定的《中华人民共和国城市规划法》规定，中等城市是指市区和近郊区非农业人口 20 万人以上、不满 50 万人的城市，小城市是指市区和近郊区非农业人口不满 20 万人的城市。随着中国城镇化进程的加快，原有的标准已经不能适应新的形势，主要体现在两个方面：一是城乡人口流动频繁，农业人口、非农业人口之间的界限模糊化，以非农业人口规模为标准划分大中小城市不合时宜；二是城市人口规模迅速膨胀，许多县级城市（包括县级建制市和规模较大的中心城镇）的市区常住人口已经达到或超过 20 万人、50 万人的临界值，按照 1989 年的标准衡量，有的已经迈进了大城市的行列。因此，对原有标准进行调整势在必行，1989 年制定的《中华人民共和国城市规划法》也于 2008 年 1 月 1 日废止。

由中国城市经济学会中小城市经济发展委员会、《中国中小城市发展报告》编纂委员会编写的《中国中小城市发展报告（2012）》①，对划分界定大中小城市提出了新标准。依据中国城市人口规模现状，较为合理的划分标准是：市区常住人口 50 万人以下的为小城市，50 万～100 万人的为中等城市，100 万～300 万人的为大城市，300 万～1000 万人的为特大城市，1000 万人以上的为巨型城市。中小城市包括中等城市和小城市，依据上述标准，实际上就是市区常住人口在 100 万人以下的城市。需要注意的是，此处所指的中小城市，不仅包含常住人口 100 万人以下的建制市市区，也包括未成为建制市的县及县级以上行政区划的中心城镇。

① 中国城市经济学会中小城市经济发展委员会、《中国中小城市发展报告》编纂委员会：《中国中小城市发展报告（2012）》，社会科学文献出版社，2012。

截至2011年年底，中国有建制市657个，其中地级以上284个，县级建制市369个。如表1所示。在284个地级以上城市中，162个城市属于中小城市，占比56%。369个县级建制市中，除了极个别发达城市的市区人口接近或略超过百万人之外，多数建制市市区人口在数万人至数十万人之间。由于县级建制市市区人口缺乏统一权威的统计数据，为便于分析和研究问题，可以将全部县级建制市归属为中小城市。此外，全国有48个地级区划、1627个县级行政区划（含县、自治县、旗、特区、林区）并非建制市，但这些地区（州、盟）、县（自治县、旗、特区、林区）的中心城镇，也已经聚集了相当规模的人口，在基础设施、公共服务等方面与建制市的市区较为接近，中心城镇居民享受着城镇化的生活方式。因此，这些中心城镇也可以归属于中小城市。

表1　截至2011年年底中国中小城市的构成及数量

单位：个

类别	地级建制市	非建制市的地级行政区划的中心城镇	县级建制市	非建制市的县级行政区划的中心城镇	合计
数量	162	48	369	1627	2206

资料来源：中国城市经济学会中小城市经济发展委员会、《中国中小城市发展报告》编纂委员会编《中国中小城市发展报告（2012）》，社会科学文献出版社，2012。

二　中小城市低碳发展的意义

改革开放三十多年来，中国中小城市获得了飞速发展，在拉动区域经济发展、转移农村人口和提升中国城镇化水平等方面发挥了功不可没的作用。截至2011年年底，中小城市及其直接影响和辐射的区域，行政区面积达927万平方公里，占国土面积的96.57%；总人口达10.16亿，占全国总人口的75.4%。2011年，中小城市及其直接影响和辐射的区域，经济总量达26.51万亿元，占全国经济总量的56.22%；地方财政收入达22609.50亿元，占全国地方财政收入的43.12%。如图1所示。

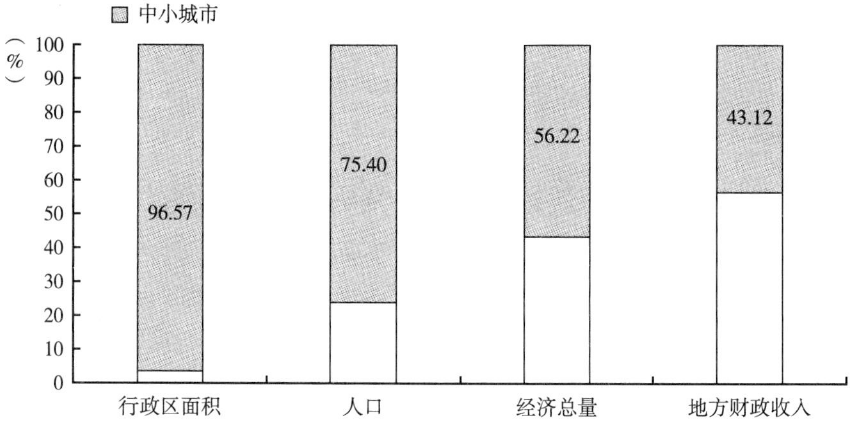

图 1　2011 年中小城市重要数据占全国的比例

资料来源：中国城市经济学会中小城市经济发展委员会、《中国中小城市发展报告》编纂委员会编《中国中小城市发展报告（2012）》，社会科学文献出版社，2012。

改革开放三十多年以来，中国城镇化进程明显加速，几乎是世界城镇化同期进程速度的两倍，但是，与世界发达国家相比，中国城镇化程度总体上仍然比较落后。2000～2011 年，中国城镇化率由 36.2% 提高至 51.3%。预计到 2025 年中国城市人口将增加 4.5 亿人，超过百万人口的城市将达到 221 个，到 2030 年将有 10 亿人生活在城市里。纵观中国城镇化的推进方式，是典型的粗放外延模式，以高消耗、高排放、高扩张为特征，资源环境代价大，不可持续性问题突出。城市空间和建设用地快速扩张，土地城镇化快于人口城镇化，城市经济的高速增长主要依靠土地的“平面扩张”来支撑。但由于户籍、社保、就业、入学等一系列现实制约的存在，城镇化质量较低，城镇化的进一步加速发展受到严重影响。与大城市相比，中小城市人口压力相对较小，在户籍制度改革、公共服务提供等方面可以做到游刃有余。今后十年到二十年内，城镇化率的提高应当以中小城市和小城镇扩容为主，大力提高中小城市和小城镇对产业和人口的承载能力。2010 年中央“一号文件”提出要把加强中小城市和小城镇发展作为重点。推进城镇化，加强中小城市和小城镇建设，也是转变经济发展方式的题中之意，中央的决策和部署也对中小城市转变经济发展方式、实现又好又快发展提出了新要求，寄予了新期望。[1][2]

2009年国务院常务会议提出了中国到2020年控制温室气体排放行动的整体目标，国家“十二五”规划进一步明确了阶段性的节能减碳目标。国务院于2011年年底出台的《“十二五”控制温室气体排放工作方案》，提出要扎实推进低碳城市试点的工作，明确指出“各省（区、市）可结合实际，开展低碳试点工作”。目前全球城市人口比例已经超过50%，城市被认为是温室气体排放增加的主要驱动力[3]。中国的城镇化规模大、速度快、进程长，面临土地、能源、水资源和环境等诸多挑战，而这些挑战最终受制于碳预算的刚性约束。中小城市数量众多、幅员辽阔，聚集了庞大的人口、资源、产业、环境等发展要素，其发展方式的转变和发展质量的提升对于中国未来应对气候变化、发展低碳经济具有重要意义。

三 中小城市低碳发展面临的挑战

中国的低碳城市建设正经历“从点到面”转向“从面到点”的过程。应从最初能够看到鲜有机会的切入点着手，尝试并推出试验性的举措，转向制定低碳城市发展规划和实施方案，从产业、能源和消费等各个方面全面探索城市低碳转型的路径。纵观当前中国的低碳城市建设推进模式，不同人口规模的城市适合不同的低碳发展模式，中小城市需要探索适合自身特点的模式。同大中型城市相比，中小城市的低碳发展面临更多的挑战。

（一）缺乏适宜的低碳发展评价标准和规划引导

低碳城市的概念是一个比较新的概念，源自西方发达国家。由于西方

---

① 牛凤瑞等：《中国中小城市发展报告（2010）》，社会科学文献出版社，2010。

② 中国城市经济学会中小城市经济发展委员会、《中国中小城市发展报告》编纂委员会编《中国中小城市发展报告（2012）》，社会科学文献出版社，2012。

③ Satterthwaite D.，“Cities' Contribution to Global Warming：Notes on the Allocation of Greenhouse Gas Emissions”，*Environment and Urbanization 2012*，2008，pp. 539 – 549.

国家城市边界界定、经济发展状况以及产业结构等特征，其低碳的定义以及评估方法关注于城市碳排放的绝对量降低。而中国作为发展中国家，随着工业化和城市化的快速发展，用绝对量的目标来要求和规范所有中国城市的发展显然是不可取的，因而需要探索适合中国以及其他发展中国家国情的低碳城市的定义，并设定相应的评价方法。虽然国内很多机构都在这个方面有所关注，并相继推出评价方法，但官方还没有推出用以指导中国低碳城市发展的评价方法和考核体系。从城市管理的层面看，很多城市管理者对于低碳管理工作还没有形成一个系统、完整的认识。另外虽然很多大中城市（尤其是低碳试点城市）已制订宏观层面的低碳城市发展规划，但这些规划方法或样本在中小城市缺乏普适性，针对中小城市的低碳发展规划应与城市的功能定位、产业定位等协调统筹，突出特色，但目前缺乏引导性文件（应用导则）。

（二）需要面对经济增长与低碳发展的选择困境

很多中小城市经常面临发展优先领域的选择困境，即使一些已经显示出强烈政治意愿希望实现低碳发展的中小城市也需要在长期的低碳发展目标和短期的 GDP 增长目标之间做出选择。中国幅员辽阔，数量众多的中小城市之间资源禀赋差异极大。发展经济、扩大就业、提高人民生活水平仍然是广大中小城市面临的首要问题，但是发展经济的同时往往会带来一定程度的生态环境破坏。随着大城市房价高企、交通拥堵和空气污染日益严重，企业成本快速上升，迫使企业搬迁到中小城市，很多中小城市凭借相对低廉的生产要素价格和优越的资源禀赋承接了大量从东部沿海转移的产业。但中小城市由于基础设施等各种条件相对落后，很难吸引到高科技无污染的产业。由于环境容量越来越小，节能减排的标准越来越高，东部地区向中西部转移的产业，大部分属于能源、原材料初级加工业，其中有很多是高耗能、高污染产业。还有一些资源禀赋型的中小城市根据自身经济结构特点重点发展工业或农业，或者混合发展，另外一些中小城市属于大城市群的配套发展型。配套发展型的中小城市的经济活动受所依托的城市群发展水平和结构的限制，在独立选择和形成低碳发展策略上存在一定的困难。

（三）资源有限的同时较少关注实际成本和效益

在中国中央主导型的政治体制及各级政府财权和事权分配不均的前提下，中小城市地方政府用于低碳发展的财政资金资源比较有限。中小城市经济发展水平相对较低，缺乏大规模推广应用低碳清洁技术的经济条件，所以如何吸引投资、争取外部的资金支持是中小城市实现低碳发展需要面临的重大问题。利用低碳技术引领能源利用方式的转变，是发展低碳经济、建设低碳城市、实现低碳化发展的关键手段。中小城市针对清洁技术的创新、转移和扩散的相关融资机制缺乏，使得清洁技术在中小城市的应用没有得到应有的重视。

一方面中小城市缺乏资源发展低碳经济，另一方面现有低碳发展实践经常面临可持续发展的问题。目前中国的低碳城市建设模式有两种：一是地方政府自发开展的低碳实践，二是国家部委（如国家发改委、交通运输部等）主导的低碳试点示范。中小城市低碳城市建设工作同时存在较少关注成本和缺乏资金的矛盾。突出的问题在于一些地方政府热衷开展试点示范，关注试点示范项目的社会曝光度，较少关注实际成本和效益，投资硬件的资金往往占最大的比例，但是又经常出现“政府买单、百姓不买账”的情况，示范项目一结束，相关设施或闲置或荒废，未发挥应有的作用。

（四）缺乏公众积极参与和监督，调查统计工作滞后

随着经济和社会的发展，城市功能越来越复杂，政府职能的范围也越来越广泛。很多中小城市垂直的政府管理体系难以灵活应对城市发展中日益多样的问题，很多应该是全社会职责的低碳发展问题由政府主导，公众缺乏参与积极性。政府行为贯穿了这些工作绝大多数环节和领域，对个人及企业其他利益相关者参与协助管理不够重视，公众缺少参与监督的渠道。国外很多低碳城市建设充分结合了居民和市场的需求，有的甚至是居民在遵循政府政策法规的前提下，自己设计、自己规划、自己建设、自己运营管理。居民充分参与每一个环节的决策，这种自下而上为主导的项目模式使得项目更具有可持续性、可复制性。调查统计工作滞后难以有效配合公众参与，科学决策需要数据支撑，目前中小城市统计工作难以适应在现有经济和社会现实情况下制定低碳可持续发展

战略的需要。现有统计体系也不能保证信息数据的完全客观公开，政府各个相关部门的调查统计工作往往由于各种主观、客观的因素或者利益因素，可能存在对统计数据进行一定的人为调整的现象。这种现象一定程度上限制了公众信息知情权，影响公众参与监督政府工作。

四　中小城市低碳发展的对策建议

按照城市功能标准，中小城市分为三种类型：资源开发型、配套发展型、产业承接型。中小城市不具备大城市的政治优势和历史机遇，只有根据其自身特点、基本能力和资源禀赋才能探索出适合自身发展的低碳发展道路。

（一）加大政策扶持，引导低碳发展规划

中小城市普遍资源有限，急需低碳发展各方面的具体政策法规体系指导建议。中小城市低碳发展需要面临的问题比大城市更加复杂，如何优化现有的资源是中小城市实现低碳发展的关键。中小城市实现低碳发展需要加强整合中央政府、地方政府以及其他利益相关者的资源力量。越来越多的中小城市表达出希望实现低碳发展的意愿，现实的发展瓶颈决定了中央有关部门需要出台强有力的政策措施以支持中小城市低碳发展。中央政府和中小城市地方政府之间的合作需要加强，中小城市需要对自己在国家低碳发展战略中的重要地位有清醒的认识。中小城市低碳发展还需要地方政府发挥具体领导作用，在同国家中央政府战略保持一致的同时，需要充分考虑自身条件实现经济社会低碳发展。由于中国城镇化的进程不断加快，中小城市发展迅速，为了避免锁定效应，支持中小城市的低碳发展的政策战略需要及时制定并实施。

中小城市低碳发展需要规划先行，突出地方特色。在熟悉国家层面的低碳发展战略、规划和目标的基础上，中小城市应协调好国家低碳发展目标和地方低碳发展目标的关系，有条不紊地分步实施城市低碳发展战略。中小城市低碳发展规划不仅需要理性制订而且需要有效的贯彻实施。低碳发展规划需要考虑中小城市特点引导城市发展过程中的土地和空间资源配置。中小城市低碳发展规划需要战略性地考虑多元化的能源需求、人口密度、公共和个人的交通土地

需求、垃圾处理等。考虑这些因素的低碳发展规划给推广各种清洁技术提供了机遇，同时也对资金水平提出了要求。整合合适的技术、金融支持和社会经济政策给低碳发展提供支持是需要面临的现实而严峻的问题。严峻的现实要求政策制定要跟上中小城市的经济和社会发展迅速变化的步伐，适合中小城市的资源禀赋特点，并在不同部门之间政策发生冲突时顾全大局。

（二）加强能力建设，实现低碳城镇化发展

中小城市经济发展条件脆弱且不稳定，在低碳发展的同时实现经济和社会协调发展对于中小城市具有特别重要的意义。中小城市低碳发展缺乏有利环境，通常受资源水平限制，需要加强能力建设。中小城市低碳发展的能力建设包括提高技术发展水平，城市规划有效整合能源、交通和垃圾处理等低碳发展关键部门。加强能力建设需要政策的有效分析、形成、制定和实施。意识到城市是一个系统，有利于决策部门制定合适的政策解决中小城市在城镇化发展过程中的低碳发展问题。中小城市资源有限、经济基础薄弱、工业化水平低、城市化起步晚，但是正是这些实际困难又为中小城市低碳发展能力建设的提高提供了广阔的平台。中小城市经济模式和工业体系尚未完全定型，产业向低碳经济调整和转型具有成本低、阻力小、动作快的后发优势。外部支持可以促进中小城市低碳发展的升级，推广低碳理念、总结低碳发展模式、学习借鉴其他地区的低碳案例实践是加强中小城市低碳发展能力建设的有效途径。

当前，低碳城镇化已经成为当前国家低碳发展的宏观战略之一。中国的城镇化规模大、速度快、进程长，面临土地、能源、水资源和环境等诸多挑战，而这些挑战最终受制于碳预算的刚性约束。因此，在城镇化过程中做好低碳发展十分重要。在推进城镇化时应注重城镇产业经济的培育，重视二、三产业的转型升级，逐步形成中小城市和小城镇、城市和农村合理分工、特色突出、功能互补的产业发展格局，实现新型城镇化与工业化、信息化、农业现代化的互动。中小城市农业比重普遍相对较大，生态条件好，处于工业化发展初期，产业向低碳经济调整转型的负担少，相对容易形成特色发展模式和差异化竞争力。应根据城市的功能定位、产业定位以及各自的条件和资源禀赋，建立自己独有的低碳品牌，增加就业，吸引投资。

（三）关注成本收益，推广使用低碳清洁技术

中小城市经济发展水平往往相对较低，缺乏大规模推广应用高成本低碳清洁技术的经济条件。在低碳经济的发展中，金融的支持是一个重要的环节，中小城市的低碳发展离不开金融支持。大城市更易于从公共和私人部门获得金融支持和投资机会，中小城市同大城市相比金融支持来源有限，发展路径缺乏选择的余地。尽管一些中小城市政府已经致力于低碳发展，但由于受到资金约束，往往处境艰难。资金有限同时限制了低碳清洁技术的应用。对中小城市低碳发展给予金融支持，有利于帮助中小城市实现可持续的低碳发展。虽然资金缺乏，但中小城市天然气、地热、风能、水能、农村沼气等清洁资源相对丰富，开发利用清洁能源潜力大。应建立低碳财政税收融资机制，根据中小城市的需求采用系统的措施推广不同成熟度（研发、展示、商业化）的低碳清洁技术的应用，使低碳发展成为中小城市经济增长的动力，使其在实现低碳发展的同时，也促进了经济的发展。

根据国家发改委《可再生能源发展“十二五”规划》，到2015年，分布式可再生能源应用要形成较大规模。即建设30个新能源微电网示范工程；建设100个新能源示范城市和200个绿色能源示范县；沼气、太阳能、生物质能气化等可再生能源在农村的入户率达到50%以上。这一政策无疑体现了政府对于在中小城市发展分布式可再生能源的扶持。随着2013年3月1日国家电网《关于做好分布式电源并网服务工作的意见》的正式实施，居民和企事业单位自己安装的太阳能、风能、地热能等分布式可再生能源发电设备，只要电压不超过10千伏，并且单个设备的装机容量不超过6兆瓦，都能免费接入国家电网；发出的电不但可以自用，富余电量还能卖给电网。该政策的实施将大大激励企业和个人建设和使用小型分布式电源，从而增加中小城市清洁能源使用规模。

（四）完善统计体系，提高公众参与水平

中小城市需要建立科学的统计体系支撑地方决策。统一数据口径，提高准确性和可靠性的重要性是不言而喻的。在快速城镇化的大背景下，这些数据是

准确评估现状、城市规划编制、政策制定和实施的基础。完善统计体系、提供准确和稳定的数据来源可以为低碳发展科学决策提供依据，也有利于中小城市获得来自国际、国家层面的高水平的能力建设项目资金支持。

完善统计体系也有利于促进公众参与，使低碳城市建设具有可持续性。中国中小城市管理的公众参与还属于较低层次的参与，表现在普遍性不足、制度缺失、效果不佳等方面。中小城市的低碳发展需要公众参与，有效的低碳发展计划最终要落实到个体行为的改变上。同大城市相比，中小城市居民社区层面的互动更多，提高了高水平公众参与的可能性。政府采取正式的低碳教育活动提高公众低碳生活方式的意识往往是有效的。当参与和信息反馈的渠道变得容易时，公众参与的积极性会很高，因为他们参与了整个过程，具备相应的意识和能力去应对这些挑战。公众的广泛参与可以使低碳城市发展的规划、政策制定和创新体制机制的建立及实施更加有效，避免“政府埋单、百姓不买账”的情况，使低碳城市建设符合现实需求，具有可持续性。公众参与是推进中小城市低碳城市发展的巨大动力，其参与的广度与深度，决定着低碳城市的发展水平。公众参与可以使低碳城市发展的规划、政策制定和创新体制机制的建立和实施更加有效。公众的参与水平对于中小城市有效利用资源、实现低碳发展至关重要。

G.11
从绿色建筑标识评定看中国绿色建筑发展

李 迅 李丛笑*

摘 要：

中国建筑总能耗占社会能耗的20.7%，在节能减排方面具有很大潜力。绿色建筑在节能、节水、节地、节材、环境保护等诸多方面都有很大的优势，能为实现中国可持续发展道路发挥重要的作用。本文从绿色建筑的发展现状、相关政策以及未来的发展趋势和对气候的影响等方面综合分析了绿色建筑在中国的总体情况。对绿色建筑标识评价、标准、管理体系到中央以及地方政府对绿色建筑的激励政策进行了详细的介绍；并分析了绿色建筑的规模化发展——绿色生态城区的概念、规划、评价。绿色建筑顺应社会自然发展趋势，预计未来将保持快速发展，在城镇化中发挥应有的作用。

关键词：

绿色建筑 绿色建筑标识 绿色生态城区 节能减排

在中国的能源消耗结构中，建筑总能耗约占社会终端能耗的20.7%，节能减排潜力很大。2008年以来，随着世界范围内能体现节能环保理念的绿色建筑的兴起，中国绿色建筑也经历了从起步到蓬勃发展的成长历程。绿色建筑能够最大程度地节约资源，减少污染，同时改善居住环境，有利于人们的健康安全。绿色建筑在技术层面上已相对成熟，并有一定的经济效益。总体来看，

---

* 李迅，中国城市规划设计研究院副院长、中国城市科学研究会秘书长，1995年被建设部授予有突出贡献的中青年科学技术管理专家，主要研究领域和方向涉及区域规划、城市发展战略、城市总体规划、小城镇规划、城市地下空间规划、开发区规划、城市可持续发展等；李丛笑，中国城市科学研究会绿色建筑研究中心主任，博士，教授级高工。

绿色建筑对于应对气候变化、节能减排、改善民生、发展新兴产业、建立新型城镇化模式、促进我国经济的可持续发展具有重要的意义和深远的影响。

一　中国绿色建筑发展现状

几年来，绿色建筑评价标识项目数量一直保持着强劲的增长态势。截至2013年上半年，全国共评出978项绿色建筑评价标识项目（见图1），总建筑面积超过1亿平方米，其中，设计标识项目919项，占总数的94%；运行标识59项，占总数的6%。其中居住建筑占55%，公共建筑占45%，获得绿色建筑标识项目的建筑面积平均在10万平方米左右，项目规模较国外绿色建筑标识项目大很多。三年来，每年产生的绿色建筑项目数量和建筑面积均超过了前几年同类数据的总和。

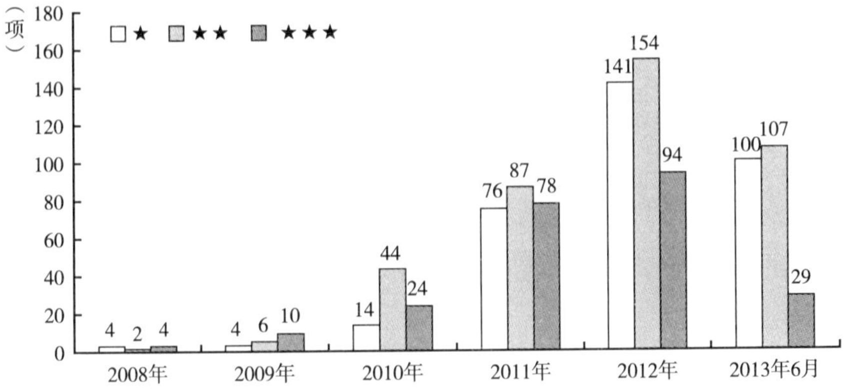

图1　绿色建筑评价标识项目数量逐年发展状况

按照项目地区分布来看，除甘肃、青海、贵州及西藏以外的各省、自治区、直辖市都有获得该标识的绿色建筑，标识项目数量在30个以上的地区、数量在10～30个的地区以及数量不足10个的地区各占1/3，其中江苏、广东、上海等三个沿海地区的数量遥遥领先，2012年各地绿色建筑标识项目数量增速普遍加快，山东、河北、湖北、浙江、北京、福建等地绿色建筑数量增加明显。如图2所示。

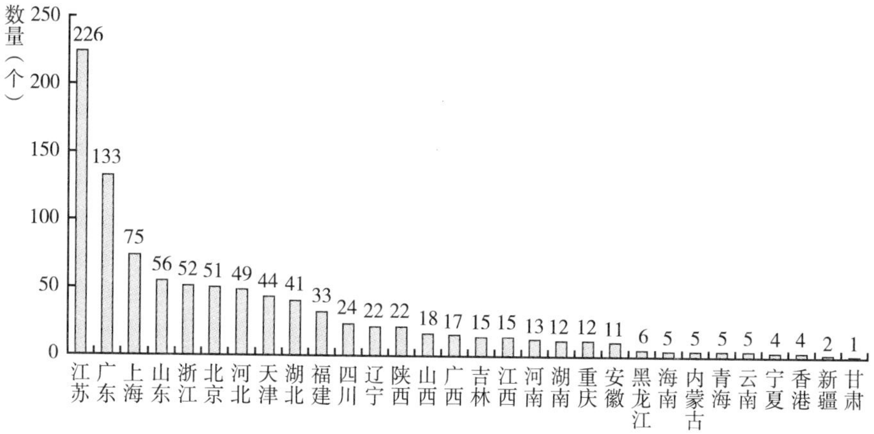

图 2　2008～2012 年各省区市绿建评价标识项目数量统计

在千军万马搞绿色建筑的发展浪潮中，房地产开发商成为绿色建筑发展的先锋。拥有绿色建筑标识最多的前几名申报单位分别是万达、万科、绿地等开发企业（见图 3），仅这三家企业的绿色建筑数量就占了总数的 1/4。其中住宅类绿色建筑万科、绿地、万达、朗诗等集团的申报项目最多，公建类绿色建筑万达、绿地、苏州建屋、招商等集团的申报项目最多。

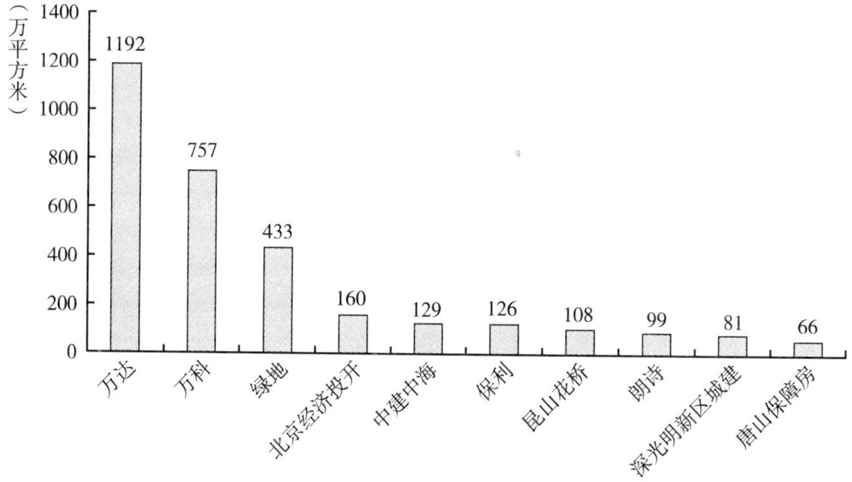

图 3　2008～2012 年绿建评价标识项目面积前十位的申报单位

在中国，工业生产能耗和建筑能耗是社会能源消耗最大的两个领域。建筑行业能耗占全国总能耗的24%，工业行业能耗则占64%。鉴于现阶段中国经济发展的特色，国民经济对工业企业的依赖仍然很大，工业建筑的能耗更应引起高度重视。2012年中国已经开始对绿色工业建筑进行评审，共有153万平方米工业建筑获得绿色工业建筑标识（见图4）。由此，规模巨大的工业建筑也加入了绿色建筑的大军。

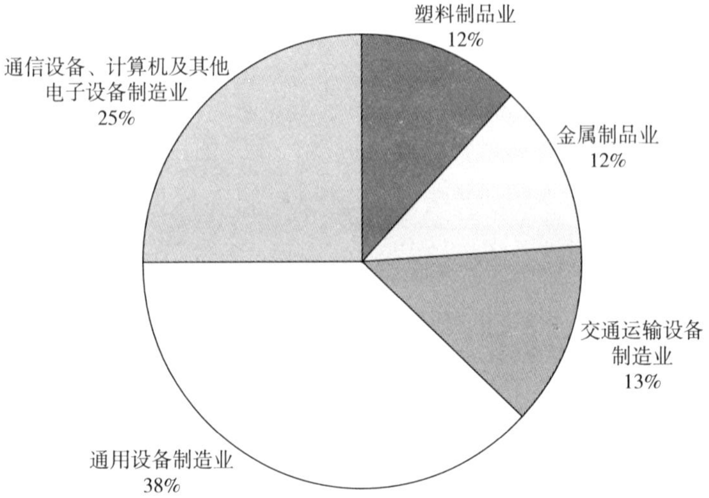

图4　2012年绿色工业建筑评价标识项目工业领域分布

在绿色建筑管理方面，为了推行绿色建筑标志，住房和城乡建设部颁布了《绿色建筑评价标识管理办法》《绿色建筑评价标准》和《绿色建筑评价技术细则》，并于2008年开始启动绿色建筑标识评价工作，出台了针对绿色建筑标识申报、审查、管理的规定，并逐步形成绿色建筑的管理体系。目前，除住房和城乡建设部科技促进中心和中国城市科学研究会授权评审一星级、二星级、三星级绿色建筑以外，各省、自治区可以组织评审一星级、二星级绿色建筑。

在绿色建筑评价方面，中国于2006年颁布了国家标准《绿色建筑评价标准》（GB/T50378），与国外的主流评价标准，如美国的LEED、英国的BREEM等有一定可比性，内容及等级设置上相差不多。为了进一步地体现绿色建筑的内涵，中国正在制定不同类型建筑的绿色建筑评价标准，以更有针对性地提出节约环保措施。根据目前发展情况，预计在未来的一至两年内基本可以形成绿色建筑全方位的标准体系，中国绿色建筑将会呈现出种类齐全、特色鲜明的喜人局面，将会涌现出一大批冠以绿色办公、医院、宾馆、商场、铁路客站、机场、工业建筑等标识的绿色建筑。在世界范围内衡量，无论是标准细则对建筑种类的覆盖范围，还是规范的专业性都处于先进行列。除了新建建筑以外，占有建筑总量最大的既有建筑也是节约环保的重点，目前既有建筑绿色改造评价标准的编制也已经启动，将会对该类建筑评价起到有效的支撑作用。此外，各地方建设主管部门结合当地的实际情况和条件，编制了地方的《绿色建筑评价标准》《绿色建筑评价标准实施细则》和《绿色建筑评价技术细则》等，以支撑地方一星级、二星级绿色建筑评价标识工作的开展。目前，全国共有 15 个省区市编制了地方的绿色建筑评价标准。除了相关的标准细则外，有关绿色建筑的综合评价服务体系，如既有建筑绿色性能综合评价方法，绿色建筑评估技术与指标体系等也在逐步研究和完善中。

在绿色建筑的表现方面，绿色建筑鼓励采用被动技术，如自然通风、采光等，同时对能源以能耗指标进行控制，对采暖、通风、用水、照明等各方面使用约束管理；鼓励可再生能源的应用，减少传统化石能源的消耗，在“四节一环保”方面展现出的显著效果，使之无论在经济还是居住舒适等各方面都具有很大潜力。例如，在实现建筑节能的手段中，提高建筑围护结构的保温隔热性能对降低建筑能耗最为有效，而绿色建筑的围护结构在这一点具有良好的性能。建筑的外门窗、玻璃幕墙和采光顶等透光建筑构件的能耗是建筑外围护结构中热工性能最薄弱的环节，而绿色建筑所倡导的高性能门窗幕墙以及必要的遮阳措施都使建筑物的能耗需求大为减少。在绿色建筑暖通空调方面所采用的一些技术如供热系统节能技术、空调系统节能技术、通风节能技术等都有效地提高了整体效率，降低了能源消耗。绿色建筑较多采用的地源热泵技术比其他常规供暖空调技术节能 50% ~60%，其运行费用可降至原来的 30% ~70%。根据部分绿色建筑标识项目的统计分析，其节能量折合标准煤为每年 1.54 万吨，平均绿地率 37.6%，减排二氧化碳每年 4.04 万吨，非传统水源平均利用率 15.2%，建筑平均节能率 58.34%，开发利用地下空间 151.1 万平方米①。虽然有这样好的节能减排表现，但绿色建筑往往被误以为是高成本的建筑，其实，根据对中国城市科学研究会 2012 年评审的 148 个项目进行绿色建筑增量成本统计，居住项目一星级、二星级、三星级绿色建筑的增量成本分别为 23.9 元/平方米、70.9 元/平方米、131.8 元/平方米，公建项目一星级、二星级、三星级绿色建筑的增量成本分别为 29.9 元/平方米、87.3 元/平方米、216.4 元/平方米。如图 5 所示。通过计算，对于一星级的绿色建筑，静态回收期基本保持在 1~3 年，大部分绿色建筑增量成本可以在 2~6 年内收回投资，相对 70 年的建筑设计寿命而言，绿色建筑在全寿命周期内将节约可观的能源资源②。

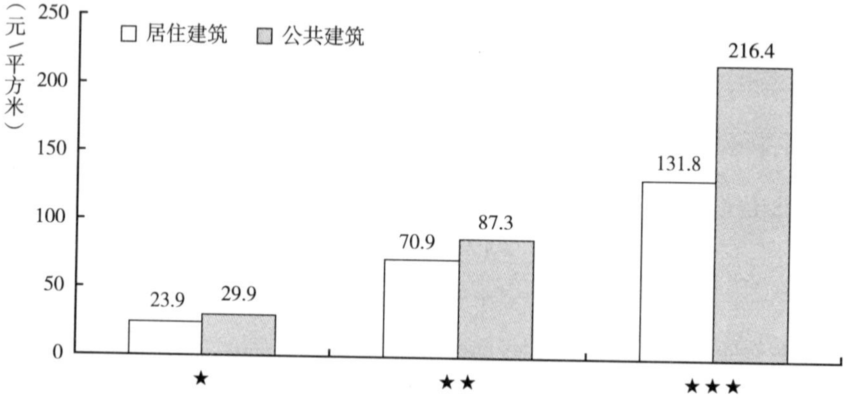

图 5 居住建筑与公共建筑增量成本

二 中国政府关于绿色建筑的激励政策

中国绿色建筑发展总体战略是以实现国家规划约束性指标为契机，促进绿色建筑发展，大力发展节能省地型住宅，通过实现绿色建筑的“四节一环保”

① 住房和城乡建设部科技发展促进中心：《中国建筑节能发展报告（2012）——可再生能源建筑应用》，中国建筑工业出版社，2013，第 12~13 页。

② 仇保兴：《我国绿色建筑发展和建筑节能的形势与任务》，《建设科技》2012 年第 10 期。

推动中国可持续发展。2013 年 1 月国务院发布了《绿色建筑行动方案》(国办发〔2013〕1 号),2012 年 5 月财政部与住房和城乡建设部合发了《关于加快推动我国绿色建筑发展的实施意见》(财建〔2012〕167 号),两个文件对于全国范围内绿色建筑的发展起到了极其重要的作用。文件指出,要全面推进城乡建筑绿色发展,到 2014 年政府投资的公益性建筑和直辖市、计划单列市及省会城市的保障性住房全面执行绿色建筑标准,在“十二五”期间完成新建绿色建筑 10 亿平方米,20% 的城镇新建建筑达到绿色建筑标准的要求。到 2020 年,绿色建筑占新建建筑比重超过 30%,建筑建造和使用过程的能源资源消耗水平接近或达到现阶段发达国家水平。其中,政府投资的公益性建筑,直辖市、计划单列市及省会城市的保障性住房,以及单体建筑面积超过 2 万平方米的大型公共建筑,自 2014 年起全面执行绿色建筑标准,鼓励房地产开发企业建设绿色住宅小区,切实推进绿色工业建筑建设。文件要求要以政策、规划、标准等手段规范市场主体行为,综合运用价格、财税、金融等经济手段,发挥市场配置资源的基础性作用。同时要大力发展绿色建材,推动建筑工业化,推进建筑废弃物资源化利用,积极推进绿色农房建设。文件还要求将绿色建筑行动目标完成情况和措施落实情况纳入省级人民政府节能目标责任评价考核体系。

根据文件精神,在财政支持政策方面,对达到国家绿色建筑评价标准二星级及以上的建筑给予财政资金奖励。2012 年奖励标准为:二星级绿色建筑 45 元/平方米,三星级绿色建筑 80 元/平方米。在《国家中长期科学和技术发展规划纲要》(2006～2020 年)中,将“建筑节能与绿色建筑”作为重点领域“城镇化与城市发展”下的优先项目。科技部《“十二五”绿色建筑科技发展专项规划》(2012 年)要求进行绿色建筑共性关键技术研究、绿色建筑产业化推进技术研究与示范,建立绿色建筑技术标准规范和综合评价服务体系;中国住房和城乡建设部《“十二五”建筑节能专项规划》(2012 年)要求大力推动绿色建筑发展,实现绿色建筑普及化。

各级政府对绿色建筑也高度重视,纷纷制定各自的绿色建筑发展政策,出台或正在酝酿出台一系列激励政策,取得了积极的效果。例如,北京市政府规定对高星级绿色建筑在国家财政补贴标准上再补贴 50%,同时宣布从 2013 年

6月1日起，北京所有新建建筑采取绿色建筑标准，并且在《北京市绿色建筑行动实施方案》中提出鼓励政府投资的建筑、单体建筑面积超过2万平方米的大型公共建筑，按照绿色建筑二星级及以上标准建设；深圳市政府也规定从2013年开始，所有新建建筑执行绿色建筑标准，从而规模化推进绿色建筑的普及。绿色建筑标识数量第一大省江苏省政府在《江苏省绿色建筑行动实施方案》中提出“十二五”期间，全省达到绿色建筑标准的项目总面积超过1亿平方米，其中，2013年新增1500万平方米；2015年，全省城镇新建建筑全面按一星级及以上绿色建筑标准设计建造；2020年，全省50%的城镇新建建筑按二星级及以上绿色建筑标准设计建造。

从各地的响应程度看，中国绿色建筑的发展具有从单体向区域发展的趋势，北京、深圳等越来越多城市的新建建筑将逐渐开始全面实行绿色建筑。

从整体上看绿色建筑正在显现出从产品到产业的发展趋势，并在逐步走向成熟。伴随着最初单一的绿色建筑到绿色建筑规模化的建造与发展，与绿色建筑相关的产品、技术、服务也从单打独斗到形成新的产业和行业。一批与节能、节水、节材、建筑环境改善等方面相关的新技术、新产品被逐步应用，设计、建设、运营管理、咨询服务、新能源等行业也随之配套，产业规模不断增长，同时淘汰高能耗、高污染产品，推动经济与环境间的良性循环。在2012年财政部与住房和城乡建设部联合发布的《关于加快推动我国绿色建筑发展的实施意见》（财建〔2012〕167号）中，除了明确提出大规模发展绿色生态城区外，也强调了对绿色建筑科技及产业发展的推进，加强绿色建筑综合能力的建设，使绿色建筑和绿色生态城区实现切实的可持续性发展。

随着经济的发展，短短几十年间全国建筑面积就大幅增加，至现在每年仍在激增，2010年城镇竣工建筑面积达到17.5亿平方米，2012年超过20亿平方米。同全国既有建筑面积480亿平方米左右相比[③]，绿色建筑面积仅占约0.2%，建筑行业对实现全国节能减排目标可以起到重要的作用。

三　中国绿色建筑的规模化发展趋势——绿色生态城区

建设生态城市正成为当前世界城市发展的主流方向，也是中国城市规划建设的重要目标。中央政府通过推进绿色生态城区建设，规模化发展绿色建筑。中国住房和城乡建设部从绿色建筑、绿色生态小区、既有城区生态化改造、绿色生态（新）城区几个层面，推进低碳生态城市建设工作。特别是近些年，针对生态城建设中的各种问题，住房和城乡建设部加强了试点示范工作，不断推广。截至2012年4月，提出以“低碳城市”或“生态城市”等发展模式为城市发展目标的地级（含）以上的城市共有280个，占相关城市比例的97.6%。这些规划都为绿色建筑的规模化打下了基础，使单体绿色建筑的效益在与社区、城市的发展结合中得以扩大化，产生多重效应①。

2011年6月，住房和城乡建设部发布《低碳生态试点城（镇）申报管理暂行办法》（建规〔2011〕78号），起到了引导和规范地方开展生态城市建设的作用。从2012年起，中国住房和城乡建设部、中国城市科学研究会在全国范围内对生态试点城市展开调研，提出了申报国家级低碳试点生态城的六项基本准入条件，其中包括：①紧凑混合用地模式；②可再生能源占比≥20%；③绿色建筑≥80%；④生物多样性和自然斑块的保护利用；⑤绿色交通：步行、自行车、公共交通≥65%；⑥拒绝高耗能、高排放的工业项目。其中，对“绿色生态城区”的基本要求为：按绿色、生态、低碳理念编制完成总体规划、控制性详细规划以及建筑、市政、能源等专项规划，并建立相应的指标体系。

2012年9月，财政部、住房和城乡建设部联合下发《关于加快推动我国绿色建筑发展的实施意见》（财建〔2012〕167号），指出要通过政府财政补贴等方式全面提速中国绿色建筑和绿色生态城区的发展。2012年10月，财政部、住房和城乡建设部发布《关于组织2012年度绿色生态城区财政补助资金申请的通知》（财建便函〔2012〕71号），明确提出达到“国家级绿色生态城区”标准的城区可获得中央财政5000万元人民币的补助。

2013年4月，住房和城乡建设部发布《“十二五”绿色建筑和绿色生态城区发展规划》（建科〔2013〕53号），指出“十二五”时期，将选择100个城市新建区域按照绿色生态城区标准规划、建设和运行。根据规划要求，住房和

① 仇保兴：《进一步加快绿色建筑发展步伐》，《城市发展研究》2011年第7期。

城乡建设部有关部门进一步量化了绿色生态城区的评审要求：人口密度≥1 万人/平方公里；建成区毛容积率≥1.1；可再生能源占比≥20%；非传统水源利用率≥20%；工业用水重复利用率≥90%；人均综合用水量低于同类地区国家标准下限；绿色建筑比例；自然湿地等生态保育区净损失≤10%；本地植物指数≥0.7；绿化覆盖率≥30%；绿色出行比例≥65%；路网密度合理街区长度≤180 米。

目前，生态城市的发展还存在若干问题和不足，主要为：发展定位偏高，过度改造地貌，开发强度过大，建设成本趋高，对绿色建筑认识不足、城市特色不强、指标量化趋同等。这意味着对于绿色生态城区的建设还要明确设立相关原则，如建立生态基线①，保护当地地质生态环境，控制能源消耗和污染。为此还需要认真研究、谨慎推进。自 2007 年起，为了科学引导低碳生态城市的建设，住房和城乡建设部先后与天津、无锡、深圳和唐山等城市共建中新天津生态城、无锡太湖新城、深圳光明新区、深圳坪山新区和唐山湾（曹妃甸）生态新城等并开展示范区的研究，与此同时，上海南桥新城、河北省“4+1”示范城市（区）、昆明呈贡新城、厦门、德州和淮南等城市也开展了规划建设实践。与此同时，国外政府和规划建设单位对参与推动中国绿色生态城区的发展表现出浓厚的合作兴趣，如 2007 年中新合作项目（中新天津生态城）、2010 年中瑞合作项目（无锡中瑞低碳生态城）、2010 年中德合作项目（青岛中德生态园）、2011 年中日合作项目（唐山湾生态城中日合作示范区），以及 2013 年中美合作低碳生态城市合作试点项目（山东省潍坊市、日照市，安徽省合肥市，河北省廊坊市，河南省济源市和鹤壁市）等。通过国际间合作建立长期、稳定的工作机制，细化深化试点示范内容，从城市规划、基础设施低碳绿色设计建设与运营管理、建筑节能与绿色建筑、可再生能源应用、绿色交通体系、生态绿地系统等方面开展研究和建设。

在国家财政部、住房和城乡建设部《关于加快推动我国绿色建筑发展的实施意见》（财建〔2012〕167 号）中规定，对于满足新建建筑全面执行《绿色建

---

① 武涌：《绿色建筑发展的现状与展望》，载中建建筑承包公司编《中国绿色建筑》，中国建筑工业出版社，2001，第 26 页。

筑评价标准》中的一星级及以上的评价标准的绿色生态城区，中央财政给予资金定额补助5000万元，补助资金主要用于补贴绿色建筑建设增量成本及城区绿色生态规划、指标体系制定、绿色建筑评价标识及能效测评等相关支出。

2012年，中国共有26个城区申报绿色生态城区，最终有8个城区通过评审，被住房和城乡建设部确定为首批国家级绿色生态城区（包括天津市中新生态城、河北省唐山市唐山湾新城、江苏省无锡市太湖新城、湖南省长沙市梅溪湖新城、重庆市悦来生态城、贵州省贵阳市中天未来方舟生态城、云南省昆明市呈贡新区、深圳市光明新区），如表1所示。

表1　生态城详细资料

序号	名称	规划面积（平方公里）	规划人口（万人）	人均规划建设用地（平方米）
1	天津中新生态城	30	35	57.91
2	唐山湾生态城	74.3	80	92.59
3	无锡太湖新城	150	100	100
4	深圳光明新区	156.1	80～100	72.54
5	深圳坪山新区	168	70	93.58
6	石家庄正定新区	200	140	96.42
7	秦皇岛北戴河新区	425.81	20(2020年)	109
8	沧州黄骅新城	110	50(2020年)	95.92
9	涿州生态宜居示范基地	43	约50	85
10	合肥滨湖新区	196	100	122
11	上海南桥新城	71.39	75～100	61～81.33
12	上海虹桥商务区	86	53	—
13	重庆悦来生态城	3.44	5.7	43.16
14	长沙梅溪湖新城	7.64	17.8	40.44
15	池州天堂湖新城	14.53	14.55	85.03
16	贵阳中天未来方舟生态城	9.53	17.26	40.74
17	昆明呈贡新区生态城	160	150	107

此外，绿色建筑也开始从城市向村镇发展。作为推进中国资源节约型、环境友好型社会建设，转变城镇发展模式的战略选择，绿色建筑对中国新型城镇化的建设将会发挥日益巨大的作用。相比城市日渐饱和的土地利用面积，乡镇地区还有很大的发展潜力，将成为另一个建筑的主要发展空间。另外结

合社会主义新农村建设，国家将建设一批节能农房，支持40万农户进行新农村危房改造。[①] 对于绿色农房的相关具体鼓励措施已经提上日程，如山东省将给予绿色农房每户两万元的补贴。

四 绿色建筑对气候的影响

随着中国城镇化的深入发展，发展绿色建筑对降低建筑能耗与温室气体排放起着关键的作用。通过对79个获得不同星级绿色建筑标识的绿色建筑项目分析，节能率平均达到58%，节水率平均达到15.2%，社区绿化率达到38%，可循环材料达到7.7%。对于全国而言，中国建筑节能总体目标是控制在10亿吨标准煤以内，规模化发展绿色建筑是实现这个目标的重要手段，甚至有可能控制在不超过8亿吨标准煤。尤为重要的是通过节水节材，工业能耗同时可以得到降低[②]。

在绿色建筑的“四节”中，除了直接节能以外，通过节地、节水、节材也间接达到了节能的效果。根据对几十个绿色建筑项目样本进行测算，如果每年新增300个绿色建筑，“十二五”期间将节约25.5亿度电，折算后相当于节约87.6万吨标准煤；减少二氧化碳排放229.8万吨；节约水资源0.9亿吨；产生可再循环材料3.3亿吨[①]。按照国务院《绿色建筑行动方案》的目标要求，在“十二五”期间计划平均每年完成2亿平方米绿色建筑，即“十二五”期间将节约849亿度电，折算后相当于节约2917万吨标准煤；减少二氧化碳排放7652万吨；节约水资源30亿吨；产生可再循环材料110亿吨；节能减排效果显著。

一些研究评估表明，绿色公共建筑生命周期能耗比普通公共建筑低33%，比大型公共建筑低38%；绿色住宅建筑生命周期能耗比普通住宅建筑低13%[③]。此外，绿色建筑评价标准中推行的屋顶绿化措施，除了可以起到贮藏雨水、净化空气水质的作用外，还可以通过改变下垫面反射率缓解城市热岛效

---

① 王有为：《中国绿色建筑发展动向研究》，《施工技术》2013年第11期。
② 仇保兴：《我国绿色建筑发展和建筑节能的形势与任务》，《建设科技》2012年第10期。
③ 彭渤：《绿色建筑全生命周期能耗及二氧化碳排放案例研究》，清华大学硕士学位论文，2012。

应。在运行阶段对绿色建筑、绿色生态城区进行环保化管理维护，以节能、无污染、舒适的外在环境，减少城市人为热的产生，为建立绿色建筑发展与气候影响的良性循环起着重要作用。值得指出的是，在中国对工业绿色建筑的评价中，将工业的工艺流程纳入节能评价中，在最大程度上保证了工业建筑对能源使用的综合高效性。另外，具有中国独有建筑特色的农村乡土绿色建筑，将传统的良好节能性与现代技术相结合，在对环境产生最小影响的同时，提供了一个舒适的生活环境，达到天人合一之境[①②]。

总之，随着研究的深入与技术的不断创新提高，绿色建筑以其低能耗，保温隔热性能好，绿化率高以及对废热、可再生能源的利用，在建筑生命全周期内因地制宜的优化性设计等方面良好的表现，将对减少温室气体排放、缓解城镇化对城市热岛效应的影响发挥积极作用，同时对于应对气候变化、为人类提供舒适的生活环境、实现人与自然和谐共生的可持续发展道路有着十分重要的意义。绿色建筑顺应社会的自然的发展趋势，预计在“十二五”“十三五”期间将继续保持快速发展，在城镇化的浪潮中更显得突出和重要。

---

① 仇保兴：《北方地区绿色建筑行动纲要》，《城市》2012 年第 10 期。

② 王有为：《中国绿色建筑发展的几个动向》，《施工技术》2013 年第 11 期。

G.12

城市低碳交通运输体系试点评述

黄丽雅*

摘　要：

中国交通运输能源消耗和碳排放的快速增长，使行业的节能减排压力日益增大。建设低碳交通运输体系已成为行业转型发展的重要内容。交通运输部制定了低碳发展的阶段性目标，并以城市为载体组织开展了试点工作。首批十个试点城市以低碳交通运输体系内涵为核心，以城市自身发展实际为基础，积极探索低碳交通发展之路，开创了许多特色鲜明的发展模式，取得了可观的碳减排成效。

关键词：

低碳交通运输体系　城市试点

交通运输业是国民经济的基础性行业，也是能源消费和碳排放的主要行业之一。近年来，随着中国社会经济的快速发展，全社会交通需求和能耗水平都迅速上升。如何控制交通碳排放增长、发展低碳交通，日益成为行业和社会关注的焦点，也成为国家应对气候变化战略部署中的工作重点。为了推进行业绿色低碳发展，交通运输部自2011年起，组织开展了全国范围内的低碳交通运输体系建设试点工作，以城市、区域、领域为载体，使低碳交通的理念与行动在行业发展的每个环节中不断深入，逐步演变成为现代交通运输业的基本特征。

在现阶段试点中，城市低碳交通运输体系建设是关键性内容。作为人类生产和生活的中心，城市是交通要素集聚地和交通活动的重要空间，城市交通对

* 黄丽雅，交通运输部规划研究院高级工程师。

于传统化石能源的消耗以及温室气体的排放都占全行业的较大比重。因此，在城市层面开展试点工作，有利于突出重点、抓住关键、整合资源、系统推进，为加快交通运输全行业低碳发展积累经验、奠定基础。

一　开展试点的背景

（一）中国交通运输行业碳排放的现状

交通运输业的基本任务是通过使用交通基础设施和运输装备为各行业提供运输服务，这一过程伴随着大量能源的消耗，目前以各种液体、气体类碳基能源为主。因此，交通运输业具有典型高碳产业的特点，是三大主要“碳源”之一。国际能源署（IEA）等机构的研究表明，当前全球二氧化碳排放中仅来自交通运输工具的排放量就占25%左右。

根据国家统计局的统计数据，中国交通运输、仓储和邮政业的石油消费量占全国石油消费总量的比重最大，目前约为34%（其中营业性公路、水路运输在各种运输方式中的石油消耗量占比分别约为54%和21%），1980年以来年均增长率超过10%，远高于同期全国石油消费量的平均增长速度（约5.5%左右）。有研究预测，中国交通运输业占全社会石油消费量的比重有可能在2020年超过50%。根据2004年发布的《中华人民共和国气候变化第二次国家信息通报》，交通能源活动的二氧化碳排放量（仅指移动源）约为41574万吨，占全国总排放量的7.5%，排在工业、能源生产和加工转移部门之后，列第三位。

目前中国交通运输行业按运输方式主要分为公路、铁路、水运、民用航空等部门。公路交通运输工具主要是机动车，使用的能源类型包括汽油、柴油、电力、天然气、液化石油气、生物质能等，其中汽油车和柴油车占机动车的绝大部分，天然气车近年来有较快的增长。

铁路交通的主要用能设备是铁路机车，目前主要有蒸汽机车、内燃机车和电力机车三种类型，分别采用煤炭、燃油（主要是柴油）、电力作为驱动能源。其中，蒸汽机车和内燃机车的占比逐年降低，电力机车的占比则不断升高。从铁路交通全系统的能耗情况来看，2000 年以来，燃油消耗量较为稳定，维持在 500 万吨左右，电力消耗量快速增长，煤炭消耗量有所下降。

水运用能设备主要包括各种在内河、湖泊、远近洋运输的船舶以及港口装卸作业设施等，能源类型主要有柴油、重油、汽油、电力等。其中，电力比重逐步增大，煤炭、汽油比例逐步减小。船舶运输能源消费品种为柴油、燃料油等，2000 年以来船舶运输能源单耗总体呈下降趋势。

民航的用能设备主要是各种民用飞行器，以航空煤油为燃料。民航耗能总量持续增长，年均能耗增长 40.24 万吨标准煤。其能耗强度呈降低态势，其数值从 1960 年的 1.42 千克标准煤/换算吨公里降至 2009 年的 0.46 千克标准煤/换算吨公里，年均降低 19.6 克标准煤/换算吨公里。民航飞机 2002 年的耗能量已经超过铁路机车，与中国机动车耗能相比，民航飞机耗能量较少，仅占后者的 4.4%。

2010 年中国交通运输各部门能耗占比和碳排放占比如图 1、图 2 所示。

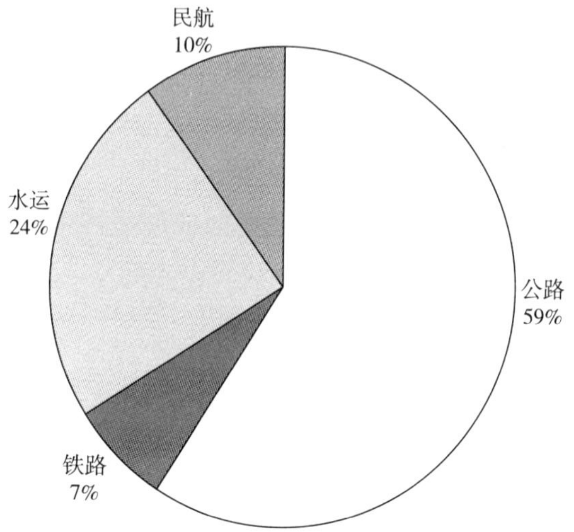

图 1　2010 年中国交通运输各部门能耗占比

（二）中国交通运输行业低碳发展的目标

由于交通运输行业碳排放的现状特点及未来发展趋势，从“十一五”后

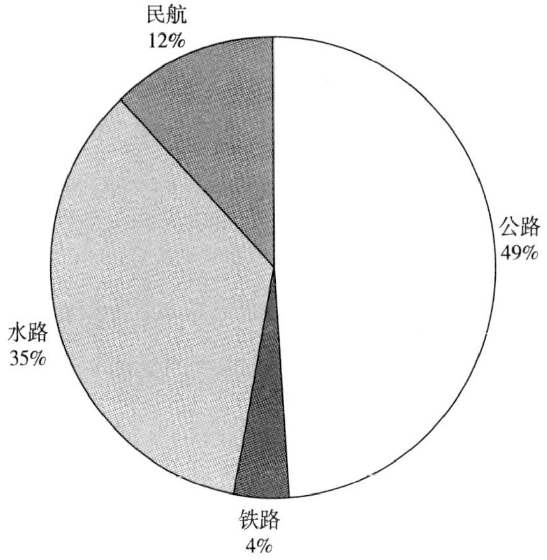

图 2　2010 年中国交通运输各部门碳排放占比

期开始，发展低碳交通成为中国应对气候变化的战略部署中的工作重点。2009年《全国人大常委会关于积极应对气候变化的决议》明确提出，加快建设以低碳排放为特征的交通运输体系将成为今后交通运输行业的一项基本发展战略。国务院办公厅 2010 年对政府工作报告的部门任务分解中，交通运输部的任务就是加快建设以低碳为特征的交通体系。自 2010 年全国交通运输工作会议以来，张德江副总理、李盛霖部长、杨传堂部长等多次强调要大力发展低碳运输，加快建立以低碳为特征的交通运输体系，切实把低碳发展的理念落实到交通运输生产、生活、出行方式的各个环节中。

“十二五”期间，交通运输业正面临转型发展的关键时期。交通运输部已明确“一条主线、五个努力”的战略思路，即以转变发展方式、加快发展现代交通运输业为主线，切实做到“五个努力”，其中之一就是要努力建设“资源节约型、环境友好型行业”，加快建立以低碳为特征的交通运输体系。低碳交通运输体系建设既是“两型行业”建设的重要载体和抓手，其发展水平又是判断“两型行业”程度高低的重要标志。加快低碳交通运输体系建设不仅是交通传统节能减排工作的继续和扩展，而且是新形势下交通运输行业转型发展的新起点。

交通运输部自2011年起先后发布了《建设低碳交通运输体系指导意见》《公路水路交通运输节能减排“十二五”规划》《交通运输行业应对气候变化行动方案》和《交通运输行业“十二五”控制温室气体排放工作方案》等一系列文件，确定了公路交通、水路交通及城市客运的低碳发展目标。

《建设低碳交通运输体系指导意见》中确定的交通运输行业低碳发展目标为：

到2015年，交通运输行业降低温室气体排放强度的行动成效更为明显。行业节能减排意识进一步增强，低碳交通运输理念更加深入人心，交通运输生产、运营、消费的各个环节碳排放强度逐步降低。行业应对气候变化的综合能力显著增强，低碳交通运输技术创新体系、政策法规体系建设全面有效开展，碳排放统计、监测、考核体系基本建立。交通运输低碳排放的特征初步显现，成为现代交通运输业发展的重要支撑。力争到2020年，基本建立起符合国家应对气候变化工作要求、以低碳排放为特征的交通运输体系。

公路、水路交通运输及城市客运的能耗及二氧化碳排放强度目标分别为：

公路运输

——能源强度指标：到2015年和2020年，营运车辆单位运输周转量能耗比2005年分别下降10%和16%，其中，营运客车分别下降6%和8%，营运货车分别下降12%和18%。

——二氧化碳排放强度指标：到2015年和2020年，营运车辆单位运输周转量二氧化碳排放比2005年分别下降11%和18%，其中，营运客车分别下降7%和9%，营运货车分别下降13%和20%。

水路运输

——能源强度指标：到2015年和2020年，营运船舶单位运输周转量能耗比2005年分别下降15%和20%，其中，内河船舶分别下降14%和20%，海洋船舶分别下降16%和20%。港口生产单位吞吐量综合能耗分别下降8%和10%。

——二氧化碳排放强度指标：到2015年和2020年，营运船舶单位运输周转量二氧化碳排放比2005年分别下降16%和22%，其中，内河船舶分别下降

15%和23%，海洋船舶分别下降17%和21%。港口生产单位吞吐量二氧化碳排放比2005年分别下降10%和12%。

城市客运

——能源强度指标：到2015年和2020年，城市客运单位人次能耗比2005年分别下降18%和26%，其中，城市公交单位人次能耗分别下降14%和22%，出租汽车单位人次能耗分别下降23%和30%。

——二氧化碳排放强度指标：到2015年和2020年，城市客运单位人次二氧化碳排放比2005年分别下降20%和30%，其中，城市公交单位人次二氧化碳排放分别下降17%和27%，出租汽车单位人次二氧化碳排放分别下降26%和37%。

二　中国低碳交通运输体系建设试点的行动

为了推进低碳交通理念在行业内的普及，加快行业建设低碳交通运输体系的步伐，交通运输部在全国范围内启动了低碳交通运输体系建设试点工作，旨在通过试点积极探索交通运输低碳发展的各种可行模式和合理路径，在试点基础上总结经验，并予以体系化推广，形成加快建立以低碳排放为特征的交通运输体系的有效推进机制。试点工作于2011年正式启动，经过两年多的发展，目前主要分为城市试点、区域性试点、主题性试点等几种模式。

试点工作的发展历程如下：

2011年，交通运输部发布了《建设低碳交通运输体系试点工作方案》（以下简称《方案》）。考虑到城市是交通要素集聚地和运输网络枢纽点，通常拥有较密集的交通基础设施，同时也是交通供需矛盾较为突出的地域，《方案》确定当年启动的试点以城市为主体，以达到以点带面、重点突破、整合资源、积累经验的目的。

首批试点城市的选择主要结合国家发展改革委低碳省区和低碳城市试点、有关省（区、市）低碳经济试点等相关工作，最终选取了天津、重庆、深圳、厦门、杭州、南昌、贵阳、保定、无锡、武汉等10个城市。试点的内容主要包括建设低碳交通基础设施、推广应用低碳型交通运输装备、优化交通运输组织模式及操作方法、建设智能交通工程、提供低碳交通公众信息服务、建立健全交通运输碳排放管理体系等。各城市试点工作的期限为2011～2013年，分为试点启动、组织实施、试点评估等3个阶段来开展。

试点工作的实施中，探索建立了“部级交通运输主管部门——省级交通运输主管部门——试点城市交通运输主管部门——试点项目实施主体”四级试点工作机制。其中，交通运输部主要负责拟定总体工作方案，审定试点城市实施方案，制定并落实有关试点支持政策，组织试点绩效评估等；省级交通运输主管部门主要负责试点城市实施方案的初审并报部审定，组织试点运行动态监测，制定并落实配套支持政策等；试点城市交通运输主管部门主要负责组织拟定具体的实施方案并报省级交通运输主管部门初审，建立试点统计、监测、考核体系及相关工作制度，组织试点各项具体工作，负责试点工作总结并配合做好试点绩效评估等；试点项目实施主体则负责制定试点项目实施工作计划，具体组织好试点项目的建设和管理，并按规定上报运行数据等。

2012年，交通运输部发布了《关于开展低碳交通运输体系建设第二批城市试点工作的通知》《交通运输节能减排专项资金支持区域性、主题性项目实施细则（试行）》等文件，在启动第二批城市试点工作的同时，试点模式也扩展到区域性、主题性项目。

第二批城市试点工作选定了北京、昆明、西安、宁波、广州、沈阳、哈尔滨、淮安、烟台、海口、成都、青岛、株洲、蚌埠、十堰、济源等16个城市。试点期限为2012～2014年。试点的内容与首批城市基本一致，但要求各试点城市要在借鉴第一批试点城市经验的基础上，进一步健全完善交通运输节能减排与低碳发展工作的组织机构，建立交通运输能源消耗与碳排放统计、核算体系，制定有利于促进交通运输节能减排低碳发展的政策和措施。

同时，交通运输部开始组织开展交通运输节能减排专项资金项目区域性管理和主题性管理试点工作。其中，区域性试点项目是指某一具体行政区域内，以其交通运输主管部门为实施主体，符合交通运输部《建设低碳交通运输体系指导意见》相关要求的交通运输节能减排项目；主题性项目则是指某一具体行业领域内，以其交通运输行业管理部门为实施主体，符合交通运输部《建设低碳交通运输体系指导意见》相关要求的节能减排项目。这两种试点模式的创新，旨在为在交通运输节能减排专项资金使用上逐步形成具体项目管理与区域性管理、主题性管理相结合的管理模式积累经验。

经过行业内的筛选，2012 年的区域性试点着力打造了北京、重庆、深圳、厦门、杭州、南昌、贵阳、保定、武汉、无锡等 10 个“低碳交通城市”；主题性试点则选取了在天津港、青岛港、连云港港和蛇口集装箱码头有限公司组织开展“低碳港口”建设，以及在河北、江苏、河南、广东、云南等地开展“低碳公路”建设。

三　低碳交通运输体系试点取得的成果

在试点工作的全面推进中，各试点项目的实施主体在当地交通运输主管部门的组织下，按照试点启动及推进程序来开展试点实施方案的编制、评审和实施。各级交通运输主管部门也分别对试点实施主体进行了实地调研，并发挥协调推进、具体指导的作用，不断深化试点工作。其中，交通运输部研究并出台了促进低碳交通运输体系建设的相关政策，加大了对试点主体的支持力度，同时对试点主体的先进成熟经验进行了宣传推广。试点主体所在省、市交通运输主管部门在落实交通运输部批复的试点实施方案方面，重点开展了跟踪项目实施过程、及时解决困难、总结经验、争取地方政府支持等工作。

到目前为止，首批城市试点的工作已完成大半，即将进入试点评估阶段；而第二批城市试点及区域性、主题性试点工作刚进入实施阶段不久，其成效尚未充分展示。因此，本文主要对首批试点城市的开展情况做一下简述。

首批试点城市按照“因地制宜，突出特色”的原则，围绕“打造体系”的总体目标，根据自身地理位置、自然条件、经济水平、交通运输的发展水平和组织管理水平，开展了多样化的低碳试点工作。各城市预期通过实施试点可实现节能减排量如表 1 所示。

表1　首批试点城市预期实现节能减排量

城市	节能量（万吨标准煤/年）	减排量（万吨二氧化碳/年）	城市	节能量（万吨标准煤/年）	减排量（万吨二氧化碳/年）
天津	9.1	22.3	贵阳	3.0	11.3
重庆	29.2	73.0	保定	10.8	20.5
深圳	9.1	23.8	无锡	1.4	5.5
厦门	8.5	7.9	武汉	4.4	21.9
杭州	9.5	23.2	合计	92	231.2
南昌	7.0	21.8			

试点工作开展以来，各试点城市较有代表性的做法与经验如下（见表2）。

表2　首批试点城市低碳交通运输体系建设重点推进内容

内容	天津	重庆	深圳	厦门	杭州	贵阳	南昌	保定	武汉	无锡
城市特点	北方沿海直辖市	西南直辖市	计划单列市	计划单列市	东部省会城市	西部省会城市	中南部省会城市	北方地级城市	中部省会城市	东部地级城市
	滨海新区	西南综合交通运输枢纽,长江上游航运中心	特区城市	旅游城市	旅游城市	生态城市	鄱阳湖生态经济区	中国光谷	综合交通运输枢纽,长江中游航运中心	经济发达地区
低碳试点重点推进内容	①低碳天津港;②低碳公路建设、养护材料技术应用	①综合交通运输体系建设;②低碳高速公路;③公交车快速充电技术示范	①公水铁航大交通管理体制;②公交都市,公交出租新能源、清洁能源汽车应用规模全球领先;③低碳港区建设	①智能信息化公共交通系统;②慢行交通系统	①五位一体公交体系;②低碳水运工程	①公交“油改气”;②甲醇、焦炉气等替代燃料推广示范	①降低货物能耗;②优化运输结构、提高水运比例;③提高公共交通运输分担率	①公路低碳技术应用;②白洋淀景区使用燃气节能环保船	①综合交通运输体系建设;②清洁燃料替代利用规模化;③便民公共自行车系统	①物联网技术低碳效应;②城乡公交一体化

（一）天津

天津市是中国四个直辖市之一，位于欧亚大陆起点，环渤海经济圈的中心，是中国近代工业发源地之一、中国北方海运与工业中心，拥有中国第四大工业基地和第三大外贸港口。国家实施滨海新区战略，港城协调发展，建设国际港口城市，为天津低碳交通运输体系建设提供了新的机遇。

1. 打造低碳天津港

天津港通过实施 RTG 油改电、地表热能利用、煤码头翻车筛分破碎系统、船舶岸电技术研究应用等一系列措施，努力打造成为低碳港区。同时，以天津港集装箱多式联运为重点，大力推进多式联运发展，实现各种运输方式之间的无缝衔接，更好地发挥航运节能减排作用。

2. 公路建设与养护中加快材料循环利用和节能施工技术应用

天津市市政公路管理局专门编制《公路建设低碳技术手册》，总结废旧路面材料再生技术、温拌沥青混合料技术、废轮胎胶粉改性沥青技术，加快加大推广应用，努力加快公路建设低碳化。

（二）重庆

重庆是中国西部内陆地区唯一集铁路、公路、水路、民航于一体的综合枢纽城市，其低碳交通运输体系建设紧紧围绕西部地区综合交通枢纽和长江上游航运中心建设，充分发挥各种不同运输方式的节能减排优势，实现综合性节能减排效益。

1. 优化运输结构

重庆市依托长江水陆甩挂运输示范工程、果园港铁公水联运低碳示范工程，公路、水路多管齐下，发挥多种运输方式综合节能减排效益，通过优化运输结构减少二氧化碳排放；重庆港积极探索推广内河靠港船舶岸电系统，努力实现水运行业节能减排。

2. 率先打造低碳高速公路试点工程

选择成渝复线（重庆段）进行整体低碳优化设计，15 万平方米的高速路面选取了温拌沥青和橡胶沥青技术，推行隧道“绿色照明工程”，4 个隧道共使用LED灯具4472套，路段所有收费站设置ETC车道，服务区采取绿色建筑标准建设，预留燃气混合动力汽车充气站，安装太阳能供电设备，在高速公路两侧建设碳汇林系统，造林宽度为30～80米。

3. 推广混合动力汽车，探索纯电动客车在公交行业的应用

重庆市计划示范推广运行6000辆清洁能源和新能源动力汽车。积极引导有条件的区县推广使用CNG、LNG等清洁燃料汽车。重庆公交集团探索研制电动公交车快速充电系统，已投入6辆快充公交车，并逐步完善相关技术。

（三）深圳

1. 新能源与清洁能源公交车

深圳市公交行业推广新能源与清洁能源汽车应用的规模处于全球领先水平。目前共投入运行2011辆新能源汽车，其中混合动力公交大巴1350辆、混合动力双层大巴20辆、纯电动公交大巴253辆、纯电动中巴26辆，纯电动出租车300辆，燃料电池场地车60辆，燃料电池大巴2辆，已成为全球在公交行业应用新能源汽车品种最齐、规模最大、数量最多的城市。在破解电池与充电难题方面，深圳市探索提出了“融资租赁、车电分离、充维结合”的新能源公交购买、运营及维护方案，将电池充电及维护管理交给专业机构，最大程度地延长了电池的生命周期，探索实现新能源汽车的可持续商业化运营。

2. 探索打造绿色低碳港区典范

深圳市蛇口集装箱码头从堆场RTG“油改电”、靠港船舶岸电技术应用、LNG拖车使用、LED节能灯应用、太阳能光伏技术应用、纯电动港区巡逻车等多方面，推动港口码头节能减排，打造绿色低碳港区。

（四）厦门

1. 智能信息化公共交通系统

厦门公交集团拥有各类营运车辆5569台，常规公交线路247条，BRT快线3条，长途客运线165条。全市2011年公交分担率达到30.87%。公交的智能信息化发展是厦门市低碳交通体系建设的重点内容。一方面，通过GPS实时监控、安全提醒、区域限速等方式，有效提高车辆调度和使用，开通便民公交网站和掌上公交查询系统；另一方面，通过规范驾驶习惯、降低事故频率、节约安全成本、速度控制下最优能耗行驶、智能调度下减少空驶里程，实现公交高效率和低碳化。

2. 慢行交通系统

由于厦门市独特的地理位置和美丽的自然风光，全市沿海岸建设了慢行交通系统，为市民提供了休闲的场所，也进一步诠释了低碳舒适交通的内涵。

（五）杭州

1. 构建“五位一体”的公交体系

杭州市地处江南，水网密布，提出了建设集地铁、公交、出租车、公共自行车和水上巴士无缝衔接的“五位一体”的公共交通体系，较好地反映了其城市低碳交通运输体系的特点。大力发展公共交通，提高城市公共交通出行分担率，减少私人小汽车出行是杭州市实现城市交通节能减排的重要措施。2009年，杭州市区公共交通分担率达到42.45%。杭州正通过大力发展公共交通、提升公共交通系统整体的载运能力和服务水平，促进节能环保车型在公共交通中的应用，同时积极推广绿色低碳的公共自行车，鼓励和吸引更多的出行者采用低能耗、低碳型的交通方式。

2. 推进低碳水运工程建设

杭州大力推进水路运输发展，初步形成“一港二干二支”水运主通道。杭州市低碳水运建设改造工程主要围绕杭州航区“一体化”管理体系建设和应用与航道综合整治工程（船闸 + 航道），实现航道升级，实施船型标准化，应用综合服务系统，充分发挥水运低碳优势。

（六）贵阳

1. 公交车“油改气”

贵阳市公共交通（集团）有限公司从2006年开始尝试对柴油发动机进行改装，成功将柴油发动机改造成可用液化天然气的发动机，目前公司建成6座加气站，并对1216辆公交车实施了“油改气”改造，实现了清洁燃料利用并产生了直接的节能减排效果。

2. 积极推广使用车用甲醇、焦炉气等替代燃料

贵阳市有以煤化工产业为主的甲醇产品基础资源，推广甲醇汽车有着得天独厚的条件。目前，已在部分出租车、大型公共汽车上推广 M100 醇基燃料，目前运行车辆已达 300 辆，运行效果良好。贵阳市公共交通（集团）有限公司计划在 2012 年年底将 936 辆出租车和 700 辆大型公共汽车改造完毕，届时，可替代汽油约 1.28 万吨，减少二氧化碳排放约 1.22 万吨。

（七）南昌

1. 着力降低货运能耗

公路货运是南昌市交通运输行业第一能耗和碳排放大户，全市有 4.6 万多辆营运货车，2010 年能耗和碳排放量分别占全市能耗和碳排放量的 68.35% 和 68.95%。建设低碳交通，首先要降低货运能耗和碳排放。南昌市大力推进甩挂运输，鼓励货运企业向规模化、网络化、专业化方向发展，由传统的货运业向现代物流业转变，同时逐步建立营运车船能耗和环保准入与退出机制，促进营运车船更新，以保持车船油耗的节能经济性能。

2. 调整运输结构，提高水路货运比例

随着鄱阳湖生态经济区的建设，南昌市抓紧实施湖控工程，提高赣江航道等级，加快 3 个内河码头建设，促进内河运输发展。“十一五”期间内河货运量增长 149%，预计“十二五”期间年均增长 12%，集装箱吞吐量达到 20 万 TEU，是目前的 4 倍。

3. 努力提高公共交通分担比例

目前南昌市公交分担率仅为 13%，为此南昌市努力提高公交分担率水平，一是建设轨道交通，地铁 1 号、2 号线争取尽快开通；二是发展快速公交，开通 BRT 快线；三是建设公交专用道网络；四是增加公交车辆供给，力争“十二五”期末万人拥有公交车 15 标台，公交分担率达到 20% 以上。

（八）保定

1. 推进公路建设低碳技术应用

保定市逐步加快新材料、新工艺及再生应用技术的研发推广，推进绿色长廊工程，进行照明设施节能改造。2011～2013年，保定市在张涿高速、荣乌高速、张石高速三期、保阜公路、曲港高速等高速公路建设中，全面开展温拌沥青等低碳铺路技术。在所辖高速公路隧道、服务区、收费站内实施LED灯照明改、新建项目，四条隧道完全竣工运营后，每年节约约785.53吨标准煤，服务区内照明设备改造后可节约用电1073.29万度，每年减少二氧化碳排放8324.45吨。此外，该市在电谷立交桥和外环路及白洋淀水域航道照明用电方面推广使用太阳能，节能减排效果十分显著。

2. 促进燃气节能环保船舶使用

保定市预计用十年时间将所辖水域的汽油挂机船全部更换为节能环保船。规划共计淘汰汽油挂机船1411艘，平均每艘船按3.5万元补贴给船主，共需投入资金4938.5万元。预计每年更新船舶按14%计算，每年投入资金约490万元。由电瓶船或燃气船取代现有的汽油挂机船，比汽油节能40%，污染排放量降低67%。不仅节约了能源，而且减少了污染，保持了水域水质。

（九）武汉

武汉市具有“九省通衢”的区位优势，位于国家规划的综合交通网“五纵五横”运输大通道的关键交会点，是中部地区乃至全国的综合性交通枢纽、长江中游航运中心，涵盖公路、铁路、水路、航空多种交通运输方式，又是全国资源节约型和环境友好型社会建设综合配套改革试验区的核心城市。为此，武汉市以加快综合型低碳交通运输体系建设为核心。

1. 优化综合运输体系结构

随着武汉天河国际机场三期、四环线、机场二通道、汉江航道整治、码头等交通重点项目的实施，将有力地促进武汉市交通运输结构优化和低碳发展。同时，武汉处于长江中游，水运条件良好，试点期内将推广江海直达船舶共计105万载重吨，新增16艘万吨级自航船舶，积极推广船舶节能驾驶操作法，增加水运结构比例，积极打造长江中游航运中心，大力发挥水运优势。

2. 清洁燃料替代利用达到一定规模

武汉市最早于2000年开始探索公交车、出租车油改气，到目前为止，累计有LPG公交车457辆，CNG公交车1092辆，LPG出租车327辆，CNG出租车 10734 辆，累计年替代标准油 133301.74 吨。

3. 建设“免费 + 诚信”便民自行车公共服务系统

目前已拥有 5 万辆自行车，1102 个租车点，市民每次免费租赁时间不超过 2 小时，还车间隔 5 分钟后可继续免费使用 2 小时，次数不限，但每次超过 2 小时会受到一定罚款和不良信用记录。“免费 + 诚信”的武汉模式还在湖北省宜昌、孝感市及安徽省池州市等地得到推广。

（十）无锡市

1. 充分发挥物联网技术研发与应用优势，促进交通运输低碳发展

无锡市经济发展水平居国内前列，2010 年全市百人机动车拥有量达到 18.49 辆/百人，私人汽车保有量为 8.27 辆/百人，具有现代服务业发展迅速、高技术产业特色鲜明、交通发展压力大、亟待向现代低碳化交通转型等特点。无锡市充分利用其物联网等科技水平在全国领先的优势，主要开展基于物联网的国、省干线公路桥梁智能监测体系、智能公共物流信息平台、掌上公交、感知航道、感知港口研究，探索研究“手机双向感知叫车（出租车）”等内容。通过物联网技术的应用，实现了对运输路线、货物配置、车辆配置、驾驶工况等方面的优化，进一步提高交通运输效率，降低单位运输量能耗和碳排放。

2. 实施公交优先和城乡公交一体化战略

无锡市万人拥有公交车辆为 16 标台，清洁能源车辆达 16%，目前全市城乡公交统一采用 2 元票制，刷卡 6 折优惠，吸引并方便公众出行。公交车覆盖市域内几乎所有行政（建制）村镇。

试点开展两年多以来，从首批试点城市的情况来看，各城市基本能够按照试点方案制订的计划实施，试点城市低碳交通运输体系概念和理念也已初步形成。除了各试点城市交通运输主管部门的积极推进、加强组织、及时动员与宣传引导之外，试点工作得到了地方政府的积极配合，如在地方规划与配套政策方面给予了较多支持。尤其是首批 10 个试点城市中同时属于国家低碳省市试点的 8 个试点城市，其低碳交通运输体系建设试点方案的实施与低碳省市试点目标统一、内容衔接、步调一致，充分利用低碳省市试点工作提供的发展机遇，动员相关行业和社会力量，形成合力，全面推进本地区交通运输低碳发展。

从全行业来看，通过试点城市、项目实施主体强有力的带动作用，行业内正在逐步形成低碳发展的氛围和势头，一大批交通运输低碳实用技术也在试点行动中逐渐涌现并走向成熟。但与此同时，通过试点的开展也使一系列问题得以显现，可以认为，中国发展低碳交通在行业层面仍面临着组织机构、统计监测、标准规范、政策法规、激励机制、系统化推进等方面的一系列障碍，还需要在实践中加快解决。

G.13

中国城市温室气体清单编制方法及内容框架

白卫国*

摘　要：

低碳城镇化着眼于低碳经济，着力于城市发展。编制城市温室气体清单是低碳发展的基础性工作，温室气体清单编制方法可以提高编制温室气体清单的规范性。本文针对现阶段中国城市温室气体清单编制方法滞后于低碳发展的现状，首先归纳总结《省级温室气体清单编制指南（试行）》和《ICLEI城市温室气体清单指南》的经验；其次梳理其面临的关键问题，并按照清单定位，提出合理借鉴两个《指南》的关键问题解决思路；再次以解决关键问题为切入点，形成其内容框架，以有效推进城市温室气体清单编制方法研究。

关键词：

中国城市　温室气体清单　清单定位

中国正处于快速城镇化阶段，面对日益突出的资源约束和环境污染的压力，低碳城镇化成为践行可持续发展的必由之路。低碳城镇化着眼于低碳经济，着力于城市发展，一般指以低能耗、低污染、低排放、高效率、高产出为特征的低碳理念来进行城市发展。编制城市温室气体清单是低碳发展的重要前提。城市低碳发展通过温室气体清单能够摸清温室气体排放状况，以制定切合实际的减排目标、任务措施、技术路线，从而准确把握发展方向和发展模式。

* 白卫国，中国社会科学院城市发展与环境研究所，博士后，研究方向为城市温室气体清单编制方法。

从2008年国家住房和城乡建设部与世界自然基金会（WWF）联合推出“低碳城市”发展示范项目开始，加上国家发展和改革委员会批准两批低碳试点城市，还有其他机构组织的或城市自发的试点，至今已有百余城市积极开展了低碳城市试点建设。其中，国家发展和改革委员会批准的两批低碳试点城市，均要求“编制低碳发展规划”和“建立温室气体排放数据统计和管理体系”。编制城市温室气体清单是低碳发展的基础性工作，形成温室气体清单编制方法可以提高编制城市温室气体清单的规范性。

一　温室气体清单编制方法进展

温室气体清单编制方法经过十多年的探索，已形成相对规范、有较强影响力的两个大类别。一个类别是从地理边界来讲的标准和规范，有《IPCC 国家温室气体清单指南》① 《省级温室气体清单编制指南（试行）》② 《ICLEI 城市温室气体清单指南》③ 和《GRIP 温室气体地区清单议定书》④，概要介绍见表1；另一个类别是从组织运营边界来说的标准和规范，有《温室气体核算体系：企业核算与报告标准》⑤ 《ISO14064 系列标准》⑥ 《PAS2050 指南》⑦ 《标准 PAS2060》⑧，概要介绍见表2。其中，温室气体编制模式分为生产模式和消费模式：生产模式是指在清单边界内生产的商品和服务产生的温室气体排放；消费模式是指清单边界内消费商品和服务导致清单边界外的温室气体排放。

---

① IPCC, 1996 IPCC Guidelines for National Greenhouse Gas Inventories, Intergovernmental Panel on Climate Change, http: //www. ipcc-nggip. iges. or. jp/public/gl/invsl. html.

② 省级温室气体清单编制指南编写组：《省级温室气体清单编制指南（试行）》，国家发展和改革委员会，2010。

③ ICLEI, “International Local Government GHG Emissions Analysis Protocol Version 1. 0”, 2009.

④ GRIP, “The Greenhouse Gas Regional Inventory Protocol”, 2012, http: //www. getagriponemissions. com/history. html.

⑤ WRI/WBCSD, “The Greenhouse Gas Protocol: A Corporate Accounting and Reporting Standard”, Revised Edition , WRI /WBCSD, 2009 – 5 – 15. www. ghgprotocol. org.

⑥ ISO 14064, 2006 [EB/ OL], [2009 – 06 – 26], http: //www. iso. org/iso/catalogue_ detail? csnumber = 38381，根据公开资料整理。

⑦ 根据公开资料整理。

⑧ 根据公开资料整理。

表 1　地理边界的温室气体清单编制方法一览

指南名称	开发机构	编制模式	目的	适用范围	应用
《IPCC 国家温室气体清单指南》	政府间气候变化专门委员会	生产	为不同国家和地区温室气体清单比较提供核算口径基本一致的框架和方法	国家及地区	148 个缔约国的大部分国家信息通报
《省级温室气体清单编制指南（试行）》	中国国家发改委	生产	摸清省域温室气体排放状况，以落实控制温室气体排放中长期规划分解指标工作	地区（省级）	中国低碳试点省份
《ICLEI 城市温室气体清单指南》	国际地方政府环境行动理事会	生产 + 消费	明晰主要温室气体排放源，进行国内外比较，明确发展重点，制定低碳路线图	城市	世界 1200 个城市及地区
《GRIP 温室气体地区清单议定书》	英国曼彻斯特大学	生产 + 消费	为政府统计监测温室气体排放，城市之间和年度之间比较，充分挖掘减排潜力，提供依据	城市	欧洲 18 个城市及地区

表 2　组织运营边界的温室气体清单编制方法一览

指南名称	开发机构	编制模式	目的	适用范围	应用
《温室气体核算体系：企业核算与报告标准》	世界资源研究所/世界可持续发展工商理事会	生产 + 消费	将企业温室气体排放加入会计报表，是许多行业、企业等温室气体行动计划的基础	企业	企业、行业
《ISO14064 系列标准》	国际标准化组织	生产 + 消费	强调标准的要求，至于如何达成这些要求只是给出一般性的指导意见	企业、项目	企业、项目
《PAS2050 指南》	英国标准协会	生产 + 消费	核算产品或服务的全生命周期——从原材料到生产（或服务供给）各个环节的温室气体排放	产品、服务	英国、韩国等推出碳标识
《标准 PAS2060》	英国标准协会	生产 + 消费	通过还原、补偿来实施碳中和组织所必须符合的规定，将保证其准确性和可证实性	国家、社区、公司、个人等	各种类型的组织

两大类别既有区别又有联系。地理边界的温室气体清单编制方法主要由 IPCC、科研机构、政府部门等主要具有行政职能背景的组织机构开发，以一定区域为研究对象，编制模式既有生产模式又有生产 + 消费模式；而组织运营

边界的温室气体清单编制方法主要由具有企业背景的组织机构开发，以企业、项目、产品以及其他组织为研究对象，由于企业等经常存在跨境的采购、生产、加工、销售等活动，清单边界以组织活动为边界，编制模式为生产+消费模式。在地理边界的温室气体清单编制方法中，《IPCC 国家温室气体清单指南》最早开发并借助联合国推广；《ICLEI 城市温室气体清单指南》以城市温室气体排放特征为基础，借鉴《IPCC 国家温室气体清单指南》和《温室气体核算体系：企业核算与报告标准》形成规范，以 ICLEI 为平台进行推广。在中国，按照《IPCC 国家温室气体清单指南》已经完成 1994 年和 2005 年国家温室气体清单；《省级温室气体清单编制指南（试行）》是参考《IPCC 国家温室气体清单指南》，结合编制 2005 年国家温室气体清单工作经验而形成的，正在指导低碳试点省份编制温室气体清单；而现阶段中国城市温室气体清单编制方法缺乏，不能满足低碳发展的需求。

中国城市温室气体清单编制方法滞后于低碳发展，如何推进中国城市温室气体清单编制方法的形成，成为亟待解决的问题。从重要区域温室气体清单编制方法挖掘成功经验和有效做法，为中国城市温室气体清单编制方法提供解决关键问题的思路，是该方法形成的重要途径。

二　区域温室气体清单编制方法经验

区域温室气体清单编制方法已成为编制区域温室气体清单以应对气候变化、设定控制温室气体排放目标、制定低碳行动方案的重要工具。《省级温室气体清单编制指南（试行）》和《ICLEI 城市温室气体清单指南》对编制温室气体清单编制方法的科学、数据透明、格式一致、结果可比做出了完整、系统的规定，并明确清单边界、清单范围和部门划分等关键内容。而且两个指南应用较多，实用程度高，是国内外重要区域温室气体清单的编制方法，能够对中国城市温室气体清单编制方法提供经验借鉴。

（一）《省级温室气体清单编制指南（试行）》

《省级温室气体清单编制指南（试行）》是由国家发展和改革委员会牵头

组织高校、科研机构等相关专家，于2010年编制完成的。省级温室气体清单作为应对区域气候变化的一项基础性工作，可以识别出主要温室气体排放源及吸收汇，用于明晰关键领域温室气体排放状况，分析未来温室气体排放趋势及减缓潜力，以及地区之间相互比较，以帮助地区制定关于控制温室气体排放的政策和行动。《省级温室气体清单编制指南（试行）》主要内容：核算二氧化碳、甲烷、氧化亚氮、氢氟碳化物、全氟化碳、六氟化硫六种温室气体；以省级行政管辖区为清单边界；核算方法为温室气体排放量/吸收汇 = 活动水平数据 × 排放因子；部门划分为能源活动、工业生产过程、农业、土地利用变化和林业、废弃物处理；清单范围包括范围1，将范围2的电力列为信息项；数据收集自上而下。

（二）《ICLEI城市温室气体清单指南》

ICLEI借助始于1993年的城市气候保护运动，开发了《ICLEI城市温室气体清单指南》。该指南帮助地方政府正确掌握城市能源使用率和能源结构变化，充分挖掘节能和减排空间；衡量城市在国际、国内城市低碳经济中的优势和不足，确立今后低碳重点发展方向；摸清城市温室气体排放状况，明晰重要的排放源和吸收汇，使得低碳城市路线图制定科学，碳减排的可测量、可报告和可核实（MRV）能够切合实际。《ICLEI城市温室气体清单指南》主要内容：核算二氧化碳、甲烷、氧化亚氮、氢氟碳化物、全氟化碳、六氟化硫六种温室气体；以行政管辖区为清单边界；核算方法为温室气体排放量/吸收汇 = 活动水平数据 × 排放因子；部门划分为政府和社区两个账户核算能源工业、交通、建筑、工业过程、农业、土地利用变化和林业、废弃物处理七个关键领域；清单范围包括范围1和范围2；数据收集自下而上。

（三）经验总结

《省级温室气体清单编制指南（试行）》和《ICLEI城市温室气体清单指南》都是为编制区域温室气体清单提供指导，内容框架规范，涵盖编制区域温室气体清单各个要点。两个指南作为区域温室气体清单编制方法，基于区域低碳发展实际状况对编制温室气体清单的要求，既有共同点，又有区别。共同点：统计二氧化碳、甲烷、氧化亚氮、氢氟碳化物、全氟化碳及六氟化硫六种温室气体；清单边界为行政管辖区；核算方法为温室气体排放量/吸收汇＝活动水平数据×排放因子。区别：《省级温室气体清单编制指南（试行）》划分五大部门，而《ICLEI 城市温室气体清单指南》分为两个账户（七个关键领域）；《省级温室气体清单编制指南（试行）》清单范围包括范围 1，而《ICLEI 城市温室气体清单指南》包括范围 1 和范围 2；《省级温室气体清单编制指南（试行）》数据收集自上而下，而《ICLEI 城市温室气体清单指南》自下而上。

两个指南的共同点说明区域温室气体清单编制方法具有很多相似点。同时两个指南存在的区别表明《省级温室气体清单编制指南（试行）》承接自国家温室气体清单编制经验，部门划分与国家温室气体清单一致，按照生产模式考虑清单范围，统计数据较为齐备，属于被动减排；而《ICLEI 城市温室气体清单指南》借鉴自《IPCC 国家温室气体清单指南》和《温室气体核算体系：企业核算与报告标准》，部门划分完全覆盖城市温室气体排放关键领域，清单范围考虑城市消费模式比重大的特点，采集数据自下而上，更贴近实际，属于自主减排。两个指南的区别对形成中国城市温室气体清单编制方法提出了挑战，如何合理借鉴两个指南成为面临的难题。

三　关键问题与解决思路

2012 年中国城镇化水平已经达到 52.57%，总体来看大多数中国城市消费模式和农业等生产模式的温室气体排放占据较大比重，与省域及国外城市的温室气体排放特点存在较大差异。这种状况使得编制温室气体清单复杂化，需要先根据中国城市温室气体排放的特点，梳理关键问题（主要是清单边界、清单范围和数据收集）；然后借鉴《省级温室气体清单编制指南（试行）》和《ICLEI 城市温室气体清单指南》的经验，提出解决思路。其中，基于两个指南的区别，借鉴经验时应该明晰中国城市温室气体清单与省级、国外城市的联系，即清单定位，以保证合理借鉴两个指南。

（一）关键问题

1. 清单边界不易明确

城市是行政区划，更像一个区域，既包括建成区，又包括郊区、农村和林场等。相当多的城市拥有工业生产、农林业生产等完整的经济体系，使得温室气体排放源或吸收汇不仅来自建筑、交通、居民生活等，而且来自工业、农业、林业和废弃物处理等，划分多个部门，关键类别多，温室气体排放源复杂多样，并且农业等温室气体排放所占比重较大，使得清单边界不易明确。

2. 清单范围难明晰

相对于国家和省域，城市面积狭小，城市又是人口密集、经济发达的区域，使得城市与外界资源物质交流繁杂、数量巨大，造成城市消费模式产生温室气体排放多，消费模式产生温室气体排放又涉及数据采集难和重复计算的问题，导致清单范围较难明晰。例如，跨境的电力和热力的调入（出）、交通、废弃物处理，以及原材料异地生产和使用、商品异地生产和消费等。

3. 数据收集困难

城市统计能力建设较低，低碳发展又是近些年开展的，温室气体排放统计核算体系尚在建立完善过程中，编制温室气体清单所需的基础统计数据非常缺乏；再加上快速城镇化和持续深入地实施节能减排措施，使得温室气体排放重点领域变化大，统计数据时序性差，数据不确定性大；同时对数据需求量增加，数据可获得性要求更高，想收集到高质量的数据存在很大困难。

（二）清单定位

首先，按照中国行政管理的特点，城市温室气体清单应该与省级温室气体清单保持对接。中国已将控制温室气体排放纳入中长期规划，并在《中华人民共和国国民经济和社会发展第十二个五年规划纲要》中明确提出到2015年全国单位国内生产总值二氧化碳排放量比2010年下降17%的目标①。《“十二

① 国务院：《中华人民共和国国民经济和社会发展第十二个五年规划纲要》，http：//www.gov.cn/2011lh/content_ 1825838.htm。

五”控制温室气体排放工作方案》要求“地方各级人民政府对本行政区域内控制温室气体排放工作负总责，政府主要领导是第一责任人”，“将各项工作任务分解落实到基层”，体现控制温室气体排放指标层层分解、实行严格目标责任制的行政管理方式①。

其次，中国城市控制温室气体排放行动需要融入国际社会，要求中国城市温室气体清单与国外城市能够可比。控制温室气体排放属于全球范畴事务，中国作为温室气体排放大国，温室气体排放状况备受国际社会关注。同时中国正处于快速城镇化阶段，城市发展推动温室气体排放日益增多，如何低碳发展成为亟待解决的问题。中国城市作为发展低碳以控制温室气体排放的行动实施主体，温室气体清单应该与国外城市能够可比。这样，既可以比较国内外城市温室气体排放行动效果，为借鉴经验、发挥后发优势、展现中国绿色低碳发展成果起到积极的作用；又可以为广大发展中国家城市温室气体清单编制提供借鉴。

因此，中国城市温室气体清单定位：与省级保持对接，与国外城市可比。

（三）解决思路

1. 清单边界

现阶段中国低碳发展由各级政府主导，并且控制温室气体排放目标指标将会层层分解到城市。《省级温室气体清单编制指南（试行）》和《ICLEI 城市温室气体清单指南》均以行政管辖区为清单边界，结合地理边界类别强调责任清晰的要求，建议城市温室气体清单边界以行政管辖区为准。这样，温室气体清单可以帮助地方政府切实把握低碳发展状况，辅助产业结构调整、城乡统筹发展等进行低碳化决策，以合理进行城市低碳规划和建设，满足地方政府低碳发展需要。

2. 清单范围

清单范围可分为范围1、范围2 和范围3。生产模式即范围1。消费模式分

① 国务院：《“十二五”控制温室气体排放工作方案》，http：//www.gov.cn/zwgk/2012－01/13/content_ 2043645.htm。

为范围 2 和范围 3。其中，范围 2 指与城市外进行电力、热力、冷气或蒸汽的调入（出）发生的间接排放；范围 3 指未被范围 2 包括的消费模式的其他排放。《省级温室气体清单编制指南（试行）》包括范围 1，将范围 2（电力）列为信息项；《ICLEI 城市温室气体清单指南》包括三个范围，但基于数据可获得性，一般仅核算范围 1 和范围 2。参照清单定位，建议清单范围包括范围 1 和范围 2，其中城市跨界调入（出）主要为电力，故范围 2 仅包含电力。

3. 数据收集

中国城市绝大多数都没有编制温室气体清单所需非常重要的年度《能源平衡表》，并且数据来源多样（统计数据、部门数据和调研数据），获得数据往往需要采用自上而下与自下而上相互补充、验证的方法。一般以统计数据为主，其次是部门数据和调研数据，将三种数据相互补充、验证，来寻找误差及产生的原因，以保证数据准确。其中，统计数据指统计部门提供的数据；部门数据指职能部门或者行业协会提供的数据，还有职能部门业务骨干凭借业务积累进行经验判断的数据；调研数据指基于数据缺乏或者数据核查的需要，通过统计调查获得的数据。

四 内容框架

以解决关键问题为切入点，形成中国城市温室气体清单编制方法内容框架。

（一）温室气体种类

国家发改委组织编写的《省级温室气体清单编制指南（试行）》要求核算二氧化碳、甲烷、氧化亚氮、全氟化碳、氢氟碳化物、六氟化硫六种温室气体，并且《ICLEI 城市温室气体清单指南》也是。因此，城市温室气体清单编制方法选择以上六种温室气体。另外，关于温室气体升温潜势，根据《省级温室气体清单编制指南（试行）》推荐，采用第二次评估报告的数值。

（二）清单边界

清单边界以行政管辖区为准，控制温室气体排放责、权、利较为清晰，既有利于地方政府切实掌握辖区温室气体排放整体状况，又有助于对城市控制温室气体排放目标的统计、监测和考核。

（三）核算方法

温室气体清单核算主要采用物料衡算法的总量法进行间接估算。总量法是以原材料总量、主副产品和回收产品总量为基础进行物料衡算，来计算物料的流失总量，应用较为简便。《省级温室气体清单编制指南（试行）》和《ICLEI城市温室气体清单指南》就采用此方法，则中国城市温室气体清单编制方法也应采用。该方法核算公式：温室气体排放量/吸收汇 = 活动水平数据 × 排放因子。

（四）关键类别

温室气体排放可分为各大部门，每一部门包含一组相关的过程、排放源和吸收汇，即关键类别。借鉴《省级温室气体清单编制指南（试行）》，部门划分为能源活动、工业生产过程、农业、土地利用变化和林业、废弃物处理。其中，能源活动主要包括化石燃料燃烧活动、生物质燃料燃烧活动、煤矿开采和矿后活动及石油和天然气系统的逃逸，以及电力消费；工业生产过程主要包括水泥生产过程、石灰生产过程、钢铁生产过程、电石生产过程、己二酸生产过程、硝酸生产过程、一氯二氟甲烷生产过程、铝生产过程、镁生产过程、电力设备生产过程、半导体生产过程及氢氟烃生产过程；农业主要包括稻田、农用地、动物肠道发酵和动物粪便管理系统；土地利用变化和林业主要包括森林和其他木质生物碳贮量的变化，以及森林转化为非林地；废弃物处理主要包括城市固体废弃物处理、生活污水和工业废水的处理。

（五）清单范围

清单范围包括范围 1 和范围 2（电力）。范围 2 只包含电力，表明中国城市温室气体清单编制方法既考虑城市消费模式产生的温室气体排放，又兼顾《省级温室气体清单编制指南（试行）》对范围 2 的核算要求。

（六）数据收集

数据收集指按照选择的方法要求，根据关键类别采集所需数据及生成新数据，以满足核算的需要。根据中国城市温室气体基础统计数据状况，数据收集主要采用“自上而下”与“自下而上”相互补充、验证的方法。

（七）不确定性分析和质量管理

不确定性分析是一个完整温室气体清单的基本组成之一。在编制温室气体清单过程中，尽可能降低不确定性，以确保清单结果贴近城市实际温室气体排放量。实施降低不确定性措施，应该按照对清单整体、关键类别分析和评估特定类别的优先顺序，根据产生不确定性的来源，降低不确定性。

清单质量管理指在清单编制过程中质量方面指挥和控制组织的协调活动，包括质量控制、质量保证。其中，质量控制是一个常规技术活动，用于评估和保证温室气体清单质量，由清单编制人员执行；质量保证是一套规划好的评审规则系统，由未直接涉及清单编制过程的人员进行。

五　总结

中国城市低碳发展既面临控制温室气体排放指标的压力，又受到实现可持续发展的驱动，迫切要求科学的低碳发展。中国城市温室气体清单作为重要的决策依据，是否能够反映实际将对低碳发展产生重要影响。温室气体清单编制方法是提高温室气体清单质量的主要途径。因此，通过形成温室气体清单编制方法内容框架将有效推进温室气体清单编制方法研究。这样，能够改善中国城市温室气体清单编制方法滞后于低碳发展的现状，帮助各个城市科学地低碳发展，从而汇集成合力推动低碳城镇化。

城镇化与城市适应气候变化

Urbanization and Cities' Adaptation to Climate Change

G.14 低碳发展与适应的协同治理：基于可持续城市化的视角*

郑 艳**

摘 要：

低碳发展和适应气候变化是可持续城市化的重要内容。本文以国内外研究和政策实践为例，分析了城市如何实现低碳发展与适应两大目标的协同治理机制，指出中国国在建设低碳绿色城市化的过程中，城市管理者需要转变传统的城市管理模式和治理理念，从应对气候变化的目标、政策和手段等方面进行协同管理。本文分析了城市应对气候变化协同治理的具体

* 本文受到国家自然科学基金重点项目“长三角城市密集区气候变化适应性及管理对策研究”（编号：70933005）及国家自然科学基金青年项目“气候变化适应治理机制研究”（编号：71203231）的资助。

** 郑艳，中国社会科学院城市发展与环境研究所气候变化经济学研究室，经济学博士，主要研究领域为环境经济学、适应气候变化政策研究。

问题、障碍，提出了几点思路和实施建议，包括：在城市化战略和城市发展规划中体现治理目标的协同，在决策过程、部门协调、公众参与等方面体现治理机制的协同，在重点部门和领域的政策设计中体现治理途径的协同，加强协同治理的保障机制等。

关键词：

气候变化　低碳韧性城市　适应　可持续城市化　协同治理

一　背景

应对气候变化正在成为各国主流化的政策设计。2007 年 6 月，中国发布了《中国应对气候变化国家方案》①，此后，积极应对气候变化逐渐成为关涉国家大政方针的重要议题。国家“十二五规划”强调“坚持减缓和适应气候变化并重，完善体制机制和政策体系，提高应对气候变化能力”。

减缓和适应作为应对气候变化的两大挑战，对于城市地区尤为突出。国际社会意识到城市层面迫切的减排和适应需求，在一些非政府组织和城市决策者的推动下，成立了大城市气候领导者集团（C40 城市）、国际地方政府环境行动理事会（ICLEI）②、世界气候变化市长理事会、城市气候保护联盟（Cities for Climate Protection）等政府间组织，中国许多城市已经利用这些国际平台开展了各种政府和民间层面的交流与合作。

2012 年，中国城市化率已达到 52.57%，一半以上的人口居住在城市地区，未来中国的城市化和工业化还将处于持续快速提升期。在人口增长和消费驱动下，中国城市已成为能源消耗及碳排放的主要地区。中国城市化发展的思路是积极发挥区域中心型城市的集聚效应，带动地区社会经济发展。这使得许多大城市（尤其是北京、上海、广州等特大型的区域经济中心城市）承担着减排、就业、经济增长、环境治理的多重压力。与此同

① 中国国家发展和改革委员会：《中国应对气候变化国家方案》，2007 年 6 月。

② ICLEI, Financing the Resilient City: A Demand Driven Approach to Development, Disaster Risk Reduction and Climate Adaptation-An ICLEI White Paper, ICLEI Global Report, 2011.

时，在气候变化背景下，极端气候事件给城市带来的气候风险与脆弱性也日益凸显。因此，如何抵御风险，增强城市整体适应能力，并从城市空间规划和城市治理机制等角度入手制定城市适应与减排的协同管理对策，显得尤为重要。

在国家节能减排和低碳发展政策目标的推动下，建设低碳城市从理念到行动在中国已蔚然成风。然而，与减排相比，中国对城市适应气候变化的战略目标、行动计划和治理机制，还缺乏有针对性、可操作的政策研究和规划。目前，中国许多城市都编制了《应对气候变化十二五规划》，由于国家层面的减排任务约束，仍然没有改变以节能减排为重点的内容和结构设计。气候变化作为近年来最受关注的环境问题，涉及多个目标和多个治理领域，包括气象、防灾减灾、水利、农业、生态、卫生、环保、规划等众多决策管理部门。2007 年以来，中国在国家和地方层面先后成立了应对气候变化和节能减排领导小组，建立了气候变化治理的基本架构，然而，如何在现有政策和机制基础上因地制宜、协同整合适应和减排的目标和需求，这一整合与协同在理论和实践层面是否可行，还是一个尚在研究探索中的问题。据悉，国家发改委牵头的《国家适应气候变化战略》即将出台，《国家应对气候变化规划（2011～2020）》已经在地方积极推进，与战略指导性的《国家应对气候变化方案》相比，国家适应战略和规划文件将具有更前瞻性的战略视野、更鲜明的可操作性。尽管协同考虑低碳发展和适应气候变化尚未成为学界和政府层面的主流共识，但是以城市为切入点开展低碳韧性城市的示范和试点有助于从理念到行动推动减缓和适应的整合。本文旨在协同实现城市低碳发展和适应气候变化这两个目标，推动城市可持续发展，提升城市化的质量。

二　减缓与适应的协同治理：研究现状

对于广大发展中国家来说，减缓全球气候变化是一项长期、艰巨的挑战，而适应气候变化则是一项现实、紧迫的任务。减缓和适应的协同，就是要寻求减缓和适应之间的“双赢”方案，开发既能控制温室气体排放又有利于适应气候变化的政策措施。

IPCC 在第三次评估报告中首次提出对减缓和适应行动进行协同管理的设想，2007 年 IPCC 在第四次评估报告中专门讨论了减缓与适应行动的协同问题①，之后学界和政府开始关注这一具有发展前景的研究领域。减缓和适应的协同关系研究主要集中在三个方面：协同效应的界定、协同管理的可行性和协同管理的优化问题。②

（一）协同效应

气候变化通过不同层次影响人类社会，减缓和适应行动可能在一些层面上是互补的，在另一些情况下是冲突的，因此，需要对那些存在协同机会的行动进行辨识，对于存在冲突和矛盾的行动进行权衡取舍。减缓和适应活动相互影响分为四种情况：减缓对适应的影响；适应对减缓的影响；减缓和适应互不影响；减缓和适应交互影响。③ 通过对各部门分散实施的减缓/适应行动进行有意识的管理，能够产生双赢效应，称之为气候行动的协同管理。

（二）协同管理的可行性

对减缓和适应行动是否可以进行协同管理有两种不同的观点：一些学者对协同行动持乐观态度，认为协同行动存在且有可能通过制度设计取得行动的倍增效应④⑤；一些学者虽然不否认两者之间存在协同行动的可能性，但

---

① IPCC (Intergovernmental Panel on Climate Change), "Climate Change 2007: Impacts, Adaptation and Vulnerability", *in Working Group II Contribution to the Intergovernmental Panel on Climate Change Third Assessment Report* (Cambridge: Cambridge University Press, 2007).

② 王文军、赵黛青：《减排与适应协同发展研究：以广东为例》，《中国人口·资源与环境》2011 年第 6 期，第 89～94 页。

③ 庄贵阳、陈迎：《国际气候制度与中国》，世界知识出版社，2005。

④ Biesbroek, G. R., Swart, R. J., van der Knaap, W. G. M., "The Mitigation-adaptation Dichotomy and the Role of Spatial Planning", *Habitat International* 33 (3), 2009, pp. 230－237.

⑤ Smith, P. and J. E. Olesen, "Synergies Between the Mitigation of, and Adaptation to, Climate Change in Agriculture", *The Journal of Agricultural Science* 148 (5), 2010, pp. 543－552, doi: 10.1017/S0021859610000341.

对协同行动是否有效持怀疑态度①。英国 Tyndall Center 认为减缓和适应活动有着共同的驱动因素，在区域和部门层面有可能发挥协同效应，但是需要借助其他学科的知识和工具②。郑艳等③以中国沿海城市应对热岛效应和城市洪水风险为例，分析了实施减缓与适应协同管理的重点领域及其政策选择。

（三）协同管理的优化

减缓与适应的协同实际上是一种双赢决策，协同管理的优化就是寻找这一最优路径的过程。治理水平和协同管理的能力会直接影响减缓和适应协同行动的效果。由于适应和减排涉及的时间和空间尺度不同，实施的部门和领域不同，影响对象及其成本和效益都不同，加之决策的科学基础、治理能力、技术条件等诸多复杂因素，很难确定减缓和适应行动的最优协同点，可行方案是根据不同的气候情景设计不同的政策组合，或者找到能够促进发展目标、降低成本或更有效利用资源的协同行动范围④，如建造海岸带防护林比建造防波堤坝能够发挥更多的协同效益和使用更少的成本。随着研究和实践的逐步深入，对于协同管理的认识正在从单纯的政策设计、技术创新的操作层面走向实施多目标、多部门协同管理的制度创新层面。成功的协同战略并非在减排和适应行动之间进行简单的权衡取舍，而是需要因地制宜，发挥地方决策者的领导力，明确优先议题，进行综合规划，从而将适应和减排战略纳入总体发展目标。⑤

---

① Klein, R. J. T., et al., "Inter-relationships between Adaptation and Mitigation, Climate Change 2007: Impacts, Adaptation and Vulnerability", Contribution of Working Group Ⅱ to the Fourth Assessment Report of the IPCC AR4.

② Richard J. T. Klein et al., "Integrating Mitigation and Adaptation into Climate and Development Policy: Three Research Questions", *Environmental Science & Policy* (6), 2005, pp. 579 – 588.

③ 郑艳、王文军、潘家华：《低碳韧性城市：理念、途径与政策选择》，《城市发展研究》2013年第4期。

④ Wilbanks T. J., et al., "Integrating Mitigation and Adaptation as Responses to Climate Change: a Synthesis", *Mitigation and Adaptation Strategies for Global Change* (12), 2007, pp. 919 – 933.

⑤ Laukkonen J., P. K. Blanco, J. Lenhart, M. Keiner, "Combining Climate Change Adaption and Mitigation Measures at the Local Level", *Habitat International* (22), 2009, pp. 287 – 292.

三　减缓与适应协同治理的目标、理念及内涵

（一）协同治理的理念

减缓与适应的协同治理是一种典型的多目标、多部门的决策过程，需要采用适应性管理理念，改进传统的行政管理导向的治理方式。适应性管理就是面对各种不确定性而采取的一种灵活的决策机制，其认识论的基础是人类－生态系统的复杂性和不确定性，强调“在实践中学习（Learning by doing）”。适应性管理理念的兴起，除了全球环境与气候变化的大背景外，还与20世纪70年代以来兴起的全球环境运动、公民社会及治理理论的发展息息相关。这一概念在环境与资源管理领域的应用最早出现于20世纪70年代后期，20世纪90年代以来，开始进入社会政策和政治管理领域①，尤其适用于充满高度不确定性的复杂社会－生态系统，广泛应用于流域管理、水资源管理、生物多样性及栖息地管理、灾害风险管理、环境影响评估等领域②③。

适应性规划（Adaptive Planning）有几个要点：①利益相关方的参与；②明确的目标和共识；③基于不确定性设计未来政策情景，强调政策的可变性和灵活性；④注重监测与评估过程对于政策改进的重要性；⑤在实践中积极主动的学习能力等。应对气候变化就是一个反复学习、不断提高适应能力的适应性管理过程，需要对现有政策和机制设计进行评估或变革，包括改进仅有治理体系的目标、功能、结构，协同不同时间和空间尺度的问题和政策需求，提供信息、技术、资源等能力建设和机制保障④。

---

① Lessard, G.,“An Adaptive Approach to Planning and Decision-making”, *Landscape and Urban Planning*（40）, 1998, pp. 81－87.

② Allen C. R., Fontaine J. J., Pope K. L., et al.“Adaptive Management for a Turbulent Future”, *Journal of Environmental Management*（92）, 2011, pp. 1339－1345.

③ Williams B. K.,“Adaptive Management of Natural Resources：Framework and Issues”, Journal of Environmental Management（92）, 2011, pp. 1346－1353.

④ IPCC, *Managing the Risks of Extreme Events and Disasters to Advance Climate Change Adaptation*（*SREX*）（Cambridge：Cambridge University Press, 2012）.

（二）协同治理与可持续城市化目标

对发展中国家而言，适应气候变化是更加迫切的任务，按照《联合国气候变化框架公约》（UNFCCC）的要求，在现有减排框架协议下，发展中国家不承担全球减排责任，但是可以履行自愿减排行动。减缓不能削弱适应气候变化的能力。低碳发展与适应协同管理的目标就是实现全球和国家应对气候变化的战略目标。减缓与适应的协同治理有助于实现生态城市、可持续城市化的目标。在此过程中，需要充分考虑城市发展目标的优先性问题，在不同发展目标发生冲突时需要明确进行政策选择的原则和依据，并进行科学的评估。因此，中国在城市化过程中推进协同治理的一个原则是：当减排目标、手段与适应目标、手段出现冲突和矛盾时，应该优先保障适应气候变化的需求。

（三）协同治理的内涵

协同治理旨在应对气候变化的背景下，充实和提升生态城市的内涵，有助于促进城市社会－经济－生态环境的可持续发展，实现城市环境与人类社会的和谐共生。其中包括两个层面的内涵，一方面，协同治理是在全球环境和气候变化的大背景下，从治理创新及发展转型的视角关注城市气候安全与可持续发展的问题。另一方面，协同治理理念要求在城市发展规划和决策管理过程中协同考虑城市面临的各种复杂问题和不同利益主体的需求。在治理理念上，侧重于以人为本，注重城市社会、经济和生态层面的可持续性；在治理目标上，侧重于增强城市适应气候变化的能力，减少气候灾害导致的风险，而非以减少温室气体排放作为首要任务和目标；在治理手段上，需要从管理、技术和研究层面加强各部门和领域的整合，体现灵活性和适应性的特点。

四　协同治理的步骤及实践

（一）协同治理的步骤

基于适应性规划的理念，城市协同治理的政策规划研究需要把握几个原则：一是没有完美的政策，开展协同管理需要在实践中不断探索并总结经验；二是求同存异，在决策中充分尊重不同参与主体的价值观和利益诉求；三是重视科学评估的作用，协同管理的具体目标及其实施效果应当有明确的评估原则和检验标准。基本步骤包括如下几条。

1. 界定城市未来主要气候风险及协同管理的主要目标

对于管理者而言，识别出气候变化给地区带来的影响尤其是各种潜在风险，增进对社会经济脆弱性特征的认识，并以此作为确定协同管理目标和决策的依据。

2. 界定协同管理的主要领域和部门

首先，梳理现有各领域的减排、适应措施，发现问题和不足；其次，根据城市未来气候风险特征，明确开展适应行动的重点领域和关键部门，在此基础上分析减缓与适应行动可能产生的交互影响，确定哪些领域和部门适宜开展减排与适应的协同管理。

3. 甄别可开展低碳适应协同的政策选项

针对特定的气候风险，甄别不同领域和部门可能采用的各种协同对策，如工程措施、技术性措施、制度性措施等，同时评估这些协同对策与城市发展政策的相关性、相容性及可行性。

4. 设计政策评估原则，根据这些决策原则进行政策优选排序

政策优选是为了在有限的资源约束下，集中优势力量解决最重要、最关键的问题。政策遴选原则体现了决策者的价值观，如无悔原则、成本效益原则、多赢原则、紧迫性原则等。

5. 政策规划的实施及后评估

将政策优选集纳入政策和规划，体现为决策者的意志并利用行政权力或法律将其付诸实施。实施过程中需要进行监督、评估和反馈，及时发现新的问题，并结合新的科学知识、信息和反馈做出调整和改进。

（二）国内外城市气候变化协同治理的政策和行动

城市是应对气候变化的政策实验室，适应与减排的政策整合与协同治理对于制定气候变化政策和规划具有现实意义，也是近年来国内外开始关注的一个新议题。[1][2] 尽管对于适应和减排的协同效应及其可行性还存在质疑，国内外已开始了一些探索和实践研究。尤其是城市作为地方层面的治理主体，既是国家层面减排目标和行动的执行者，又是气候变化风险及影响的承受对象，因此具有开展减排和适应协同治理的有利条件。

1. 中国的政策需求和进展

根据《中国应对气候变化国家方案》，减缓温室气体排放的重点领域有：能源部门、工业部门、农林和生活消费；适应气候变化的重点领域有：农业、林业、水资源管理、海岸带及沿海地区。可见，农业和林业部门是减缓和适应行动共同的重点领域，有利于开展协同管理行动。对城市地区而言，开展协同管理需要考虑的问题更加复杂。

城市开展减排和适应协同管理的重点领域包括以下方面：城市生态系统、城市建筑领域、城市能源电力、城市公共交通体系、城市水资源管理及流域管理、土地利用和城市规划等。[3] 例如，上海市在《节能减排及应对气候变化十二五规划》中强调，在推进节能低碳发展、减少温室气体排放的同时，进一步加强城市防洪、排涝能力建设，完善防灾减灾应急预警系统建设，加强适应气候变化的基础研究，逐步提高适应气候变化能力。其中一些政策目标能够发挥减排和适应的协同效应。例如，建设沿海防护林、水源涵养林、防污隔离林，2015 年森林覆盖率达到 15.5%，增加碳汇能力；发展高效生态农业，推广绿肥种植，农田秸秆还田及废弃物综合利用率达到 95%；发展城市立体绿化和屋顶绿化，要求新建公共建筑屋顶绿化面积占适宜屋顶绿化公共建筑的 95% 以上；等等。广州市在“十一五”期间，防灾减灾和水资源综合利用项目先后投资 580 亿元和 1000 多亿元，加强灾害监测预警和水资源管理，制定

① 王文军、郑艳：《低碳发展与适应气候变化的协同效应及其政策含义》，载王伟光、郑国光主编《应对气候变化报告（2011）——德班的困境与中国的战略选择》，社会科学文献出版社，2011。

② Norman B.，“A Low Carbon and Resilient Urban Future：A Discussion Paper on an Integrated Approach to Planning for Climate Change”，Australia：Department of Climate Change and Energy Efficiency，2010，http：//www.climatechange.gov.au/～/media/publications/local-govt/low-carbon-resilient-urban-future.pdf.

③ 郑艳、王文军、潘家华：《低碳韧性城市：理念、途径与政策选择》，《城市发展研究》2013 年第 4 期。

了海洋环境、湿地、红树林等生态系统的保护和发展规划。厦门市通过城市发展综合规划，将防洪标准由“20 年一遇”提高到“50 年一遇”，加强了对海平面上升的监测管理及海洋和海岸带管理，先后实施人造沙滩工程，扩大红树林种植面积，在防范海洋灾害的同时也为白海豚、文昌鱼等珍稀濒危物种创造了良好的栖息环境。①

2. 国际经验和进展

欧盟在国际气候谈判进程中一直比较积极，也较早制定了国家层面的减排目标和适应战略。英国是气候变化政策立法和地方行动的先行者。2001 年，伦敦市建立了有 15 ~20 个政府机构及企业、媒体广泛参与的“伦敦气候变化伙伴关系（London Climate Change Partnership）”，任命专职官员负责协调和实施“伦敦适应计划”，其中包括到 2012 年增建 1000 公顷绿地以降低城市热岛效应，对伦敦河道进行生态修复，加强家庭节能和公共建筑节能，推广低碳建筑、节能交通和零碳交通。此外，伦敦还启动了一项非常先进的为地下运输通道降温的项目（London Transport's Tunnel Cooling Program）。②

美国、加拿大及澳大利亚等发达国家作为伞形国家集团的代表，在国家层面的行动相对消极迟缓。但是随着公众气候变化意识的提升，在企业界和非政府机构的积极倡导下，地方政府成为应对气候变化的主要力量，北美一些城市已经启动了一系列减排和适应的动议和计划，目前美国已有 1000 多个城市的市长签署了“气候保护协议（Climate Protection Agreement）”。其中比较成功的适应行动包括：适应服务基础设施、洪水管理、城市造林、土地利用规划及政策等。减排行动包括：减少温室气体排放、提高能效和节能、开发可再生能源、交通领域的减排计划等。与此同时，城市管理者也开始关注如何能够更好地利用现有经验推进适应和减排的整合，以便增进气候行动的成本效益和协同优势。③ 2010 年

① 曹丽格、苏布达、翟建青：《沿海城市适应气候变化的实践与进展》，载王伟光、郑国光主编《应对气候变化报告（2011）——德班的困境与中国的战略选择》，社会科学文献出版社，2011。

② Greater London Authority (GLA), "The Draft Climate Change Adaptation Strategy for London", Public Consultation Draft, GLA, London, February 2010, http: //www. london. gov. uk/climatechange/sites/climatechange/staticdocs/Climiate_ change_ adaptation. pdf.

③ Zimmerman R, Craig Faris, "Climate Change Mitigation and Adaptation in North America Cities", *Environmental Sustainability* (3), 2011, pp. 1 -7.

美国纽约市成立了气候变化专家委员会（NPCC），制定了《纽约气候适应计划》以应对海平面上升和城市高温等气候风险，其中包括为期20年的绿色基础设施计划，通过街区改造、土地利用规划和改进供排水设施（如增加城市林木覆盖率，将洪水淹没区设计为公园绿地，改进雨水收集系统，修改排水设计标准，利用和加强自然景观的排水功能等），在提高洪水管理能力、降低城市热岛效应的同时也有利于减少交通排放和能耗。①

五　协同治理的实施途径

应对气候变化的协同治理要求在城市化战略和城市发展规划中体现治理目标的协同，在决策过程、部门协调、公众参与等方面体现治理机制的协同，在重点部门和领域的政策设计中体现治理途径的协同。本文从以下几个方面提出了实施协同治理的几个优先工作，以便在此基础上推进协同治理的实践活动。

（一）协同治理的目标和机制设计：构建城市应对气候变化的多目标协同治理机制，在城市发展规划中协同考虑适应和低碳发展需求

在中国一些发达的大城市，社会公众的气候变化意识和环境治理诉求日益提升，在建立城市气候变化协同治理机制过程中，应当借鉴国际上比较先进的城市治理理念和经验。例如，伦敦的“气候变化伙伴关系”，发挥社会各界的力量，广泛吸纳公众、专家、企业等不同利益相关方参与决策过程。科学合理的城市空间规划（如人口和产业布局、交通路网结构、社区发展等）有助于保护城市生态环境的完整性，同时减少不必要的交通排放和建筑排放。国内外关于紧凑型城市的设计理念和实践有助于缓解热岛效应，减少能源消费。例如，新加坡和英国伦敦为了满足城市空间规划立法中严格的城市绿地率限制，

① The City of New York（2011），“PlaNYC 2030：A Greener，Greater New York”，update April 2011，http：//www. nyc. gov/html/planyc2030/html/theplan/the-plan. shtml.

在城市交通规划中努力提高不同交通方式的联合接驳（Transit Share）能力，体现了对城市土地资源的高效利用。

（二）协同治理的政策途径设计：重点部门和领域的政策协同

适应与温室气体减排作为应对气候变化的两大领域，在性质、目标、方法和实现途径上都存在很大差异。与减排相比，适应气候变化具有更大的复杂性和迫切性，需要考虑地区差异，进行多部门的政策整合。不论是新建的城市卫星城镇还是传统旧城区，虽然面临的优先问题不同，但是都需要综合考虑建筑、交通、生态绿化、防灾减灾、社区培育等方面的协同效应。

（三）协同治理的保障机制：资金、技术与国际合作

目前，国内对于城市如何适应气候变化的理论探讨和实践仍然不足，尤其在如何积极利用市场途径筹集资金、推动技术研发和应用推广方面，不仅需要政府在战略层面的导向，而且需要制定一些政策保障机制，包括加大低碳和适应协同技术的研发投入，为企业开展相关活动提供税收和信贷支持，将低碳韧性城市的关键指标纳入城市规划、立法及政府政绩考核指标等。

G.15
气候变化对中国典型城市群的影响和潜在风险*

徐 影 周波涛 郭文利 穆海振 谢欣露**

摘 要：

气候变化和城市群的发展是使人类社会容易遭受灾害影响的两大因素。随着全球气候的变化，气候变化引起的风暴、洪水、干旱等灾害发生的频率和严重性明显增加，对社会、经济、健康、安全等方面的威胁日益加剧。随着城镇化进程的加速，城市已经成为规模庞大的承灾体，更易遭受灾害影响并造成重大损失。本文以华北地区京津冀城市群和华东地区长江三角洲城市群为例，阐述了气候变化对中国典型城市群的主要影响以及带来的可能风险，主要包括气候变化对城市发展设计、能源安全、人类健康和生态安全等方面的影响，在此基础上，提出了相应的对策和建议。

关键词：

城市群 气候变化 风险

一 引言

城市的发展是人类文明进步的象征，随着经济的发展和城市的不断扩张，

---

* 本文为中国气象局气候变化专项《区域气候变化评估报告》和2013－CCSF201339以及国家自然科学基金“长三角城市密集区气候变化适应性管理对策研究（70933005）项目”的研究成果。

** 徐影，国家气候中心，博士，研究领域为气候变化数值模拟，未来预估和灾害风险；周波涛，国家气候中心，博士，研究领域为气候和气候变化机理；郭文利，北京市气象服务中心主任，研究领域为气候与气候变化；穆海振，上海市气候中心主任，研究领域为气候与气候变化；谢欣露，中国社会科学院城市发展与环境研究所，博士后，研究领域为气候变化经济学。

单一城市逐步发展成为大的城市群，这些城市群大多分布在沿江、沿海、交通便利的地区，同时也是气候变化的高风险地区。根据2012年4月联合国公布的《世界城市展望》，全世界70亿人口中已经有一半生活在城市，到2050年世界人口多达23亿的增长量将全部被城市吸收。改革开放以来，中国经历了一个快速的城镇化过程，其特点之一是由大城市驱动的城市群的崛起。根据联合国开发计划署发布的《2013中国人类发展报告》，早在2007年，中国城市群就占了全国21%的面积，集中了中国49%的总人口①。到2030年中国城镇化水平将达到70%，城镇人口总数将超过10亿人，其中城市群还将继续发挥其集聚人口和资源、带动区域社会经济发展的重要作用。

气候变化与城市扩张效应交织在一起，使得人口和财富高度密集的城市群面临着不断加剧的灾害风险。城市群形成以后，区域土地利用方式的变化改变了下垫面，同时部分地区大气层结和稳定度也发生了变化，随之而来，雷暴和雨区的分布会发生改变，从而改变灾害的发生、发展规律及其表现形式，这加大了预防和应对灾害风险的难度。城市洪涝、高温热浪、热岛效应以及空气污染等是城市群面临的突出问题，尤其是这些事件快速的变化导致的灾害，如短时强降雨导致的洪水，目前应对策略还有进一步完善的空间。因此，适应气候变化、减低灾害风险是摆在城市管理者面前的重要任务。本文以华北地区京津冀大城市群和华东地区长江三角洲城市群为例，讨论气候变化对典型城市群的影响以及带来的潜在风险。

二　城市群与气候风险相关概念

（一）城市群的提出

自18世纪工业革命以来，随着社会生产力的极大发展，世界范围的城市化不仅在时间上呈现加速发展的态势，而且在空间上也越来越明显地表现出城

① 联合国开发计划署、中国社会科学院城市发展与环境研究所：《2013中国人类发展报告》，UNDP，2013。

市区域化和区域城市化的特点。特别是第二次世界大战后，发达国家和发展中国家的一些区域先后出现了高度密集而又有着密切联系、具有一定数量的城市集聚体，即城市群。这些城市群，不仅是所在区域经济发展的重要支撑点，而且也是全球经济体系的重要节点区域。

近年来，随着城市化的发展与实践的不断深入，中国陆续出现了众多与城市群相关的概念，如大城市连绵区、都市圈、城镇集聚区以及大城市地区等20多个概念①，目前使用频率比较高的是城市群。

（二）城市群的定义

城市群往往由大城市尤其是超大城市和巨大城市衍生形成，是城市发展到成熟阶段的最高空间组织形式，是区域产业发展和城镇化的必然结果。从地理学意义上说，城市群是指一定地域内城市分布较为密集的地区，包含了城市群体的不同发展阶段和表现形式，随着城市化的不断发展，城市群更多地被赋予了经济学的内涵，既包含地理区域概念，又包含经济区域概念。目前中国已基本形成了10个城市群，包括长江三角洲城市群、珠江三角洲城市群、京津冀城市群、山东半岛城市群、辽东半岛城市群、成渝城市群、哈大长城市群、海峡西岸城市群、中原城市群、江淮城市群②。这10大城市群的区位优势明显，经济实力雄厚，已经成为国家经济发展的重要引擎。中国“十二五”规划提出了“两横三纵”的城市化发展战略格局，将主要围绕沿江沿海、交通干线，以若干城市群为依托、其他城市化地区和城市为重要组成部分推动城市化进一步提升，这将奠定中国未来城镇化的基本格局，并带动更多的区域中小城市群快速发展。

（三）气候变化风险

气候变化使得灾害风险的频率、强度及其表现形式愈加复杂，愈加难以预测。越来越多的证据表明，以全球变暖为主要特征的气候变化已不可避免。气

---

① 陈美玲：《城市群相关概念的研究探讨》，《城市发展研究》2011年第18（3）期，第5~8页。

② 联合国开发计划署、中国社会科学院城市发展与环境研究所：《2013中国人类发展报告》，UNDP，2013。

候变化造成的气候风险是“风险社会”中最典型的现代风险问题之一①。目前，“风险”一词的使用非常广泛，涉及自然科学和社会科学等不同领域，且在不同的领域对其含义的理解也有所不同。一般来讲，“气候变化风险”是指自然和人为干扰（人类活动）所形成的气候系统的变化，对自然和人类社会经济系统造成的可能损害程度，表示为：风险 = 脆弱性 × 可能性。其中，脆弱性表示不利气候变化的影响程度，可以用破坏力和暴露度衡量；可能性则为气候变化的不同情景。气候变化风险与气候变化的影响、脆弱性、减缓和适应能力有着密切的关系。

与传统的灾害风险相比，气候变化风险具有长期性和更大的不确定性。城市群作为大尺度的地理空间范围，建立大尺度、长时期的天气、水文和气候预测更具科学性和必要性。由于城市群由不同规模、不同行政级别的城市组成，在气候变化风险的决策和治理层面需要加以协调。此外，不同城市群在地理、气候、自然资源、人口、社会经济等方面也具有差异性，因此需要针对不同的气候变化风险、灾害影响制定因地制宜的应对策略。

三　气候变化对中国主要城市群的影响

联合国国际减灾战略（ISDR）发言人布瑞吉特·利奥尼指出，气候变化和城市化是使得人类更容易遭受灾害影响的两大因素。气候变化使人类面临更多的灾害威胁，近十年来，气候变化引起的风雹、洪水、干旱等灾害的发生频率和严重性明显增加，对经济、健康、安全等方面的威胁日益加剧，已成为当前世界最突出的环境问题。同时，随着城市化进程的加速，人口、产业向城市集中，城市成为规模庞大的承灾体，更容易遭受灾害并造成重大损失②。下面以华北地区京津冀城市群和华东地区长江三角洲城市群为例，介绍气候变化对城市群的影响及带来的可能风险。

---

① 吴绍洪、戴尔阜、葛全胜等：《综合风险防范——中国综合气候变化风险》，科学出版社，2011。

② 董锁成、陶澍等：《气候变化对中国沿海地区城市群的影响》，《气候变化研究进展》2010 年第6（4）期，第284～289 页。

（一）气候变化对华北京津冀城市群的影响及带来的风险

京津冀城市群位于华北平原北部，处于环渤海地区和东北亚的重要核心区域，是华北区域最大的城市群。其区域面积为16.68万平方公里，2008年人口达6722万，国内生产总值（GDP）达2.27万亿元，经济实力居全国城市群第3位，属于一级城市群。

近年来的城市化进程加快，导致京津冀城市群下垫面性质发生明显改变，同时热释放、大气污染、水污染等引起的城市区域淡水资源短缺、环境污染、生态退化等问题日趋显现，城市和城市群热岛效应加强。在气候变暖的大背景下，这些问题可能会变得越来越严峻。气候变化造成的极端事件趋多趋强，直接威胁着城市群的生态、环境、农业、供水、交通等。受人类活动的影响，城市局地气候的变化将更加复杂，严重影响城市人居环境，主要体现在城市规划设计和交通等方面①。

1. 气候变化对京津冀城市群排水设计标准的影响

近年来，京津冀城市群暴雨内涝灾害逐渐加重，主要原因在于：一是下垫面性质改变，沥青、水泥等不透水地面的增加和城市规模的扩大使同等雨量的径流系数增大数倍；二是城市气候的形成导致降水分布更加不均匀，城市内部的局地暴雨有增加的趋势。在城市排水标准设计时，“设计暴雨”强度变化的影响非常重要，“设计暴雨”的推算会受到暴雨观测资料年限和质量的限制，是区域防洪排涝和城市市政排水基础设施规划的基础。而在全球变暖的背景下，暴雨发生的强度和频率会发生变化，过去设定的阈值已经不能适应新的气候变化。以北京市和天津市为例，与1984年暴雨强度推算值相比，最近几年北京市短时暴雨强度有所增大；天津市利用最新资料得到的暴雨计算值比依据1932～1981年降水记录推算的暴雨设计标准普遍偏大。例如，1小时一年一遇的暴雨强度，原计算值为34.3毫米（代表全天津市），新计算值为40.7毫米（市区）和44.1毫米（塘沽），塘沽地区甚至超过了原两年一遇的计算值（43.1毫米），明显大于天津市区。因此，在设计城市排水标准时要考虑未来

---

① 华北区域气候中心等编《华北区域气候变化评估报告》，气象出版社，2013。

气候的可能变化，以减少灾害发生的可能性。

2. 气候变化对京津冀城市群建筑节能设计的影响

建筑节能需充分考虑气候因素，然而，中国现行的建筑节能设计标准未曾考虑气候变化对建筑节能设计气象参数的影响，显然不具有可持续的适用性。气候变暖对约占社会终端总能耗30%的建筑能耗有明显影响，这对建筑节能设计提出了新的要求，举例如下。

（1）对于冬季采暖，1951～2010年华北区域北京、天津、石家庄及太原采暖及冬季空气调节室外计算温度均呈明显升高的趋势。与规范采用的1951～1980年相比，1981～2010年采暖室外计算温度偏高幅度为2.1℃（北京）～3.4℃（石家庄），冬季空气调节室外计算温度偏高幅度为2.1℃（天津）～3.1℃（石家庄）。

（2）对于夏季空调，与1951～1980年相比，1981～2010年华北区域北京、天津、石家庄和太原干球温度均有不同程度的升高。其中，太原和天津分别上升了1.1℃和1.0℃，北京和石家庄分别升高了0.5℃和0.2℃。由于北京和石家庄夏季空调室外计算干球温度升高并不明显，对设备选型和运行安全的影响不大，而天津和太原夏季空调室外计算干球温度的升幅超过了1.0℃，对设备选型及运行安全的影响较大。

3. 气候变化对京津冀城市群安全运行的影响

气候变化对京津冀城市群安全运行的影响主要表现在对城市交通、城市用水和用电方面的影响。

（1）气候变化对交通的影响。雨、雪、雾、高温、低温等天气均对交通有影响，随着京津冀城市群交通网络日益发达，城市交通对天气气候的敏感性和脆弱性增加。在全球变暖的背景下，京津冀城市群的气温也发生了显著变化。自20世纪90年代中期以来，华北区域5个大城市日最高气温达35℃的天数明显增加，对夏季交通产生不良影响。冬季气温增加也比较明显，冬季日最低气温在0～-10℃的天数呈现增加趋势，-10～-25℃的天数明显减少，低于-25℃的低温天气近年来基本未出现，这对冬季的车辆性能有益。

舒适度与日平均交通事故次数关系明显，在不舒适的条件下（如高温、暴雨或能见度较低）交通事故次数增多。1961～2010年这些城市的舒适日数发生了明显的变化，北京、天津、石家庄夏季热不舒适日数明显增加，舒适日数减少。冬季，舒适日数增加，而冷不舒适日数明显减少。因此，从舒适度变化的角度来看，夏季气候变化对交通的影响是不利的，冬季变暖则比较有利。

降水的变化对交通也会产生较大的影响。如强降水可导致路面积水，车辆行驶困难，造成交通拥堵。近 50 年华北区域五个城市暴雨日数呈现出不同程度的减少趋势，暴雨量减少，暴雨贡献率明显下降，仅从气候角度来说，暴雨对交通的不利作用减小；但现代交通发达，道路密集，车辆较多，目前华北各地城市因暴雨造成的交通拥堵甚至中断问题日益突出。

（2）气候变化对城市用水的影响。气候变化对城市用水量的影响主要表现在气候因素与生活用水量的关系上。1990～2009 年北京市城市人均日生活用水量与年平均气温显著相关，平均气温每升高 1℃，北京市城市人均日生活用水量增加 26.0 公升，即人均生活年用水量增加约 9.5 吨。1980～2008 年天津市城市平均气温每升高 1℃，天津市城市人均日生活用水量增加 19.2 公升，即人均生活年用水量增加约 6.8 吨。

（3）气候变化对城市用电的影响。北京和天津气温 - 日最大电力负荷散点图表现为类似“U”字形结构，随着气温的不断升高，电力负荷先是逐渐减小再过渡到逐渐增加的趋势。平均气温大于 20℃时，气温每升高 1℃，北京和天津地区的最大电力负荷分别增加 292.04 兆瓦和 110.63 兆瓦。夏季高温高湿的天气会引起用电负荷的快速上升。北京的 6 月份和天津的 8 月份，相对湿度对电力负荷的影响较其他月份明显，即在温度不变的情况下，相对湿度每增长 10%，电力负荷将分别增加 252.8 兆瓦和 107.7 兆瓦。未来夏季高温天气的增多将会导致用电负荷的快速上升。

4. 气候变化将加剧城市安全运行风险

未来在温室气体浓度不断上升的情况下，华北区域气候将继续增暖，极端高温事件将增多，京津冀城市群居民人均生活用水、用电需求量将进一步增加，夏季高峰日用水、用电量将激增。加之极端强降水等极端事件的频率和强度可能上升，将使城市面临暴雨内涝风险加大，同时对城市交通安全运行也构成严重威胁。在未来气候变化情景下，包括排水系统、交通系统在内的各类城市基础设施和包括供水、供电在内的各类城市居民生活保障系统的安全运行风险将明显增加。

（二）气候变化对华东长江三角洲城市群的影响及带来的风险

华东区域地处北纬22.5°～38.4°、东经112.5°～122.0°，包括上海市、江苏省、浙江省、安徽省、福建省、江西省和山东省。该区域凭借沿海、沿江的有利地理位置、优越的气候条件、较好的经济基础、众多的科技人才、较高的教育水平、国内外快速的信息传播等优势，经济得到了稳定和快速的发展。

改革开放以来，华东地区的城市化对观测气温的变化产生了重要的影响，尤以长江三角洲城市群最为显著。华东地区城市化对于1981～2007年区域平均变暖幅度的总体贡献约为四分之一，其中特大城市站热岛效应对增暖的贡献超过44%。气候变暖对于华东地区长江三角洲的许多方面都产生了重要的影响①。

1. 气候变化对长江三角洲城市群海岸带的影响及带来的风险

气候变化使得华东区域自北向南的沿海海平面变化情况的地域差异更加明显。1978～2007年，华东沿海各省市海平面升高幅度由高至低为：上海（115毫米）、浙江（98毫米）、山东（96毫米）、江苏（78毫米）和福建（47毫米）。近几十年来，山东半岛东南部沿海的相对海平面上升速度约为3.0毫米/年；江苏和长江口北沿海的上升速度为0.9毫米/年；长江三角洲沿海的海平面平均上升速度为4.7毫米/年；福建沿海则为1.9毫米/年，而长江三角洲地区的海平面上升速度最为显著，远远高于华东其他沿海地区。

华东沿海地区大部分海岸段属于风暴潮易发地段，其中比较严重的岸段包括渤海湾到莱州湾沿岸、江苏小洋口到浙江台州温州地区、福建的沙堤至闽江口等沿海地带。2000年中国沿海曾发生严重风暴潮灾害，给华东沿海地区造成的直接经济损失就高达112亿元。

华东区域海岸侵蚀是中国海岸带侵蚀较严重的区域，占全国海岸侵蚀总长度的67%。长江三角洲海岸侵蚀的主要表现形式是淤积航道、岸线后退、洼

---

① 华东区域气候中心等编《华东区域气候变化评估报告》，气象出版社，2013。

地淹没。

未来海平面上升将增大河口盐水入侵的距离。以长江口为例，在海平面上升为30厘米、50厘米和100厘米的条件下，盐水楔将分别向上游推进3.3公里、5.5公里和12公里。另外相对海平面上升，海堤原设计的高潮位出现频率将随之增加。如上海黄浦江防汛墙设计水位为1000年一遇，若海平面上升100厘米，则变为100年一遇。海平面上升20～50厘米，长江三角洲的海防堤标准就会由100年一遇降为50年一遇。大大加大了防汛墙遭受破坏的几率，且这种增加是非线性的。

2. 气候变化对长江三角洲城市群能源消费的影响及带来的风险

气温对华东区域能源消费的影响主要表现在生活中的冬季取暖和夏季降温的能源消耗上。在全球气候变暖和区域快速城市化造成的热岛效应的双重影响下，华东区域近年来夏季持续高温天气频繁出现，用电量不断增长。据估计，在经济比较发达和夏季炎热的长江三角洲地区，空调负荷占夏季高峰电力负荷的1/3以上。对上海地区2003～2006年夏季逐日用电量和最高用电负荷资料与同期气象要素的相关分析表明，日用电量和日最高用电负荷与气温有显著的正相关关系，上海地区日最高气温每增加1℃，最高负荷增加37.7万千瓦。此外，连续高温的热累积效应和高于28℃的过高的最低气温也都对用电负荷的增加产生明显的影响。未来，华东区域极端高温事件出现的频率和强度可能增加，这将进一步加剧该区域的能源消耗。

3. 气候变化对长江三角洲城市群人体健康的影响及带来的风险

（1）气候变化对长江三角洲城市群人体健康的直接影响及带来的风险

全球气候变暖对人体健康最直接的影响是极端高温产生的热效应将变得更加频繁、更加广泛。高温热浪强度和持续时间的增加，除直接造成人类死亡率增加外，还导致以心脑血管、呼吸系统疾病为主的发病率提高。华东区域是中国高温热浪发生较为频繁的地区之一。此外，由于长江三角洲地区城市化发展迅速，导致城市热岛效应加强，表现出城市中心比近郊区和远郊区具有更多的高温日数、更高的极端最高气温、更长的高温持续时间，再加上城市人口密度大，城区空气污染状况更为严重，进一步加剧了高温热浪对人体健康的危害。

暴雨、洪水和台风等极端天气气候事件会导致死亡率、伤残率、传染病发病率和心理异常的增加，并对公共卫生基础设施造成破坏。全球变暖可能导致台风、强降水等极端天气事件发生的频率有所增加，华东区域海岸线长、城市群人口高度集中，成为容易遭受极端天气气候事件侵袭并造成重大人员损失的高风险区。

（2）气候变化对长江三角洲城市群人体健康的间接影响及带来的潜在风险

气候变化对健康的间接影响源于气候变化对复杂生态系统的干扰，主要包括媒介疾病发生的强度和范围的变化，非媒介传染病、农业减产引起的营养不良和其他健康效应，海平面上升引起的各种健康问题等。

长江三角洲气候变化对健康的一个主要的间接影响是媒介疾病的传播。气温和降水的变化会影响媒介虫类的行为和地理分布，从而改变媒介疾病的发生率。受气候变化影响最明显的一种媒介疾病是疟疾，疟疾只分布于冬季最低气温16℃以上的区域，除福建省外，其他地区常见疟疾的输入性病例。由于全球变暖使许多地方出现暖冬，因此疟疾可能向华东中北部地区传播。近年来由于气候变暖、人口流动性增加、城市化进程加快等因素，登革热的发生率也显著增加，华东沿海地区，包括福建北部、浙江、上海、江苏和山东南部已经成为中国登革热的高风险区之一。在未来气候变暖情景下，华东长江三角洲城市群血吸虫病分布范围的界限将北移，江苏和安徽境内北移尤其明显。

四　启示与思考

在全球变暖和城市化加速发展的背景下，中国城市群地区应对未来气候变化的不确定性和风险很可能加剧。伴随着城市化进程，城市群地区的人口和经济往来、城市建设活动、资源和能源消耗都将持续增多，对于城市灾害风险管理也提出了更大的挑战。例如，暴雨洪涝等极端气候事件将危及城市运行及城市生命线安全；高温热浪将进一步加大城市居民对水资源和电力的需求，加大城市基础设施的压力；雾霾将恶化城市环境，引发健康问题。可见，提升城市群的气候适应能力是一个系统工程，需要联合各个城市的技术、资金优势，在气候变化监测、气候防护基础设施、社会经济结构、生态系统、治理能力等方面加强协同规划与行动。针对中国城市群未来可能面临的气候变化风险，应着重加强以下几个方面的工作。

（一）制订城市群适应气候变化的中长期规划和决策协调机制

城市发展，规划先行，科学的城市规划对于灾害风险管理和适应气候变化非常重要。首先，需要加强对城市群地区的气候变化风险评估，明确各个城市在气候变化风险下影响的行业、关键领域和高风险区域，做到心中有数；其次，在区域发展规划的基础上考虑气候变化风险管理和适应目标，明确适应的主要风险、优先领域和重点措施，尤其是沿海、沿江、生态脆弱等高风险地区的人口和产业布局；最后，建立城市群应对气候灾害的决策协调机制，如建立市长联席会议制度，成立区域适应气候变化的技术支持机构或专家委员会，建立灾害风险统计和监测信息平台，制定高温热浪、低温雨雪、暴雨内涝和持续性干旱等各类极端天气气候事件情景下城市群在用水、用电和城市交通等安全保障的应急联动预案等。

（二）加强城市群关键基础设施的气候防护能力

首先，将适应气候变化和防范气候灾害风险纳入城市重大工程与基础设施建设，切实提高极端天气气候事件应对能力，着力保障城市居民生活用水、用电安全和城市交通运行安全。其次，联合各个城市的资金和技术力量，城市及城市群的基础设施建设（如交通、电力、通信、供排水、气象监测预警等）必须要考虑未来的气候变化风险，同时加强城市间的协调和联动，例如，雾霾和空气污染与气象条件、城市交通状况都有很大的关系，需要加强地区间的信息沟通、联防联控，以及城市群的极端天气风险预警、预报和监测体系建设。最后，加强城市空间布局、重大工程及关键基础设施的气候可行性论证，实施风险隐患排查，升级和改造城市防洪排涝系统；通过优化城市绿地和水体布局有效控制城市热岛效应；建立城市建筑节能设计气象标准，保障建筑节能设施的运行安全和节能降耗等。

（三）加强气候风险评估及研究支撑

对城市化产生的新问题和新灾害开展研究和评估，为科学应对提供支撑。例如，开展城市及城市群的气候变化影响、脆弱性与风险评估，制定未来气候变化灾害风险区划；提升对城市群气候变化综合灾害风险的监测与预警技术，加强城市群天气、气候、水文监测及预测信息平台建设；加强气候变化背景下的城市安全与人口承载力研究，借鉴国内外经验，研究和提出城市重大工程、人居环境、水资源、能源电力、交通、人体健康等领域的适应措施，探索城市减排、生态保护、防灾减灾的协同政策机制及措施等。

（四）加强城市群适应气候变化的保障机制

首先，加强城市对防灾减灾和适应气候变化的资金投入，使得城市社会经济发展与适应气候变化能力同步提升，通过财政税收政策推进政府、家庭与市场并重的灾害风险分担机制；其次，加强科普教育、宣传和应急演练，增强公众对突发气象灾害的防范意识和应对能力；最后，加强城市群适应气候变化的政策、立法，逐步完善医疗卫生等配套设施和社会保障制度，重点关注低收入、外来务工群体、老幼人口等脆弱群体，鼓励社区防灾减灾及公众参与。

G.16
城市基础设施的气候可行性论证现状与发展趋势

姜 彤　曹丽格　翟建青*

摘　要：

城市基础设施极易受到极端天气气候事件的影响，暴雨、高温、雾霾、低温冰冻、干旱、大风、台风、雷暴等灾害对城市运行的影响越来越大，造成的损失也不断增加。城市基础设施的设计、建设、运营的各阶段都与天气、气候密切相关，加强气候可行性论证可以最大限度地保护城市生态环境，提高城市基础设施抗御气象灾害的能力。

关键词：

城市　基础设施　气候可行性论证　中国

一　气候风险与城市基础设施的脆弱性

在全球气候变暖的背景下和城市快速发展的过程中，城市的气候会随之发生显著的变化，包括空气湿度下降、日照减少、风速减小、能见度降低、雾霾日数迅速增多等，城市的基础设施愈来愈受到气象灾害，特别是恶劣天气的影响。2008 年年初的低温雨雪冰冻灾害造成南方很多城市供水管道冻裂，造成大面积的停水事故。2001 年 12 月 7 日的一场小雪，造成北京的地面交通大面积瘫痪，城区的主要道路变成了一个巨大的停车场，显示了城市防灾系统

* 姜彤，国家气候中心研究员，研究领域为气候变化影响与灾害风险管理；曹丽格，中国气象局办公室，研究领域为气象灾害应急管理；翟建青，国家气候中心副研究员，研究领域为气候影响评估。

的不足。

基础设施是现代城市运行的重要基础。但是，随着城市化进程的加快，城市基础设施愈发复杂，脆弱性也随之增强。在暴雨、高温、低温冰冻、雾霾、干旱、大风、台风、雷暴等气象灾害的诱导下，基础设施的脆弱性往往首先显现，城市运行可能因此而中断，并导致灾害影响被放大。作为城市正常运行的物质基础，从常规的水、电、气、热、通信、交通等被人们称为城市的“生命线”，到从系统角度提出的城市能源系统、给排水系统、交通系统、通信系统、环境系统、防灾系统，在极端事件面前，牵一发动全身，直接影响到城市的安全运行。暴雨对城市道路和排洪系统造成的影响、引起的城市积涝，往往会造成交通瘫痪；夏季高温会加重城市用电负荷，威胁电网系统，高温热浪天气也严重影响人们的身体健康；低温雨雪带来的地面湿滑同样会严重影响城市的交通运行，甚至还会引起输水管道破裂、输电线路折断等事故，影响城市的供水、供电系统；雾霾天气的增多不仅影响交通出行，而且对人们的身体健康和生活方式也产生着越来越多的影响；干旱不仅影响城市的用水，而且对城市生态环境的影响也不可忽视；大风对高层建筑、电力设施、交通设施都有一定程度的危害；台风在沿海城市很容易造成严重的社会经济损失和人员伤亡；强雷暴对电子设备、高楼建筑等的影响愈来愈多。人类生产生活对天气、气候条件的依赖程度加深，气象灾害对人类社会的影响也不断扩大，而大规模的城市化也对气温和降水产生了一定的影响，并且直接导致了极端高温天气和极端降水天气的增加。

2013 年 7 月以来，高温天气覆盖中国江南、江淮、江汉及重庆等地的 19 个省（区、市）。浙江奉化、新昌，重庆丰都、万盛等地最高气温超过 42℃，上海、杭州气温也突破 40℃，刷新了有气象记录以来的历史极值，多数城市都出现了明显的热岛效应。在天气气候影响下，高温热浪给人们的生产、生活带来不便，用电负荷提升，对城市园林绿地系统以及环境系统造成一定程度的影响，甚至达到了局部破坏的程度。

2007 年 7 月 18 日，济南主城区持续 3 小时的特大暴雨造成 34 人死亡，171 人受伤，直接经济损失约 12.3 亿元；2011 年，杭州、深圳、南昌、北京、武汉、长沙等多个城市遭遇“内涝”尴尬，强降雨后，街道成河、住宅进水、汽车没顶……2012年7月21日，北京特大暴雨造成主要道路积水63处，路面塌方31处，死亡77人，多个区域的交通陷入瘫痪。

极端天气气候事件增多，也与城市化快速发展改变城市小气候和环境污染造成大气成分的变化有密切的关系。例如，北京20年来的暴雨日数分布的中心已经从密云水库的上游转移到下游，同时年平均降水量也减少了，造成密云水库蓄水减少，小气候的变化一定程度上影响了降水分布。大城市极端降水事件的变化受所在区域的变化影响很大，不同地区大城市又具有其独特的变化特点，半数以上的大城市极端降水强度和频数的变化趋势比周围大。大体上，北方尤其是华北南部，大城市极端降水强度和频数增加的趋势比周围大；与华北地区整体上的减弱趋势相比，华北东南部大城市极端降水强度呈较明显的增强趋势①。

在城市基础设施项目设计上制定更加科学合理的标准，需要充分考虑极端气象灾害发生造成的影响。极端降水事件增多、局地强降水灾害加重、洪涝风险增大，是城市暴雨灾害多发的背景因素；强降水过程累计雨量大、城区单点雨强大、时段集中，是城市暴雨灾害的直接原因；城市建设、排水能力等因素导致应对强降水事件的能力不足。对于极端降水引发的城市内涝灾害，除通过减弱热岛效应以降低极端降水天数以外，提高城市地下排水能力是另一个重要途径，制订城市发展规划和市政建设时需要充分考虑当地的气候特点和气候变化。当前，很多城市的防洪标准可以达到100年一遇，但是排涝标准往往普遍只有20年一遇，甚至3~5年一遇。北京排水系统的设计只是1~3年一遇，类似2012年7月21日这样的暴雨，仅能及时排掉降雨量的1/5。提高城市地下排水系统能力，高标准排水系统意味着高投入，而老城区的排水系统无法满足大规模城市化和极端降水增加的需求，完全抛弃旧有设施则代价太大。更困难的是，由于城市规划不合理等挤占了排水系统的升级空间，中国部分城市的排水系统很难大幅升级。针对基础设施在极端事件影响方面的脆弱性，开展气候可行性论证，可以最大限度地减轻灾害所带来的后果，保障城市正常运行。

---

① 王萃萃、翟盘茂：《中国大城市极端降水事件变化的初步分析》，《气候与环境研究》2009年第14（5）期，第553~560页。

二 气候可行性论证的现状

（一）气候可行性论证的定义和范畴

气候可行性论证是针对与气候条件密切相关的规划和建设项目进行气候适宜性、风险性以及可能对局地气候产生影响的分析、评估活动。气候可行性论证作为气候影响论证的一部分，又分为宏观气候论证和微观气候论证以及气象灾害可能出现的概率的推算。对气候影响的宏观气候论证主要反映在对气候－生态－社会系统的生产潜力的分析上，对气候影响的微观论证就是指气候对人类个别活动项目的具体论证，它是当前国内外已经开展的气候可行性论证的主要内容。

（二）国内外相关研究进展

国际上没有与中国气候可行性论证相对应的论证，但对于规划和建设项目必须进行气候灾害风险评估和论证。东南亚很多城市都曾出现一些气象灾害，如在菲律宾的马尼拉，台风经常给城市造成巨大的损失，由于基础建设和排水设施落后，一次台风甚至一场暴雨过后，街区变“泽国”，供水供电系统中断。西方及发达国家较早开始注意对各种重大建设项目和城市规划开展气候可行性论证，并积累了较为丰富的经验。1999 年建成的日本明石海峡大桥（跨本州—九州海峡），提前 13 年就在工程位置建起 200 多米高的气象塔进行工程气象观测，气象观测工作一直做了 13 年，确保了大桥的顺利建成与安全。巴黎是一座海拔较低的城市，呈盆地地形，年平均降雨量 642 毫米，由于建有规模庞大、完善发达的城市下水道排水系统，重视自然灾害预防和应急管理，设立风险预警系统，很少发生下雨积水引发的城市内涝灾害，有效降低了洪涝灾害的威胁。

气候灾害风险论证可以有效地避免因气象灾害给重点工程带来的经济损失与环境破坏。不进行气候可行性（灾害风险）论证，工程建设就有可能面临两种后果：要么是工程安全存在隐患，严重的，建筑物会像20世纪40年代美国的大桥一样，因为设计时对风压参数考虑不足，在一次飓风的袭击中轰然倒塌；要么是工程设计的保险系数太高，也就是在工程安全上进行了不必要的投入，增加工程的造价。2008年年初，席卷中国南方大部分地区的低温雨雪冰冻灾害，就给电力、交通、农业、林业等行业造成严重影响，高速公路、铁路运输曾多次瘫痪，电网遭受重创，这正暴露了部分领域气候可行性论证的缺失。

（三）中国气候可行性论证的现状

2000年颁布的《中华人民共和国气象法》强调“各级气象主管机构应当组织对城市规划，国家重点建设工程，重大区域性经济开发项目和大型太阳能、风能等气候资源开发利用项目进行气候可行性论证”。《气象灾害防御条例》也明文规定重大规划、重点工程项目应当进行气候可行性论证。中国气象局2008年11月25日实施的《气候可行性论证管理办法》，提出对城乡规划、重点领域或者区域发展建设规划，重大基础设施、公共工程和大型工程建设项目，重大区域性经济开发、区域农（牧）业结构调整建设项目，大型太阳能、风能等气候资源开发利用建设项目等与气候条件密切相关的规划和建设项目应当进行气候可行性论证。

根据有关统计数据①，2005~2010年全国共开展了988项气候可行性论证工作。主要集中在风能、太阳能电站选址，核电，城乡规划，交通设施，火电空冷等领域。其中，风能、太阳能电站选址所占比重最大，占总数的40%；其次为城乡规划，占11%；核电占10%；交通设施和其他类占9%；地方政府行业规划类占8%。而火电空冷、输变电线路、大型水利工程类所占份额较小。在中国的环境影响评价中，特别是战略环评和规划环评中包含了气候可行性论证的内容（见表1）。

① 资料来源：陈晓强、符月华：《首都城市气候可行性论证服务的初探》，《环球市场信息导报》2013年5月14日；陈吉宁：《环渤海沿海地区重点产业发展战略环境评价研究》，中国环境科学出版社，2013。

表1　部分气候可行性论证案例

案例名称	评价范围	行政级别	类别	影响识别
环渤海沿海地区重点产业发展战略环评	环渤海地区（陆域面积 12.9×10^4 平方公里；海域面积 7.2×10^4 平方公里）	跨省（环渤海地区13个地区和城市）	产业发展	①能源消费 ②碳排放强度 ③气候变化对水资源的影响 ④极端气象条件下的环境风险
湖北省骨架公路网规划战略环评	湖北省（18.59×10^4 平方公里）	省级	交通行业	①温室气体排放 ②能源消费
中新天津生态城总体规划环评	中新天津生态城（34.2平方公里）	天津市（直辖市）下辖的1个功能区	城市总体规划	①碳排放强度 ②低碳发展水平
滨海新区发展战略环评	天津市滨海新区（2270平方公里）	天津市（直辖市）下辖的1个区	区域发展战略	①能源消费 ②碳排放强度

另外一个比较突出的方面是重大工程的气候可行性论证。在工程建设项目开工之前充分考虑气候因素、依据气候可行性评估论证结果科学地制定和规划建设方案，已成为开展重点工程建设的现代理念。如广东省港珠澳大桥、琼州海峡跨海工程、阳江核电站、台山核电站、陆丰核电站、广州新电视塔、广州西塔、深圳 LNG 项目等大型项目进行了详尽的气候可行性论证工作；此外，舟山的跨海大桥、浙江的杭州第二电信枢纽大楼、括苍山风力发电厂等重大工程，在设计或选址时都曾做过严格的专门气候可行性论证；三峡工程、青藏铁路、南水北调等重大工程，不仅在开工前进行了论证，在建设过程中还持续进行气象保障服务。

目前，在气候可行性论证领域，核电、桥梁、高速公路和输电线路等设施的气候可行性论证已经形成规范的业务技术流程，其中《核电工程气候论证业务指南》已由中国气象局发布；重现期风速风压计算系统、核电站设计基准龙卷风计算系统、输变电线路覆冰计算分析与评估系统等技术已经应用于具体的业务。部分省（区、市）已经形成了特色的气候可行性论证案例，北京在城乡规划领域，广东在核电、风能选址以及大型交通设施领域的工作较为突出；吉林、辽宁省在风电场和太阳能电站选址方面开展较好；浙江和湖北在大型交通设施领域的气候可行性论证开展得比较有特色。

三　气候可行性论证的发展趋势及应用前景

气候可行性论证工作涉及各行各业，要求也不尽相同，要根据不同行业、项目的具体要求，针对其最关心的气象条件开展论证和评价工作。当前气候可行性论证针对规划或建设项目的具体要求，选择可靠的资料来源，依据的标准、规范、规程和方法，进行气候背景分析，气候适宜性、风险性以及可能对局地气候产生影响的评估，以及极端天气气候事件出现概率的分析，从而提出预防或者减轻影响的对策和建议，最终给出论证结论和适用性说明。

在城市有关基础设施的可行性论证中，既要了解气候灾害对设施的影响，又要考虑在当地的气象条件下，设施对周围环境产生的影响，保证城市规划及所实施的建设项目不对城市的气候资源造成破坏而导致局地气候的恶化。通常的论证内容包括气候背景分析、工程气象参数推算、气象灾害风险评估、气候对项目影响预评估、项目对气候环境影响预评估、结论和建议等内容。

（一）气候背景分析

主要分析当地的气候背景，包括气候类型，温度、降水、湿度、风、日照、蒸发等平均气候要素，根据具体项目可能需要了解 30 年一遇最大风速、10 年一遇最低气温等部分极端气候要素值。

（二）工程气象参数推算

在项目设计阶段，需要了解当地的气象灾害，如暴雨、大风、高温、低温的发生频率及其累年极端值，以便确定建设项目的气象参数，以免气象参数过大，造成设计成本浪费，或者气象参数偏小，规避不了气象灾害风险，给安全带来隐患①。因此，具体工程中，通常进行气象灾害的重现期分析，包括极大风（含台风、龙卷风等）、强降水、高温等受局地环境影响较大的气候要素，

---

① 苏志、李秀存、周绍毅等：《重大建设工程项目气候可行性论证方法研究》，《气象研究与应用》2009 年第 30（1）期，第 37 ~ 39 页。

结合工程的使用寿命，给出对工程设计具有真正应用意义的极值分布。

在架空输电线路设计、烟囱设计、高层建筑设计时都要考虑多年一遇的最大风速。核电厂工程安全要求高，对极端气象事件、风荷载的敏感性强。桥梁的钢箱梁施工阶段对气温的要求较高，10 分钟最大风速是输电线路铁塔设计的重要指标等。公路设计需要考虑平均气温，最高、最低气温，平均降雨量，无霜期，冻土最大深度等，需要分析平均值或极值的影响。桥梁设计时，需要考虑暴雨对植被条件、土壤侵蚀的影响，在高度上和跨径上满足灾害性天气的需要。

（三）气象灾害风险评估

在项目建设时，要看当地的气候是否符合条件、气候风险有多大等，考虑当地可能出现的一些气象灾害或极端气候事件，避免对工程可能造成的危害或留下安全隐患。需要评估气象灾害的平均发生频率及年际变化情况，气象灾害可能对项目安全及生产产生的影响，提出趋利避害的对策。

（四）气候影响预评估

作为防灾减灾的一项重要工作，气候可行性论证强调气候本身对建设项目的影响，也需要兼顾项目建成后可能对周边气候带来的影响。气候影响预评估包括气候对项目影响预评估和项目对气候环境影响预评估。

1. 气候对项目影响预评估

对建设项目进行气候可行性论证，需要保证建筑物或者构筑物能适应当地气候条件，如风压、雪压，同时能有效利用光、热、水等气候资源，减轻空气污染。比如有废气排放的项目，当地的气象条件是否有利于污染物的扩散稀释，是否会造成污染源地的污染等。要做好雾霾天气防治工作，污染气象条件分析如气候背景分析、风向风速玫瑰图、污染系数玫瑰图、大气稳定度出现频率、混合层厚度、风向、风速、稳定度联合频率等必不可少。在开展城市功能区规划与气候环境适宜性的分析研究方面，除了人们所熟悉的主导风与污染产业布局分布以外，还需要考虑城市污染物排放以及周边污染物排放带来的雾霾效应，任何程度的空气污染都与大气的稀释和扩散能力有密切的关系。

2. 项目对气候环境影响预评估

由于工程建设对局地气候也可能会产生一些影响，通过论证需事先采取措施以避免周围的环境遭到破坏。由于新建或者扩建城市的基础设施将改变城市的光、热、水等气象要素的数量与分布，造成局地气候的改变，从而导致城市热岛效应和高大建筑物之间的“狭管效应”，如果规划时不进行气候论证，不采取有效的防护措施，一旦气象异常，则可能导致财产损失，甚至人员伤亡。因此需要分析与评价项目对气候环境的影响以及项目的气候适应性、气象灾害及未来气候变化对项目的危害性和限制性，提出减小影响的建议和改善措施，并为项目建设的气候可行性，以及项目的选址、选型、布局的合理性提供科学的建议。

自2012年以来，城市雾霾天气，特别是PM2.5污染受到政府与民间组织及公民个人的高度关注，为开展气候可行性论证提供了广阔的发展空间。最新被关注的一个领域就是垃圾填埋场等设施的选址与设计，需要考虑当地的气候背景和气象灾害的影响①。另外，为了合理安排城市各项建设布局，防止城市内涝，改善人居环境，为政府做好防洪应急预案提供科学的决策依据，加强气候可行性论证也是当务之急。

四　结论和建议

分析与评价项目对气候环境的影响以及项目的气候适应性、气象灾害及未来气候变化对项目的危害性和限制性，提出减缓影响的建议和改善措施，并为项目建设的气候可行性，以及项目的选址、选型、布局的合理性提供科学的建议。在城市规划的气候可行性论证中，需要综合考虑城市气候特征背景、气象灾害、气候资源，结合规划示意图进行分析，在空间上给出气温、扩散能力、气候资源情况、气象灾害情况的规划适宜性的分布等级，以及规划气候影响适宜区、次适宜区和不适宜区等等级划分。气候可行性论证有助于科学合理地制

① 范万新、陈丹、黄颖等：《生活垃圾卫生填埋场建设的气候可行性论证》，《气象研究与应用》2010年第31（3）期，第35～37页。

定和完善城市规划，为实现生态城市做保障。

总体来说，当前城市基础设施的气候论证服务还没有形成系统性的理论基础，很多论证服务项目尚无可参考的经验，特别是近年的雾霾治理等新领域，需要继续开展相关研究，加强多门类专业知识的积累、技术方法的引进和科学问题的研究，提高气候论证的水平和能力，更好地保障城市基础设施安全和服务城市经济社会发展。同时，气候可行性论证停留在部门行为的层次上，宏观的、全社会的影响力不足。气候可行性论证的领域和方法局限性也在逐步显现，对于极端气象灾害和气候变化的影响有限，加强气候可行性论证，必须从灾害风险管理的角度出发，加强气候变化综合影响评估，高度重视气候评价和灾害风险评估，加强重要基础设施的科学规划和设计，夯实应对气候变化及其风险的工程基础，当前急需加强三方面的工作。

（一）继续完善气候可行性论证相关制度

改变部门间职责不清、义务不明，对气候可行性论证工作缺乏监督，气候可行性论证报告的结论在相关部门审批规划和建设项目时的地位和作用没有得到充分体现等现状。完善相关法规制度，切实将气候可行性论证纳入建设项目和城市规划中，趋利避害，提高城市抗御气象灾害的能力。

（二）在城市功能区和城市规划中充分考虑气候风险

城市规模扩大，会对大气环境产生影响，在进行增加城市的功能区规划与环境适宜性的分析时，应考虑气象风险区情况，提高有关基础设施的设计标准，降低可能发生的危害。

（三）加强城市重大工程建设的气候可行性论证

不仅要论证大型工程的建设对局地气候和碳排放等可能产生的影响，还要充分考虑当地气象灾害或极端气候事件，避免对工程造成的可能危害。

G.17

气候变化与城市规划布局

——以北京市为例*

房小怡**

摘　要：

本文从气候变化与城市布局出发，探讨了在科技进步背景下如何加强城市规划中对气象环境问题的考虑。文中以北京市总体规划为例，给出了北京市规划发展进程中的北京气象环境总体情况。并从规划区气象扩散条件、气候资源潜力和应用、大气水资源和气象灾害风险几个角度进行分析，完成了北京城市发展规划气象环境评估。最终得出了北京的首都功能核心区、城市功能拓展区、城市发展新区、生态涵养发展区气象环境现状、未来规划需注意的问题和区位发展优势。

关键词：

气候变化　城市规划　气象环境　北京

一　引言

未来的世界被认为是一个城市的世界。中国城市化的快速发展越来越受到国际社会的关注。诺贝尔经济学奖获得者斯蒂格利茨就说过："中国

* 本文受到公益性行业（气象）科研专项"城市规划气候可行性论证技术研究"（GYHY201106032）的资助。

** 房小怡，北京市气候中心，理学博士。e-mail：fangxybj@163.com。主要研究领域为应用气候、城市发展气象环境问题。

的城市化与美国的高科技发展将是深刻影响21世纪人类发展的两大主题。”①

然而，随着城镇人口的急剧增长和城市规模的不断扩大，改变了城市区域的土地利用结构和下垫面特性，使得原有的植被被建筑物以及大量的沥青、水泥路所代替，人们的生产和生活极大地改变了城市大气的热力和动力状况，城市工业排放的大量烟尘、气溶胶、颗粒物以及城市道路上汽车尾气和扬尘等对于城市的气温、湿度、能见度、风和降水都有影响，带来了一系列的城市问题，产生了“城市热岛”“城市干岛”“城市浑浊岛”等城市特有的现象，对城市人居环境诸要素等方面产生多方面的影响。②③ 因此，在城市化急剧加快的同时，城市可持续发展是摆在各国面前、关系人类未来的重大课题。

城市规划是指导城市发展、建设和管理的重要依据。科学规划是城市可持续发展的关键。实现中国城市可持续发展，首先就要科学编制城市规划，促进资源节约和环境保护。

城市规划与城市气象环境是相辅相成的，即规划设计需要建立在城市环境的基础上，而城市中人类活动及下垫面的变化、建筑群的布局差异，都会对城市气象环境产生影响，从而改变城市局地小气候。城市发展同城市气象环境的关系如图1④ 所示。

从城市规划和管理角度来看，如不重视城市发展对局地环境气象条件的影响，很可能会造成难以逆转的严重后果。尽管在污染治理上投入了大量资金，最终改进大气环境质量的收效也可能会被抵消。相反，如果在城市发展中合理地考虑气象环境条件，科学规划布局，会对改善城市大气环境条件、实现良好的人居环境起到重要的作用。

---

① 吴良镛：《城市化与城市现代化》，《苏南科技开发》2003年第4期，第8~9页。

② 王咏薇、蒋维楣：《土地利用变化对城市气象环境影响的数值研究》，《南京大学学报》（自然科学版）2006年第42（6）期，第562~581页。

③ Chen Yan, Jiang Weimei, “Impact of Nanjing Urban Development on the Boundary Layer”, *Chinese Journal of Geophysics* 50（1）, 2007, pp. 67 – 74.

④ 李慧：《北京城市发展对气候资源影响课题技术报告》，1995，第23页。

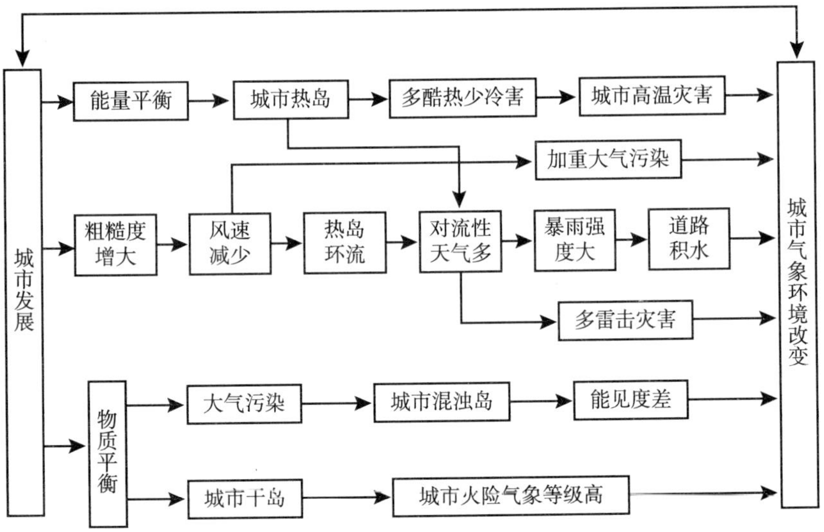

图1　城市发展对城市气象环境影响示意

二　城市规划的气象环境评估研究

（一）研究概况

从大尺度上来看，全球变化及其带来的可能影响已成为国际社会关注的重大问题。从一个城市来看，局地气象条件发生了改变，温度上升、风速下降、极端天气增多……如今的城市规划一方面要考虑发展而扩大建设，另一方面要顾及水、土、气等的影响。因此，为了从科学角度深刻认识城市发展以及城市系统与气候系统之间相互影响的规律，制定合理的城市规划，传统观念和方法正在受到前所未有的挑战。一方面是传统城市规划关于气象环境问题认知层面的反思——在传统的城市规划理论中，关于气象因素对城市建设和城市环境的影响已有所考虑，主要以风玫瑰图和污染系数为依据。在当时的条件和背景下，这种传统方式起到了一定的规划指导作用，具有一定的合理性和客观性。随着城市的发展和科学技术的进步，它出现了局限性。另一方面，随着城市规模的扩张、城市功能结构的变化，城市环境问题复杂化，传统的规划理念与方法已无法很好地应对。现在中国城市规划的本质已经从建设项目空间安排改变为统筹资源、环境和人口及建设、发展和保护环境的公共政策属性上来①，对规划提出更高的新要求，即规划中必须统筹兼顾，协调人居环境与城市综合布局。

在新时期科技进步背景下，需要在城市规划中科学实施气象环境理念，寻求基于大气环境优化的可持续发展城市规划新理论与方法提上日程，以便从科学的角度重新去认识和研究城市规划与气象环境的关系，将气象学的研究成果应用到城市规划实践中。与此同时，计算机技术的飞速发展为气象环境数值模拟提供了强有力的支撑，数值模拟技术迅速发展，为气象学与城市规划的学科融合提供了可能。而信息技术的发展使数字规划技术已成为城市规划编制和管理过程中的重要手段和推动力量。在这种工作环境具备的条件下，如何借助新兴科学技术在科技进步背景下提升气象与城市规划的契合关系，更为科学、客观、系统地研究城市规划的大气环境效应，并对其影响进行定性和定量的分析评估，是目前研究城市规划大气环境问题的热点与前沿。

（二）研究方法

由城市大气环境问题与当今城市规划的关系出发，剖析目前城市规划建设实践与现阶段对大气环境的认知层面之间的偏差、矛盾与困惑，提出问题②③。在开展城市气象要素观测试验、风洞实验等工作的基础上，建立基于北京城市地理信息资料的多尺度数值模拟系统，主要集中在城市尺度（数十公里至数百公里水平范围，几小时至数十小时）和城市小区尺度（数公里水平范围，数小时），并在模拟结果的基础上建立北京城市规划建设大气环境影响评估指标④⑤。

---

① 王晓云、汪光焘、房小怡：《新时期下城市规划建设中环境理念的科学实施——奥运场馆规划方案大气环境效应研究》，《规划师》2005 年第 21（10）期，第 84～87 页。

② 汪光焘、王晓云、苗世光：《城市规划大气环境影响多尺度评估技术体系的研究与应用》，《中国科学 D 辑》2005 年第 35 期，第 145～155 页。

③ 何晓凤、蒋维楣、郭文利：《城镇规划布局对边界层结构影响的数值试验》，《高原气象》2007 年第 26（2）期，第 363～372 页。

④ 蒋维楣、王咏薇、刘罡：《多尺度城市边界层数值模式系统》，《南京大学学报》2007 年第 43（3）期，第 221～237 页。

⑤ 苗世光、王晓云、蒋维楣：《城市小区规划大气环境影响评估研究》，《高原气象》2007 年第 26（1）期，第 92～97 页。

下面的北京城市总体规划案例中用到的是城市尺度数值模式，该模式采用地形跟随坐标，由三维非静力精细边界层模式以及大气污染物输送扩散模式组成①②③。图 2 为城市尺度模式的基本构成。为了更加关注对于城市影响的参数化过程。模式增加了以下 3 点的特殊参数化处理计算：①用城市建筑物对风场的拖曳力替代常用的粗糙度（Z_0）处理方案，以考虑城市建筑物对风场的拖

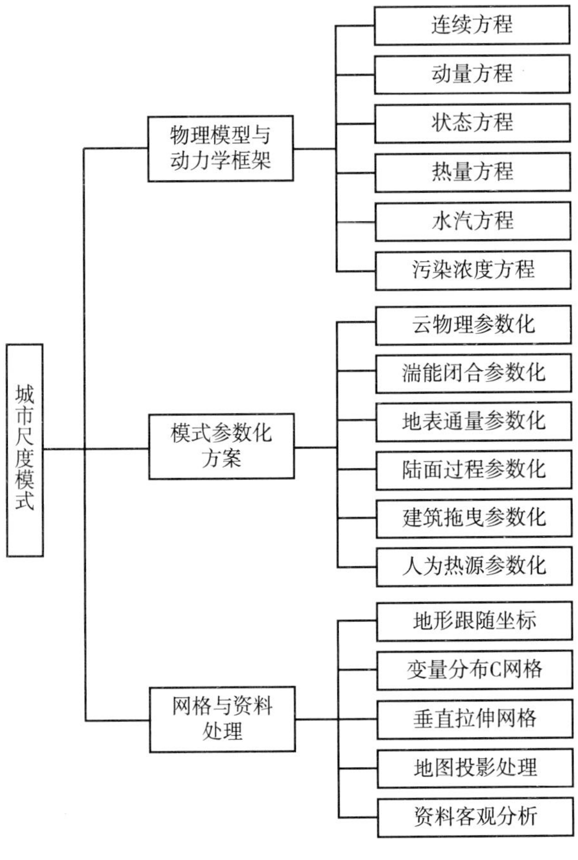

图 2　城市尺度模式的基本构成

① 徐敏、蒋维楣、季崇萍：《北京地区气象环境数值模拟试验》，《应用气象学报》2002 年第 13 期，第 61～68 页。

② 汪光焘、王晓云：《现代城市规划理论和方法的一次实践——佛山城镇规划的大气环境影响模拟分析》，《城市规划学刊》2005 年第 21（10）期，第 84～87 页。

③ 王晓云、汪光焘、陈鲜艳：《珠江三角洲城镇群发展规划与大气环境研究》，《城市规划》2005 年第 12 期，第 29～32 页。

曳作用。即在水平风速分量 u、v 和湍流动能 E 的方程中分别加入由建筑物引起的拖曳力项，以考虑次网格建筑物对风速和湍流动能的面积平均影响。②引入城市人为热源，以考虑城市的特殊热力影响。在地面温度和大气热量的预报方程中加入人为热源项。③应用由地理信息系统（GIS）取得的城市高分辨率下垫面参数，提高模拟需要的基础资料的精细高效能。

三　北京城市规划概况及气象环境背景

（一）北京地理地貌及气候特征

北京位于华北大平原的西北隅，地处山地与平原的过渡带，山地约占 62%，平原约占 38%。东北、北、西三面群山耸立，东南部是平缓的向东南部倾斜的平原，形成一个背山面海的特殊地形，俗称“北京湾”。

北京气候属于暖温带半湿润半干旱季风气候。春季气温回升快，日温差大；夏季炎热多雨；秋季冷暖适宜，晴朗少雨；冬季寒冷干燥。由于雨热同季，适宜多种农作物生长，气候资源较丰富。但因地处冷暖空气交汇地带，年降水变率大，干旱、暴雨、大风、冰雹、寒潮等气象灾害频繁发生。

（二）北京城市规划概况

北京土地利用变化主要表现为农用地向非农用地的转变，即外城蔓延、轴向扩展和郊区城市化等 3 种增长形式①。新中国成立前，北京城市面貌呈“凸”字形格局。新中国成立后，大规模的城市建设使城市用地带有明显的同心圆扩张特征。20 世纪 60 年代至 70 年代后期北京城市建设采取“见缝插针”的方式，二环旧城 5 公里宽的地带内逐步密实，形成密集的集中块状布局；80 年代后面临住房危机（无实力进行大规模的卫星城建设），采取城外围进行综合开发大片居住区方式。城区土地利用由里向外的渐进发展，城区向周围扩张

① 顾朝林：《北京土地利用/覆盖变化机制研究》，《自然资源学报》1999 年第 14（4）期，第 307～312 页。

的速度明显加快，二环路全线贯通，三、四环路建成，北京周围农业用地大量流失。

1993 年以来，国务院批准的《北京城市总体规划（1991～2010 年）》在指导首都建设和发展方面发挥了重要作用。城市发展到 2004 年后，出现了许多新问题。随着人口的快速增长和功能的不断集聚，交通拥堵，水资源、能源供应紧张，环境污染严重，历史文化名城保护压力巨大，造成建成区无序蔓延、城乡二元结构差距明显、单中心发展格局局限性大……迫切需要对上版总规划进行总结和调整，从总体规划的战略性、全局性角度寻求新的解决办法。

随后，国家提出了国土空间划分的优化开发、重点开发、限制开发和禁止开发四类主体功能区。北京结合实际，确定了首都功能核心区（包含东城、西城区。该区域集中展现古都特色，体现北京作为政治、文化中心和国际交往中心的功能）、城市功能拓展区（包括朝阳、海淀、丰台、石景山区，是实现和拓展首都城市性质功能的重要区域，是面向全国和世界的外向型经济服务区，是推进生产创新的重要基地，是提高首都发展的核心竞争力地区）、城市发展新区（包含通州、顺义、大兴、昌平、房山，发展制造业和都市型现代农业，成为北京疏散城市中心区产业与人口的重要区域，是未来北京的经济中心所在）、生态涵养发展区（包含门头沟、平谷、怀柔、密云、延庆，是北京的生态屏障和水源保护地，是保证北京可持续发展的关键区域）。

如何对北京总体规划发展和北京主体功能区布局提供气象环境建议是规划方关心的问题，也是需要我们加以回答的问题。下面我们以与规划密切相关的北京市气候变化事实为出发点，而后分析影响规划的气象背景条件，目的就是在北京市规划前、规划中回答有关城市气候、气象灾害等的问题并使之融入体现在具体的规划中，为制定更为科学合理的“首都功能核心区、城市功能拓展区、城市发展新区、生态涵养发展区”的北京市主体功能区规划提出气象环境对策建议。

（三）气候变化背景下的北京气象环境

北京观象台 1871～2007 年的观测资料表明，近 136 年来北京地区平均气温上升了1.05℃，升温幅度明显（如图3所示）。1951～2007年平均气温的增温幅度为0.39℃/10年，高于全国（0.26℃/10年）以及华北（0.33℃/10年）的升温趋势。如此显著的升温趋势既包含了全球气候变暖的大背景，又包含了北京快速的城市化发展对气温造成的影响。通过分析得出：北京城市化带来的增暖效应是导致局地增暖的两大因子之一，占总增暖值的48.4%之多，而气候系统变化因子，占总增暖比重的51.6%。如扣除城市化的影响，由于气候变化引起的北京升温趋势应为0.2℃/10年。

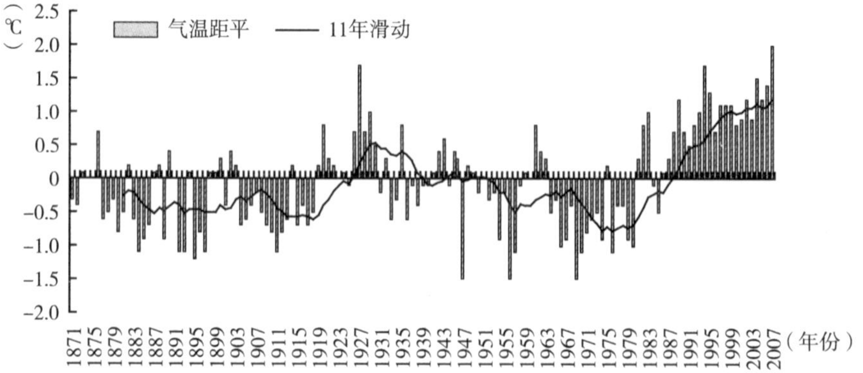

图3　北京观象台近136年平均气温距平及其11年滑动平均演变

图4给出了不同年份同一季节的北京市地表辐射亮温图。从图中可以看到：热岛的形状基本上与城市建设规模一致。1989年北京的热岛强度为2.0℃以上，形状似椭圆形，主要分布在中心城区、海淀区中南部、丰台北部和石景山的部分地区；同时也可以看出通州形成的孤立的小热岛。随着城市规模的扩大，热岛的分布以城区为中心向北、南和东三面扩展，其中向东扩展的趋势最为明显。1993年4月以来，在中心城区正东与通州之间有一明显的跨越朝阳区的“带状”热岛，随后的分布图显示这一趋势仍明显，说明在进入21世纪以来北京市的城市建设以朝阳区和通州区为最明显，带来的“城市热岛”效应显著。

1901～2011年北京市（以北京观象台作为代表站）年降水量呈微弱的减少趋势，趋势值为-95.1毫米/100年，降水量的年际变化较大（见图5）。

近百年北京地区降雨量的年际变化较大，是容易产生旱涝的气候原因之

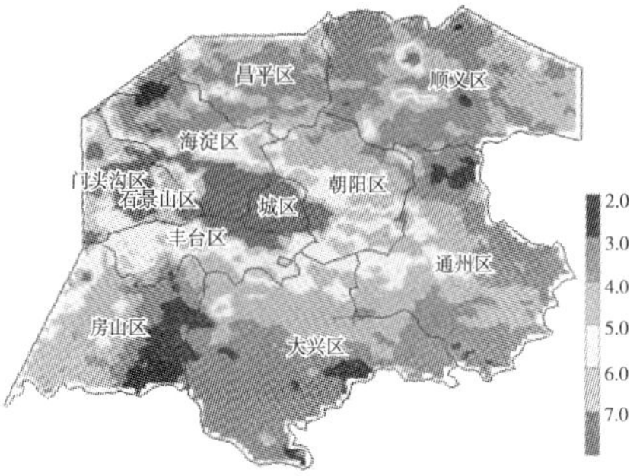

（a）1989年4月11日03时

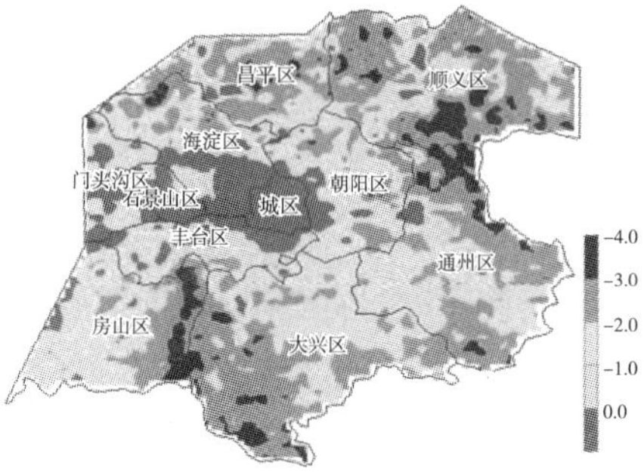

（b）1993年4月11日04时

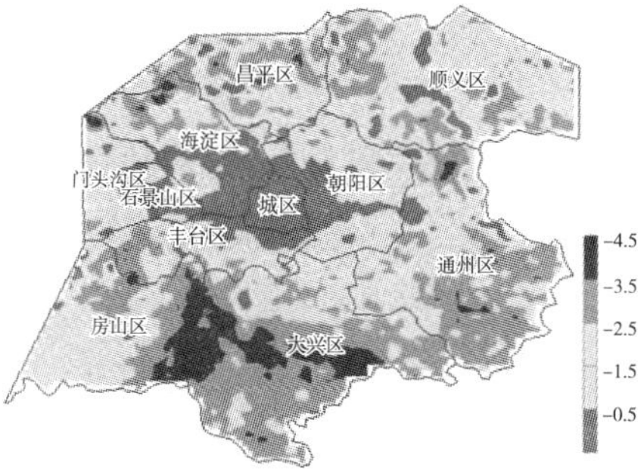

（c）1998年4月02日03时

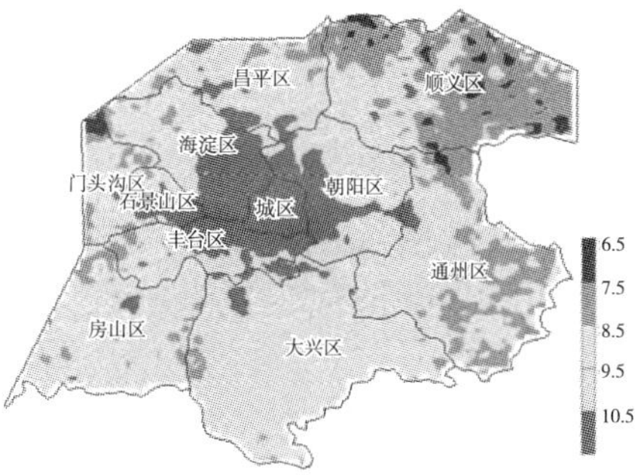

（d）2005年4月18日03时

图4　不同年份同一季节的北京市地表辐射亮温图

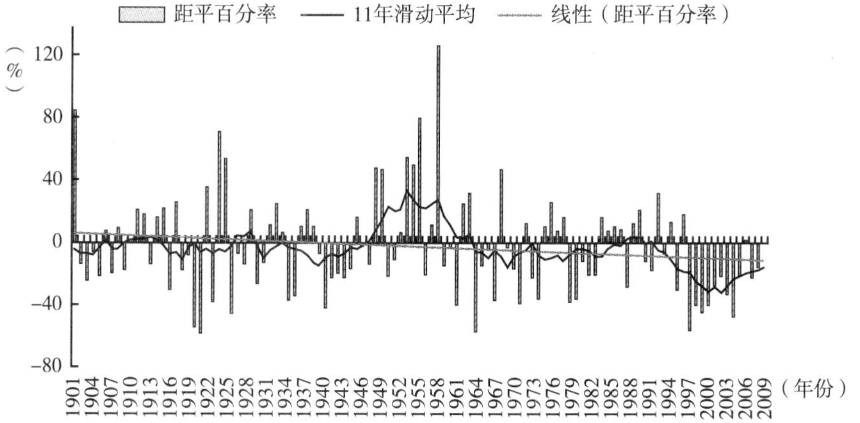

图5　1901～2011年北京年降水量距平百分率的变化

一。历年的降水量介于242～1406毫米之间，其变率达0.58，这表明北京每年的降雨很容易产生重大的偏离，以致出现旱涝无常的状况。城市雨岛表现在夏季大的降水过程多在北京城市的下风方，城近郊区最大暴雨强度中心在城市北部近郊区。北京城市干岛的表现为市区相对湿度最小，并渐渐向近郊区增大。而其城市风速小于郊区，城市建筑较多，使空气流动受阻，而导致风速减小。一般情况下市区的风速比郊区平均要小20%～30%。城市混浊岛反映出市区空气污染物浓度比郊区高，使空气混浊、能见度下降的事实。北京城近郊区能见度分布呈现闭合椭圆形分布，说明市区能见度比郊区小。

四　北京城市发展规划的气象环境评估

（一）规划区气象扩散条件分析

利用城市尺度模式对北京市市域范围进行模拟，模拟范围187.5公里×181.5公里，网格分辨率：1.5公里×1.5公里。从风速、流场、自净能力、温度、人体舒适度①等角度分析北京市大气扩散条件状况，从而为功能区布置提供气象科学支撑。图6为风速、流场、自净能力、温度、人体舒适度结果的汇总，从图中可以看出，佛爷顶、昌平县南口、密云县上甸子等隘口处风速较大。南部平原地区和西南部山区风速较小，加之自净能力分布图显示的东部自净时间较短，所以工业区布局宜在东部，也正是城市发展新区的所在。从流场分布可以看出，在房山、门头沟存在气流辐合，不宜布置大型污染企业。顺义南部、朝阳东部、大兴东部、通州等地较其他平原地区略大一些。对自净时间分布而言，通州地区扩散能力强；顺义、朝阳东部、大兴等地区扩散能力较强。

对于城市建筑的总体布局，就北京市六环内建筑物布局规划进行了研究，合理规划城市建筑物的高度和密度，扩大天空视度，增大地面长波射出辐射。

① 《城市规划与大气环境》课题组：《北京城市规划建设与气象条件及大气污染关系研究》，气象出版社，2004。

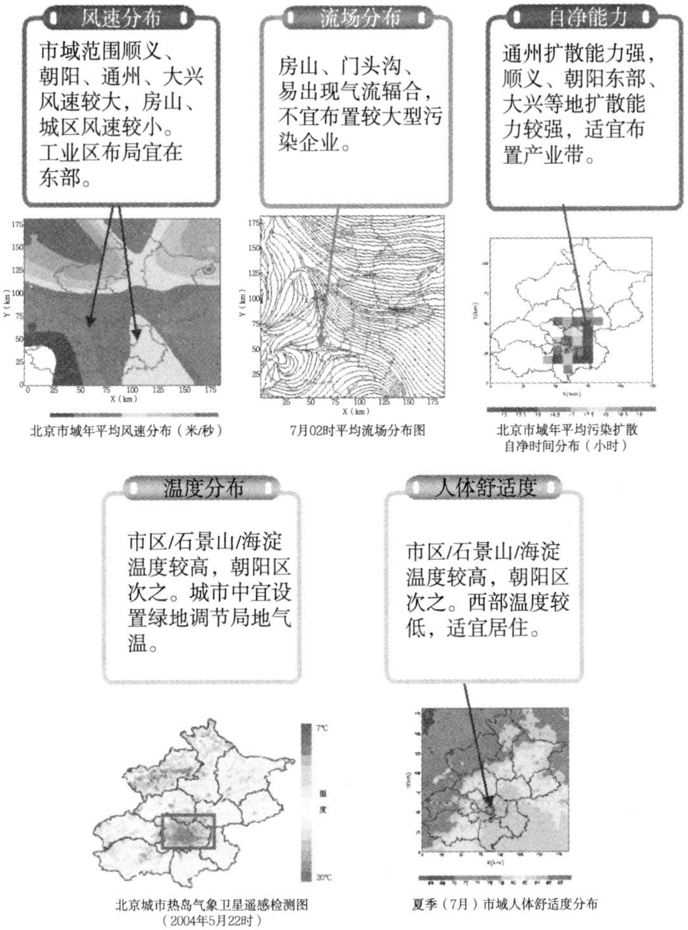

图6　北京市各气象因素分布

模拟计算分析结果显示：北京城区建筑物布局不能形成四周高、中部低的格局，应留出“建筑空隙廊道”。西部、西南部不宜布置高层建筑，东北部和东部建筑物可设置得较高，但避免连成片状。

对比市域用地现状和市域用地规划方案带来的气象环境差异，分析评估方案效果。模拟计算时，输入同样的平均气象条件，同时，模拟规划高速路上排放的交通污染物及工业区污染物的扩散情况。模拟中，绿化带的用地属性均取为树木覆盖的草地。

图7为两种方案下的年平均地面气温变化分布。与现状相比，规划方案由

于部分地区的城镇化和大面积的绿地规划，温度变化较明显。年平均温度变化为 -0.3℃ ~0.6℃。另外，分析了两种方案下冬季和夏季的风速差异分布，结果显示与现状相比，规划方案由于部分地区的城镇化和大面积的绿地规划，粗糙度增大，风速有所减小，幅度为 0.1 ~0.3 米/秒；再加上热力性质的变化，使得山区风速也有所变化。另外，亦做了两种方案高速公路交通污染源扩散、自净时间分析等，对比了不同方案的差别。

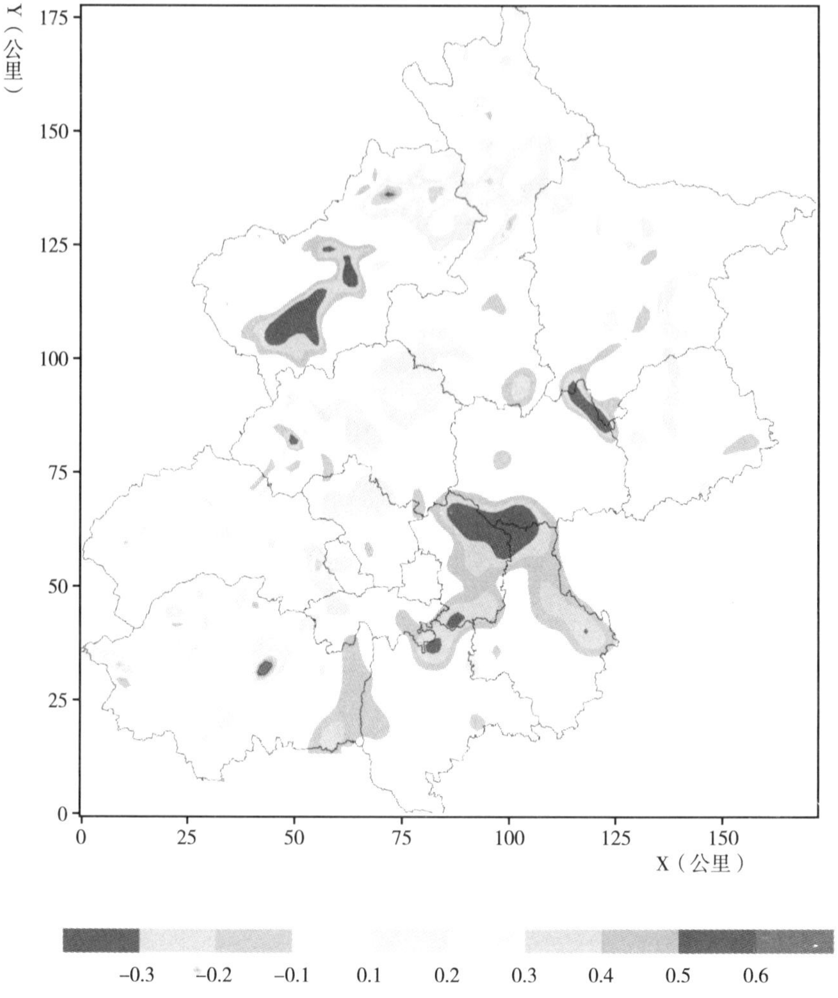

图 7　年平均地面气温变化分布（规划 - 现状，单位：℃）

（二）规划区气候资源潜力及其应用分析

1. 风能发电产业——生态涵养发展区区位优势

在2011年完成的《北京市风能资源详查和评价》项目收集、整理了北京市20个气象观测台（站）多年历史气象资料，对代表年逐时风速、风向进行信息化处理，结合风塔观测资料和北京风能资源数值模拟结果，给出北京市风能资源分布情况。其中，风能资源较丰富区（100～150瓦/平方米），主要位于图8中圈内示意处：西北部燕山山脉的佛爷顶山周围、延庆县官厅水库周边地区、康庄一带、白河堡地区以及门头沟区灵山、黄草梁和妙峰山地区。其中官厅水库第一座风能发电厂已建成，第二期正在建设当中。因此，规划中的新型清洁能源产业应布置在风能资源丰富地区，以减少成本开支、有效开发能源。

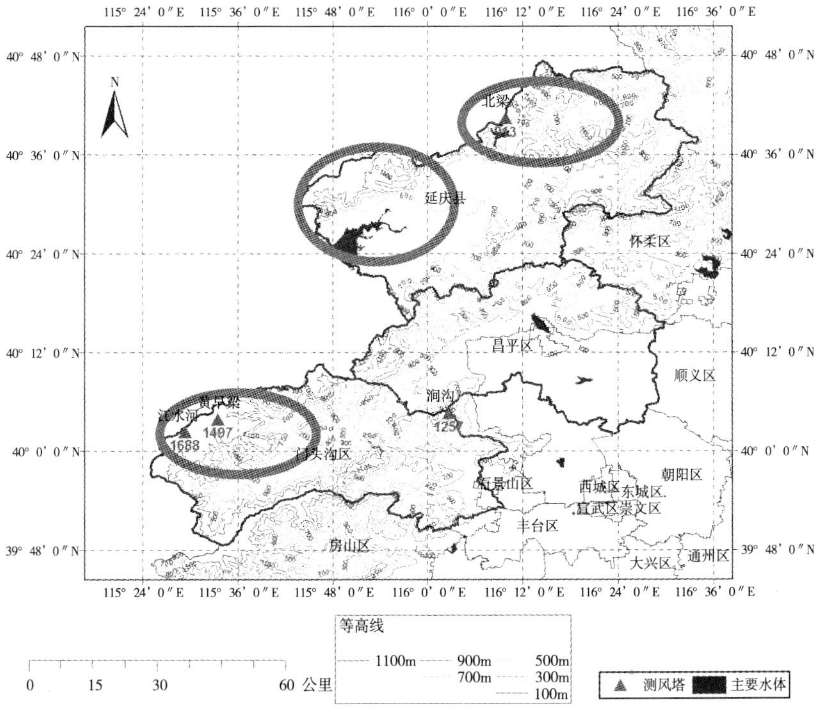

图8　北京市风能资源丰富区

2. 太阳能利用——各功能区均有的区位优势

北京地区开发利用太阳能有着非常有利的自然条件。北京地区在全国太阳能资源区域划分中属于二类地区，年日照时数达到2600小时左右（见图9），而号称“日光城”的拉萨也仅为3005小时。北京年累计太阳能辐射量达到5227.14MJ/m^2。作为最早研发利用太阳能的地区之一，北京地区的太阳能产业已有近三十年的发展历史，已经形成相对完备的产业链，在产品及技术研发、能产品应用，以及与应用配套的工程设计等产业环节具有独特优势。北京在筹备及举办“绿色奥运”时在城市推广普及太阳能一体化建筑、太阳能集中供热水工程等方面做了一些尝试，应充分利用积累下来的宝贵经验。因此，北京发展太阳能的前景良好、前景乐观。由于平原地区太阳直接辐射地域差异小，在考虑太阳能相关产业时辐射资源无差异。但对山区而言，由于地形的影响地域差异较大，向阳坡（包括山顶）直接辐射强，而背阴坡直接辐射相对较弱。所以在山区进行相关产业设置时应避开太阳辐射较少区。

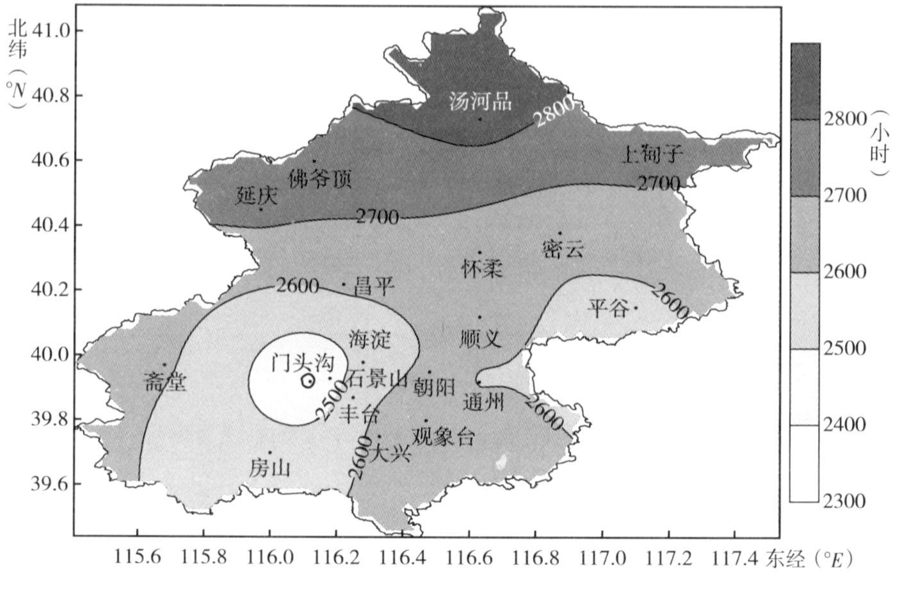

图9　北京地区累年平均日照时数空间分布（1978～2007年）

3. 地热能产业——生态涵养发展区区位优势

北京市地热资源丰富，初步查明地热分布面积2372平方公里，热储层总热量相当于110亿吨标准煤发热量；地热总储量为181.2亿立方米，年可采量为1.1亿立方米，相当于北京地热年可开采量的1/10，尚有较大的开发利用潜力。目前北京地区共有4条地热带：怀来－延庆地热带、温泉－沙河－小汤山地热带、良乡－城区－天竺－李遂地热带和榆垡－凤河营地热带。

（三）规划区大气水热资源分析

北京市功能区规划要遵循“优化城区、强化郊区”的原则，对区域面积较大的生态涵养区不能仅仅体现其作为北京城区生态屏障的作用，也需要根据自身优势进一步发展。

生态涵养发展区——现代京郊农业的区位优势

城市发展新区——都市型生态农业区位优势

利用专家分类器计算北京作物气候区划[①]，计算说明，北京市西部、西北部等地有利于发展特色京郊农业（如平谷的大桃、房山的磨盘柿、延庆的反季节蔬菜、怀柔的西洋参等）。因此，在发展京郊农业的同时也是生态涵养带的实现，因此城市发展新区如大兴、昌平、房山等都可大力发展都市型生态农业。

具体来说，对于北京市山前地区，由于其存在暖区，适宜种植优质蔬菜、水果，发展采摘、赏花、观光园等行业，在发展京郊特色农业的同时也起到生态屏障的作用。对于西南山区，由于绝大部分地区为喀斯特地貌，小气候条件丰富多样，对农业、旅游业是一种资源。鉴于水资源相对不足，水浇条件差，发展水果困难较多，干果是其优势所在，中草药材也是门头沟、房山山区发展的特色品种之一。对于延庆，由于其有北京山区面积最大的盆地，又位于海拔2234米的海坨山脉与燕山山脉两端及太行山脉北端的特殊地带，在这种特殊的地理地势和气候条件下，发展葡萄等优质果品具有优势。延庆的奶牛养殖业条件也很优越。除此之外，可借助其夏季凉爽的优势开展度假村、高山密林森林氧吧游、古迹游；在冬季可开展冰雕

① 权维俊、赵新平、郭文利：《专家分类器在京白梨气候区划中的应用》，《气象科技》2007年第35（6）期，第849～852页。

游、滑雪游等。对于北部及东北部山区的昌平、怀柔、密云、平谷等地区，其地势相对平缓、土层较厚、土壤属偏酸性、降水相对较多，可发展板栗和北方大桃。加上其绿化较好，有雨可涵养、无雨尚有泉，所以应开展森林旅游。

（四）规划区气象灾害风险分析

气象灾害是影响公共安全的重要因素，它对经济建设和社会发展有着重要的制约作用。在早期的城市规划编制和实施过程中没有充分考虑气象灾害的因素，导致城市在发生气象灾害时，生命财产损失较大。要将城市减灾的超前意识落实到北京市主体功能区规划中，就要求在规划中正视灾害的事实，将防灾意识、内容贯彻到具体的规划中。增加主体功能区规划中的城市防灾、减灾措施政策研究对于主体功能区人民生命财产、开发成果的有效保护，是十分迫切、切实可行的。

资料显示，北京是我国气象灾害频发地区之一，也是世界上气象灾害较多、较重的大都市之一。北京地区主要的气象灾害包括干旱、暴雨、风灾、雹灾、雷电、高温热害、低温冻害、雾害、积雪、霜冻等，其分布如图 10 所示。

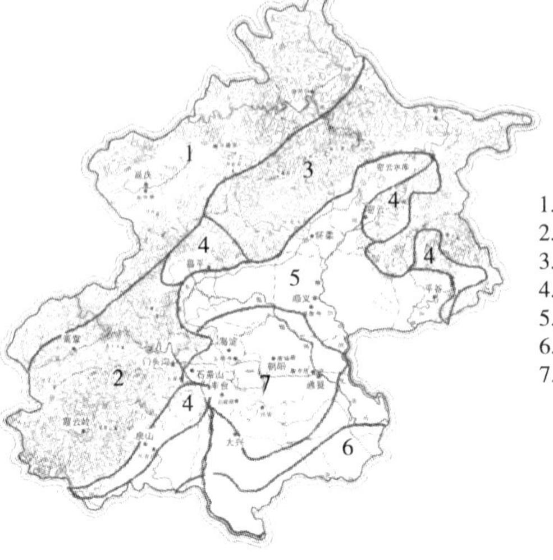

1. 西北部山区旱、风、冻、雹多灾区
2. 西部山区暴雨洪水、泥石流多发区
3. 北部山区暴雨洪水、泥石流多发区
4. 山前高岗易旱区
5. 平原局地易旱、易涝区
6. 东南郊易旱区
7. 城近郊及大兴、通州部分地区为多热害、雷害、易涝、污染区

图 10　北京气象灾害空间分布示意

五　评估结论与建议

（一）评估结论

汇总前几部分的研究结果，得到如下结论。

（1）北京城市化水平较高的地区温度较高，水体和绿化能有效降低温度。北京城市热岛强度随着城市的发展呈渐进性增强，呈向北、南和东三面扩展的趋势。

（2）北京城区风速小于郊区，并呈现逐年减小的趋势。

（3）北京市顺义、朝阳、通州、大兴风速较大，输送扩散条件较好，适宜作为产业发展带；房山和北京城区风速略小一些，输送扩散条件略差，不适宜布置污染企业。

（4）北京市房山、门头沟、石景山等地区容易出现气流的辐合，大气扩散条件较差，不适宜布置污染企业，适宜作为绿化用地或居住、旅游等。

（5）规划方案由于部分地区的城镇化和大面积的绿地规划，温度变化较明显。年平均温度变化 -0.3℃ ~0.6℃。

（6）由于部分地区的城镇化和大面积的绿地规划，粗糙度增大，风速有所减小。减小幅度为0.1 ~0.3 米/秒。风向无明显变化。

（7）由于风速减小，使得污染的扩散范围减小，浓度略增大。污染源附近及其较近的下风向浓度略增大，较远的下风向浓度有所减小。

（8）规划方案比现状的交通污染扩散自净时间增大3%（0.57 小时），工业污染扩散自净时间无明显变化。

这些分析结论直接为北京总体规划（2004 ~2020 年）的“两轴两带多中心”提供支持。

（二）建议

将以上对规划区有影响的新型能源分析、气象扩散条件分析、生态涵养与农业情况以及气象灾害的情况进行汇总，归纳出每个功能区的总体气象背景情况如下，从而提出相应的政策建议。

1. 首都功能核心区

该区的现状是污染较重、热岛程度高、人口密集，因此未来的发展禁止新建污染企业，发挥其生活、政治、文教等功能优势。该区太阳能资源丰富，可大力推广太阳能建筑、太阳能集中供热、公建太阳能利用。需要注意的问题是城市内涝、夏季高温，因此应注重城市排水、防洪能力提高，绿化加强，河湖完善治理。

2. 城市功能拓展区

该区现状是污染扩散能力一般、热岛效应较明显且发展快。因此选择发展污染轻、附加值高的行业，承载首都功能核心区功能转移。太阳能资源丰富，可推广太阳能建筑、太阳能集中供热、公建太阳能利用。需要注意的问题是城市内涝，夏季高温，影响交通的大雾、雷电，因此应注重城市排水、防洪能力提高，绿化加强，河湖完善治理，加强防雷设施安装、检测。

3. 城市发展新区

该区现状是扩散能力较强、热岛效应不显著、发展空间大，因此新型产业发展具有优势，可大力发展。太阳能资源丰富，可推广太阳能建筑、发展太阳能产业、开展太阳能设施农业。需要注意局部暴雨、干旱、沙尘，因此排水、防洪能力需要提高，并加大绿化、防护林建设。

4. 生态涵养发展区

该区现状是人体舒适度高、扩散能力弱、地势复杂，作为北京城区生态屏障，生态涵养应与农业发展结合，发挥旅游度假优势。风能资源、太阳能、地热能资源丰富，适合发展风电产业，开展太阳能设施农业，进行地热开发。需要注意的是局部暴雨、冰雹、干旱、泥石流，应加强防洪水利工程建设，实行山、水、林、田路综合治理，完善天然林保护工程，进行水源保护。

G.18

低碳宜居社区建设与低碳消费模式探讨

——气候舒适性评价方法和气候资源应用

洪国平*

摘　要：

本文简述了低碳宜居社区发展历程，给出了低碳宜居社区概念、内涵、气候舒适性评价指标体系及方法；利用国家标准《人居环境气候舒适度评价》以及武汉市国家气象站、加密观测站近30年气象观测资料，开展了典型低碳宜居社区的宜居气候舒适性评价；初探了践行社区绿色低碳消费模式与实现气候资源科学利用的途径、内容与方法；总结了近年来中国典型低碳宜居社区与低碳消费模式的实践。

关键词：

低碳宜居社区　人居气候舒适性评价　低碳消费模式

地球大气具有适应人类生存的气候条件，当某些气象要素或综合气候条件超过人的正常承受能力时，人就感觉不舒适，甚至产生疾病。气候变化导致气候的人居适宜性降低，IPCC①第四次评估报告（IPCC AR4）指出，最近100年（1906~2005年）全球地表平均气温升高了0.74℃。过去50年全球地表气温变化很可能是由于人类所排放温室气体的增温效应造成的，预计到21世纪末全球平均气温将升高1.1℃~6.4℃。而第二工作组的主要结论是：自20世纪70年代以来，人类活动引起的气候变暖对许多自然和生物系统产生了影响，

---

* 洪国平，武汉区域气候中心副主任，高级工程师，研究领域为应用气象、气候应用及气候可行性论证等。

① IPCC Climate Change 2007, *The Physical Science Basic*, Cambridge, United Kingdom: Cambridge University Press, 2007, 996.

这种影响可能将持续相当长的时间，并且可能趋于恶化。在全球变暖的大背景下，极端天气气候事件发生频率会增加，气候变化可能引起高温热浪频率和强度的增加，由高温事件引起的死亡人数和严重疾病将会增加，全球变暖将加剧未来中国电力等能源消费持续增长。随着社会经济的发展和城镇化进程的推进，越来越多的人将生活在城市社区，人们对居住小区的宜居性要求越来越高，居住小区的宜居性是居民生活质量的重要体现，也是居住小区性价比的重要评价指标。在气候变化背景下，建设低碳宜居社区、提倡低碳消费模式显得尤为重要。

一　低碳宜居社区的概念、评价指标体系及方法

社区是城市组成的细胞，低碳宜居社区是低碳宜居城市的重要表现，建设低碳宜居城市要从建设低碳宜居社区开始。低碳宜居城市、低碳宜居社区强调的是宜居，什么样的城市能称得上宜居城市，什么样的社区能称得上宜居社区，如何评价宜居城市和宜居社区，这是必须首先回答的问题。

（一）宜居城市的概念及评价指标

从字面意义上来理解，“宜居城市”就是指适宜人类居住的城市，其中适宜人类居住的环境包括自然的生态环境和社会的人文环境。因此，中国学术界对“宜居城市”概念的理解都没有脱离“自然环境＋人文环境”的模式。李丽萍等[①]给出了“宜居城市”狭义和广义上更为细致的定义，认为狭义的“宜居城市”是指气候条件宜人，生态景观和谐，人工环境优美，治安环境良好，适宜居住的城市，这里的“宜居”仅仅指适宜居住；广义的“宜居城市”则是指人文环境与自然环境协调，经济持续繁荣，社会和谐稳定，文化氛围浓郁，设施舒适齐备，适合人类工作、生活和居住的城市，这里的“宜居”不仅是指适宜居住，还包括适宜就业、出行、教育、医疗及文化资源充足等内

① 李丽萍：《关于宜居城市的几个问题》，《重庆工商大学学报》（西部论坛）2006年第3期，第54～58页。

容。低碳宜居城市还要满足低碳城市的要求。

中国城市科学研究会①提出了宜居城市科学评价六大指标体系：社会文明度、经济富裕度、环境优美度、资源承载度、生活便宜度、公共安全度，并设立了一个否定指标体系，对评价出的综合宜居指数在没有否定条件下进行综合评分，可以对宜居城市的宜居等级进行定量评价。

（二）宜居社区的概念及内涵

到目前为止，国外对于宜居社区的研究比较多，如生态社区、绿色社区、可居住社区等概念，不同学科的学者从社区的绿色、生态型、和谐、可持续发展及其各种功能的角度去分析和研究社区，并提出了一些与宜居社区相类似的概念。表 1 通过对各种类似概念社区的对比和分析得到宜居社区的概念。

表 1　宜居社区类似概念的比较

社区类型	关键词	主导理论基础	社区研究的特征
生态社区	人居生态化、环境生态化、社会生态化和经济生态化	生态学理论	强调物质环境的生态性，以生态技术的发展为背景，关注生态环境、建筑节能、生态的生活方式
绿色社区	绿色经济、绿色社会、生态技术、绿色环境	可持续发展理论	强调自然环境对社区的重要性，以绿色经济发展为背景，关注社区物质的循环利用和可持续发展
和谐社区	人与人、人与社会、人与自然的良性互动和协调发展	和谐社区理念	强调社区对于构建和谐社会的基础地位，以服务居民为重点，以党的领导和建设为关键

宜居社区的概念应该是生态社区、绿色社区、和谐社区的综合。借鉴《宜居城市科学评价标准》中对于宜居城市的定义，胡晓君②是这样定义的：宜居社区是在可持续发展理念、人类需求层次理论和人居环境科学的指导下，

① 中国城市科学研究会“宜居城市”课题组：《宜居城市科学评价指标体系》，2007 年 4 月通过验收。

② 胡晓君：《城市宜居社区综合评价研究》，中山大学硕士学位论文，2008 年 6 月。

以居民为本，以不断提高和丰富居民生活质量，不断提高居民对社区需求满意度为目标指向的环境优美、生活便利、服务完善、治安良好、邻里关系协调、管理有序、居民具有归属感、居民满意的动态发展社区。

（三）更高层次的宜居社区——低碳宜居社区

随着人们气候变化意识的增强，低碳生活成为人们不断追求的一种现代文明的生活方式，低碳的实质是提高能源利用效率和清洁能源结构，核心是能源技术创新、制度创新和人类生存发展观念的根本性转变。以往的宜居社区向更高层次的低碳宜居社区转变，不仅满足宜居社区的基本要求，而且要满足低碳社区的要求，将低碳理念、生活态度、消费观念和生活方式融入到社区规划设计、运行管理以及居民的日常生活中，简言之，低碳社区就是追求更低的温室气体排放的社区。

（四）低碳宜居社区的评价指标及评价方法

以社区居民满意度为核心，胡晓君在《城市宜居社区综合评价研究》中提出了宜居社区的评价指标体系，该评价指标体系以社区宜居度为总目标，设置了公共安全度、环境优美度、生活便宜度、资源享有度和社区和谐度5个分目标，分目标下面设置了23个准则指标、57个要素指标。

对于低碳宜居社区，结合低碳生活的要求，其评价指标体系应在上述宜居社区的5个评价指标基础上，增加低碳生活度的评价指标体系，包括低碳设计模式、低碳居家模式、低碳出行模式、气候资源综合利用模式4个标准层和12个指标层。低碳宜居社区综合评价指标体系如表2所示。

评价指标体系包括两大类指标：定量指标和定性指标。定量指标可以通过统计数据的查询或者计算对比评价标准来得到。定性指标必须通过一定量化步骤得到，如满意度指标及其他主观性较强的指标可通过居民满意度调查得到，然后进行量化赋值（见表3）。

通过定量和定性相结合的方法，对定性指标进行量化，利用层次分析法等理论设计综合评价模型，计算综合的低碳宜居评价指数，然后将计算的综合指数分5个等级（见表4）。

表 2　低碳宜居社区综合评价指标体系

总目标	分目标层(Ai)	标准层(Bi)	指标层(Ci)
低碳宜居社区宜居指数	低碳生活度	低碳设计模式	社区房屋节能设计
			透光性设计
			通风性设计
			清洁能源的应用程度
		低碳居家模式	资源循环利用
			垃圾分类和回收
			低碳用电、气、水、油等节约模式
		低碳出行模式	公共交通出行率
			私家车使用率
			社区内电动汽车使用率
		气候资源综合利用模式	太阳能、光能、自然风等清洁能源资源利用度
			雨水资源综合利用度
	公共安全度	社区治安系统	社区案发率
			居民对社区治安满意度
		社区消防系统	居民对社区消防系统满意度
			社区消防设施及使用情况
		生命线系统工程完整度	居民对生命工程系统满意度
	环境优美度	自然生态环境	区位的合理性
			居民对安静程度满意度
			大气环境质量
			固体废物无害化处理
			绿化率
			居民对自然生态环境满意度
		建筑环境	建筑布局合理性
			建筑密度
			居民对室内声光热销环境质量满意度
		社区景观	居民对公共活动空间满意度
			居民对社区绿化满意度
	生活便宜度	交通便利度	实际享受的公交站点情况
			到轨道交通的便利性
			居民对社区交通便捷性满意度
		商业设施	每千人拥有商业网点数
			居民购买食品的便利情况
			居民对商业设施满意度

续表

总目标	分目标层(Ai)	标准层(Bi)	指标层(Ci)
低碳宜居社区宜居指数	生活便宜度	市政服务设施	互联网光缆到户率
			公厕设施及使用方便情况
			居民对停车系统满意度
			居民对市政服务质量满意度
		教育文化体育设施	基础教育设施使用便利情况
			健身设施分布及使用情况
			文化活动设施及使用情况
			居民对体育设施满意度
			居民对周边义务教育设施满意度
			居民对文化设施满意度
		老年人设施	老年人活动设施及使用情况
			托老所、老人福利院使用情况
			居民对老人服务设施满意度
		卫生医疗体系	社区卫生医疗设施建设及使用情况
			居民对卫生医疗设施满意度
		信息服务设施	信息传播及共享情况
			居民对信息服务设施满意度
		社区金融服务设施	社区银行、保险、证券等设施建设及使用情况
			居民对金融服务满意度
	资源享有度	水电资源使用情况	居民对水电使用情况的满意度
		住房资源享有度	人均居住面积
		绿化资源享有度	人均绿地面积
	社区和谐度	社会保障和救助	社会保障覆盖率
			失业率
			再教育培训情况
			居民对社区保障管理工作满意度
		社区管理体系	社区居委会、物业管理委员会、业主委员会情况
			居民对管理服务满意度
		居民自愿参与	居民自愿参与社区服务比例
			居民自然参与社区管理比例
		社区居民的个性化需求	居民对社区个性化服务满意度
		邻里关系	居民有归属感的比例
			居民对邻里关系满意度
		居民科学文化水平	受高等教育人数比例

表 3　社区居民满意度赋值

分值等级				
5	4	3	2	1
很满意	满意	一般	不满意	非常不满意

表 4　低碳宜居社区综合指数分级

级别	低碳宜居综合指数	表征现实意义	级别	低碳宜居综合指数	表征现实意义
一级	>4	低碳宜居度很高	四级	1～2	低碳宜居度较低
二级	3～4	低碳宜居度较高	五级	<1	低碳宜居度很低
三级	2～3	低碳宜居度一般			

二　典型低碳宜居社区的宜居气候舒适性评价

社区居住气候舒适性是低碳宜居社区的重要表现，低碳宜居社区的 6 个评价指标中的环境优美度、低碳生活度指标与居住气候舒适性有直接关系，而资源享有度也与气候舒适性有间接关系，因此，评价低碳宜居社区的居住气候舒适性对于科学评价低碳宜居社区有重要意义。

（一）宜居气候舒适性评价指标体系

多年来，国内外很多学者开展了气候舒适性指标研究，提出了几十种人体舒适度指标。据研究，人居最舒适的室内温度和湿度是：夏季 24℃～26℃，冬季 20℃～22℃，湿度 30%～70%。人体体温正常情况下保持在 36.5℃左右，而人体的皮肤温度略低于体温，大约是 32℃，仅仅对于温度而言，当气温高于 32℃时，人体就会产生炎热的感觉，但是，相同温度下，不同的湿度、风速组合给人体的舒适感觉会不一样。例如，在 35℃气温环境中，如果空气湿度在 50% 以下，风速在 2 米/秒以上，人基本不会感觉热，如果湿度增大到 70% 以上，风速又很小时，人就会有闷热难受的感觉；同样道理，在相同低温环境下，不同的湿度和风速组合也会给人不同的寒冷感受。吴兑认为各种描述人体舒适度的指标都是以温湿指数为基础的各式各样的变型[①]。其中，温度起决定性作用，湿度是重要指标，风速与辐射等其他气象要素也不能忽视。目前在国内使用较多的人体舒适度指标有下列几种。

1. 炎热指数

由 Tom 提出，Bosen 又进行了发展[②]，该指数是热应力的舒适指标，也是温湿指数的一种表示方法，作为衡量温度、湿度等对人体影响的判别，能准确反映人体在湿度与气温共同作用下的实际感受。国内学者结合当地的实际情况，对炎热指数进行改进，衍生出多个变形的炎热指数，如王远飞等给出了上海市人体气象舒适度冬、夏半年指数模型[③]，赵世林等定义了石家庄的闷热天气指数[④]。

2. 体感温度指数

吕伟林[⑤]根据 Houghton 和 Jaglou 等提出的有关方法，综合考虑气温及辐射、湿度及风速对气温的修正，提出了计算体感温度的经验公式。湖南省地方标准[⑥]又在考虑云量的基础上修正了体感温度公式。Missendard 给出了温度、湿度、风速组合的体感温度公式。

3. 不舒适指数

美国常用 E. C. Tom 的不舒适指数，也称温湿指数，表示无风时闷热的程度。

4. 热指数

美国、加拿大、以色列等国家目前均采用热指数作为夏季高温热浪预警的评价指标，热指数取决于气温和湿度的共同作用，可以作为衡量人体耐热的标准。

除以上主要人体舒适度指标外，中国各地根据当地气候特点编制了很多衍生人体舒适度评价指标体系，在各地气候舒适度评价业务中使用。

---

① 吴兑：《多种人体舒适度预报公式讨论》，《气象科技》2003 年第 6 期，第 370 ~ 372 页。

② Tom E. C. , Bosen, "The Discomfort Index", *Weatherwise*, 1959 (12), 59 – 60.

③ 王远飞、沈愈：《上海市夏季温湿效应与人体舒适度》，《华东师范大学学报》（自然科学版）1998 年第 3 期，第 60 ~ 66 页。

④ 赵世林、车少静：《石家庄的高温闷热天气》，《气象》2001 年第 9 期，第 23 ~ 25 页。

⑤ 吕伟林：《体感温度及其计算方法》，《北京气象》1998 年第 1 期，第 23 ~ 25 页。

⑥ DB43/T 235 – 2004《气象指数》。

（二）人居环境气候舒适性评价指标

2011 年，《人居环境气候舒适度评价》[①] 国家标准发布，该标准在总结、归纳国内外相关人居气候舒适度研究的基础上，统一、规范了气候对人居环境的影响内容和评价方法，选用“温湿指数”和“风效指数”两个指标作为居住环境舒适度的气候评价指标，将气温、湿度、风和日照作为影响人体舒适度的主要气象要素，温湿指数表征在不同的温度、湿度综合作用下所产生的人的冷热感觉指标，风效指数反映体表与周围环境之间的热交换，即体表单位面积的热交换率（正值为吸热，负值为散热）。

温湿指数计算公式见式（1）：

$$I = T - 0.55 \times (1 - RH) \times (T - 14.4) \tag{1}$$

式中，T 为某一评价时段平均温度（℃）；RH 为某一评价时段平均相对湿度；I 保留 1 位小数。

风效指数计算公式见式（2）：

$$K = -(10\sqrt{V} + 10.45 - V) \times (33 - T) + 8.55S \tag{2}$$

式中，T 为某一评价时段平均温度（℃）；V 是某一评价时段平均风速（米/秒）；S 是某一评价时段平均日照时数（小时/天）；K 取整数。

将气候舒适度划分为 5 个等级：寒冷、冷、舒适、热和闷热（见表 5）。

表 5　人居环境舒适度等级划分

等级	感觉程度	温湿指数	风效指数	健康人群感觉的描述
1	寒冷	<14.0	< -400	感觉很冷，不舒服
2	冷	14.0 ~16.9	-400 ~ -300	偏冷，较不舒服
3	舒适	17.0 ~25.4	-299 ~ -100	感觉舒适
4	热	25.5 ~27.5	-99 ~ -10	有热感，较不舒服
5	闷热	>27.5	> -10	闷热难受，不舒服

① GB/T 27963 -2011《人居环境气候舒适度评价》。

评价某地人居环境的气候舒适度时，一般可同时使用温湿指数和风效指数，若两指数的一致率大于等于70%即认为是较理想效果。因全国各地气候差异较大，当两种指数存在差别时，冬半年可使用风效指数，夏半年可使用温湿指数，评价时段平均风速大于3米/秒的地区使用风效指数。

（三）典型社区人居气候舒适性评价

利用《人居环境气候舒适度评价》给出的两个评价指标：温湿指数和风效指数，对武汉市第一个绿色街区计划项目——武汉朗诗绿色街区进行人居气候舒适性评价，并用Missendard的体感温度指数验证。评价报告可作为该社区确定每年供暖季、制冷季、除湿季及自然舒适季的依据。

对于素有“江南三大火炉”之称的武汉，如何改善居住环境是市民越来越关注的重要话题。武汉市处于副热带湿润季风气候区，常年平均气温17.2℃，年均降水量为1269毫米，年均相对湿度78%，年日照总时数1929小时，长江、汉江穿城而过，湖泊星罗棋布，夏季湿热，雨热同季，冬季湿冷，四季分明，仅春秋季气候适宜，但日期较短。

武汉朗诗绿色街区项目位于武汉市汉阳区两江交汇的三角地带，北纬30°37′,东经114°08′，海拔27米，用地面积51094.44平方米，总建筑面积121605平方米。

利用武汉气象站近10年（2003～2012年）的资料，临近的蔡甸国家气象站近5年的资料，以及武汉市30年平均资料（1981～2010年）进行对比分析，要素为日平均气温、相对湿度、风速及日照时数，以及部分邻近区域的加密气象站建站以来的日平均气温等资料。

确定四季划分标准：连续5日滑动平均气温稳定降到10℃及以下作为冬季的开始，稳定升到22℃及以上作为夏季的开始，从10℃及以下稳定升到10℃以上时作为春季的开始，从22℃及以上稳定降到22℃以下时作为秋季的开始。

比较发现，近10年与近30年平均相比，武汉市春季出现日期整体偏早，尤其是入春日期提前12天左右，秋季结束日期略有偏早，春、秋两季历时在110天，比30年平均缩短18天；而入夏日期提前24天，夏季显著延长，比30年平均延长33天，冬季显著缩短，比30年平均缩短15天（见图1）。

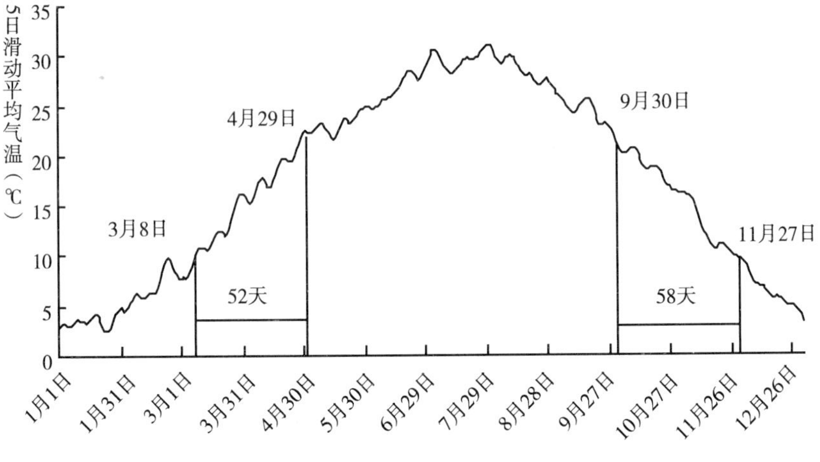

图1　武汉市2003～2012年四季转换日

计算了近10年日平均温湿指数 I、风效指数 K 和体感温度指数 T_e，对3个指数归一化处理后，进行两两之间相关分析，相关系数在0.99以上（通过了0.01的显著性检验），说明这3个指数对武汉市的舒适度表征高度一致（见图2），利用表5将指数转换成舒适度等级（见图3）。

再利用社区临近的蔡甸气象站的资料，对舒适日进行适当修正，夏半年的评价以温湿指数为主，冬半年的评价以风效指数为主，适当参考体感温度指数，指数为3的日期为舒适日；指数为4及以上日期为供冷日；指数为1的日

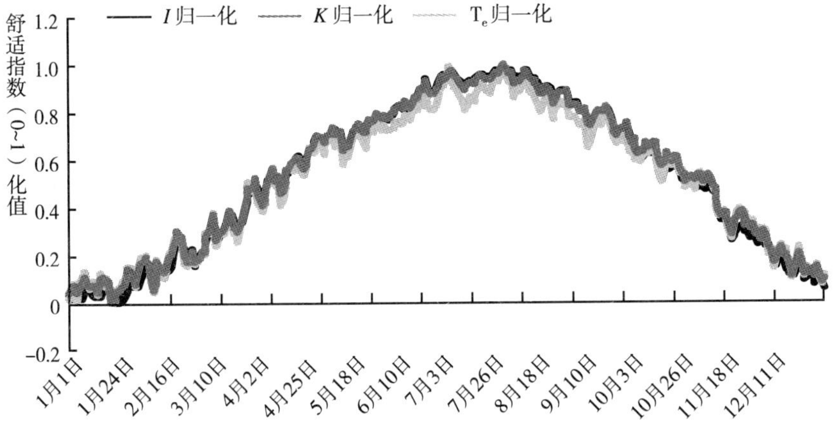

图2　武汉市2003～2012年日平均舒适度指数曲线

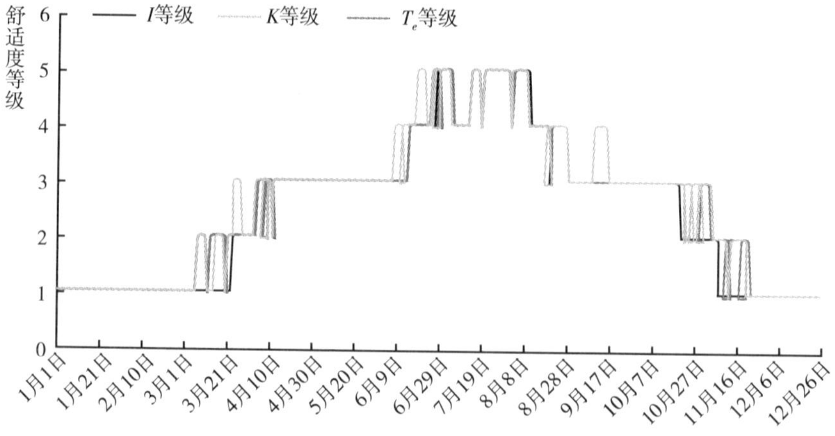

图3 武汉市2003～2012年日平均舒适度指数等级

期为供暖日；指数为2的冷日居民可以通过增衣保暖和居室自身的保暖作用，从低碳角度考虑，不需要额外供暖；对于同时满足日平均气温在27℃以上及平均相对湿度70%以上的日期，定为除湿日。

综合评估得到武汉朗诗绿色街区全年舒适日（自然通风日）129天，春夏季舒适季从4月7日到6月18日，秋季舒适季从8月30日到10月24日；供冷季从6月19日到8月29日，共72天，其中，7月24日到8月10日3个舒适度指数均为5，共18天，为闷热日，要特别注意防暑降温；除湿季从6月17日到6月29日，共74天；供暖季从11月14日到3月23日，共132天。武汉朗诗绿色街区气候舒适性区划如表6所示。

表6 武汉朗诗绿色街区气候舒适性区划

	季节转换日	季日数	气候舒适季	供冷季	供暖季	除湿季
入春日	3月8日	52天	4月7～28日		3月8～23日	
入夏日	4月29日	154天	4月29日～6月18日；8月30日～9月29日	6月19日～8月29日		6月17日～8月29日
入秋日	9月30日	58天	9月30日～10月24日		11月14日～11月26日	
入冬日	11月27日	101天			11月27日～3月7日	
合计日数		365天	129天	72天	132天	74天

三 社区绿色低碳消费模式与气候资源的科学利用

低碳是指从物质的生产、使用以及最终的垃圾处理的全过程中实现二氧化碳的最小排放。低碳消费模式就是把生活作息时间所耗用的能量、资源尽量减少，从而减低温室气体的排放量，降低资源的消耗。低碳消费模式是一种低成本、低代价的生活方式。社区绿色低碳消费主要表现为居民消费的节能、低碳、环保及资源的循环利用模式。低碳生活，对于普通人来说是一种生活态度，也应成为人们尊崇的现代生活方式。低碳宜居社区的低碳生活度评价指标主要是提倡绿色低碳消费以及体现对气候资源的科学利用，确保社区的环境优美也要求社区居民身体力行地参与到绿色低碳消费模式和科学利用气候资源的行动中。

社区绿色消费模式与气候资源的科学利用由两个参与主体共同实践：一是社区管理部门；二是社区居民。社区物业管理部门应在社区绿色低碳消费模式中起到引领、宣传和示范作用，把绿色低碳环保的理念贯穿于社区运行管理的方方面面。建设绿色社区、绿色建筑，社区绿化要实行乔木、灌木、草坪等立体多层次绿化，少用草坪绿化，住区的绿地率不低于30%，人均公共绿地面积不低于1平方米。在集中供暖和集中供冷的社区，要进行社区人居气候舒适度评价，充分利用舒适季自然通风，冷季和热季适量供暖供冷或不供，只有在寒冷季和闷热季才供暖和供冷，减少能源消费。小区的照明系统要尽量采用太阳能、风能等可再生气候能源供电，如风电互补供电的路灯照明系统，如果条件不具备，也要用节能灯照明。建立雨水回收采集系统，用于小区绿化和清洁。社区内交通要用电动车代替汽油车。社区要实行垃圾分类和回收再利用。电池等重污染消费品要集中回收。室外停车场要用下渗路面。鼓励居民使用太阳能热水器，为居民安装太阳能热水器提供方便。在社区文化宣传栏经常开展节能、环保宣传，开展节能、环保社区型活动，普及低碳经济理念。将绿色、低碳、环保理念不断传递给社区居民，树立社区文明、自觉的生活态度。

社区居民是绿色低碳消费模式与气候资源的科学利用的直接参与者也是受益者，体现在社区居民家居生活、资源利用、出行及环保意识等方面，时时处处体现低碳家居、低碳消费、低碳出行，保护环境、降低垃圾量、实行垃圾分类，重视材料的再利用、再循环，节约资源能源，在条件具备前提下，充分利用太阳能、雨水、自然光、自然风、自然气温等可再生气候资源能源，少用、节约使用一次性能源、资源。

四　中国低碳宜居社区与低碳消费模式的实践

建设资源节约型、环境友好型城市要从社区做起，低碳示范城市也要从低碳示范社区做起。低碳宜居社区已成为中国大型房地产开发企业的追求目标和经营理念，这不仅适应气候变化、节能降耗、低碳环保、宜居社区的要求，也成为房地产项目性价比的重要指标。

朗诗绿色街区是朗诗置业有限公司开发的高舒适度低能耗科技住宅区，该公司先后在南京、无锡、杭州、苏州、常州、上海、绍兴、武汉和成都等大中城市开发绿色街区。朗诗绿色街区注重培育绿色低碳宜居的朗诗品牌，宣传绿色人居的理念，倡导低碳、环保、绿色、节能的居住发展方向。

上海朗诗绿色街区是上海首个“绿色建筑三星级”项目，位于上海市重点发展的三大新城之一——嘉定新城，朗诗绿色街区打造包括精装高层、大平层在内的多种产品组合。项目采用地源热泵技术和顶棚辐射等系统，从地下常温层中提取能量，再由顶棚辐射的科技方式传导至室内，可以保证各个角落的室温均匀分布，且无吹风感，并引入外墙保温系统，以先进环保的节能方式实现室内适温。

目前，朗诗集团在长三角地区规模化开发约 300 万平方米科技节能住宅小区，节能效果达每平方米每年可以节煤 32.6 千克，减排二氧化碳 90 千克，减少二氧化硫、氮氧化合物等污染物排放 1.6 千克，相当于节能 5000 万千瓦时/年，减排 CO_2 约 5 万吨/年。

上海朗诗、苏州朗诗、武汉朗诗等朗诗旗下的开发项目都进行了人居气候舒适性评价，用于全年指导街区供暖、供冷和自然通风季的调度，体现了小区充分利用科学手段实现建设低碳节能社区的宗旨。

北京市大兴区清源街道康隆园社区位于清源街道辖区的西北部，东起兴业大街，西至兴盛路，南起康庄路，北至金星西路，康隆园社区占地面积约25.5公顷，共计770户居民，共有人口2360人。康隆园社区环境优美，充分利用原生林木打造园林环境和水系景观，以自然葱郁的生态景观为基础，楼宇之间水系纵横，联排庭院错落有致，极具江南水乡情趣特色，美丽的小区环境给社区居民带来了美好的视觉享受和良好的居住环境。

武汉市百步亭社区是全国低碳示范社区，位于湖北省武汉市江岸区，占地3平方公里，入住12万人。社区首创中国“建设、管理、服务”三位一体的“百步亭社区管理模式”，坚持“以人为本、以德为魂、以文为美、以和为贵”的核心理念，是实现了管理服务完善、治安秩序良好、生态环境优美、人际关系亲密、社会风尚文明、居民安居乐业的低碳宜居社区，荣获了首届“中国人居环境范例奖”。

五　结语

低碳宜居社区体现了现代城市居民对理想居住环境的追求，创造社区居住气候的舒适性，践行社区绿色低碳消费模式与科学利用气候资源是低碳宜居社区的重要特征。建设低碳宜居社区，需要社会、管理者及社区居民的共同参与。随着社会经济的发展和人们对居住环境要求的不断提高，低碳宜居社区的内涵还会不断丰富和延伸，也会与人们美丽的宜居愿景更加接近。

G.19

中国雾霾趋势分析及治理对策

张莹 高荣 巢清尘*

摘 要：

本文系统地介绍了雾霾天气的定义和产生原因，并根据历史数据揭示出中国雾霾天气的时空变化特征。本文进一步指出近年来中国雾霾天气增多的成因是人类社会经济活动产生的人为影响因素和气候变化带来的气候因素影响相结合的结果。雾霾天气会给气候、环境、健康、经济等方面造成显著的负面影响，因此，急需引起各方重视，采取有效措施加以控制。在控制雾霾天气方面，其他国家一些城市或地区，如英国伦敦、美国加利福尼亚州以及墨西哥的墨西哥城等已经积累了一些成功的管理经验可资借鉴。因此，应对空气污染问题需要加强综合治理、标本兼治，区域协调、部门联动，长期重治、短期重防。

关键词：

雾霾天气 PM2.5 控制对策 污染来源

一 引言

雾霾是指各种排放源产生的污染物（气体和颗粒物，如 CO、SO_2、NO_x、NH_3、VOCs、PM），在特定的大气环境条件下，经过一系列物理、化学过程形成的细粒子，并与水汽相互作用导致的大气消光现象。大气污染中涉及的颗粒物，一般指粒径介于 0.01～100 微米的粒子，其中空气动力学直径等于或小于

* 张莹，中国社会科学院城市发展与环境研究所副研究员，研究领域为环境经济学、能源经济学及相关领域数量模型构建；高荣，国家气候中心高级工程师，研究领域为区域气候模拟；巢清尘，国家气候中心副主任，主要研究领域为气候变化科学与政策研究、气候诊断分析。

10 微米的大气颗粒物（气溶胶）统称为 PM10，而等于或小于 2.5 微米的大气颗粒物总称为 PM2.5。PM2.5 组成极其复杂，几乎包含元素周期表中的所有元素，涉及 30000 种以上有机和无机化合物（包括硫酸盐、硝酸盐、氨盐、有机物、碳黑、重金属等）。

雾霾天气是一种大面积低能见度天气现象，雾霾天气一般形成于近地面层水汽条件较好、大气层结稳定、风力较小的气象条件下。当空气中的污染物不断积累，污染物含量较大时，大气中凝结核较多，如果大气层结较为稳定，污染物不能很快地扩散出去，就会形成雾霾天气。中国雾霾天气成因具有明显的季节性变化。在冬季，北方的采暖加上稳定的大气边界层结构和较低的混合层高度很容易导致雾霾现象。在夏季，高温、高辐射气候加上高湿天气会促进污染物的光化学反应和吸湿性增长，导致易出现雾天气。在秋季，白天的强烈辐射和高温会加速光化学气粒转化，而早晚低温和高湿在稳定的天气系统中容易导致霾污染事件。在春季，远程沙尘输送、局地扬尘、城市酸性气体和空气中较多的水分也会方便霾的形成。因此，雾霾天气各月发生频率差不多，其中 10 月至次年 1 月发生频率稍多；但霾天气出现频率则是冬半年明显多于夏半年，冬季霾日数占全年的比例为 42.3%。

雾霾产生的原因有自然形成和人类活动形成两大类。前者约占雾霾排放的 10%，主要是源自火山爆发喷射出的 SO_2 以及各种微粒状物质和野山烟雾等。而人们更加关注的是人类的社会经济活动所产生的雾霾，这种雾霾形成最根本的原因是空气中的污染物（主要是由煤炭燃烧、汽车尾气排放所致）不断积累。在全球变暖背景下，雾霾形成的气象条件发生了明显的变化，成为雾霾天气形成的直接导火索。在城市雾霾和空气污染中，既有直接从排放源产生的一次粒子，也包括源自工业和民用煤炭燃烧以及汽车尾气排放源一次排放的气体通过物理和化学过程生成的二次粒子。雾霾天气广泛存在于具有工业基础的大城市中，阳光充足、气候温暖、干燥以及汽车使用较多的城市中该情况尤为严重。一般来说，雾霾天气属于局部性空气污染，将主要对造成排放的地区产生影响，但是在一定的气候条件下也会对周边地区特别是下风口地区产生影响。

二 中国雾霾天气的时空变化特征

研究表明，近50年来中国雾霾天气总体呈增加趋势。其中，雾日数呈明显减少，霾日数明显增加，且持续性霾过程增加显著。从空间分布看，霾日数呈现东部增加西部减少，大城市比小城镇增加明显趋势，呈现雾霾持续时间长、范围广、影响大、污染重等特点。

（一）雾霾天气呈霾增雾减、东增西减趋势

1961～2012年，中国中东部地区（100°E以东）平均年雾霾日数总体呈增加趋势，年代际变化特征明显，20世纪80年代前，年雾霾日数呈增加趋势，80年代和90年代，年雾霾日数呈现减少趋势。21世纪以来，年雾霾日数又呈增加趋势（见图1）。近52年来，年雾霾日数最多的是1980年，有35.8天。总的来说，雾日数较霾日数明显偏多，20世纪80年代以前中国中东部平均雾日数基本都在霾日数的3倍以上；20世纪80年代以来，雾日数呈减少趋势，而霾日数呈增加趋势，雾霾日数比例逐渐减小，特别是2011年和2012年的霾日数均超过雾日数。

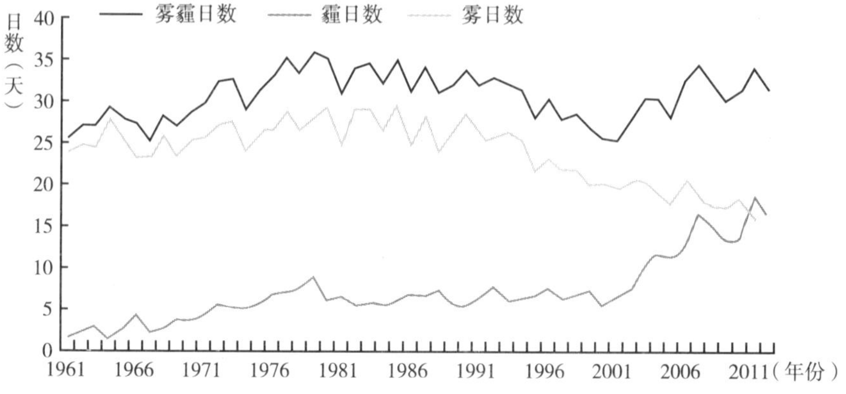

图1 中国中东部地区平均雾霾日数历年变化（1961～2012年）

资料来源：国家气候中心。

中国年雾霾日数变化趋势呈东增西减趋势，东北、西北和西南大部地区雾霾日数每年减少0~0.5天，除新疆北部外，西部地区年雾霾日数基本都在5天以下；华北、长江中下游和华南地区呈增加趋势，其中珠三角地区和长三角地区增加最快，广东深圳和江苏南京平均每年增加4.1天和3.9天。中东部大部地区年雾霾日数为25~100天，局部地区超过100天。

（二）持续性霾过程显著增加

中国中东部地区连续3天以上霾过程站次数在20世纪虽然略有增加，但总体变化不大，但进入21世纪后，连续霾过程站次数增加显著（见图2）。连续3天的霾过程站次数由725.5站次增加到2010站次，连续4天的霾过程由444.4站次增加到1292.1站次，连续5天的霾过程由291.8站次增加到881.1站次，连续6天的霾过程由200.3站次增加到628.2次，分别是20世纪平均值的2.8倍、2.9倍、3.0倍和3.1倍，持续时间越长的霾过程站次数增加越多。

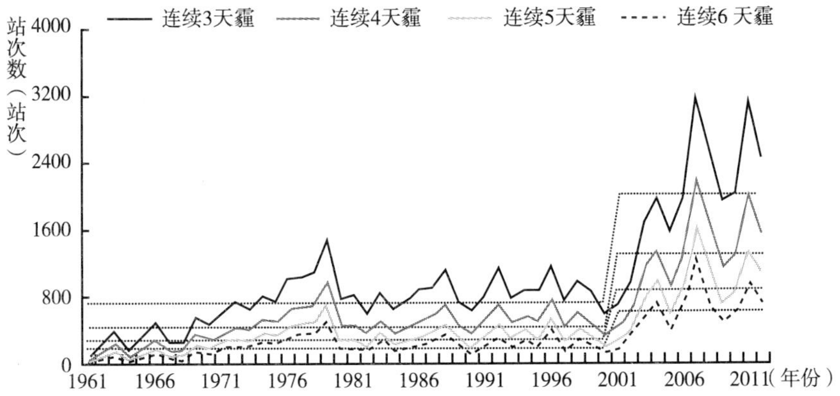

图2　中国中东部地区连续霾站次数历年变化（1961~2012年）

资料来源：国家气候中心。

（三）大城市比小城镇霾日数增加明显

选取中国中东部6个典型大城市（北京、石家庄、郑州、南京、杭州、广州）和附近的6个小城镇（遵化、饶阳、西华、高邮、慈溪、增城），对比分析年霾日数变化可以看出，在20世纪70年代中期以前大城市和小城镇年霾日数差别不大，但自20世纪70年代末期以来，大城市霾日数明显较小城镇偏多，大部分年份偏多超过50天。从不同城市来看，小城镇基本上是在21世纪初才开始有明显增加，大城市中杭州和广州进入21世纪初增加明显，但石家庄21世纪以来霾日数明显较20世纪80年代和90年代偏少；北京21世纪以来也增加较明显，但其霾日数最多的年份却是在1980年，为135天；郑州和南京自20世纪80年代以来呈震荡增加状态。

三　近年来中国雾霾天气增多的原因

近年来中国各地雾霾天气呈明显增多趋势，这种情况是人类社会经济活动产生的人为影响因素和气候变化带来的气候影响因素相结合的结果。

（一）人类活动产生的大气污染物排放不断增加

从国际经验看，雾霾天气的形成主要源自人类活动，中国雾霾天气增多最主要的原因也是社会能源消费增多造成的大气污染物排放逐年增加。这些污染的主要来源是地面灰尘、汽车尾气、工业排放和冬季取暖。中国是能源消耗大国，70%左右的能源消耗是煤炭，煤燃烧排放大量颗粒物进入空气中，尤其是供暖时期（10月至次年3月）大气颗粒物排放明显多于夏半年。近两年，中国的温室气体排放总量已经居世界第一位。经济的持续高速发展也使得工业排放大为增加。同时，大城市中家用汽车数量增长非常迅速，北京2012年汽车保有量是2001年的2.6倍，这导致汽车尾气的排放水平也显著增加。此外，人类活动产生的光化学产物、局地烹饪、汽车尾气等造成的挥发性有机物转化为二次有机气溶胶，都将使雾霾情况频繁产生。

中国环保监测总站2013年上半年74个城市空气质量状况报告显示，74个城市上半年平均PM2.5浓度为76微克/立方米，仅舟山、惠州、海口、拉萨4个城市PM2.5浓度达到或优于空气质量年二级标准，其余70个城市均不达标。其中，京津冀地区平均PM2.5浓度为115微克/立方米，区域内所有城市均未达到PM2.5年均值二级标准；空气质量平均达标天数比例仅31%，而重度污染以上天数达 26.9%。

另外，雾霾问题日趋严重还受到周边沙尘区和大气环流的影响。以北京为例，PM2.5 中 30% ~40% 来自原始排放，20% ~30% 来自大气中的光化学转化，30% ~40% 来自区域输送。京津冀周边的沙尘输送至本地，与本地的污染大陆性气溶胶混合，加重了污染。

（二）有利于雾霾发生的气象条件出现更频繁

天气原因主要包括静稳天气加上高湿、混合层薄、降水日数减少等气候条件。

1. 降水日数减少

降水日数的减少使得雨水对大气中污染物的冲刷作用减弱，污染物颗粒能够更长久地在空气中留存，从而更易形成雾霾天气。近 50 年来中国大部地区降水日数呈减少的趋势，西北东部、江淮、华北、东北西部等地降水日数每年减少 0.5 ~1.0 天，西南、华南和东北东部地区降水日数每年减少超过 1.0 天，其中云南江城降水日数每年减少达 2.8 天。

2. 风速减小

风力条件可以反映大气稳定度的变化，风通过搬运作用，将局地污染物输送到其他区域或高度与空气充分混合，最终将污染物稀释，改善空气质量。中国大部地区平均风速都呈减少趋势，平均每年减少 0.01 ~0.05 米/秒，部分地区平均风速每年减少超过 0.05 米/秒。日最大风速≥10 米/秒为大风日，日最大风速≤3 米/秒为静风日，中国大部地区大风日数和静风日数呈现相反的变化趋势，大风日数基本上是减少的，而静风日数则是增加的。北方地区大风日数减少的频率比南方地区要迅速，北方地区基本上每年减少 1.5 天以上，南方地区减少仅 0 ~0.5 天；静风日数长江流域增加比较明显，每年增加 1.5 天以上，东北、华北、华南地区每年增加 0 ~1.5 天。

3. 稳定类天气增多

大气层结越稳定越有利于形成雾霾天气。近 10 年来，全国冬季稳定类大气状况出现频率虽说存在年际波动变化，但总体呈增加趋势，特别是雾霾天气多发的华北、华东地区表现更加明显。华北地区（北京）1 月大气层结稳定类频率由 2004 年的 59.7% 增加到 2013 年的 64.5%，华东地区（南京）1 月大气层结稳定类频率由 2004 年的 33.9% 增加到 2013 年的 56.5%。稳定类大气层结增多，表明不利于大气扩散的气象条件变多，从而导致雾霾天气增多。

另外，大气纬向环流和气候变化导致的北半球平流层升温，使污染物向北半球中纬度区域聚拢，导致部分区域大气污染程度加剧。

四　雾霾天气产生的影响

随着气候条件的改变，空气质量的持续恶化，雾霾天气现象出现的频率不断增加，这种气候现象会给气候、环境、健康、经济等方面造成显著的负面影响。

（一）气候影响

雾霾中空气细粒子浓度的增加可能会造成极端天气事件增加。空气颗粒物影响大气辐射平衡，将导致地面越来越冷、大气越来越热，严重影响区域和全球气候变化，加剧区域大气层加热效应、增加极端气候事件。

（二）环境影响

大气污染是全球共同面临的重要环境问题之一，从 1975 年以来全球范围内，除欧洲以外，大气中空气颗粒物 PM2.5 的浓度都在明显上升。这种浓度的增加会引起城市酸雨、大气光化学烟雾现象，导致大气能见度下降，影响空中、水面和陆面交通。

（三）健康影响

雾霾中的霾成分污染物比较高，可以直接传染细菌和病毒，而其中主要成分之一的 PM2.5 又被称为可入肺颗粒，能够直接进入人体肺泡甚至血液系统中，直接导致心血管病等疾病。根据美国环保署 2009 年发布的《关于空气颗粒物综合科学评估报告》[①] 指出，有足够的科学研究结果证明了大气细粒子吸

---

① EPA. 2009. "Integrated Science Assessment for Particulate Matter." http://cfpub.epa.gov/ncea/cfm/recordisplay.cfm?deid=216546。

附了大量有致癌害物质和基因毒性诱变物质，将给人体健康带来不可忽视的负面影响，包括提高死亡率、使慢性病加剧、使呼吸系统及心脏系统疾病恶化、改变肺功能及结构、影响生殖能力、改变人体的免疫结构等。中国科学院最近一项研究也基本证明了大气污染与呼吸道疾病死亡率正相关。北京市近年肺癌患病率显著提高，2012 年平均每天确诊 104 个肺癌病人。对广州市肺癌致死率与灰霾关系的研究表明，考虑 7 年滞后期，肺癌致死率和气溶胶消光系数的相关系数高达 0.97。[①]

（四）经济影响

一般的研究都比较关注空气污染的健康影响，然而不应忽视的还应该包括在健康损失背后巨大的经济影响。美国国家研究委员会的一份研究运用经济模型估计了 2005 年美国的煤电厂对整体经济的影响，结果显示，煤电厂排放的空气污染物给美国带来的健康和环境损害年成本高达 1.27 亿美元（换算为 2010 年美元价值）。[②] 而针对中国的研究也证实了同样的结论，2004 年，由当时的国家环保总局和国家统计局联合发布的《中国绿色国民经济核算研究报告 2004》指出，2004 年全国因环境造成的经济损失为 518 亿元。这是中国第一次考虑环境污染对经济总量的影响。2013 年初，由亚洲开发银行所发布的《迈向环境可持续的未来——中华人民共和国国家环境分析》也指出中国的空气污染每年造成的经济损失，基于疾病成本估算相当于国内生产总值的 1.2%，基于支付意愿估算则高达 3.8%。

五　其他国家雾霾天气和空气污染治理经验

应该说，从人类发展的历史来看，空气质量的变化总体上受后工业化财富

① Tie X. et al.,"Lung Cancer Mortality and Exposure to Atmospheric Aerosol Particles in Guangzhou, China", *Atmospheric Environment*, 2009, 43, pp. 2375 - 2377。

② Committee on Health, Environmental, and Other External Costs and Benefits of Energy Production and Consumption, US National Research Council, 2010, Hidden Costs of Energy: Unpriced Consequences of Energy Production and Use.

累积过程的影响，随着工业化进程的深入，一些地区和国家出现雾霾天气并对居民生活产生影响的情况并不少见。许多国家已经使本国人民摆脱了贫困，但这种成功在很大程度上是以破坏环境为代价取得的。研究表明空气污染对居民长期健康造成严重影响，越来越多的国家和地区开始关注并积极采取行动对空气污染进行防治，并取得了一定的成效。

（一）英国伦敦

作为较早步入工业化阶段的国家，英国也是较早受到空气污染和雾霾天气困扰的国家之一。虽然伦敦的雾霾天气与其气候条件有一定关系，但是更多地还是源自工业化发展过程中大规模的使用燃煤等化石燃料。1952年12月，大雾笼罩伦敦五天，城市白天能见距离度只有一米左右。这次极端的雾霾天气给伦敦带来的影响是史无前例的，12000人在大雾期间死亡，随后还有8000人因此丧生。大雾之后，伦敦的空气污染问题引起了社会各界的广泛关注。尽管政府最初由于经济压力拒绝采取对策，但是后来还是制定了严格的措施来控制雾霾天气的继续恶化。政府颁布了一些具有针对性的法案，禁止使用产生烟雾的燃料，提高工业烟囱的最低高度，并将发电厂迁移到远离城市的地方，这些举措使得城市空气污染排放水平急剧下降。

1956年英国通过了第一部《清洁空气法案》。该法案颁布的主要目的在于减少烟雾排放，同时也有助于降低二氧化硫的排放水平，值得一提的是，这部法案还明确规定了只能燃烧无烟燃料的区域，将发电厂和重工业等煤烟污染大户迁往郊区。该法案被认为是英国环境保护的一个里程碑，因为它有效地控制了家用燃煤燃烧和工业过程中产生的空气污染问题。1968年的《清洁空气法案》尽管承认完全去除空气中的二氧化硫是不可能的，但要求行业燃烧煤炭、液体或气体燃料时采用高烟囱，通过较高的烟囱高度帮助减少大气污染物向地面的扩散，从而提高城市空气质量。1974年的《空气污染控制法案》规定了工业燃料的含硫上限，1993年的《清洁空气法案》合并了之前出台的几部法案及相关法规，虽然它没有建立固定的硬性指标，但它赋予国务大臣权力，可以为家用和工业用炉设定最大排放速率。这些法案改变了伦敦的工业布局和居民的生活方式，逐步实现居民生活天然气化。这些措施大大减少了燃煤产生的烟尘和二氧化硫污染。

尽管这些法规改善了伦敦的煤烟型污染排放，但是从 20 世纪 80 年代开始，伦敦的空气污染来源逐步从燃煤燃烧变化为以汽车尾气为主。针对这些变化，英国又出台了新的规定和法规，如从 1993 年开始要求所有在英国出售的新车都安装催化器以减少氮氧化物排放。1995 年英国通过了《环境法》，要求制定一个治理污染的全国战略，确定相关污染控制的定量目标。另外，通过征收交通拥堵费等经济手段控制城市中心的交通流量，并设立了全世界第一个几乎覆盖伦敦全程的低排放区，限制尾气超标的车辆进入伦敦地区。最后，为了解决扬尘引起的空气污染问题，2006 年 11 月，英国政府和伦敦市议会共同制定了《关于控制建筑工地扬尘及污染气体排放的指南》，规定伦敦市内的所有建筑工地都必须采取通用措施控制空气污染。

尽管这些措施有力地降低了伦敦市内的空气污染排放水平，但是英国的空气污染程度在欧盟仍是较为严重的国家之一，英国在治理空气污染方面仍然任重而道远。

（二）美国加州地区

在美国，受到雾霾天气影响最为严重的地区是加利福尼亚州的洛杉矶及圣乔昆山谷地区。在 20 世纪 50 年代，光化学烟雾造成的空气污染不断影响着洛杉矶等多个加州沿海城市，使不少居民罹患疾病甚至死亡。随着问题的恶化，越来越多的民众开始对空气污染问题给予更多关注，在各方力量的推动下，以加州为代表的美国各地，花费了近 60 年时间，基本实现了对空气污染的治理和对空气污染源的控制。

在 1952 年和 1955 年发生在洛杉矶的几次光化学烟雾事件中，数百人因此死亡，针对该问题，美国联邦政府颁布了多项立法案和修正案。1955 年，美国出台了第一部针对空气污染治理的法律《空气污染控制法》；1965 年出台的《机动车空气污染控制法》则针对重要的空气污染源——汽车尾气提出规定。美国国会在 1963 年通过的《清洁空气法》成为最重要的一部空气污染控制法案，该法案首次指出空气污染是跨地区的全国性问题。1967 年，美国通过了

《空气质量法》。随后，1970年、1977年和1990年又对《清洁空气法》进行了补充、扩展和修订，并不断强化和完善法案各条款。根据这些法案美国还颁布了国家环境空气质量标准。1990年开始实施的《清洁空气法》修正案，也规定了更严格的机动车尾气排放标准，并对189种有毒污染物制定了新的控制标准。

在最初的美国国家环境空气质量标准中，主要关注的控制目标是总悬浮颗粒物和PM10，但考虑到颗粒污染物（PM）尤其是可吸入肺的颗粒物对公众的健康会产生直接而巨大的影响，从1997年开始，美国环境保护署将颗粒物细分为细颗粒和粗颗粒分别监测，并设立了一套专门针对空气中直径小于或等于2.5微米的颗粒物（即PM2.5）含量的新标准。

《清洁空气法》规定美国环境保护署需要定期审查空气质量检测标准，并要求联邦各州根据环境保护署制定的标准和政策，定期提交保障空气质量达标的详细《州实施计划》。此外，美国环境保护署还在其官方网站上实时公开全国空气质量指数，通过不同颜色直观地反映各地空气污染状况。

经过将近60年的经验摸索，美国在区域治理空气污染方面取得了不少可量化的成绩。从全国水平来看，在1980～2010年美国的国内生产总值增加了127%，机动车行驶里程数增加了96%，能源消费总量提高了25%，人口总数增加了36%，但是同期主要的六大空气污染物排放量却降低了67%。[①]

（三）墨西哥的墨西哥城

在城市化快速发展时期，从20世纪80年代开始，墨西哥的首都墨西哥城也开始被空气污染所困扰，由于墨西哥城三面环山的地理位置不利于空气污染物扩散，该城曾一度成为世界上空气污染最为严重的城市之一。严峻的环境形势促使墨西哥国家和墨西哥城政府在改善空气质量方面投入重手，先后制定《生态平衡与环境保护法》《反污染总体规划》等法规，把控制空气污染保护环境提高到国家战略的高度。在墨西哥城建立空气污染警报系统，制定两级大

---

① 沈昕一：《美国大气污染治理的“杀手锏”》，《世界环境》2012年第1期。

气紧急处置方案，加大与环境保护以及新能源开发相关的科研投入，扩大了城市的绿化面积等。

由于墨西哥城的空气污染很大程度上来源于车辆的尾气排放，因此，在政策制定方面，从20世纪80年代末开始，墨西哥城开始采取严格的机动车标准和运输措施以解决空气质量问题，并开始对城市空气质量进行实时监测，具体行动包括使用无铅汽油、在机动车上安装催化转化器、减少柴油燃料中的硫排放、加强车辆保养和检查、实施更为严格的驾驶限制，如开展“今天不开车”活动、征收高额汽油税、搬迁炼油厂和其他工厂等。

墨西哥城的努力现在已经取得了明显的成果。从1990年到2010年，墨西哥城空气中的铅含量已经下降了90%；引发哮喘、肺气肿甚至癌症的悬浮颗粒减少了70%；一氧化碳和其他污染物的排放也已经大幅下降；臭氧水平与1992年相比降低了75%左右。①

六　中国未来治理雾霾和空气污染的政策建议

从全世界范围来看，伴随城市化进程的加速发展，部分国家的一些大型城市都曾因工业发展、能源结构、交通以及生活方式等遇到过雾霾等空气污染问题。如今中国的许多城市，特别是大城市也开始面临比较严重的空气污染问题。霾污染已经成为中国特别是一些东部沿海发达城市发展面前的拦路虎。同时，预计21世纪全球将持续变暖，降水日数减少、平均风速减少、静稳天气的频率增加，也为强霾天气的形成提供了气象条件。由于空气污染对经济社会发展和人体健康有着非常直接和巨大的影响，因此，在中国经济发展和转型的关键时期，为了更好地改善人民的生活水平，需要高度重视与之相关的问题，借鉴其他国家的治理经验，更好地控制雾霾和空气污染对人民生活的影响。尽管过去几十年，其他国家，特别是欧美发达国家在治理空气污染和雾霾天气等方面积累了很多成功经验，但由于中国地理和气候状况与其他国家存在差异，在借鉴和学习经验的同时也需要根据中国的实际情况作出更具有针对性的安

① 沈听一：《美国大气污染治理的“杀手锏”》，《世界环境》2012年第1期。

排。因此，应对空气污染问题需要加强综合治理、标本兼治，区域协调、部门联动，长期重治、短期重防，具体建议如下。

（一）建立和加强多地区、多部门联合治理和控制大气污染机制，减少大气中凝结核的数量

中国的大气污染呈现地区污染抱团的趋势，为了有效解决该问题，必须实施区域联防联控。例如，北京的强霾污染治理不仅要考虑市内污染源，还必须考虑天津和河北地区的污染来源。这需要突破现有以行政单位各自为政的管理制度。欧共体协同治理酸雨和大气污染，美国南加州联防联控遏制光化学大气污染都是成功的范例。在地区联防治理空气污染方面，中国尚没有建立实质性的应对机制，可考虑在管理体制方面进行制度创新，如建立跨地区的大气污染联防联控委员会等。在进行区域联防联控时明确不同地区的责任，充分考虑各地的环境容量、承载能力和成本等因素。

除了地区间和城市间的联防联控之外，还需要建立部门和行业间的协作控制机制，使相关部门，包括环保部、交通部、气象局、发改委、卫生部、科技部、工信部以及大型国有能源公司等在内的国家、省市各级部门之间协作，做到数据共享、措施共同制定、执法协作配合。

（二）完善气象观测系统建设，建立空气污染和雾霾天气预测预警系统

雾霾天气的出现与气象条件变化密切相关，因此，应依托现有观测站网，本着互为补充、标准统一、数据共享的原则，多部门联合建设全国统一布局、覆盖全国、重点地区加密的国家环境空气监测网。同时，应积极推进区域大气污染观测数据资料的跨部门共享平台的建设，发展空气污染气象条件预报预警技术方法，提高预报预警准确率和精细化水平，提高雾霾的监测、预报和预警能力，及时为政府和公众提供有效的预报预警信息，采取一些必要的应急措施，降低雾霾对公众健康和交通等的危害。但是，应该注意到预警系统和措施只是暂时的措施，只能暂时降低排放水平，雾霾污染的治理仍需要从排放源根本性治理入手。

（三）防治雾霾和空气污染要加强法治，但是同时也要充分利用好经济手段

根据其他国家的治理经验，完善的法律法规体系对于切实保障减排和治污效果至关重要，应该逐步制定各领域相关的法律规章，并确保各种标准和规定的具体落实。除了行政手段之外，还应该用好经济手段，如对电力和成品油价格领域进行改革，给予火电厂、炼油厂足够的经济激励使其自发地进行环境治理，应借鉴其他国家的经验，如对私家车征收“拥堵费”，通过价格杠杆来控制私家车出行，而税费收入可用于改善和建设公共交通项目。

（四）增强城市治污能力

受到雾霾等空气污染影响最为严重的地区一般都是人口高度聚集的城市地区，因此，要更好治理雾霾天气，需要增强城市的治理能力。促进城市能源清洁化，优化城市能源结构，改变城市居民的生活和炊事习惯，落实煤改气和煤改电，在必须用煤的地区要加强污染控制。制定具有针对性的城市交通管制措施，实现城市交通减排，推进更严格的排放标准的实施，严格控制城市机动车保有量。控制高污染、高排放车辆进入人口聚集的城市地区，发展天然气以及电动汽车等污染程度相对较低的出行方式，大力鼓励公共交通。依据各地气候规律特别是气候对大气污染物的承载力和自净能力，科学确定城市功能，有效控制城市规模，合理规划城市布局，强制构建城市“通风道”，避免在城市主导风上游建设高排放企业，趋利避害做好城市建设。此外，还应该高度关注城市临近农村和中小城镇的能源使用与污染排放。

（五）协同控制空气污染物和温室气体排放，制定包括多种污染物减排的一揽子计划

雾霾天气的形成与气候变化有着密不可分的关系，空气污染物和温室气体排放具有相当的同源性。因此，在控制雾霾天气泛滥和空气污染排放时要注意同节能减排的协同效应。控制空气污染物排放也不应只将关注的焦点集中于某几种污染物，而应实现所有污染气体与颗粒的减排。大气污染控制应以细粒子

减排和多种污染物联合控制为主，在源头上控制 PM2.5、PM10 以及 CO、SO_2、NOx、VOCs 和 NH_3 的排放。在控制一次污染源时应该根据污染形成的特点各有侧重，如控制 SO_2 的重点在于工业、采暖和燃煤电厂；控制 NOx 的重点在于机动车、燃煤电厂和工业；CO 的控制重点主要为机动车和燃煤电厂；控制 VOCs 的重点应以机动车、无组织（餐厨、干洗店等）排放和工业排放为主要监控方向。此外，部分污染源，如 CO、SO_2、NOx 和 PM 的排放在某些地区（如北方）呈现明显的季节性特点，由于冬季需要大规模的燃煤采暖，因此排放水平较高，需在冬季时加强对这些污染物的控制；另外一部分污染源，如 VOCs 则需要全年都进行相应的控制。

（六）逐步实现信息公开，形成全民参与的治理新局面

综观其他国家的治理经验，民众的参与对于实现理想的减排效果非常重要。控制空气污染不是一个孤立的问题，需要通过长期、系统的努力才能实现治污。在这个过程中，政府、行业、企业、社区、民众各方的全面参与至关重要。政府部门应该加强宣传教育，实现所有公民整体素质的提高，小到餐饮出行和垃圾处理，大到择业置产，都要尽量考虑减少污染排放。有关部门也应该提高信息公开程度，全面接受社会各界的监管和问责。

G.20

2013年江南极端高温事件的思考与启示

陈峪　高荣*

摘　要：

南方地区是中国夏季高温热浪的重灾区，全国最热的10个省会城市有9个位于这一地区。2013年夏季，中国南方地区出现了1951年以来最强高温热浪天气，表现出持续时间长、覆盖范围广、强度大、极端性突出等特点。北极涛动处于正相位和赤道太平洋"西暖东冷"叠加，有利于副高稳定发展，这是导致2013年夏季南方大范围高温热浪天气的主要原因。持续高温对人体健康、农业生产、生态环境、水资源和能源消耗等均产生了较大影响。随着全球气候持续变暖和中国城镇化进程不断加快，必须把防御和减轻日趋严重的高温热浪作为一项重要的战略任务，予以高度重视。采取综合应对和全方位救助措施，完善高温预警机制，加强高温应急体系建设刻不容缓。

关键词：

江南　高温　影响　启示

高温热浪是一种较常见的气象灾害。气象上将日最高气温大于或等于35℃定义为高温日，连续5天以上的高温过程称为持续高温或"热浪"天气。高温热浪会给人民生活和工农业生产带来严重影响。随着国民经济发展和人民生活水平的提高，高温灾害的影响将越来越显著。近年来，随着全球气候变

---

* 陈峪，国家气候中心正研级高级工程师，中国气象局气候服务首席，研究领域为气候评价和气象灾害评估；高荣，国家气候中心高级工程师，博士，研究领域为区域气候模拟。

暖，高温极端事件发生的频率增加、强度增强，已成为各级政府、科学界和社会公众关注的热点问题。

一 2013 年江南地区高温热浪及影响

长江流域、江南和华南地区是中国夏季高温热浪的重灾区，全国最热的10 个省会城市有 9 个位于这一地区。① 梅雨季节过后的 7 ~ 8 月，一般年份都会出现 20 ~ 30 天的高温天气，梅雨期短的年份高温日数可超过 40 天。

（一）罕见高温热浪袭击江南地区

2013 年夏季，中国南方，尤其是江南地区出现大范围持续高温天气，7 月上旬至 8 月中旬尤为突出。2013 年南方地区出现的极端高温热浪天气为 1951 年以来最强，表现出持续时间长、覆盖范围广、强度大、极端性突出等特点。

一是高温日数多，持续时间长。江南、江淮、江汉及重庆（沪、浙、赣、湘、渝、黔、苏、鄂）8 省（市）平均高温日数达 31.6 天，较常年同期（15.1 天）多出一倍以上，为 1951 年以来最多。湖南、湖北、安徽、江苏、浙江、河南等 20 省（市、区）有 144 个县连续高温日数达到或突破历史极值，湖南长沙 48 天、衡山 48 天、安仁 45 天。

二是高温影响范围广。高温天气覆盖江南、江淮、江汉、黄淮及西南地区东部的 19 个省（区、市），高温影响面积超过 50 万平方公里的天数在 25 天以上，超过 100 万平方公里的天数在 12 天以上，8 月 6 日高温影响面积达 197 万平方公里（见图 1）。

三是高温强度大，极端性突出。中国中东部地区有 337 个县的最高气温超过 40℃，如浙江新昌极端最高气温达 44.1℃、奉化 43.5℃，湖南慈利 43.2℃，浙江北部地区连续 8 天日最高气温超过 40℃（见图 2）。全国有 206 个县共 372 次日最高气温突破历史极值，为历史之最。其中，93 个县多次刷

① 本文所用数据，除特别说明外，全部由国家气候中心提供。

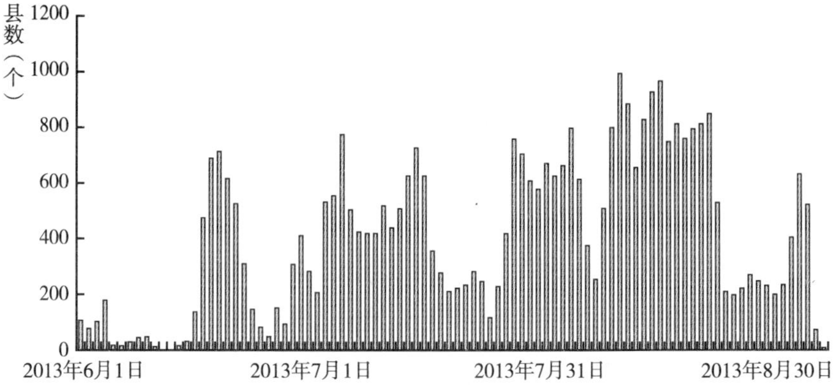

图 1　2013 年夏季中国中东部地区逐日高温面积变化

新纪录，如浙江杭州 7 次、诸暨 5 次、德清 5 次、湖州 5 次，湖南桃江 4 次等。上海徐家汇极端最高气温（41℃）突破该站 1873 年以来历史同期最高纪录。

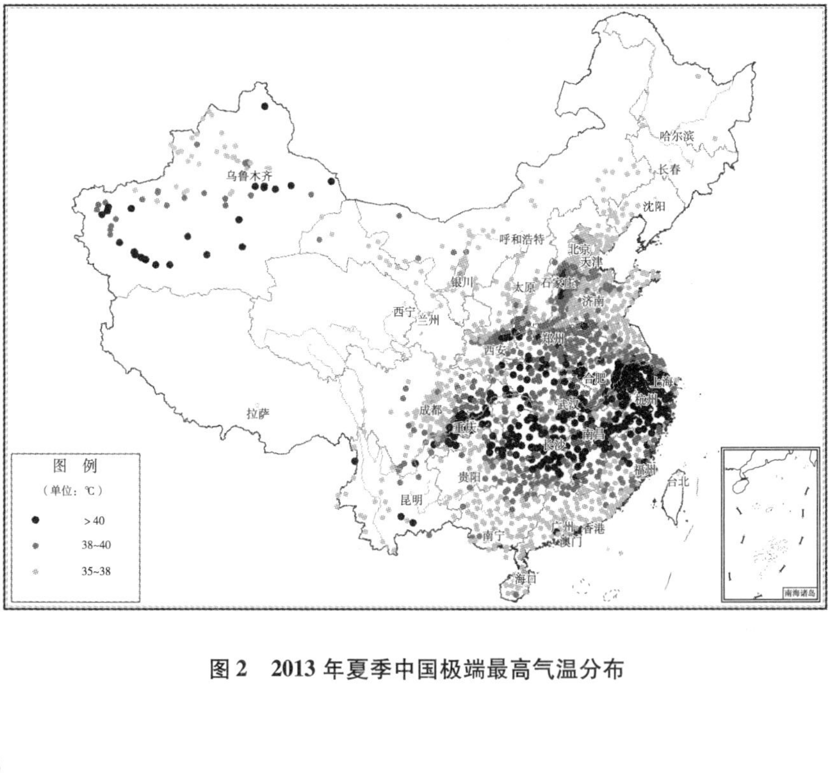

图 2　2013 年夏季中国极端最高气温分布

（二）高温热浪成因

2013 年夏季高温如此之强，从天气学角度解释，是由于副热带高压（以下简称“副高”）偏强并且位置偏西，导致副高控制范围内晴热少雨，进而形成南方持续高温天气。

从造成这种影响的天气系统持续的原因和气候背景分析，是海洋与大气相互作用的结果。2013 年 2 月以来，赤道太平洋东部和中部海面温度持续异常偏冷，厄尔尼诺年衰减并向拉尼娜年过渡。较冷的海水由东向西流至副高外围与副高东侧边缘的东北风相遇，使海洋表层海水被大量蒸发，进而使海温下降。海温降低使空气对流受到抑制，大气密度持续增加，高气压不断增强并在原地维持。加上前期印度洋一直维持暖水状态，致使高层的高气压加强，并向东输送，也有利于副高的加强西伸。这样副高就被锁定在我国南方地区，并且强度不断增强。此外“海洋大陆（印度尼西亚）－南海”的暖海温使对流活动明显发展，促使副高进一步加强北抬。因此，海温的变化是副高持续稳定的主因。

除海洋因素外，副高偏强也和北极涛动呈正相位有关。当北极涛动处于正位相时，极地冷空气难以向南扩展，副热带中纬度地区冷空气活动较弱，使得副高不易减弱和东退。北极涛动处于正相位和赤道太平洋“西暖东冷”叠加，都有利于副高稳定发展，这是导致 2013 年夏季南方大范围高温热浪天气的主要原因。

赤道太平洋“西暖东冷”和北极涛动正相位，这种大尺度的系统不仅仅影响我国，2013 年夏季，在中东到欧洲地区、美国西海岸等地，都出现了明显的高温天气。

（三）高温热浪影响

持续高温导致中暑发病率明显增多，呼吸道疾病和心脑血管疾病人数猛增，死亡率明显增加，上海、浙江等地出现多起中暑、热射病死亡病例。高温加重干旱影响，导致 2672.5 千公顷农作物受灾，贵州和湖南等地水稻和玉米大面积受灾，作物产量受到影响；部分地区蔬菜、甘薯、果树生长发育不良，棉花蕾铃脱落严重。湖南衡阳、邵阳等地约10%的农作物绝收，浙江茶叶受高温灼伤严重，将对2014年春茶的产量和品质造成潜在影响；湖南、浙江两省蔬菜减产30%~50%。高温伏旱造成542万人饮水困难，部分地区饮用水、工农业用水保障和水资源调配紧张，尤其是山区、丘陵过渡区受影响最为严重。部分地区溪河断流、库塘干涸，可用水源减少，加剧了居民用水用电矛盾。8月8日，鄱阳湖水体面积比2012年同期偏小25%，洞庭湖水体面积偏小29%。全国日用电量突破169亿度，特别是华北、华东和华中三大区域电网用电量屡创新高，江苏、浙江、上海等地配电网设备故障增多，电网系统安全隐患增大。持续高温干旱使部分森林病虫害高发，森林火险气象等级持续偏高，森林火灾多发。

二　历史高温过程对比分析

与历史上重大高温过程相比，2013年南方地区高温日数更多、覆盖范围更广、高温强度更大，为1951年以来最强。

（一）2003年夏季南方高温

2003年6月30日至8月11日，中国中东部地区出现了持续高温天气，历时43天。这次高温过程覆盖中国中东部21省（市、区）的1254个县，2003年7月31日范围最广，909个县受影响。浙江中部和西南部、福建北部、江西中部以及湖南、湖北、安徽、广东、云南、四川等地250个县极端最高气温超过40℃。其中，浙江丽水达43.2℃。浙江和福建的部分地区40℃以上的高温天气有5~10天；浙江丽水达14天，其中有5天超过42℃。高温持续时间最长的地区为浙江中部和西南部、湖南中部及福建北部，这些地区高温日数超过40天。

（二）2006年夏季川渝高温

2006年7月10日至8月20日，重庆、川东、鄂西、陕南出现了持续高温天气，历时41天。重庆和川东地区高温日数一般有30~40天。其中，重庆巴南 41 天，较常年同期偏多 10 ~ 20 天。重庆、四川共有 103 个县 243 次日最高气温突破历史极值，其中四川大邑和丹棱 7 次突破历史纪录。重庆綦江、万盛、北碚、江津等地最高气温超过 44℃，巴南连续 13 天、江津和綦江连续 12 天日最高气温超过 40℃，为有气象记录以来罕见。

（三）1967 年夏季南方高温

1967 年 7 月 10 日至 9 月 3 日，中国中东部地区出现持续高温天气，历时 56 天。这次高温过程覆盖中国中东部 25 省（区、市）的 1278 个县。其中，7 月 17 日范围最广，共有 892 个县出现高温。浙江西部、安徽南部、江西北部和湖北东南部以及福建、四川、重庆等地的 74 个县极端最高气温超过 40℃，其中福建福安达 43. 2℃。高温持续时间最长的地区为浙江西部、江西北部、安徽南部和湖北东南部等地，这些地区高温日数超过 40 天，其中浙江西部和江西东北部超过 50 天。

三　思考与启示

IPCC 第四次评估报告指出①，在一系列 SRES 排放情景下，未来二十年全球气候将以每十年约升高 0. 2℃的速率变暖。即使所有温室气体和气溶胶浓度维持在 2000 年的水平不变，全球气候也会以每十年约 0. 1℃的速率进一步变暖。气候的变暖使得未来热极端事件、热浪事件等的发生频率很可能持续上升，导致蒸发量增加，干旱发生频率增多；物种分布迁移，物种灭绝风险增大；热浪导致与高温相关疾病的发病率和死亡率上升，某些疾病传播媒介的分布发生变化。

近年来中国频发大范围高温热浪事件，如 2003 年南方高温、2006 年川渝高温等，随着全球气候持续变暖和中国城镇化进程的不断加快，防御和减轻日趋严重的高温热浪灾害是一项重要的战略任务，应给予高度重视。完善高温预警机制，加强高温应急体系建设刻不容缓。

第一，注重综合减灾，完善高温预警机制和灾害应急体系。加强极端高温

① 政府间气候变化专门委员会报告——《气候变化 2007 综合报告》。

的监测、预测、评估、风险管理及相关研究，建立健全高温预警机制。及时发布高温预警信息，普及相关防御知识，做好应对预案，完善应急机制，加强综合减灾能力建设。

第二，加强对城市弱势群体应对高温的社会救助，保证生命安全和社会稳定。在极端高温灾害脆弱区，建立健全医疗救助体系，利用体育馆、人防工程等建立一定规模和数量的避暑中心。强制实施户外作业人员特殊劳动保障制度，保护劳动者权益。

第三，加强科学调度，保障能源和水资源安全。在极端高温热浪灾害脆弱区，要建立健全能源和水资源的应急储备。当极端高温天气发生时，政府应启动极端高温热浪袭击的应急预案，严格限制高耗能、高耗水企业开工生产，优先保障城乡居民生活用电用水。

第四，注重科学规划建设，改善城市气候。在中国城市化进程中，政府要加强宏观管理和调控，城市规划建设要加强气候可行性论证，确保城市建设发展与城市小气候系统相适应，加强城市生态建设和环境保护，加强城市及周边地区的河湖水系和湿地的保护，提高城市绿化率，改善城市人居环境的同时增强“城市绿洲”冷岛效应，减缓城市热岛效应。

案例研究专论

Case Studies

G.21

城市气候脆弱性及其适应性对策分析

——以北京“7·21”特大暴雨为例

谢欣露　叶殿秀　张存杰*

摘　要：

近年来，中国城市暴雨日益频繁，造成城市内涝、财产损失和人员伤亡，城市在暴雨等极端气候事件下的脆弱性暴露无遗，这给城市管理部门敲响了警钟，城市气候适应问题显得尤为迫切。北京“7·21”特大暴雨造成了巨大的财产损失、人员伤亡、社会经济和生态环境等方面的不利影响，这固然与暴雨的雨量大、强度高、范围广、极端性突出等自然属性有关，但是也与快速城市化过程中破坏自然生态、忽视气候风险、气候防护工程建设滞后等不均衡发展和适应性缺失密切相关。气候适应性建设是降低城市气候脆弱性的重要途径，气候适应性治理要兼顾生态性、工程性、技术

* 谢欣露，中国社会科学院城市发展与环境研究所，博士后，研究领域为气候变化经济学；叶殿秀，国家气候中心，正研级高级工程师，研究领域为气候与气候变化影响评估；张存杰，国家气候中心，正研级高级工程师，研究领域为气候与气候变化影响评估。

性和制度性等多种途径和层次的适应能力建设，促进城市可持续发展。

关键词：

气候风险　城市化　气候脆弱性　气候适应性

气候变化已经发生，其减缓需要国际社会长期的共同努力才能实现，而适应在小区域尺度、短期内可以见到成效。近年来，中国一些主要城市频繁遭遇大暴雨，导致城市内涝、部分区县山洪暴发以及泥石流等次生灾害，影响城市正常运营，造成了巨大的财产损失和人员伤亡。城市在暴雨这一极端气候事件下表现得如此脆弱，城市可持续发展受到挑战，城市气候适应性问题更加紧迫。

一　近年来中国城市强降水事件频繁发生，城市内涝越来越严重

（一）2007 年以来大城市暴雨日数和日最大降水量增加

1951 年以来，全国 31 个省会城市平均暴雨日数和日最大降水量均呈增加趋势，且年代际变化明显，如图 1 和图 2 所示。20 世纪 50 年代、60 年代和 90 年代暴雨日数较多、日降水量较大，70 年代和 80 年代较少（小）。21 世纪初的前几年暴雨日数较少、日降水量较小，但 2007 年以来呈现增多增大趋势。全国 31 个省会城市之间的变化趋势差异较大，其中海口、福州、南宁、南京、济南等位于华南、华东、黄淮地区的城市最大日降水量呈增大趋势。北京虽然最大日降水量总体呈减小趋势，但 21 世纪以来呈增大趋势。

（二）近年来各大城市强降水事件频繁发生

近年来，中国一些主要城市强降水事件频繁发生，如表 1 所示。这些强降水远超出城市排水能力范围，导致城市内涝、交通瘫痪、航班延误、人员伤亡，影响城市的正常运营，给城市气候风险管理带来诸多挑战。

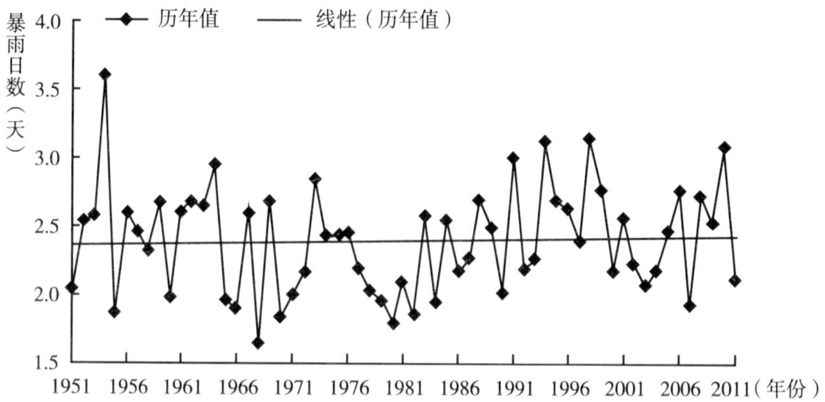

图1　全国31个省会城市平均暴雨日数历年变化（1951～2011年）

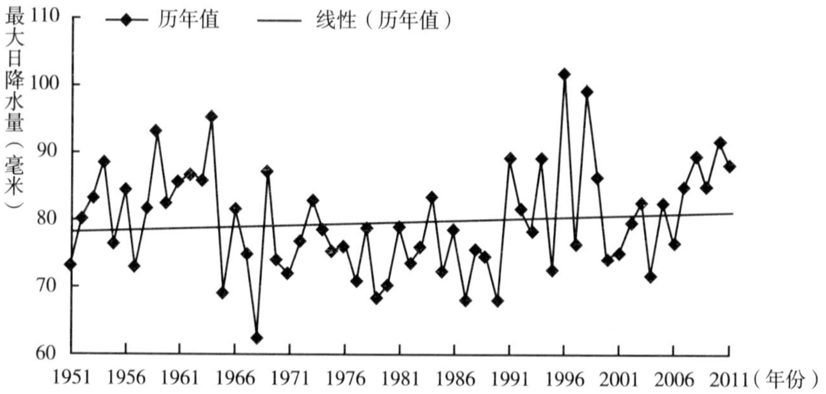

图2　全国31个省会城市平均最大日降水量历年变化（1951～2011年）

表1　2004～2013年中国部分大中城市强降水事件及其影响

时间	城市	降雨量	影响
2013年7月19日	厦门	大部降水量在100毫米以上，局部地区降水量超过200毫米	厦门市多条主干道积水严重，部分隧道和路段出现山体滑坡，市区交通严重堵塞，厦门大学一些低洼地带严重受淹
2013年7月7～11日	成都、都江堰、绵阳、德阳	四川盆地西部出现罕见特大暴雨天气过程，降雨普遍有200～400毫米，德阳、都江堰等地部分地区400～800毫米，局地800～1151毫米。区域性暴雨过程是当地1954年有气象记录以来最大一次降雨	成都中心城区8座下穿隧道积水，40处路面积水；都江堰“7·10”特大高位山体滑坡造成43人死亡，118人失踪

续表

时间	城市	降雨量	影响
2012 年 7 月 21 日	北京	城区平均雨量达 231.0 毫米，特别是房山区河北镇雨量达 460.0 毫米。有 18 个观测站（含自动站）小时雨量超过 80 毫米，最大小时雨量达 100.3 毫米	严重城市内涝，部分地区爆发山洪地质灾害，交通受到严重影响，造成重大人员死亡和经济损失
2011 年 7 月 18 日	南京	7 月 18 日南京出现大暴雨，玄武湖 24 小时雨量达 225.8 毫米，小时最大降雨量达 94.8 毫米	城区内涝，市区的主干道出现拥堵，高速公路采取封闭或限速措施
2011 年 7 月 2～3 日	成都	7 月 2 日 20 时至 3 日 21 时，成都部分地方出现暴雨，局部大暴雨，城区最大降雨量达到 215.9 毫米	部分道路和低洼处出现积水，个别地方发生局部内涝，6 个隧道交通一度受阻
2011 年 6 月 23 日	北京	6 月 23 日下午到夜间，北京遭受强暴雨袭击，石景山模式口小时最大降雨量达 128.9 毫米，为建站以来最大值	市区交通受到严重影响，2 人死亡
2011 年 6 月 18 日	武汉	6 月 18 日 1 时至 19 时，武汉当日降水量达 193 毫米，创下 1998 年以来 13 年间的单日降水量最高纪录	强降水导致中心城区多处变成一片汪洋，交通瘫痪
2010 年 5 月 7 日	广州	最大 1 小时和 3 小时降水量分别达到 99.1 毫米和 199.5 毫米	市区内涝严重
2009 年 7 月 13 日	北京	遭遇短时暴雨，13 日 14 时至 18 时，城区平均降雨量为 15 毫米，新发地的降雨量达到了 74 毫米，玉泉营为 70 毫米	丰益桥等 7 桥区积水严重，部分交通中断，首都机场上百航班延误
2008 年 8 月 10～11 日	北京	普降大到暴雨	市区部分路段大量积水，一些室外奥运赛事被迫中断或延期
2008 年 8 月 25 日	上海	上海市出现短时大暴雨，徐汇区 1 小时最大降水量 117.5 毫米，为徐家汇自 1872 年有气象记录以来所未遇	市区 150 多条马路严重积水，交通堵塞，400 多个班次的长途班车晚点，虹桥机场 138 架航班延误
2008 年 6 月 12 日	桂林	桂林市普降暴雨，降雨量达到 180 毫米	市区出现严重内涝
2007 年 8 月 6 日	北京	遭暴雨突袭，1 小时降雨达 82 毫米	安华桥下积水最大深度达到 1.7 米，造成主路交通中断
2007 年 7 月 18 日	济南	1 小时最大降雨量达 151 毫米，为 1958 年以来该站历史最大值	济南市严重内涝，大部分路段交通瘫痪，并造成 25 人死亡
2007 年 7 月 17 日	乌鲁木齐	日降水量为 57.4 毫米，突破历史极值	部分路段积水严重导致交通拥堵

续表

时间	城市	降雨量	影响
2007 年 8 月 5 日	上海	杨浦、虹口、崇明、嘉定、南汇等地雨量均超过 100 毫米	出现大面积积水，积水最深处达 30～40 厘米，机场多架航班延误
2004 年 7 月 10 日	北京	城区出现多年罕见的局地暴雨，丰台 1 小时最大降水量达 52 毫米，10 日 8 时至 11 日 8 时丰台、天安门、天坛雨量均超过 90 毫米，天坛达 109 毫米	造成城区 41 处积水，复兴门、莲花桥最深处达 1.5 米以上，城市交通严重瘫痪

二 北京“7·21”特大暴雨灾害特征

2012 年 7 月 21～22 日，北京市出现历史罕见强降雨过程，为 1951 年以来最强的一次全市性特大暴雨过程，与历史上北京发生的 7 次特大暴雨过程（1952 年 7 月 20～24 日、1955 年 8 月 15～17 日、1956 年 7 月 29 日～8 月 6 日、1958 年 7 月 11～15 日、1959 年 8 月 3～7 日、1963 年 8 月 3～9 日、1979 年 8 月 9～16 日）相比，此次暴雨过程具有雨量大、雨势强、范围广、极端性突出的特点，全市平均日降水量超百年一遇。

（一）雨量大

2012 年 7 月 21～22 日，全市平均（20 个国家站）降雨量达 190.3 毫米，城区平均雨量达 231.0 毫米，最大降水量为 337.5 毫米（霞云岭），特别是房山区河北镇雨量达 460.0 毫米（水文站），如图 3 所示。2012 年“7·21”强降雨过程降水量列历史第六位，前五位分别是 1956 年（389.0 毫米）、1963 年（281.8 毫米）、1958 年（226.8 毫米）、1952 年（210.1 毫米）、1959 年（194.5 毫米）。

（二）雨势强

有 18 个观测站（含自动站）小时雨量超过 80 毫米，最大小时雨量达 100.3 毫米，在北京历史上极为少见。此外，降水过程历时短（21 日 10 时至 22 日 6 时），但全市平均雨强达 95.2 毫米/日，远大于历史上其他暴雨过程，列第一位。

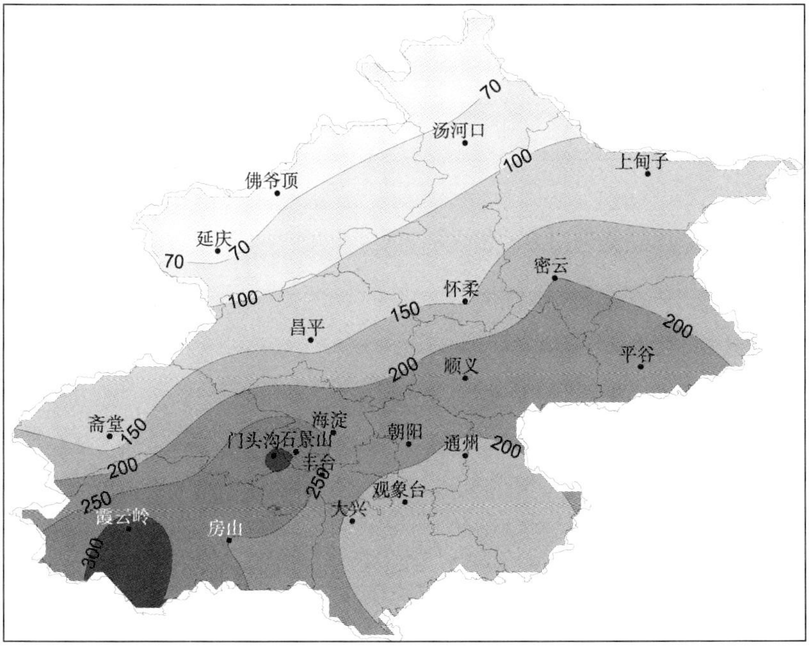

图3　北京2012年7月21～22日过程降水量（单位：mm）

资料来源：国家气候中心。

（三）范围广

强降水覆盖面大，出现大暴雨（100毫米以上）的范围占全市总面积的86%以上。

（四）极端性突出

全市平均日降雨量超百年一遇，有11站日降水量达到1951年以来的历史极值，西南部山区平均日降水量（212.6毫米）较此前的历史纪录（140.1毫米）偏多72.5毫米。

三　北京“7·21”特大暴雨灾害影响

北京“7·21”特大暴雨灾害影响严重，受灾及死亡人员多，造成交通运输业、旅游业、农业等直接经济损失共计高达 116.4 亿元[1]，为北京市近 5 年气象灾害造成直接经济损失总和的 3 倍多，占 2011 年北京市地区生产总值的 0.72%。在特大暴雨面前，北京市暴露出社会、经济、基础设施等多方面应对极端气候事件的脆弱性。

（一）受灾及死亡人员多

北京“7·21”特大暴雨造成紧急转移 9.7 万人，160.2 万人受灾，造成人员死亡 79 人。主要死因有溺水、触电、房屋倒塌、雷击等，其中溺死人员有 50 人，占总死亡人数的 63%（驾车溺亡 11 人，占总死亡人数的 14%）。这些死亡人员多为村民或外来务工人员，由此暴露出这些群体对暴雨洪涝的脆弱性，特别是居住在河道附近的居民、路上行人及地下室住户。

（二）交通影响重

此次特大暴雨灾害造成首都机场 7 月 21 日共取消航班 571 架次，延误航班 701 架次，机场线东直门至 T3 航站楼段停运，近 8 万人滞留机场，机场滞留人员及被取消和延误航班之多为近年罕见。全市共 63 处严重积水，城区 95 处道路因积水中断。9 条地铁线进水，京原等 8 条铁路线路临时停运，京港澳高速公路南岗洼铁路桥下严重积水，被淹路段长约 900 米，平均水深 4 米，最深处达 6 米，被泡车辆 127 辆，公路中断 4 万余条次。广渠门桥下积水超出泵站极限，桥下发生河水回灌，立交桥下积水曾深达 4 米，交通中断。暴雨导致城市公共交通服务的供需矛盾加大，面对极端强降水，交通系统的脆弱性非常突出，道路和桥梁的低洼处更为脆弱。

（三）旅游遭重创

北京“7·21”特大暴雨及山洪冲毁了许多旅游设施，受到影响的景点包括十渡、上方山森林公园等，一些基础设施、道路、农家乐房屋、鱼塘等被冲毁，损失严重，此时正值旅游业旺季，造成了经营户财产和收入的巨大损失，

① 北京“7·21”特大暴雨灾害损失数据来源于《新京报》、搜狐网等多家媒体的专题报道。

以旅游业为生的经营户生计受到不同程度的影响。笔者 2013 年 4 月调研时发现，房山区一些受损景区仍未恢复正常营业；十渡景区农家乐经营户表示客流与往年同期相比下降很多，认为这与“7·21”特大暴雨的影响有一定关系。

（四）农业受影响

北京“7·21”特大暴雨及山洪造成农作物受灾面积达 76.9 万亩，农作物成灾面积 47.9 万亩，绝收 12.2 万亩；全市畜牧业规模养殖场共损毁圈舍 17.83 万平方米，损毁设施设备 103 台套，渔业受灾面积约 5900 亩。

此外，暴雨对城市道路、屋顶等的冲刷效应将各种污染物带入河流湖泊，造成面源污染；暴雨还可能造成水土流失、泥沙淤积，造成水质污染、生态环境被破坏。暴雨对生态环境的污染和破坏在短期内不易发现，长期内不易恢复，应引起城市管理部门的重视，加强对暴雨次生灾害影响的研究。

四　城市气候脆弱性的原因分析

（一）城市不均衡发展

以北京为例，2001 年北京城市建成区面积为 780 平方公里，2011 年达 1231.3 平方公里，10 年间建成区面积增加了 57.9%；北京市常住人口 2001 年为 1385.1 万人，2011 年达 2018.6 万人，10 年间人口增加了 633.5 万人；北京市 2001 年城市道路面积为 6062 万平方米，2011 年为 9164 万平方米，10 年间增加了 51.2%；北京 2001 年拥有桥梁 891 座、立交桥 160 座，2011 年桥梁为 1885 座、立交桥为 418 座，分别增加了 112% 和 161%。[①]

过快的城市化导致建成区面积不断扩张，土地不合理利用现象增加。其一，城市河道和低洼地被侵占和填埋，城市高楼、道路、桥梁建设增多，路面硬化增加，城市水塘、河湖、绿地不断减少，自然生态对洪水的调蓄能力不断下降；其二，城市在低洼地区建设的项目增多，公路桥、立交桥、过街地下通

① 数据来源于《中国城市统计年鉴 2002》《中国城市统计年鉴 2012》《北京统计年鉴 2012》。

道、地铁口等地势偏低点增多，气候脆弱地点增加；其三，城市道路面积增加使得地表汇流量增加，但是，城市排水能力并没有相应地提高。北京市的排水系统设计标准多是一至三年一遇，排水标准比较低，管道老化现象严重。城市建设重地上工程，缺乏对地下气候防护工程的足够重视，未能统筹考虑地面建设与地下基础设施的关系，导致地下气候防护工程发展严重滞后于城市总体扩张能力，城市管网建设远不能适应新时期气候灾害特点和趋势。

北京郊区和山区是暴雨洪涝多发区，地形复杂，易发洪水、泥石流等灾害，人口和财富密度较小。但是，随着郊区和山区的社会经济持续发展，以及常住人口继续向郊区扩散，这增加了对土地的需求，出现了占用河道、不合理开发等现象。围绕河道，开发出鱼塘、养殖场、农家乐等设施和产业，在促进经济发展的同时，也面临着更高的气候灾害风险。

（二）气候适应性缺失

北京“7·21”特大暴雨暴露出城市规划和建设中气候风险评估缺位、灾害应急联动机制的协调性差、气候灾害法制建设滞后、社会公众参与机制不健全等气候适应性问题。

1. 气候风险评估缺位

北京“7·21”特大暴雨中，京港澳高速公路南岗洼段、广渠门桥等道路桥梁出现严重积水、河水倒灌，导致人员伤亡和车辆被淹。这些道路桥梁建在地势低洼区，或者横断河道，或者采用下凹式设计，这为积水、河水倒灌等灾害的发生埋下了隐患。这些问题反映出城市在规划和建设上忽略了气候风险评估，缺乏对城市建设项目的气候脆弱性分析，由此也导致气候适应性措施不到位。气候风险评估是了解气候事件发生频率、强度、环境及其影响的方法，是有效防灾减灾、气候适应的前提①。

2. 灾害管理联动机制存在组织和协调不力

由于城市气候灾害具有系统性、复杂性、连锁性等特征，气候灾害管理的

---

① United Nations Inter-Agency Secretariat of the International Strategy for Disaster Reduction（UN/ISDR）, Living with Risk：A Global Review of Disaster Reduction Initiatives，*United Nations*，Geneva，2004.

联动机制显得日益重要，整合和协调成为气候适应的主要部分[①]。联动机制不仅包括气象、市政、民政、交通、消防、卫生、农业、国土等诸多管理部门，还包括媒体、企业、社区和居民等利益相关者。北京“7·21”特大暴雨中，暴露出联动机制的诸多问题。例如，在接到气象灾害预警后，交通管理部门未及时设置危险标识；求救电话打不通；相关部门组织营救受灾人员和财产时，由于缺乏足够信息导致救援组织不力；高速公路积水很深时，收费企业仍坚持收费，暴露出管理部门与运营单位之间联动机制的缺失、应急预案可操作性差等问题；一小部分出租车司机在暴雨中索要高价、协管员贴罚单等现象暴露出现相关部门和企业缺乏气象灾害应急预案，未明确应急时员工的职责。这说明我国城市灾害管理联动机制仍很薄弱，各利益相关者在灾前、灾中、灾后某些环节的职责并不明确，灾害管理的系统性不强、组织协调不力等。

3. 日常灾害风险管理意识不强

从“7·21”暴雨相关报道来看，相关部门对灾害隐患点、防灾设施的检修、排水管道清污、违章建筑拆除等日常灾害管理重视不足，执行力度不够。以地下室为例，地下室空间有配电室、暖气管道、燃气管道等设施，地下空间管理混乱，水、电等配套设施缺乏或不达标，缺乏日常维护检修、隐患排查，漏电、渗水等管理上的漏洞为地下室的气候安全埋下了隐患。相关部门缺乏日常灾害风险意识、部门间联合应急演练等均会导致灾害应急时措施不力，应引起有关部门的足够重视。

4. 公众参与机制缺失

我国灾害管理机制主要涉及政府管理部门及其机构和职责，预警、应急、救灾等信息主要是政府内部层面、自上而下的单向传输，缺乏公众参与。公众参与的不足导致风险管理结构存在一定缺陷[②]。美国应急管理主体由联邦应急

---

① World Resources Institute (WRI) in collaboration with United Nations Development Programme, United Nations Environment Programme, and World Bank, 2011, *World Resources Report 2010－2011: Decision Making in a Changing Climate—Adaptation Challenges and Choices*, Washington, D. C.: WRI.

② 齐晔、马丽：《走向更为积极的气候变化政策与管理》，《中国人口·资源与环境》2007 年第 2 期，第 8～12 页。

管理局（FEMA）、联邦地区、州、县、市、志愿义务组织、民间团体、私人企业等组成，并且政府将它们之间的合作纳入联邦应急计划；日本东京市政府则特别重视建立与社区居民的伙伴关系[①]。在北京“7·21”特大暴雨中，一些私家车主、外地务工人员等社会公众自发组织救援队伍，这些自发的社会动员在灾害救助中起到了非常积极的作用。但是，公众参与不应仅体现在救灾过程中，也应体现在对侵占河道等不合法行为的监督和管理过程中，预防洪水灾害，增强城市气候适应性。

5. 灾后保险保障机制尚待完善

保险是风险分担与转移的重要手段，是灾后恢复重建中重要的财力支撑。据北京市保监局统计，截至7月26日24时，保险估损金额约为7.9亿元，约占总损失的6.8%。灾害保险覆盖的范围小，大部分因灾损失得不到赔付。这与社会保险意识薄弱、灾害保险品种不全、灾害承保面和保险制度等不完善有关。

社会保障和救济制度不健全。“7·21”特大暴雨后，政府部门开展了灾情评估，对受灾户进行救助、补偿，但补偿范围、标准等仍存在不足，如外地户籍受灾人口未在保障范围内，存在地下室受灾户露宿广场的现象。为避免因灾返贫等不利社会影响，城市管理者应不断完善灾害保障和保险制度。

6. 公众对气候风险认知不足

“7·21”暴雨前，气象部门及时发布了暴雨预报和预警，但一些公众仍照常外出，参加各种户外活动，旅游景点照常接纳游客等。有些山区居民和游客在接到洪水通知后，不听从指挥，擅自行动，导致不必要的损失。一些司机在暴雨中贸然涉水，存在侥幸心理。有媒体做了相关调查，受访人员有七成不知道或说不清暴雨预警分为几级[②]，多数公众并不能理解灾害预警信号的含义。这些现象都说明在气候变化风险宣传、教育、培训、演练等方面存在不足，公众气候变化风险认知水平有待加强。

---

① 左雄主编《突发气象灾害应急管理研究与实践》，气象出版社，2011，第333页。

② 《灾难的颜色》，http://www.legaldaily.com.cn/index_article/content/2012-08-01/content_3743262.htm。

7. 灾害法制建设滞后

中国的《防洪法》明确规定了河道中修路、建房、堆积沙土、建养殖场、农业种植等行为的非法性。但是，这种乱建行为并没能完全被禁止，以致堵塞行洪河道，这是导致北京“7·21”特大暴雨灾害损失重大的主要原因之一。《防洪法》等防灾减灾法律具有行业性和部门性特征，这也决定了其灾害管理和部门协调上的局限性。城市气候灾害的复杂性、系统性等特征决定了政府部门、组织、企业、公众等多层次参与、组织协调与联动的重要性，也决定了行政组织和协调的诸多困难和障碍，必须加强灾害法制建设以适应日益复杂的灾害管理需要。

五　城市气候适应性对策与建议

在气候变化背景下，极端气候事件的发生频次和强度可能使城市气候风险增大，可持续发展是城市必须面对的挑战。气候适应性治理应从城市可持续发展角度重新认识人地系统的关系，加强生态性、工程性、技术性和制度性气候适应性措施的建设，增强城市气候适应能力。

（一）加强绿色基础设施建设，增强生态性适应措施

仅靠工程性措施将洪水排走，加大了有限的排水设施和河道的排涝压力，也浪费了大量宝贵的资源，不利于解决城市自然生态、水资源安全问题。生态性适应在某种程度上能够修复人类活动造成的气候脆弱性过度，从而降低灾害影响程度。因此，首先要转变城市发展规划的理念，要保护城市水域、森林、绿地等自然生态环境，建设生态友好型城市。其次，要加强绿色屋顶、花园等绿色基础设施建设，促进生态系统的气候防护功能。

（二）通过工程性适应措施，加强城市排水、蓄水能力

我国城市排水管网除了建设标准普遍偏低外，还存在排水管网的断网现象，导致排水管网的连通性差，容易造成积水和内涝。因此，在提高城市排水标准的同时，应加强排水管网的连通性，提高城市整体的排水能力。在系统地

考虑城市气候、水资源、洪灾的关系方面，通过建设地下蓄水池，铺设渗水路面、下沉式花园等工程性措施，加强城市蓄水能力建设，减少暴雨造成的地表径流对城市的冲击。

（三）加强技术性适应措施，完善气象灾害预报预警、信息传播

从信息管理方面，建立和完善灾害综合管理信息平台，将地理、降雨量、水文、灾情、人员、物资等信息整合，为城市防灾减灾进行主动、及时的灾害预警、报警、部门联动、应急决策和信息发布等提供技术支持。在气象科学方面，要加强气候灾害监测预报预警，发展先进气象卫星、天气雷达、地面自动观测，构建全天候、高密度的更完善的灾害监测预警网络。在城市建设方面，利用分散、小规模的地块，开发和采用低冲击技术，进行雨水滞留蓄积，减少城市内涝，改善城市景观和生态，促进水的自然生态循环。

（四）加强制度性适应，完善灾害风险管理制度

中国气候适应性制度建设滞后，主要是灾前和灾后的风险评估制度、气候变化防护制度、日常灾害管理制度、保险保障制度等存在诸多薄弱环节。

1. 加强气候风险评估

气候风险评估旨在识别风险、脆弱性及影响，为适应性措施提供参考依据，是灾害管理及气候适应性的重要内容，为城市规划和建设提供决策支撑。政府部门应大力推进城市气候风险评估，建立气候风险区划图，以此作为城市建设、人口和产业布局的依据，避开气候风险脆弱区，增强城市气候适应性。应强化城市道路、桥梁、园区等建设项目的气候风险评估，了解风险源、脆弱性及可能的适应性方案，根据实际情况加强气候防护设施和管理。气候风险评估要广泛地吸纳利益相关者，整合利益相关者的知识和气候适应需求，促进城市规划建设更加科学、合理。

2. 修订传统的灾害防御标准，科学规划城市防涝设施

中国城市规划和建筑标准大多采用十几年前的降水强度标准设计，气候变化降水强度的分布格局不断发生改变，对这些原有的标准提出了新挑战。城市应建立多层次的气候防护标准，包括城市道路桥梁等基础设施的排水设计、地

下空间的气候防护标准，以及园区的蓄水、渗水设施的建设标准等。通过完善气候防护标准，减少城市地表径流，减少城市生态环境污染。

3. 完善日常灾害管理制度

灾害的发生与日常灾害管理不到位有密切关系。在日常灾害管理中，应加强隐患点排查和检修，确保排水系统正常，解决漏水、漏电等气候安全隐患，加固危旧房屋；加强河道治理，特别是中小河道的治理，保障河道顺畅；在灾害易发点设立灾害、避险的标志标识。加强和完善城市交通、供水、供电等城市“生命线”系统的预案，联合相关部门、企业和居民进行综合应急演练。将气候风险管理纳入行业和各级区域的发展规划当中，提高公众防灾减灾和对气候变化的适应能力，加强对气候变化脆弱群体的管理。

4. 建立灾害管理基本法

中国应建立高层级的灾害管理基本法，明确灾害链条上各利益相关者的权责，用法制来规范和协调灾害管理过程。相关灾害法制应强调“防患于未然”的重要性，强化气候适应性建设的地位，在城市规划、建设时充分考虑气候变化情景和利益相关者的适应需求，促进公众参与，为科学决策、部门联动、防灾减灾、监督管理提供法制保障。

5. 开发灾害保险产品，完善灾害保障机制

开发金融与气象灾害防御相结合的产品，将金融工具用于自然灾害的风险管理，为气候灾害风险转移提供了新的途径[①]，促进保险公司、政府、企业、居民风险共担机制。保险赔偿的相关制度、标准和程序有待完善，加强核灾、定损、补偿的及时、准确、有效。加强气候灾害保险宣传教育，扩大保险保障范围，加强气候保险保障政策研究，防止因灾致贫、因灾返贫，促进脆弱群体的可持续发展。

---

① 谈丰、方玉、姜彤：《全球天气气候灾害的影响、趋势与减灾政策》，《应对气候变化报告（2011）》，社会科学文献出版社，2011，第186～197页。

G.22

土地利用变化对深圳市低碳城市建设的影响

刘伟玲　张林波　张丽丽*

摘　要：

土地利用变化引起的碳排放是仅次于化石燃料燃烧的人类碳源，中国城市化进程极为剧烈，由此带来的土地利用变化碳排放效应将是影响中国实现碳减排目标的关键因素。本文以快速城市化的深圳市为典型案例，估算了深圳市不同土地利用类型碳库、碳汇与碳汇潜力，分析了不同土地利用类型碳库的特征；研究了不同土地利用类型转化导致的城市生态碳释放/吸存量，揭示了深圳市城市化过程中不同阶段土地利用变化的碳排放特点及其驱动机制，开展了深圳市土地利用的碳汇区划，并提出了低碳城市建设的建议，为我国城市碳减排增汇提供了新的研究思路和科学指导。

关键词：

土地利用变化　碳排放　碳源/汇　深圳市　低碳城市建设

土地利用变化是仅次于化石燃料燃烧的人类碳源①，是影响中国碳减排目标实现的关键因素之一。过去150年，土地利用变化引起的碳排放占人类活动

---

* 刘伟玲，中国环境科学研究院，副研究员，主要从事区域与城市生态学、景观生态学研究；张林波，中国环境科学研究院生态所所长，研究员，主要从事区域与城市生态学、生态城市建设理论与方法方面的研究；张丽丽，中国环境科学研究院，硕士研究生。

① Quay P. D., Tilbrook B., Wong C. S., "Oceanic Uptake of Fossil Fuel CO_2: Carbon - 13 Evidence", *Science*, 1992, 256: 74 - 79.
Houghton R. A., Hackler J. L., "Sources and Sinks of Carbon from Land-use Change in China", *Global Biogeo-chemical Cycles*, 2003, 17: 1034 - 1047.

影响总排放量的1/3，占同期工业碳排放量的一半。[①] 世界自然基金会推测[②]，全球每年土地利用、土地利用变化及林业活动（LULUCF）造成的碳排放可能高达10亿吨，约相当于日本一年的工业碳排放量。中国过去50年土地利用变化碳排放10.6PgC，占同期我国全部人为碳排放量的30%，工业碳排放的43%。[③]

中国城市化进程极为剧烈，速度和规模均是人类历史上前所未有。1978～2012年，中国城市化水平从20%提高到50%以上。[④] 未来20年，中国城镇人口将在2011年基础上净增1.85亿人口，城镇化率接近65%，每年约有1000万人口从乡村转移到城市[⑤]，相当于每年新增1座巨型城市（人口≥1000万）或5座200万人口的大型城市。城市土地面积的扩展速度一般超过人口的增加速度[⑥]，而中国城市用地规模弹性系数高达2.28[⑦]，从而使中国城市人口激增带来城市土地转化更为剧烈。预计到2030年需要新增城市土地约50000平方公里[⑧]，为国土面积的0.52%，相当于20个中等县的面积，由此带来的碳排放效应不容忽视。

在哥本哈根会议上，中国政府承诺到2020年单位国内生产总值CO_2排放比2005年下降40%～45%，并计划将其作为约束性指标纳入国民经济和社会发展中长期规划。有关研究表明，由于中国以煤炭为主的能源结构短期内难以改变，如仅仅依靠转变能源结构、提高能源效率和工业政策等常规低碳控制政策，实现上述减排目标难度很大，且需要付出巨大的转型成本代价，每年的增

---

① Houghton R. A., "The Annual Net Flux of Carbon to the Atmosphere from Changes in Land use 1850－1990", *Tellus*, 1999, 51B: 298－313.

② 世界自然基金会（WWF）：《每年因土地利用造成的10亿吨碳排放不容忽视》，http://www.wwfchina.org/wwfpress/presscenter/pressdetail.shtm? id＝967，2009。

③ 中华人民共和国国土资源部：《低碳排放：土地利用调控新课题》，2009－12－25，http://www.mlr.gov.cn/xwdt/jrxw/200912/t20091225－130977.htm。

④ 徐匡迪：《中国发展高层论坛2013专号》，《中国的城镇化》2013年第4期，第52～56页。

⑤ 蒋晓岚、程必定：《我国新型城镇化发展阶段性特征与发展趋势研究》，《区域经济评论》2013，第130～135页。

⑥ Johnson M. P., "Environmental Impacts of Urban Sprawl: A Survey of the Literature and Proposed Research Agenda", *Environment and Planning*, 2001, 33: 717－735.

⑦ 刘文甲：《以乡补城：建设用地调整大有文章》，《中国国土资源报》2007年5月3日。

⑧ 张永恩、褚庆全、王宏广：《城镇化进程中的中国粮食安全形势和对策》，《农业现代化研究》2009年第3期，第270～274页。

量成本将达到1000多亿美元。[①] 而土地利用结构优化的碳减排潜力约为常规低碳政策（主要是能源、工业政策）的1/3，通过采取土地利用调控措施，可在一定程度上减轻我国所面临的温室气体减排压力，对中国履行并顺利达成自愿性减排承诺将有着十分重要的现实意义与应用价值。[②]

作为中国的经济特区，深圳自建立以来经过短短二十多年的发展就由一个边陲小镇发展成为中国最为年轻的特大城市，创造了世界工业化、城市化和现代化发展史上的奇迹。浓缩的城市化发展历程使深圳成为研究城市化过程的理想实验场，本文将深圳市作为案例城市，分析近30年城市土地利用变化导致的碳排放量，研究揭示城市土地利用变化碳排放土壤因素、气候因素和生物因素的关系，阐明城市不同土地利用方式转化的碳排放特征，明确不同土地利用转化方式对碳排放的影响规律，为城市土地资源的开发利用、温室气体减排增汇及制定区域可持续发展战略等提供科学的理论依据。

一　深圳市土地利用类型碳库、碳汇与碳汇潜力估算

（一）不同土地利用类型土壤有机碳含量与密度特征

根据深圳市土壤、植被空间分布特点以及土地利用状况，[③] 分别对深圳市的农田、园地、林地、红树林、市区乔木、市区灌木、市区草地、城市景观带、城市建设用地和城市闲置土地等主要土地利用类型进行了土壤有机碳实测，结果表明深圳市不同土地利用类型之间表现出很大的差异，不同土地利用类型0~30厘米土壤有机碳含量均值介于0.72~40.52克/千克，红树林>湿地>林地>城市景观带>市区乔木>市区灌木>园地>市区草地>农田>城市建设用地>闲置土地，各土地利用类型的土壤有机碳含量都随土层深度的增加

---

① 邹骥、傅莎、王克：《中国实现碳强度削减目标的成本》，《环境保护》2009年第24期，第26~27页。

② 《低碳排放：土地利用调控新课题》，《中国国土资源报》2009年12月25日。

③ 刘伟玲、张林波、叶有华、邹剑锋、王一哲、齐月：《深圳市不同土地利用类型土壤有机碳与密度特征》，《生态科学》2011年第5期，第486~492页。

而降低，变动幅度也随着土层深度的增加而减小，土地利用变化对不同土层内的土壤有机碳产生的影响不同，对第一层的影响比第二、三层大，并且主要对0~20厘米土层内的土壤有机碳产生影响。

0~30厘米不同土地利用类型土壤有机碳密度均值介于0.27~13.36kg/m^2，红树林>湿地>林地>城市景观带>市区乔木>园地>市区灌木>农田>市区草地>城市建设用地>城市闲置土地。不同土地利用类型土壤有机碳密度与有机碳含量的排序大体一致，但也有一定的差异，主要是因为受到土壤容重的影响。

土地利用方式的变化可以改变有机碳在土壤中的贮存与分布。总体来说，红树林、林地、湿地、园地和农田转变为城市建设用地，土壤有机碳含量与密度均会降低，而城市闲置土地或城市建设用地向城市绿地（市区乔木、市区灌木、市区草地和城市景观带）的转变将会增加土壤有机碳含量与密度。[①]

（二）不同植被类型碳储量特征及其空间分布

深圳市现有森林植被主要包括马尾松、湿地松、杉木等针叶（混交）林，桉树、藜蒴栲、厚荚相思、台湾相思等阔叶（混交）林和针阔混交林、竹林和红树林等，以及以岗松、桃金娘等为代表的灌木植被和以芒萁、蕨类、大芒为代表的草本群落。

深圳市作为典型的快速城市化发展地区，其森林普遍以幼、中龄林居多，2005年深圳市森林碳总量为225.04×10^4Mg C，主要分布在乔木层，为165.44×10^4Mg C，占碳总量的73.5%；林下层碳储量占碳总量的16.3%；凋落物层碳储量最少，为22.94×10^4Mg C，占碳总量的10.2%。深圳市平均碳密度为25.63Mg C·hm^{-2}，远远低于2000年全国平均碳密度的41Mg C·hm^{-2}和世界平均水平的86Mg C·hm^{-2}。其中，乔木层的平均碳密度为18.84 Mg C·hm^{-2}，林下层的平均碳密度为4.17Mg C·hm^{-2}，凋落物层平均碳密度为2.61Mg C·hm^{-2}。深圳市各区的森林植被碳储量在空间分布上有显著差异，表现为龙岗区>宝安区>盐田区>罗湖区>南山区>福田区>保护区；各区碳密度与碳储量大小分布无明显相关，碳密度大小依次为盐田区、福田区、罗湖区、龙岗区、保护区和宝安区。

深圳市森林类型可分为乔木林、竹林、疏林、灌木林、未成林、苗圃地、无林地、红树林湿地、经济林和散旁林十种。其中，乔木林和经济林面积最大，分别占森林总面积的54.1%和28.4%。乔木林碳储量为178.68×10^4Mg C，占碳总量的79.4%；经济林碳储量为20.03×10^4Mg C，占碳总量的8.9%；散旁林碳储量为15.61×10^4Mg C，占碳总量的6.9%；其他森林类型碳储量都很少，其总和占碳总量的比例不到5%。不同森林类型碳密度差别很大，变动幅度为2.33~37.61Mg C·hm^{-2}。其中，乔木林的碳密度最大，为37.61Mg C·hm^{-2}；其次为灌木林30.9MgC·hm^{-2}；然后依次为散旁林、疏林、竹林、未成林、苗圃地、经济林、红树林湿地和无林地。

深圳市乔木林碳储量主要贮存在幼、中龄林中，为106.89×10^4Mg C，占乔木林碳总量的73.2%；成熟林（近熟林、成熟林和过熟林）的碳储量为39.22×10^4Mg C,仅占26.8%。全市乔木林平均碳密度为30.76Mg C·hm^{-2}，低于1998年全国平均碳密度的44.91Mg C·hm¯2。① 成熟林的平均碳密度为38.36Mg C·hm^{-2}，比幼龄林29.14Mg C·hm^{-2}和中龄林29.41Mg C·hm^{-2}高30%。

根据森林类型以及7个市区的森林面积、碳总量和碳密度，可将全市7个区划分为3个类型区。第一类为高碳储量区，包括龙岗区和宝安区，该区是深圳市生态公益林和商品林分布最大的区域，其面积分别占全市森林总面积的52.7%和27.2%，其碳储量分别是123.13×10^4Mg C和46.70×10^4 Mg C，分别占全市森林总碳储量的54.7%和20.8%，碳密度为26.6Mg C·hm^{-2}和19.53Mg C·hm^{-2}，森林类型主要是其他硬阔、桉树、其他软阔、速生相思、马尾松、阔叶混交林和针阔混交林。第二类是中碳储量区，包括南山区、盐田区和罗湖区，其面积占全市森林面积的17.6%，该区碳储量在12.79~20.49×10^4Mg C之间，占全市森林总碳储量的5.7%~9.1%，碳密度为18.18~46.18Mg C·hm^{-2}，该区生态公益林和商品林的面积比为3∶2，森林类型主要有阔叶混、其他软阔、其他硬阔和速生相思。第三类是低碳储量区，包括福田区和保护区，其面积占全市森林面积2.4%，碳储量分别为5.63×10^4Mg C和

① 方精云、郭兆迪、朴世龙：《1981~2000年中国陆地植被碳汇的估算》，《中国科学D辑：地球科学》，2007年第37卷第6期，第804~812页。

1.57×10^{4}Mg C，占全市森林总碳储量的 3.2%，碳密度分别为 37.63 ~ 24.19Mg C·hm^{-2}，该区主要以生态公益林为主，森林类型主要是阔叶混、速生相思、其他软阔和台湾相思。①

（三）深圳市土壤和植被碳汇

1980 年深圳市土壤总有机碳库为 78.74Tg C，2010 年土壤总有机碳库为 41.07Tg C，30 年间共减少了 37.67Tg C，年均减少 1.22Tg C。由于快速城市化导致农田土壤面积的急剧下降，深圳市有机碳含量较高的水田和旱地减少了 8.64 万公顷，造成土壤有机碳库损失 29.77Tg C，林地和滩涂也相应分别减少了 10.36Tg C 和 1.26Tg C。唯一有碳汇作用的是园地土壤，由于其有机碳密度和面积的增加，共增加了 3.72Tg C，但总体来说，深圳市 30 年来的土壤有机碳库是一个碳排放的过程。

深圳市 2005 年植被碳汇为 45.464×10^{4}Mg C，相当于同期能源消费碳排放量的 3.58%，植被碳汇对碳排放的抵消作用较小。其中，乔木林的碳汇最多，占植被碳汇总量的 59.2%。深圳各区碳汇差别很大，龙岗区碳汇最多，为 24.763×10^{4}Mg C/a，占植被碳汇总量的 54.5%；其次是宝安区和南山区，福田区和保护区的碳汇最低。

过去 30 年，深圳市植被潜在碳汇为 43.52 ~ 55.82×10^{4}Mg C/a，变化不显著，潜在碳汇强度值为每年 0 ~ 624g C/m^{2}。②

二　深圳市土地利用变化碳排放效应研究

作为中国城市化发展最快的地区之一，深圳市土地利用的动态变化极其显著，近 30 年，特别是 90 年代以来，土地利用特征发生了深刻的变化。90 年代以前，深圳市土地利用类型以农业用地为主，此后由于大规模城市开发建设的兴

---

① 刘伟玲、张林波、叶有华：《深圳市森林植被碳储量特征及其空间分布》，《生态科学》2012 年第 2 期，第 144 ~ 154 页。

② Weiling Liu，Linbo Zhang，Bin Gong，“IBIS model-based simulation study on variation of ecological carbon sink potential in Shenzhen city”，*Applied Mechanics and Materials*，2013，Vols. 260 – 261：981 – 987.

起，非农业用地特别是城镇建设用地的面积和比重不断增加，到 2010 年深圳市城镇建设用地比例已占全市面积的 46.7%，已呈现新兴快速城市化的城镇景观。

研究时段内，深圳市的土地利用类型没有改变，只是构成比例发生了很大变化，不同地类的面积随时间推移呈现不同程度的增减，耕地面积占全市面积的比例由 1979 年的 45.9% 锐减至 2010 年的 1.8%，共减少了 86.42×10^3 公顷，原有耕地由于地形地貌条件较好，往往成为城市建设用地扩展的主要来源；林地面积减少了 18.20×10^3 公顷；滩涂面积减少了 2.77×10^3 公顷；草地面积减少了 1.1×10^3 公顷；未利用地减少了 6.26×10^3 公顷；园地和水域分别增加了 7.13 公顷和 8.5×10^3 公顷；城建用地增加了 91.15×10^3 公顷。2000 年之前，城建用地主要靠占用农业用地来扩大，2000 年之后，城建用地也开始侵占生态用地的面积，城市化的发展以及农业结构调整是该地区土地利用变化的主要动因。

城市化过程对不同土地利用类型的有机碳储量影响不同，其中因耕地面积减少造成的有机碳排放达 256.93×10^4 Mg C，林地的碳损失为 148.97×10^4 Mg C，滩涂碳损失为 30×10^4 Mg C，因园地面积增加带来的有机碳增量为 28.89×10^4 Mg C，其他类型的有机碳储量变化不大。

近 30 年来，深圳市城市化过程造成的区域有机碳储量变化规律为（见图 1）：1979～1989 年，区域土地利用变化带来了区域碳储量的少量增加，而 1990～2010 年区域土地利用变化造成的生态系统碳储量逐年递减，共减少了 377.87×10^4 Mg C，年均碳排放量达 17.18×10^4 Mg C。深圳市城市化过程总体上为一个碳排放的过程。

深圳城市建设用地碳排放效应显著，随着城市建设用地面积的不断增大，碳排放量也在持续增大（见表 1），从 1979 年的 7.73×10^3 Mg C 增长到 2010 年的 4099.93×10^3 Mg C，增长了 529 倍，年均碳排放量为 127.88×10^3 Mg C。与同期能源消费碳排放量相比，土地利用碳排放量所占比例的趋势是先逐渐增大，然后又逐渐减小，从 1979 年的 11.30% 增加到 1995 年的 18.63%，然后又逐渐减少到 2010 年的 8.18%。[①]

① Weiling Liu, Linbo Zhang, Youhua Ye, "Study on Effects of Organic Carbon Emission of Land Use Change in Shenzhen City", *Advanced Materials Research Journal*, 2011, 304: 259-262.

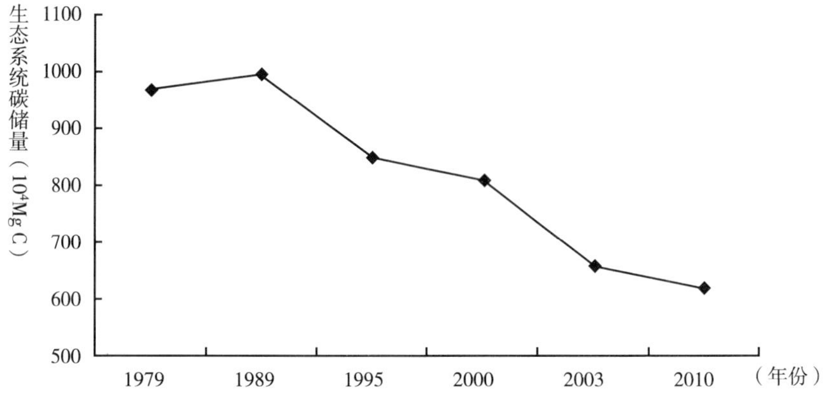

图1　1979～2010年深圳市生态系统碳储量变化

表1　1979～2010年深圳市的城市建设用地面积和土地利用碳排放

年份	城市建设用地面积（10^3 公顷）	土地利用碳排放（10^3Mg C）	能源消费碳排放（10^3Mg C）	土地利用碳排放占能源碳排放比值（%）
1979	0.26	7.73	68.40	11.30
1989	13.43	391.54	2353.39	16.64
1995	55.16	1632.18	8758.80	18.63
2000	62.06	1837.31	16699.74	11.00
2003	70.37	2459.63	28680.12	8.58
2010	91.41	4099.93	50115.24*	8.18

注：*该值为2009年数据。

三　深圳市土地利用变化碳排放社会经济驱动机制研究

（一）碳排放与城市化水平关系的计量分析

深圳市城市化水平分别与土地利用碳排放和能源消费碳排放量呈正相关，它们之间的相关系数分别为0.9106和0.9094。协整检验结果表明，深圳市土地利用碳排放和能源消费碳排放与城市化水平之间均存在长期稳定的均衡关系。

深圳市土地利用碳排放关于城市化的短期弹性为0.06，能源消费碳排放关于城市化的短期弹性为0.09，表明城市化每增加1%，土地利用碳排放增加0.06%，能源消费碳排放增加0.09%。土地利用碳排放和能源消费碳排放量与城市化水平之间存在长期均衡关系，在长期内，土地利用碳排放和能源消费碳排放量增加会伴随着短期城市化水平的提升。上述结论从长短期角度论证了在深圳市推进城市化进程中必须关注碳排放，注重环境保护，实行良性扩张。当然，由于它们之间的相互作用还存在一定的“时间延滞”，因此，相关部门进行决策时，既要有短期措施，更要从战略高度进行长期规划。

深圳市土地利用碳排放、能源消费碳排放分别与城市化存在单向因果关系，城市化进程的加快，导致土地利用碳排放持续增长，能源消费碳排放是城市化的推动因素。这一结论说明，在城市化进程中，应注重转变经济发展方式，调整产业结构，大力发展服务业等低碳产业，强力推进资源节约型和环境友好型社会建设，在推进城市化的同时达到节能减排的战略目标，实现我国城市经济的可持续发展。

（二）碳排放与GDP关系的计量分析

深圳市30年来经济增长分别与土地利用碳排放和能源消费碳排放量呈正相关，它们之间的相关系数分别为0.9898和0.9971。深圳市的土地利用碳排放对于GDP的短期弹性为0.45，表明在短期内，GDP每增加1%，土地利用碳排放增加0.45%，能源消费碳排放关于城市化的短期弹性为1.03，表明在短期内，GDP每增加1%，能源消费碳排放增加1.03%。深圳市的土地利用碳排放和能源消费碳排放分别与经济增长间存在着长期协整的均衡关系，这意味着碳排放与经济增长间短暂的偏离会消失，在长期内一定会趋近于二者长期的均衡路径。

深圳市土地利用碳排放、能源消费碳排放分别和GDP值存在单向因果关系。经济增长促使城市建设用地的扩张，进而导致土地利用碳排放的增加；GDP增长也促进了能源消费碳排放，说明深圳市目前的经济增长方式是由高碳排放推动的，是典型的粗放型经济增长方式，因此，无论短期、长期内，实现能源消费碳排放的减少必然会对深圳市的经济增长造成不利影响。

（三）深圳市社会经济发展中的碳排放收敛性研究

自1979年以来，深圳市实际人均GDP、人均能源消费碳排放量和人均建设用地碳排放量均随着时间推移呈增加趋势。

由表2可知，深圳市存在人均土地利用CKC和人均能源消费CKC。深圳市人均土地利用碳排放量处于拐点时的人均真实GDP是28708.60元，人均能源消费碳排放量处于拐点时的人均真实GDP是59604.89元。

表2　人均土地利用、人均能源消费的CKC协整系数估计

	α	β_1	β_2	拐点（元）	样本数（个）
人均土地利用	-1.069903	0.149663	-0.007290	$e^{10.26}$ =28708.60	31
人均能源消费	1.152962	0.841661	-0.038273	$e^{11.00}$ =59604.89	31

在不考虑国家对碳排放强度控制目标的情况下，根据抛物线的性质和拐点理论，当人均真实GDP分别为59604.89元和28708.60元时，人均能源消费碳排放和人均土地利用碳排放分别达到最大值，之后不断减少。按照“十二五”规划人均GDP的年均增长速度7%计算，人均能源消费量与人均碳排放量达到拐点的时间分别为17.7年和6.9年，之后人均能源消费碳排放和人均土地利用碳排放下降（见表3）。

表3　深圳能源消费和土地利用CKC的拐点预测

	人均GDP年均增长速度*（%）	拐点（元）	达到拐点需要的年数（年）	达到拐点的年份（年）
人均能源消费碳排放量	7	59604.89	17.7	2027（从2009年始）
人均土地利用碳排放量	7	28708.60	6.9	2016（从2009年始）

注：*参考《深圳市国民经济和社会发展第十二个五年计划纲要》。

四　深圳市生态碳源汇区划

依据深圳市生态碳源汇区划的目标和原则，按照《全国生态功能区划》

相关方法和区域主要土地利用类型，在定量评估深圳市生态系统碳储量（密度）、碳源汇功能和碳汇潜力空间分异的基础上，开展区域生态碳源汇区划，将深圳市生态碳源汇区分为6类55个区，主要包括15个强碳汇区、17个中碳汇区、10个弱碳汇区、4个碳中性区、5个中碳源区和4个强碳源区（见图2）。该方案将为实现城市土地合理利用开发与区域生态碳汇功能保护的分区管理提供技术支撑。

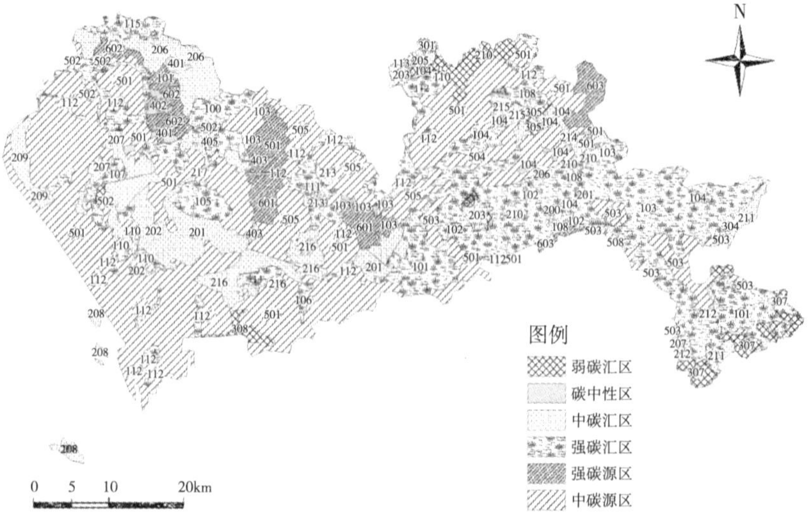

图2　深圳市生态碳源汇区划

五　低碳城市建设

低碳发展是中国在城市化进程中控制温室气体排放的必然选择。深圳市工业化和城市化进程以及社会财富积累都需要大量的土地、能源供应和消耗，因此不可避免地伴随大量的碳排放。在以化石能源为主导的能源结构下，减排必将对社会经济发展形成限制。因此，要实现建设低碳城市、促进城市发展和环境保护的和谐共存，深圳市应该结合自身土地利用特点，从土地利用优化、生态系统固碳增汇和低碳经济等方面探索低碳土地利用的模式和对策，最终实现城市的可持续发展。

（一）城市土地利用优化

从土地利用结构、规模、方式和布局等方面全面增强碳汇能力，减少或抑制碳排放的过快增长。严格实施土地利用规划，优化土地利用结构，控制建设用地的过快增长，避免城市的无节制扩张，形成紧凑、有序、节能的紧凑型城市用地布局，提高城市土地利用率；保持合理的用地结构比例，维持区域的碳汇水平，保持较好的生态效益；提高林地面积规模，控制耕地、牧草地、沼泽和滩地面积减少的趋势；加强未利用地的开发，加强土地整理、整治和复垦，通过土地的再利用，提高土地生产力，增加土地的固碳功能。

（二）提高生态系统固碳增汇能力

深圳市作为典型的快速城市化发展地区，其森林普遍以幼、中龄林居多，全市森林平均碳密度为25.63Mg C · hm^{-2}，远远低于2000年全国平均碳密度的41Mg C · hm^{-2}和世界平均水平的86Mg C · hm^{-2}，因此，应在全市范围内大力推广生态公益林和人工林建设，提高该区的森林碳汇功能。①

深圳市应分区制定森林经营规划和实行分类经营管理。深圳市森林碳储量的主要贡献地区是龙岗区和宝安区，其面积占全市森林面积的79.9%，而碳储量占全市森林碳总量的75.5%，因此，对这一地区除了加强森林的管理和保护，以稳定该区域的碳储量以外，还应该加大生态公益林的建设面积，提高其森林密度。另外，应加强这一地区人工林的森林抚育，如对低产、低效林进行林分改造，提高森林碳汇功能。其他各区碳储量较低以生态公益林为主，应进一步加大生态公益林面积、改善其森林林分，提高其森林密度。

（三）大力发展低碳经济

按照深圳市创建“国家低碳生态示范市”的目标，立足土地资源紧缺、环境容量和生态承载力不足的现实，合理规划产业布局，实现土地资源、物质

① 方精云、郭兆迪、朴世龙：《1981～2000年中国陆地植被碳汇的估算》，《中国科学D辑：地球科学》2007年第37卷第6期，第804～812页。

能源的高效利用，避免因重复建设造成的土地浪费和过多的碳排放；优化产业结构，大力发展低碳经济示范区和低碳生态产业园区，发展循环经济，大力推进产业结构转型升级，推行清洁生产，提高单位土地的碳生产率，降低碳排放强度；提高服务业在经济中的比重，着力发展金融、文化、物流、旅游、会展等低能耗产业，在第二产业内部，大力发展高新技术产业，促进传统劳动密集型产业和加工贸易企业转型升级，大力发展低碳贸易。

同时，加大新能源产业培育力度，重点是加快推动新能源优势领域的产业化进程，重点培育太阳能、新能源汽车、储能、生物质能、风电及核电配套等新能源产业，迅速壮大产业规模，力争到 2015 年，新能源产业总产值达 2500 亿元以上，新能源发电装机总规模达到 840 万千瓦以上，占全市总装机规模的 50% 以上，促进新能源产业成为深圳市的新兴支柱产业。

G.23

适应气候变化的移民规划及其实践

——宁夏气候移民案例

孟慧新*

摘　要：

适应气候变化与消除贫困和可持续发展密切相关。宁夏以移民作为适应气候变化的重要举措，在一定程度上改善了移民的生产生活条件和生态气候环境。但移民工程应对气候变化和资源困境的方式，使得移民面临新的风险。所有适应气候变化的规划都必须通过基层社会的行动才能生效。如果移民不能适应新的生产生活方式，适应气候变化的目标也难以实现。因此，有效适应气候变化，需要同时考虑移民的适应能力，在为移民提供社会保障、尊重移民的自发适应意愿和行动，以及支持和培养移民基层社区的互助等方面，探索更加切实有效的治理方式。

关键词：

气候变化　适应　气候移民　协同发展

气候变化给经济社会的可持续发展带来了深远的影响。IPCC 早在 2001 年的报告中就指出："增强适应能力的行动本质上就等同于促进可持续发展。"① 中国是遭受气候变化严重影响的国家之一。20 世纪 90 年代以来，极端天气带来的直接经济损失就超过 2000 亿元，因气候变化带来的生命损失

---

* 孟慧新，中国社会科学院城市发展与环境研究所博士后，主要研究领域为适应、移民与可持续发展。

① IPCC, *Climate Change 2001: The Scientific Basis. Contribution of Working Group I to the Third Assessment Report of the Intergovernmental Panel on Climate Change*, Cambridge and New York: Cambridge University Press, 2001, p. 165.

每年达2000余人。但是，与气候变化减缓工作相比，适应工作在中国才刚起步。在此背景之下，自2011年起国家发展和改革委员会研讨编制的《国家适应气候变化战略》已基本完成，该战略将把适应气候变化纳入区域发展规划。[①]

在《国家适应气候变化战略》中，处于气候脆弱带的宁夏被列入国家适应气候变化重点示范区。宁夏在适应气候变化方面做了大量工作，是第一个将适应纳入"十一五"规划的省份。其中，移民被作为适应气候变化的重要举措。早在20世纪80年代，宁夏就开始规划实施移民工程，至2010年，累计移民66万人，以解决气候敏感度极高的宁夏中南部地区气候干旱、生态失衡与人口贫困互相加剧的问题。"十二五"时期，宁夏专门制定了《宁夏"十二五"中南部地区生态移民规划》，规划继续实施移民搬迁34.6万人。[②] 本文通过分析宁夏的移民政策及其实践，以期深化对适应的理解，对适应实践有所帮助。

一　宁夏气候风险与气候移民

宁夏地处西北内陆地区，位于半干旱与干旱区的过渡地带。而在山大沟深、难以引到黄河水的宁夏中南部地区，农民赖以为生的雨养农业靠天吃饭，对于气候变化的敏感性极高。近年来，该地区旱涝灾害并发，尤其是干旱程度进一步加剧，干旱发生频次和面积不断增大。据宁夏1949～2008年的资料，中部干旱带发生干旱的机会为71.9%。其中特大旱为14.0%，重旱为15.8%，轻旱为42.1%。1991年至今，干旱发生的频率增加，重旱以上（含特大旱）发生的时间间隔缩短，出现次数频繁。2000年后，春、夏、秋连旱的发生频率和涉及区域呈现增加的趋势。历史上素有"十年九旱"之说的中部干旱带和南部山区，现在变成了"十年十旱"。干旱导致生态失衡和水资源短缺，该地区可利用的水资源量只有0.758亿立方米，为全国最干旱缺水的地区之一。

---

① 赵川、危炜：《学会与极端气候共存》，《21世纪经济报道》2013年7月4日。

② 邵彬：《马忠玉：宁夏应对气候变化的战略抉择》，《中华英才》，http://www.zhyc.com.cn/inhalt.asp? id=732。

未来50~100年，受气候变化影响，中南部地区水资源将面临降水量和地表径流量双下降的重大挑战。这使得农业广种薄收的状况越来越严峻。20世纪50年代以来，多年平均粮食亩产量最高40公斤左右。随着气候变化，粮食亩产量呈递减趋势，仅为20~30公斤，不及引黄灌区的1/10。2003年冬季到2004年的春季，中部干旱带连续170多天没有有效降水，农作物难以下种，2005年又出现了60年来的特大干旱，宁夏中部干旱带的大部分地区夏秋粮绝产。人畜饮水困难，农民温饱难以解决。①

气候灾害以及相应的水资源短缺给宁夏中南部地区造成的损失不断加重。每年旱灾造成的直接经济损失至少达15亿元，涉及中部干旱带和南部山区的11个县区和宁夏30%的人口。该地区（西海固）是中国18个集中连片贫困地区之一，作为著名的“三西”贫困地区之一，经济社会发展基础差，贫困程度深，绝对贫困人口占当地人口的比重为48%。而气候、环境与贫困交互作用，强化了该地区人口、资源、环境与社会经济发展的不协调，使得该地区贫困程度不断加深。截至2009年底，该地区人均GDP仅为全区平均水平的29%，川区的22%；农民人均纯收入仅为全区平均水平的72%，川区的55%。按照新的扶贫标准测算，目前这一区域还有近百万人口处在贫困线以下，占全区总人口的1/6。该地区因其生态和人口的脆弱性而被联合国粮食开发署确定为“21个不适宜人类生存的地区”之一。②

气候变化的影响可能是产生大规模的人口迁移。③ 或者说，人口迁移也是人类适应气候变化的一种方式——从对气候风险暴露程度高的地区迁往暴露程度低的地区，从对气候变化极其敏感的雨养农业转移到对气候变化影响具有一定适应能力的灌溉农业或非农产业，从而减少脆弱群体的气候风险和气

① 马忠玉主编《宁夏应对全球气候变化战略研究》，黄河出版传媒集团阳光出版社，2012；陈晓光、苏占胜、陈晓娟：《全球气候变暖与宁夏气候变化及其影响》，《宁夏工程技术》2005年第4期，第301~304页；邵彬：《马忠玉：宁夏应对气候变化的战略抉择》，《中华英才》，http://www.zhyc.com.cn/inhalt.asp?id=732。

② 马忠玉主编《宁夏应对全球气候变化战略研究》，黄河出版传媒集团阳光出版社，2012。

③ IPCC, *Policymakers' Summary of the Potential Impacts of Climate Change* (Report from Working Group II to IPCC) Geneva: IPCC Secretariat, 1990；余庆年、施国庆：《环境、气候变化和人口迁移》，《中国人口·资源与环境》2010年第7期，第42~47页。

候贫困。[①] 作为适应气候变化的重要举措[②]，宁夏从1980年开始，先后组织实施了吊庄移民、“1236工程”移民、易地扶贫搬迁移民和中南部地区生态移民等不同形式的移民工程，将中南部气候和生态恶化地区的农民迁移到南部山区的川区地带，以及中北部的扬黄和引黄灌区生活。[③]

移民工程有效缓解了贫困人口的生计问题。移民迁入地引黄灌溉水源相对充足，地势平坦，交通便利，信息畅通。农民拥有较好的灌溉条件，得以使用农业机械，从事精耕细作的灌溉农业，种植多种粮食和经济作物，有了更多的时间和更低的成本外出务工。这使得农民不仅有了稳定的农业收入，而且有了更多机会通过非农就业增加收入。此外，政府为移民工程投入的大量资源，以及移民集中居住的模式，也使移民得到了更好的公共服务，包括医疗、教育和基础设施等。因此，山区农民迁移之后，特别是已经度过移民适应期，或者迁到北部引黄灌区的移民，生活水平有了显著提高。搬迁到银川周边的移民，一年种养殖和务工的收入相当于在老家七八年的收入。

同时，移民工程提高了移民迁出地区自然生态恢复的能力和适应气候变化的能力。随着移民的迁出，使中南部地区人口压力降低，被过度开垦的土地得以自然修复，该地区的植被、野生动物、生态环境，乃至气候小环境得以逐步恢复。西吉县蝉窑村在2003年，整村搬迁了6个村组中的3组，共153户的901人。以前开荒山，建梯田破坏了植被，导致水土流失和泥石流。搬迁后，经过8年退耕还林、涵养水源、防沙治沙，原始森林、草和野生动物都得以恢复，包括杨树、柳树、黑刺、柠条、草莓、苔藓、野猪、野鸡等，甚至小气候也改善了，夏天雨水多了，还有了山泉。

---

① Adger, W. N., “Social Vulnerability to Climate Change and Extremes inCoastal Vietnam”, *World Development*, 1999, 27 (2).

② 当然，环境、气候因素不一定是人口迁移的充要条件。实际上，环境、气候因素往往与经济、社会、文化等非气候因素互相作用，成为人口迁移的驱动力。也就是说，适应气候变化是移民的重要而非唯一目的。

③ 王朝良：《吊庄式移民开发——回族地区生态移民基地创建与发展研究》，中国社会科学出版社，2005；张闽剑：《宁夏南部山区生态移民的实践研究》，《宁夏社会科学》2006年第7期，第66~69页。

二 资源困境与移民规划的治理方式

移民意味着人口的重新布局和资源的重新分配。然而，宁夏整体处在对气候变化特别敏感的生态脆弱带，同在宁夏甚至同在中南部地区的移民迁入地，虽然由于地势平坦和能够获得黄河水，自然条件较迁出地有所改善，但也都面临气候变化和不同程度的水资源短缺问题。有研究指出，全球气候变化带来气温和降水的转化，其中受到最大影响的莫过于干旱区。干旱区居民经常反映近年来降水模式变得更加不可预测。① 宁夏在全球气候变化背景下，近 50 年来气温呈上升趋势，年平均气温上升了 2.2℃，增温幅度高于全国平均值。近 10 年平均气温升高 1.6℃，达到了有历史记录以来的最高阶段。特别是 2010 年，年平均气温达到了有观测记录以来的最高值。与此同时，近 50 年来，宁夏降雨量呈现逐渐减少的趋势，平均以每 10 年 5.5 毫米的速度下降。而且降水年际和年代际变化较大，特别是在作物需水的春季降水普遍减少。气温和降雨的变化使得宁夏全区水资源严重短缺。气候干旱也使得黄河来水减少，宁夏分得的黄河水量相应减少。因此，尽管地处黄河中上游，宁夏却是全国水资源最少的省区。全区人均水资源占有量仅为 198 立方米，仅为全国水平的 1/12。②

因此，移民的迁入，特别是中南部地区的县内移民，加剧了迁入地的资源压力，甚至破坏了当地的生态环境。在原州和同心的移民迁入地，饮用水依然需要靠水窖收集雨水。在海源，山上村民搬迁到山下。移民搬过来之前，村民已经感受到干旱，但还可以以清水河灌溉。为了实施移民搬迁，政府为迁入地

① Anderson, S., J. Morton & C. Toulmin, "Climate Change for Agrarian Societies in Drylands: Implications and Future Pathways", In Mearns, R. & A. Norton, *Social Dimensions of Climate Change: Equity and Vulnerability in a Warming World*, Washington D. C.: The World Bank, 2010; Mearns, R. & A. Norton, "Equity and Vulnerability in a Warming World: Introduction and Overview", In Mearns, R. & A. Norton, *Social Dimensions of Climate Change: Equity and Vulnerability in a Warming World*, Washington D. C.: The World Bank, 2010.

② 马忠玉主编《宁夏应对全球气候变化战略研究》，黄河出版传媒集团阳光出版社，2012；周玉国、杨北桥、马文波：《宁夏气候变化与水资源的可持续利用》，《宁夏农林科技》2010 年第 2 期，第 70 ~ 71 页。

修建灌溉工程。但就在“旱改水”的同年，原来用以灌溉的清水河断流。位于灌溉工程下游的村民只能等上游浇灌完再用水，因而感受到更严重的干旱和缺水。在他们的记忆中最重要的大事就是干旱，“主要是旱灾，十年九旱，配上水渠还满足不了需要。”不得已打深井抽到的水是咸水。而且，由于打井太多，还导致土地盐碱化。“原来没有打过井，现在没有水，就急得自己打井，井要打100米才有水，还有打不出水的。但是（地下）水是盐碱水。因为打井多了，从地下抽水，盐碱带上来了。渠因为盐碱都塌了。”相对于原住民，移民的处境则更为不利。

即使在宁夏北部引黄灌区，随着气候变化，干旱程度不断加剧，可供移民的空间越来越小，难度越来越大，成本越来越高。宁夏移民工程面临着“怎样移”的关键问题。面对气候和资源困境，宁夏移民规划采取了几种应对气候、环境和资源压力的方式。

（一）断根

与以往的“吊庄移民”不同，“十二五”期间“生态移民”试图采用断根方式，以更好地恢复移民迁出地的生态和气候环境，开发和保护迁入地的生态与气候环境。“吊庄”一词借鉴了黄土高原旱作农业区传统的农业经营模式，即季节性的“流耕”或倒山垦殖的生产方式，使农村庄点如同吊起之物，能够来回摆动。① 移民吊庄也就是，移民在迁入地与迁出地之间来回奔波，尚未定居的状态。这种摆动使得移民在搬迁之初的适应期甚至返贫期，能够依靠老家的各种资源应对生产生活中的各种困难。但是，这种方式一方面不能使迁出地尽快减少资源和环境的压力，不利于恢复当地的生态和气候环境；另一方面，移民因频繁返回迁出地，不能及时耕种灌溉迁入地开发的土地，导致土地裸露沙化，破坏迁入地的生态环境。而且，移民仍占用迁出地的土地和水资源，对迁出地的未迁移居民有失公平。因此，移民工程实行断根方式，即在迁出地实行断水断电，使移民彻底完成搬迁。

① 王朝良：《吊庄式移民开发——回族地区生态移民基地创建与发展研究》，中国社会科学出版社，2005。

（二）土地集中经营

调整种植模式和经营模式，推广节水农业，是应对资源短缺的重要策略。温室、拱棚等种植方式可以采用滴灌等节水技术，而将土地交给企业进行集约化经营则有利于采用高投资的技术和设备，规模经营的效益也会更高。在原州区的移民村，移民分到的是日光温室或大拱棚，政府向移民推广滴灌等高效节水农业。在红寺堡，“十二五”规划搬到红寺堡3万移民，人均1亩地，比原来的标准少了1亩，已不方便单户耕作。政府尝试统一管理土地。土地只分到农民名下，农民有土地所有权，以土地入股，每年分红，还可以以务工形式在土地上劳动挣工资。土地使用权交给龙头企业，以便采取节水灌溉技术和设备。另一种经营模式是，所有权、使用权、操作权都归农民所有，但种植方式由政府统一管理。

（三）劳务移民

劳务移民则是近年来宁夏在气候和资源限定下，着力探索的一种适应气候变化的新移民方式——通过深度开发各种自然资源和社会经济资源，开辟多种生计，将人口从特别倚重于自然资源因而对气候风险暴露程度和敏感程度高的农业部门，转移到暴露和敏感程度相对较低的非农部门，从而减少人口应对气候风险的脆弱性，适应气候变化。宁夏“十二五”移民规划计划用5年时间完成劳务移民2.01万户、8.65万人，占移民总任务的25%——“采取有力措施，引导移民到沿黄经济区、重点城镇、工业园区、产业基地务工就业。规划实施劳务产业技能培训11.8万人，使移民安置区每户有1~2人外出务工，增加移民工资性收入，使劳务收入成为移民收入的主要来源”。实际上，早在政府规划之前，农民已经开始以务工的方式应对气候变化。根据资料，受环境资源条件限制，中南部生态恶劣的贫困地区有60万农民外出打工，年劳务收入30多亿元，劳务收入占农民人均收入的比例达到40%。劳务经济的发展带动了自发劳务移民。目前，山区8县（区）已有6.4万户农民举家外迁，占8县（区）农业户的13%。尤其是在生存环境恶劣的中部干旱带，许多村庄已几乎迁空。[①]

---

① 董玲主编《西海固扶贫攻坚战》，黄河出版传媒集团阳光出版社，2012。

三　移民的生活转型与保障困境

应对气候变化和资源困境的治理方式对移民而言，意味着生产生活方式和社会关系的全面重构，包括从靠天吃饭的雨养农业到精耕细作的灌溉农业乃至非农产业、从分散居住到集中居住、从民族聚居到回汉共处等生产方式、消费方式、社会交往方式、性别分工方面的改变，以及与迁入地原住民为邻而带来的参照群体、社会期望和思想观念的转变。其中，生活保障是移民面临的首要问题。

土地集中经营和劳务移民方式让原本以土地作为生存之本的农民直接处于市场风险之下。高效节水农业使习惯靠天吃饭的山区移民面临种植温棚蔬菜等新农业技术的巨大挑战，温棚蔬菜的市场也尚待开发。将土地统一交给企业经营，则使面对强大企业的移民处于弱势地位。而劳务移民规划虽然规定移民应该得到培训、廉租房和全面的社会保障，帮助移民应对风险适应新的工作和生活，但是，移民实际得到的收入和就业保障是政策、企业和工人三方互动的结果，而不是简单地来自一纸文件的规定。实际上，政府能够直接提供的福利主要是廉租房和教育等公共服务，而在住房之外的劳动时间、收入和基本保障状况等方面，则主要取决于他们在就业市场中的处境。初入工厂的工人处在对新的劳动方式和技术的实习或一般操作阶段，工作时间长，收入低，并且随时面临由企业生产周期或企业发展不利导致的失业风险。

因此，以土地作为生存保障成为移民的选择，中南部地区的农民普遍坚持以土地作为移民的条件。移民普遍兼顾务工与务农，以务工增加收入，应对气候风险；以土地作为生存保障，应对市场风险。虽然广种薄收的农业收益很低，但作为生存保障，土地被包括移民在内的农民特别依赖，甚至在外打工多年，主要经济来源已经是务工收入的移民依然会花钱买地。在他们看来，“有了地，解决了吃粮问题，就是解决了基本生存问题。年轻的时候可以打工，岁数大些就没人要了。买地就是买个保险。有地心里就稳了”。而且在这种兼顾中，务农居于优先地位。农民家庭总是在首先保证种好地的前提下，富余的时间和劳动力才外出务工。未迁移的农民普遍表示，“有地种才移民。不能完全靠打工。年轻还可以，岁数一大，就打不成工了，没地不成。”

在迁入地和迁出地之间的摆动则是搬迁初期移民适应新生活的重要方式。新开垦的土地需要一个熟化的过程，移民对于迁入区新的农业品种和种植方式不熟悉，因而搬迁初期土地收成不好，移民对于收入心里没底。而且，尽管政府为移民工程投入大量资金，但移民自身需要负担的部分建房等费用对于贫困山区的贫困农民来说依然是很大的负担。不少移民靠借款完成搬迁。面对种种困境，“老家”是新移民能够动用的重要资源——依靠在老家积蓄的粮食或回老家种地维生度日，以及得到老家的亲友提供的各种帮助和支持。在移民迁入地红寺堡，相邻的两个村庄，因距离家乡远近不同而具有比较明显的贫困差别，原因在于近距离搬迁使移民可以更便捷地利用老家的各种资源。

流动就业也是以务工增收、以土地为生存保障的移民的主要策略。流动既包括在种地和务工之间流动的季节性就业，也包括在不同职业和地域之间流动，以及零工或建筑工地的短工等流动性很大的职业。以土地作为生存保障，就必须首先保证种地；以务工作为维持生计的增收方式，务工的最主要目的就是尽可能地增加收入，而不是在城镇里的安定、稳定甚至舒适的工作和生活。而流动使得他们能够兼顾工农，能够比较和寻找最大收益。

但是，移民规划对移民的治理方式在一定程度上不认可移民的行动选择。强行断根使得移民不再能通过在迁入地和迁出地之间的摆动，利用家乡资源和社会支持渡过移民适应期。劳务移民规划以迁出地、迁入地对口帮扶和设定劳务移民工业园区的治理方式，比较严格地规定了移民须在特定的地区和行业稳定就业，不认可劳务移民以在不同地区、行业、职业之间的流动兼顾务工与务农的方式进行的自发调适，而对移民迁出地范围精确到县、乡、村、组的规定，又使得少部分经过个人和企业的互相选择和适应过程而愿意在特定地区和行业稳定就业的工人未必具备劳务移民资格。

这使移民和移民规划都面临种种困境，得不到基本生存保障的移民生活困窘。而政府虽然为移民工程投入大量资源，但是难以让移民以规划的方式定居，实现以人口迁移适应气候变化的目标。在许多新移民村，移民由于不适应新生活，定居率低，有的村子定居率甚至不到30%。在劳务移民安置区，即使廉租住房也难以留住移民，即使留下的移民也因收入和职业不稳定，而对家庭在城镇生活的前景没有信心，很少有人愿意在5年后交出老家的土地，彻底把户籍迁到城镇。

四　促进移民规划与移民行动的协同

宁夏以移民工程适应气候变化，在一定程度上改善了移民的生产生活条件和生态气候环境，但移民工程应对气候变化和资源困境的方式，使得移民经历社会和生活结构的全面重构，面临新的风险。如果移民不能适应新的生产生活方式，适应气候变化的目标也难以实现。因此，有效适应气候变化，需要同时考虑移民的适应能力，探索更加切实有效的治理方式。

Agrawal已经指出，在适应气候变化的过程中，政府等公共部门因有权力指挥官方行动，有能力引导技术和资金投向，往往可能推动与共同分担和多样化相关的适应战略。因此，国家或政府的规划性适应是必需的，也一直在实践中处于主导地位。但是，所有的外部支持都必须通过基层社会的行动才能生效。而在适应的实践中，基层社会的适应行动还远未得到重视，也未被众多适应规划纳入其中。而且，对基层社会适应气候变化的外部支持一直体现在信息和资金的支持上，很少为培养、形成和加强地方社会的适应能力提供支持。①

在宁夏的移民实践中，移民首先面临的是，生产方式转变中的收入和就业保障，同时以往社会资源和社会支持被中断的问题。因此，提高移民的适应能力，需要在为移民提供社会保障、尊重移民的自发适应意愿和行动，以及支持和培养移民基层社区的互助等方面深化治理方式。

首先，移民面临的首要问题是收入和就业保障，移民规划应进一步深化为移民提供社会保障的方式。从世界现代化和工业化的历史看，社会保障正是应对由宏观经济形势、生产的季节性、企业经营状况，以及个人的健康、年龄等

① Agrawal, A., "Local Institutions and Adaptation to Climate Change", In Mearns, R. & A. Norton, *Social Dimensions of Climate Change: Equity and Vulnerability in a Warming World*, Washington D.C.: The World Bank, 2010.

问题引发的收入和就业的不稳定。[①] 宁夏的移民规划为移民工程投入大量经济和社会资源，也规定移民享有全面的社会保障，但因缺乏具体的政策设计（比如应对季节性失业的保障政策），未能为市场风险下企业和移民的良性互动提供支持。因此，移民规划需要进行更进一步的政策设计：对保障方式进行普遍性与选择性区分[②]，在选择性保障（廉租房等最低生活保障）的目标定位方面，将以迁出地的精确范围定位移民资格改为，以合理的务工地贫困线作为享受保障的标准，既公平地对待同样来自中南部山区的移民，也集中资源帮助贫困移民适应城镇生活；对本该作为普遍性保障的养老、教育等基本社会保障不再做受益人资格选择，让所有来自中南部山区的移民都得到城镇公民待遇，使那些经过多年自发务工而有能力和意愿在城镇稳定就业和生活的工人完成非农化转变的最后一步。

其次，在对移民务工行动的控制方面，探索有效管理人口流动的方式。在生产生活方式重构的过程中，移民在迁入地与迁出地之间，以及不同迁入地和不同职业行业之间的流动，是他们寻求适应空间和社会支持的重要方式和策略，也是人口迁移过程中的普遍现象。实际上，人口流动也是现代社会的重要特征。[③] 宁夏的移民规划对移民迁入和迁出行动的管制，不认可移民通过流动进行的自发性调适，使得移民定居和就业的不稳定与社会保障的缺失互相强化。当然，在劳务移民试点过程中，移民政策放宽县对县限制，实行以劳务移民证管理移民的治理方式的转变表明，规划也在实践中不断调整。在此基础上，深化劳务移民证的治理方式，逐步放开对移民务工地和务工职业及行业的规定，不仅允许移民通过在地域和职业间的流动进行自发的选择和适应，而且

---

① 〔美〕吉尔伯特、特雷尔：《社会福利政策导论》，黄晨熹、周烨、刘红译，华东理工大学出版社，2003。

② 在目标定位方面，就受益资格有普遍性与选择性保障之分。前者是面对普遍生活问题，所有公民都享有的基本权利，如养老、医疗、教育等社会保险或公共服务；后者是基于收入审查等程序为符合一定标准的贫困人群提供的收入保障或社会救助。在社会控制方面，则有通过实物分配限制某些救助的用途或以接受教育培训等作为接受某些救助的条件等方式。参见〔美〕吉尔伯特、特雷尔《社会福利政策导论》，黄晨熹、周烨、刘红译，华东理工大学出版社，2003。

③ 王晓毅：《从摆动到流动：人口迁移过程中的适应》，《江苏行政学院学报》2011 年第 6 期，第 50 ~ 54 页。

通过配套细致的政策，让处于职业流动中的移民能得到基本的收入和就业保障。

最后，支持和扶助多种形式的民间互助和民间组织。Agrawal 对 46 个国家的 118 个案例的分析显示，大多数介入适应气候变化的地方社会的组织都是非正式组织。它们在适应气候变化的技能培养和能力建设等方面发挥关键作用。① 在宁夏，移民中也存在各种互助方式。据十多年前搬到红寺堡的移民回忆，在移民初期，是周围比他们更早搬过来的亲戚朋友教会他们新的技术，然后一传十、十传百地传播起来；是老家的亲戚朋友提供借粮借钱等社会支持，让他们渡过过渡期。那么，在以“断根”方式维护生态环境和公平有效利用资源的同时，需要相应地采取替代性措施，支持和扶助其他形式的民间互助的发展。

① Agrawal，A.，“Local Institutions and Adaptation to Climate Change”，In Mearns，R. & A. Norton，*Social Dimensions of Climate Change*：*Equity and Vulnerability in a Warming World*，Washington D. C.：The World Bank，2010.

G.24

建设低碳城区，推进智慧发展

——杭州市下城区的探索与实践

鲍健强　叶瑞克*

摘　要：

大都市城区的低碳化和智慧化是未来城市发展的两大趋势，探索和推进城市发展更低碳、更智慧、更清洁、更便捷是时代命题。近年来，杭州下城区在推进低碳城市发展的同时，与智慧城区建设相结合，以创建“美丽杭州”——美丽中国新样本和新示范为目标，探索一条低碳型和智慧型城市交互发展的新路子。下城区率先在三个方面进行了探索和实践：一是在城区碳排放核算领域做了大量基础性工作；二是在创建低碳城区中积累了许多新经验；三是在低碳型和智慧型城区交互发展中有了新思考和新探索。

关键词：

低碳城区　智慧城区　碳排放　数字化　智能化

2008年，杭州市率先提出建设“低碳城市”的战略设想，2009年12月28日，杭州召开建设低碳城市动员大会，29日，杭州市委全委会又审议通过了《关于建设低碳城市的决定》，建设低碳经济、低碳建筑、低碳交通、低碳生活、低碳环境、低碳社会“六位一体”的低碳城市。[①] 2010年7月，杭州、天津、重庆、深圳、厦门、南昌、贵阳、保定八市成为国家首批低碳试点城

---

* 鲍健强，浙江工业大学政治与公共管理学院院长，研究方向为绿色低碳发展；叶瑞克，浙江工业大学绿色低碳发展研究中心副主任，研究方向为低碳经济。

① 杭州市政府：《关于建设低碳城市的决定》（市委〔2009〕37号），2009。

市。下城区地处杭州市的中心城区，区域面积为31.46平方公里，户籍人口40.37万人，常住人口52.61万。[1] 2012年下城区地区生产总值（GDP）为598.8亿元，人均GDP为1.8万美元。2010年，下城区制定了《下城区创建低碳城区发展规划（2010～2015年）》；2012年，下城区完成调研报告《运用科技手段，创新社会管理——下城“66810”为民服务体系数字化、智能化研究与实践》。在推进低碳城市发展的同时，下城区与智慧城区建设和发展趋势相结合，走出了一条低碳型和智慧型城市的新路子。

一　城市碳排放核算体系：下城区低碳发展决策的定量依据

创建低碳城区面临的第一个棘手的问题是本区域的碳排放总量核算、碳排放结构和特征的评估，把握大都市城区碳排放的重点、难点、潜力和方向。下城区科技局在浙江工业大学绿色低碳研究中心的帮助下，在联合国IPCC温室气体排放清单编制方法的基础上，根据城市碳排放的特点和规律，结合下城区经济社会发展情况、产业结构、统计体系特点，研究了适合已有统计体系的区域能源及碳排放统计监测方法，形成了相应的核算方法和工具。

（一）下城区能源消耗和碳排放的主要领域

下城区属于“能源终端消费区域”和“消费型耗碳区域”，主要使用“一次能源”（汽柴油、天然气）和“二次能源”（电力）。因此，下城区碳排放来源（以下简称“碳源”）应包含直接碳排放和间接碳排放。从理论上讲，主要包括以下几部分：①工业碳源：主要是工业领域和工业过程的碳排放量的核算。②交通碳源：主要是城市社会车辆和私家车的碳排放核算。③家庭碳源：主要是城市居民水、电、气的消耗折算成直接和间接碳排放量的核算。④楼宇碳源：建筑碳源不包括大部分的医院、学校、宾馆、商场，但仍包括写字楼和办公楼内入住的宾馆、商场等。下城区的碳排放统计一般只涵盖建筑面积

① 杭州市统计局：《2012年杭州统计年鉴》，杭州统计信息网，2012年12月21日。

5000 平方米以上的相关楼宇，其他楼宇则归入其他碳源，主要是指写字楼、办公楼等建筑的直接和间接碳排放量的核算。⑤其他碳源：主要包括城区内的医院、学校、宾馆、商场、路边店等。⑥绿化碳汇：城区绿化、绿地等面积和植物种类的碳汇核算。碳排放总量用公式表述如下：

$$M_{碳排放总量} = M_{工业碳源} + M_{交通碳源} + M_{家庭碳源} + M_{楼宇碳源} + M_{其他碳源} - M_{绿化碳汇}$$

（二）下城区碳排放核算的方法

IPCC 提出的清单或账户核算方法，不适合城市或城区的碳排放核算，许多大城市没有独立的、完全自给自足的电厂的供电系统（固定碳源），但是，城市是能源消费和碳排放的大户。对城市或城区的碳排放核算需要自上而下延伸到能源消费终端。同时，由于能源终端消费统计数据与碳排放的统计体系上的不切合，下城区采用了统计数据与直接调研数据相结合的方法，对区域二氧化碳排放总量的核算做了大量的调研和测算。下城区碳排放总量的测算数据收集方法和核算方法分三大部分：一是统计数据，以统计局为主，部门数据为辅，抽样调查数据做参考。二是专项调研，商场、楼宇、供电局（南北）、社区等进行定点专题调研。三是抽样问卷调研。

（三）下城区能源消费和碳排放核算的数据获取

1. 工业部门

下城区工业碳源主要涉及两个方面，即能源活动和工业生产过程，分为直接能源消耗碳源和间接能源消耗碳源。方法一：直接碳排放以及一次能源数据可以通过统计部门的统计数据获得，间接碳排放即电力数据可以通过电力部门（南北电力局）获取数据。方法二：由于下城区工业部门较少，也可以通过普查方法获取相关工业企业的能耗数据和电耗数据。方法三：也可上述两者同时进行，用于数据核对和校正。

2. 交通部门

针对交通碳源——汽车，下城区采用属地原则，只统计登记在本辖区内（即所有权归属下城区的居民或相关部门）的车辆，不考虑过境交通，车辆数据直接通过车管所获取，行驶里程通过抽样调查获取，然后折算成汽油消耗，按相关排放因子，折算成平均碳排放，最后加乘获得交通领域（车辆）的总碳排放。

3. 建筑部门

建筑碳排放核算主要分为两个部分。第一部分为燃气使用产生的直接碳排放，数据获取的方法有三个。方法一：通过燃气公司直接获得相关数据；方法二：由于燃气使用的楼宇数量较少且较为固定，可采取数据普查的方法，向相关楼宇调研数据；方法三：以上两种方法同时进行，用于数据核对和校正。第二部分为电力使用产生的间接碳排放，数据获取的方法有三个。方法一：通过电力部门（南北电力局）获取电力消耗数据，然后按电力消耗的碳排放因子进行核算；方法二：通过抽样调查和平均核算；方法三：以上两种方法同时进行，用于数据核对和校正。

4. 生活用能

生活用能以及家庭能源消耗和碳排放是下城区能耗和碳排放的重要组成部分，家庭能耗主要由三个主要方面组成：一是家庭用电量，方法一：向电力部门直接获取相关数据；方法二：由于电力部门电力计量与统计并不是按行政区域划分，同时也不会按居民区进行分头统计，因此家庭用电量的数据也可通过抽样问卷调研获取，然后进行平均核算；方法三：以上两种方法同时进行，用于数据核对和校正。二是家庭燃气用量，方法一：可直接通过燃气公司获取数据；方法二：可采取抽样调查，然后进行平均核算；方法三：以上两种方法同时进行，用于数据核对和校正。三是私家车汽油用量，详见“交通碳源”核算部分。

5. 绿化碳汇

参考 IPCC 推荐的森林干物质量的平均值和下城区的绿化情况，直接采用相关统计数据获得下城区城区绿化覆盖率，按 1 公顷城市树木的年固碳能力在 850～950 千克/年推算绿化碳汇量。

（四）下城区能源消耗与碳排放核算结果

根据《下城区创建低碳城区发展规划（2010～2015 年）》研究的成果，

经过下城区碳排放（包括直接和间接）核算研究，近年来，下城区碳排放总量略有上升，如表1所示，但碳排放强度呈现下降趋势：2009年万元产值（GDP）碳排放强度为0.441吨/万元，2010年为0.409吨/万元；2011年为0.351吨/万元。按常住人口52.6万人计算，下城区人均碳排放，2009年为3.41吨/人；2010年为3.58吨/人；2011年为3.63吨/人①，与美国17.2吨、欧盟7.3吨以及中国平均6.6吨有明显的差距。②

表1　下城区不同方式碳排放量的核算

单位：万吨

	工业碳源	交通碳源	楼宇碳源	家庭碳源	其他碳源	绿化碳汇	碳排放总量
2009年	15.3 8.6%	51.6 28.8%	39.2 21.9%	24.3 13.6%	49.6 27.7%	-1.2 -0.6%	178.8 100
2010年	9.1 4.9%	56.90 30.6%	41.72 21.1%	24.50 13.2%	57.50 31.1%	-1.2 -0.9%	188.5 100%
2011年	8.3 4.3%	58.8 30.7%	43.1 22.5%	25.6 13.4%	56.8 29.7%	-1.2 -0.6%	191.4 100%

二　科技、经济与社区三方联动：下城区低碳城区建设的经验总结

下城区在创建低碳城区的过程中基本实现了三个“低碳化转型”。一是加强科技创新，积极发展符合都市发展特点的战略性新兴产业，如智能电网、物联网、智慧城市系统、新能源产业等，推进都市产业的低碳化转型。二是通过做大、做强、做精现代服务业，实现都市经济的低碳化转型。三是通过宣传“推进低碳发展，创建低碳城区”的理念，引导社会公众参与“低碳行动”，实现都市社会的低碳化转型，成为全国“低碳城区”建设的示范和样板。

① 下城区政府、浙江工业大学：《下城区创建低碳城区发展规划（2010～2015年）》，2010。
② 英国丁铎尔气候变化研究中心：《维持全球升温低于2℃的挑战》，《自然·气候变化》专刊（*Nature Climate Change*），2012年12月3日。

（一）科技创新：低碳发展的动力源泉

“十一五”期间，下城区科技综合实力明显增强，连续两次成为全国科技进步先进区。引进科研院校共建技术创新载体19个，签订产学研合作163项、国家级技术创新基金等项目资助60项，6项成果获得国家级科技进步奖。2010年，下城区组织实施的第一批科研新产品计划项目中，对5个节能减排（碳）的科技项目优先给予立项，已安排资金47.5万元。2011年，下城区加大了对星火电子商务产业园和浙江广源科技大楼的科技投入，推进“两区多园”建设，全区现有市级以上高新企业81家、省级软件企业43家；全年全区规模以上工业企业高新技术产业实现销售产值44.08亿元，高新技术产业增加值15.16亿元，高新技术产值占全区工业产值的比重达56.55%，高新技术产业增加值占全区工业增加值的比重达74.62%。2011年，全区科创中心孵化面积扩大到2.2万平方米，在孵企业达111家，对19个物联网和节能环保孵化项目给予区种子资金资助。2012年，启动浙江省创新型试点城区创建工作，建立了浙江工业大学博士后创新创业基地，新增科技孵化面积5000平方米，新培育国家级高新技术企业6家，市级高新技术企业和研发中心28家，以上工业企业新产品产值率达到32.08%，被评为省级知识产权示范区。

（二）“2+1”现代产业体系：低碳城区的经济保障

“十一五”期间，下城区进一步构建“2+1”现代产业体系，工业结构大幅调整。规模以上工业企业通过产业结构调整和“退二进三”，先后有121家企业外迁，减少碳排放量37.9万吨，占全区碳排放总量的20.4%。[①] 产业结构调整为下城区第三产业和现代服务业提供了发展空间。通过实施“服务业导向”都市经济发展战略，下城区成功打造了商贸、金融、会展、文化“四大中心”，实现了“服务业大区”向“服务业强区”转变。2012年，下城区实现服务业增加值543.15亿元，同比增长9.35%，占地区生产总值比重达到90.71%，

① 鲍健强等：《发展低碳经济打造低碳城区——杭州市下城区推进低碳发展、打造低碳城区的探索实践和理论思考》，《2010中国可持续发展论坛论文集》，2010。

现代服务业比重达到68.17%，荣获杭州市现代服务业综合优秀奖，武林商贸服务业集聚区被评为浙江省现代服务业集聚示范区。电子商务产业园连续三年（2010~2012年）被评为市级优秀高新园区，物联网演示体验中心全面启用，和平钢铁电子商务交易服务项目被列入国家级电子商务试点。同时，楼宇经济成为下城区第三产业和现代服务业的新亮点和新引擎，楼宇社区服务经济主平台作用凸显，2012年，114幢目标楼宇实现税收67亿元，同比增长15.52%，每平方米税收贡献达到3540元；实现税收超千万元楼宇67幢，超亿元楼宇17幢，其中超五亿元楼宇2幢，① 成为全市首个“中国总部经济发展实践研究基地”。

（三）低碳社区建设：低碳城区建设的民众基础

下城区低碳城区建设的第一个重要战役，就是建设“低碳社区”，采取了“政府推动、社区主体、部门联动、全民参与”的工作机制，成立了由区科技局、区科协、区环保分局及各街道领导等组成的“低碳社区”建设工作指导小组，各试点社区成立了以社区主要领导亲自挂帅的试点工作领导小组，明确职责，明确分工，抓好试点。区科技局、区科协、区可持续发展实验区办公室和生态区建设办公室联合下发《开展低碳社区建设试点工作的通知》。通过调研，制定了下城区“低碳社区”建设参考标准、“低碳家庭”参考标准。下城区通过设立30万元的低碳社区建设专项资金，专款专用，使社区成为建设的主体；通过部门联动形成了建设合力；通过低碳家庭评比等全民参与活动，形成低碳社区建设的群众性；从举办低碳知识报告会、专家讲座、印发低碳宣传资料、开展青少年低碳行动等低碳科普活动等入手，让“低碳理念”深入人心，形成浓厚的低碳社区建设氛围。

三　低碳化与智能化交互：下城区创建低碳城区的趋势

低碳化和智慧化是大都市城区未来发展的两大趋势，尤其是大数据时代的

① 《政府工作报告》，杭州市下城区第十四届人民代表大会第二次会议，2013年2月2日。

到来，城市更低碳、更智慧、更清洁、更便捷成为时代的要求。下城区在低碳城市建设的探索中，特别关注低碳化与信息化的交互，把低碳城市和智慧城市建设结合起来，以适应新形势的变化。

（一）低碳建筑与智能建筑互动建设

据统计，城市楼宇能耗占到了城市能耗以及碳排放量的40%。下城区共有5000平方米以上的商务楼宇103幢，建筑面积总计达259万平方米，楼宇碳排放占到了全区碳排放总量的20%以上，若包含民居楼宇以及学校、医院、政府单位等其他楼宇，则达60%以上。① 楼宇节能减碳势在必行，同时存在着巨大潜力，而推动楼宇节能低碳标准的研究与制定，结合物联网、云计算等高科技手段，打造智能楼宇是推动楼宇节能减碳的基本途径和出路。近年来，下城区在低碳建筑与智能建筑互动领域取得了一些成绩。

第一，在建筑楼宇节能减碳工作方面成效初显，涌现出了一批示范低碳楼宇和项目。下城区通过科学规划，推广绿色理念和低碳科技，部分企业和楼宇已经形成了相对系统的节能减排工作机制，涌现出了一批先进典型楼宇和项目。银泰、浙报、坤和等一些楼宇由于采用新技术、新设备，通过技术改造后，节能减排已取得明显的经济效益和社会效益，如以银泰百货大楼为代表的低碳楼宇，以标力大厦冰蓄冷、浙江大酒店能耗在线监测和屋顶花园、坤和中心节能中央空调和地下无水洗车、银泰百货电平衡测试、变频自动扶梯和水泵改造项目等项目为代表的楼宇节能减碳项目。这些楼宇的低碳实践和节能减碳技改项目为全区乃至全国低碳建筑建设起到了标杆示范作用。

第二，在低碳建筑建设与建筑智能化互动方面有所收获。2011年3月，下城区颁布并实施了《下城区促进楼宇经济发展的财政扶持政策》，鼓励打造“绿色楼宇”和智能化楼宇，对楼宇实施整体更新改造的投资主体，按照实际投资额的5%比例给予资助。以国家级新技术新材料应用示范楼——广利大厦为例，大厦总用地面积8820平方米，主楼26层，裙楼5层，地下室3层，总

① 叶瑞克等：《推进楼宇节能减碳，发展低碳楼宇经济——基于杭州市下城区目标商务楼宇的典型调研》，《未来与发展》2012年第12期。

建筑面积达61280平方米。广利大厦的层高在3.7～3.8米之间，采用世界上先进的日立分层式中央空调、双层中空玻璃幕墙以保持恒温，其中日立分层式中央空调具有极佳的节能技术，通过采用直流变速压缩机、压缩机无级变频技术、直流风扇电机和带过冷回路的“2进1”的新型热交换器，大幅度提高了能源利用率。广利大厦4600平方米的建筑体还配备了8台目前国内最为高档的智能电梯，车位配比上更是率先在杭州写字楼中达到了150:1的国际标准。

第三，在开发与利用新能源领域开展了卓有成效的尝试。位于下城区的浙江日报大楼60千瓦光伏发电一期项目是全国首个光伏应用试点示范基地。于2011年3月通过杭州市电力局验收，并正式实现并网发电。该项目由浙江日报报业集团和浙江公元太阳能科技有限公司共同投资建设，年均发电约6万千瓦时。杭州市电力局利用现有的设备进行改造，实现了用户信息采集系统数据无线上传的功能，仅此一项节约的费用就以百万元计。该光伏电站采用并网不上网方式运行，所发电能供浙江日报大楼内部使用，不对外部电网送电。电站与电力系统电网并网运行，实行电网动态补充，光伏发电系统所发电能优先使用。

（二）低碳交通与物联网交互发展

实现低碳交通需要物联网技术支撑，形成“四大低碳智慧交通运营模式”。一是基于智慧环境的低碳监测模式。二是基于智慧能网的低碳消费模式。三是基于智慧交通的低碳运输模式。四是基于智慧管理的低碳运营模式。下城区在确立城区公共交通在城区交通中的优先地位，打造低碳化、智能化的城区交通系统的进程中，采取了以下具体措施。

第一，打造“低碳智能交通”，适应“两铁”新发展。下城区在建设自行车和步行慢道系统，进一步完善主、次干道、支路网和人行过街设施的同时，充分利用区位优势，有效对接高铁和地铁低碳交通枢纽和公交体系，采用物联网技术，疏通东站交通枢纽与下城区通道，对各种接驳方式进行有效组合和无缝衔接，实现快速低碳集散以及交通枢纽内时间与空间的“双重零距离换乘”。同时，建设低碳和高效的交通物流体系，减少迂回运输、重复运输、空车运输，降低碳排放。

第二，合理的红绿灯设置、单双号限行等措施，实现分流车辆，减少汽车尾气的排放，减缓中心城区交通压力，推广十字路口“绿波智能交通灯”技术。根据不同时段的车流量大小细分为多套方案；道路十字路口“绿波智能交通灯”技术，设置“绿波带”，运用“信息化”和“智能化”来提高通行速度，解决道路交通堵塞、改善环境污染、减少交通事故、提高运输质量，实现节能减碳。

第三，积极发展电动汽车，构建“电动汽车－车联网”模式。下城区政府为了迎接电动汽车时代，做了大量的前期准备：一是编制下城区电动汽车发展规划，落实城市电动汽车发展的优惠政策，如收费停车场为电动汽车提供专门车位（有充电柱）、社区为新购电动汽车提供停车位、单位停车场开辟专门充电车位（有充电柱）；充分利用绍兴路汽车文化精品街区的特色和优势，注入低碳元素，成为电动汽车城市推广示范区。二是基于杭州市电动汽车的示范运营，运用物联网和云计算技术，构建“电动汽车－车联网”商业模式，即电动汽车及充换电站应用物联网传感器系统，采集数据，并在电子信息化平台上实现统一资金结算和智能监控。

（三）低碳社区与智慧社区同步推进

低碳社区和智慧社区是未来社区建设的大方向，也是低碳智慧城区建设的重要内容和基础。低碳社区指城市生产方式、生活方式和价值观念尊崇低碳经济模式，将所有活动所产生的碳排放降到最低外，还辅以生态绿色，改变民众的行为方式等措施，最后达到零碳排放的目标。智慧社区是指网络化、智能化、信息化、数字化为基础，充分利用数字化及其相关的计算机技术、网络技术和控制技术的手段，对社区基础设施及与生活发展相关的各方面内容进行全方位的信息化处理和利用。

1. 利用 RFID 非接触式的自动识别技术，推动社区服务全面感知

通过在社区中布置传感器网络，利用由众多传感器节点组成的 RFID 无线通信网，实现社区范围内信息自动采集传输，进而通过泛在网将数据快速、可靠、安全地传送至各个社区管理控制中心。经过社区管理者的多年实践，“66810”为民服务体系从最初的解决各街道、社区民生问题，帮扶社区孤寡老人、残疾困难家庭等功能，逐步扩展到推行以“六必到、六必访、八必报、十条为民服务线”为核心内容的职业化、专业化、社会化服务以及应用“66810”绩效追踪信息管理系统等现代信息技术社区管理与服务。在物联感知的推动下，更加迅速、准确地掌握社区居民的真实需求，实时了解社区中各个事件的发展动向，实现社区管理主动、反应及时、处理高效等功能，如家庭智慧养老、智慧医疗、智慧家庭防控等。[①]

2. 创新工作体制机制，开展低碳社区建设

首先，下城区充分调动区内各部门的能动性，统一行动，联合开展低碳社区建设。区妇联的低碳家庭创建，以及区经贸旅游局在社区推广节能灯、区城管办进行垃圾分类处理、下城环保分局建设生态垃圾房等，通过部门联动形成“低碳社区”建设合力。其次，区政府采取资源整合策略，探索低碳社区创建体制机制创新。目前已经初步形成多渠道的投入机制，政府与社区的共建机制、家庭和市民的参与机制、检查和评比的争先创优机制的“四大机制”。最后，下城区还积极发动群众，做好良好的示范引领，提倡低碳的生活方式，宣传节能小知识，注意节电、节油、节气，将低碳从理念上升到实践。

下城区对于低碳城区和智慧城区建设采取“两手抓”的策略，低碳城区的目标更好地刺激了智慧城区相关技术、手段的创新发展；反过来，良好的智慧城区建设计划又可以更好地为低碳城区的建设道路做铺垫，低碳城区和智慧城区的交互发展一定是未来城区发展的主旋律。同时，现代科技是解决日益严重的生态环境和资源能源问题的根本出路。“十二五”期间，下城区将加快物联网、云计算等新一代信息技术研发和示范应用，积极应用现代信息技术，强化城市综合管理，推进电子政务建设，不断提高政府办事效率，深化数字社区建设，提升社区服务水平，加快推进教育、科技、医疗、卫生等社会事业信息化，不断提升公共服务水平。通过物联网试点示范项目，拓展物联网技术应用市场，壮大物联网产业。积极运用新技术，提升传统产业，推进智慧经济、智慧服务、智慧管理体系建设，打造“智慧下城”。

---

① 下城区政府、浙江工业大学：《运用科技手段，创新社会管理——下城“66810”为民服务体系数字化、智能化研究与实践》，2012。

G.25

低碳城市建设与工业发展的良性互动

——以济源市为例

丛建辉　刘学敏　朱　婧*

摘　要：

在低碳与增长的双重约束下，实现城市建设与工业发展的良性互动，是重工业城市普遍面临的新课题。本文探讨了低碳城市建设与工业发展的互动关系，从“工业低碳化”和“低碳城市建设对工业发展的带动作用”两个方面界定了良性互动的内涵，并以河南省济源市为研究案例，在描述济源市工业碳排放状况的基础上，重点分析了其低碳城市建设的思路、方法以及在实现低碳城市建设与工业发展的良性互动方面所采取的措施和取得的成效，以期为其他同类城市的工业与低碳化发展提供借鉴。

关键词：

低碳城市　工业发展　良性互动　济源市

作为全球物质资本与人力资本的集聚地，城市是人为温室气体排放的主要空间载体，推进城市的低碳化发展刻不容缓，低碳城市建设也已成为许多国家政府的重要政策着力点。

在众多城市中，重工业城市因主导产业以大量消耗化石能源的工业部门为主，温室气体排放量一般远高于其他类型的城市，其低碳化发展问题尤为引人关注。对于这些城市而言，工业增加值一般占 GDP 的 60% 以上，因长期发展

* 丛建辉，北京师范大学资源学院博士研究生，研究方向为资源经济与管理；刘学敏，北京师范大学资源学院教授，研究领域为区域经济学、自然资源与环境经济学；朱婧，北京师范大学资源学院博士研究生，研究方向为资源经济与管理。

工业而形成的“路径依赖性”，使得在短时间内调整产业结构的难度极大。这些城市既要继续维持一定的工业增长速度，以支撑税收和就业的增长，不断提高居民福利水平，又要尽可能地控制温室气体排放，承担相应的减排责任。面临这种两难局面，如何在低碳与增长双重约束下，走出一条城市建设与工业发展良性互动的路子，是一个新的课题。这一问题的解决，对处于工业化中期、拥有大量重工业城市的中国，意义极其重大。

一　低碳城市建设与工业发展的互动关系

尽管在对低碳城市内涵的界定中，不少学者认为低碳城市所追求的是既“低碳”又“经济”的发展模式，能够实现生态效益、经济效益与社会效益的统一。然而，对于重工业城市，“低碳”与“工业发展”之间能否存在这种相互统一、并行不悖的关系，一直有较大争议。

在理论界存在广泛影响的环境波特假说认为，环境治理可导致环境和经济的双赢发展，它是通过“创新补偿”与“国际市场先动优势”两种途径的联动实现的。[①] 具体到城市碳排放领域，该假说可以被理解为：企业努力控制温室气体排放，一方面，会刺激技术进步，改进生产效率；另一方面，企业所生产出的低碳产品将更为市场所认可，能促进竞争力的提高。对这一假说进行实证检验的研究较多，结论却并不一致，有关该假说的质疑主要集中在两个方面。

其一，企业技术进步的过程是缓慢的，技术进步发挥作用的时限一般较长，即环境波特假说更可能在长期内成立。

其二，存在一个发育较为完善的低碳市场，消费者对低碳商品的购买意愿较强，是该假说成立的前提条件之一，而在现实生活中，这一条件很难得到满足。

另外，该假说是针对企业这一微观主体提出的，即使企业的低碳行为确实能够促进其竞争优势的提高，也并不意味着在更为宏观的城市和国家层面存在这种双赢关系。

---

① 陈诗一：《节能减排与中国工业的双赢发展：2009～2049》，《经济研究》2010年第3期。

从一般意义上讲，城市化与工业化两者是共生的：工业化为因，城市化是果。但是，由于工业发展会消耗更多的化石能源，势必造成城市碳排放总量的增长，因此，控制碳排放至少在短期内会对工业发展带来不利影响。否则，仅仅依靠城市内企业的自主市场行为就能够实现减排目标。也正因为市场机制在应对气候变化问题上表现失灵，低碳城市建设才更强调政府的主导、引导作用。所以，探讨低碳城市建设与工业发展的互动关系，需要从学理上厘清“良性互动”的含义。

不可否认，理论上确实存在一种能够实现绝对量减排的低碳与工业发展良性互动模式，那就是：只发展低碳、零碳工业（比如新能源产业），这里不仅仅要求核心产业是零排放的，而且整个产业链、全部产品的生命周期都需具有零排放特征。支撑这一极端模式的条件极其苛刻，除当地需具有满足这类产业发展的各种要素禀赋外，还要求国内外市场对这些产业的产品需求状态远未饱和。而目前的工业城市，特别是重化工业城市，难以满足这些条件。除此之外，重工业城市一般是国家某种工业产品的生产基地，这些产品的生产虽然会消耗较多的化石能源，但对国家来说，它们具有重要的战略价值、不可或缺。地方政府不仅不能压缩其成长空间，甚至还要继续扩大该类产品的生产规模。

综上分析，对于重工业城市，在短时期内采取加速发展第三产业、大量使用新能源的方式，实现城市碳排放绝对量的减排并不切合实际，但通过能源节约、技术进步等方式，逐步降低单位工业增加值的碳排放（即工业碳排放强度）是可行的。另外，低碳工业得到发展后，优化了区域发展环境，使得城市有条件吸引更多的外部投资，企业也会依靠在低碳工业产品和技术累积上的优势，扩大市场占有率，提高工业产值，为工业的进一步发展提供保障，从而产生低碳城市建设对工业发展的反作用。

基于此，本文认为，低碳城市建设与工业发展的良性互动包含两个密不可分的过程。

第一，在工业发展过程中，通过完善管理手段和技术进步等方式，实现对传统化石能源的节约、高效利用，同时优化能源利用结构，增加清洁能源比重，持续降低单位工业增加值的碳排放，实现工业发展的低碳化。

第二，在低碳城市建设过程中，通过低碳类产业的发展和竞争力提高，不断优化区域生态环境，进而获取更多的外部投资和技术，销售更多、更高质量的低碳产品，有效促进城市工业的进一步发展。

需要注意的是，本文定义的良性互动关系侧重中短期时限内城市工业化与低碳化的协同共进，强调重工业城市的“城市低碳化”首先需要“工业低碳化”，而从更长远来看，在城市产业结构进一步优化的基础上，推动城市碳排放尽早达到峰值并逐步实现绝对量的持续降低，是这种互动关系发展的最终方向。另外，与工业化和城市化之间的互动关系具有内在推动力不同，低碳城市与工业发展之间的互动关系较依赖政府的外在干预力量。

在国内的低碳城市建设实践中，已有不少重工业城市开始探索符合上述特征的发展路径，我们就此开展了相关调研。本文选取中国中部地区的一个重工业城市——河南省济源市为研究案例，在描述该市工业发展和碳排放状况基础上，重点分析其低碳城市建设的思路、方法以及在实现低碳城市建设与工业发展的良性互动方面采取的措施和成效，以期为其他城市的工业与低碳化发展提供借鉴。

二 济源城市的形成、演进与工业发展

济源市位于河南省西北部，因济水发源地而得名，是传说中愚公的故乡，“愚公移山”故事的发祥地。济源市原属于焦作市的一个县，过去在行政管理体制上经历了较大变迁，于1988年撤县建市，1997年升格为省辖市，是河南省唯一不设区县的省辖市，全市面积为1931平方公里，2011年总人口68万人。随着城市的发展，济源市在区域经济中的地位日渐提高，2003年被列入河南省“中原城市群”九个城市之一，在中原经济区中发挥着沟通东西、南下北上的桥梁作用。

济源市属于典型的重工业城市，是全国最大的铅锌冶炼基地和河南省重要的钢铁、能源、化工与机械制造基地。在多年的经济发展中，济源市工业部门逐渐壮大，形成了以钢铁、铅锌、能源、化工、机械制造、矿用电器等为主体的六大支柱产业。2011年实现工业增加值298.42亿元，工业在国民经济中的比重高达76.7%。市内集聚了一批全国或区域性的重点工业龙头企业，如豫

光金铅、金马焦化、沁北电厂、中原特钢等，2011 年规模以上工业企业主营业务收入达 1118.33 亿元，利润总额超 69 亿元，多种工业产品产量居河南省乃至全国前列，如表 1 所示。

表 1　2011 年济源市主要工业产品产量情况

主要工业产品	产量	占河南省比重(%)	占全国比重(%)
白银(吨)	156.03	—	12.54
锌(万吨)	28.29	—	5.29
铅(万吨)	90.52	—	19.13
发电量(亿千瓦)	191.44	7.37	—
焦炭(万吨)	284.59	9.99	—
烧碱(万吨)	35.73	21.43	—
生铁(万吨)	244.85	11.38	—
粗钢(万吨)	273.52	11.54	—
平板玻璃(万重量箱)	255.45	11.86	—

资料来源：2012 年《济源市统计年鉴》《河南省统计年鉴》及国家统计局网站。

应该说，这种以重工业为主体的产业结构带动了济源市经济和社会事业的快速发展，是济源市城镇化率从 2000 年的 40.94% 提高到 2010 年的 49% 的重要推动力。但不可忽视的是，伴随济源市快速城市化与工业的发展，温室气体排放量日益增长。

三　济源市工业碳排放状况

按照《城市温室气体排放国际协议（1.0 版）》（Global Protocol for Community-Scale Greenhouse Gas Emissions，GPC）① 的格式要求，分工业能源消耗与工业生产过程两部分核算济源市 2000 ~ 2010 年工业碳排放量。

① GPC 是由 C40 城市气候变化领导小组、地方环境理事会（ICLEI）、世界资源研究所（WRI）等国际组织共同参与编制的一项协定，旨在统一全球城市层面的温室气体清单编制方法学及格式，于 2012 年 5 月全球公开发布了第一版。

（一）方法与数据

1. 工业能源消耗碳排放核算方法

碳排放量的精确核算是一项世界性难题，由于温室气体的流动性和城市系统的开放性，城市尺度的碳排放量核算更为复杂。在核算边界的确定上，本文借鉴了世界资源研究所（WRI）的范围（scope）思想，将济源市工业排放源部门分为三个范围①，但受数据可获得性限制，仅仅研究了范围1和范围2的碳排放。

能源活动碳排放核算常用的方法有：IPCC国家温室气体清单指南方法学（包括部门方法和参考方法）、美国橡树岭国家实验室方法、国家发改委能源研究所方法及徐国泉等②提供的方法。相对而言，IPCC参考方法在燃料分类上更为细致，且比部门方法更容易获取数据，因此，比较适合目前能源统计体系尚不完善的国内城市进行碳排放核算研究。本文在济源市工业能源碳排放核算公式选择上沿用IPCC参考方法，但燃料的排放因子采用《中国省级温室气体清单编制指南》数据，在精确性上有了显著提高。

计算公式为：

$$E_{\text{industry}} = \sum F_i \times EF_i = \sum F_i \times \left(A_i \times B_i \times C_i \times \frac{44}{12}\right) \tag{1}$$

其中，E_{industry}表示济源市工业碳排放量；F为能源实物消费量；EF为燃料的排放因子；A代表能源净发热值；B表示能源单位热值含碳量；C为碳氧化率；i表示各能源种类；固碳率假定为0。

二次能源电力的排放因子根据历年实际能源消耗原则测算后取平均值，热力排放因子则根据1千瓦时=3600千焦对电力排放因子进行转换得到。

2. 工业生产过程碳排放核算方法

除能源活动外，一些工业（主要包括水泥、石灰、玻璃、化学工业和金

---

① 范围1指济源市行政边界内工业部门的直接碳排放；范围2是工业部门电力和热力消费引发的间接排放；范围3是除范围2之外的所有其他间接排放，如城市进出口商品隐含的温室气体排放。

② 徐国泉、刘则渊、姜照华：《中国碳排放的因素分解模型及实证分析：1995～2004》，《中国人口·资源与环境》2006年第6期。

属冶炼行业）生产中的化学反应过程或物理变化过程也会产生温室气体排放，在一些城市中该部分排放占比较高。本文依据《中国省级温室气体清单编制指南》提供的方法，估算了济源市主要工业部门玻璃生产、水泥、石灰、钢铁和铅锌冶炼生产过程中的碳排放。

具体估算方法为：玻璃生产、石灰生产和铅锌冶炼过程中的碳排放量直接通过工业产品产量数据乘以各自的排放因子得到。其中，铅冶炼过程的排放因子是通过物料平衡法对企业生产数据进行推算得出的，取值0.37，该数值低于IPCC的对应数据，原因是当地铅冶炼企业采取了“一步炼铅法”等先进工艺，大大降低了CO_2产生量；水泥生产碳排放利用水泥熟料产量（缺省比例为水泥产量的65%）数据与其排放因子相乘获得；钢铁生产过程则根据石灰石消耗量、白云石消耗量、生铁平均含碳量与钢材平均含碳量综合确定，钢铁工业过程碳排放的计算公式为：

$$E_{steel} = AD_l \times EF_l + AD_d \times EF_d + (AD_r \times F_r - AD_s \times F_s) \times \frac{44}{12} \quad (2)$$

其中，E_{steel}是钢铁生产过程碳排放量；AD_l是钢铁企业消费的作为溶剂的石灰石数量；EF_l是作为溶剂的石灰石消耗的排放因子；AD_d是钢铁企业消费的作为溶剂的白云石的数量；EF_d是作为溶剂的白云石消耗的排放因子；AD_r是炼钢用生铁的数量；F_r是炼钢用生铁的平均含碳率；AD_s是炼钢的钢材产量；F_s是炼钢的钢材产品的平均含碳率。

3. 主要数据来源

本文用于核算城市工业碳排放量的活动数据来源于历年《济源市统计年鉴》和能源平衡表，排放因子主要依据《中国省级温室气体清单编制指南》，其中少部分排放因子根据本地情况进行了修订。

（二）济源市工业碳排放状况分析

合并工业能源消耗与工业生产过程两部分的碳排放量，图1显示了济源市自2000年以来的工业碳排放情况。

从图中可以发现：

第一，在研究时限内，济源市工业碳排放走势具有明显的阶段性。21

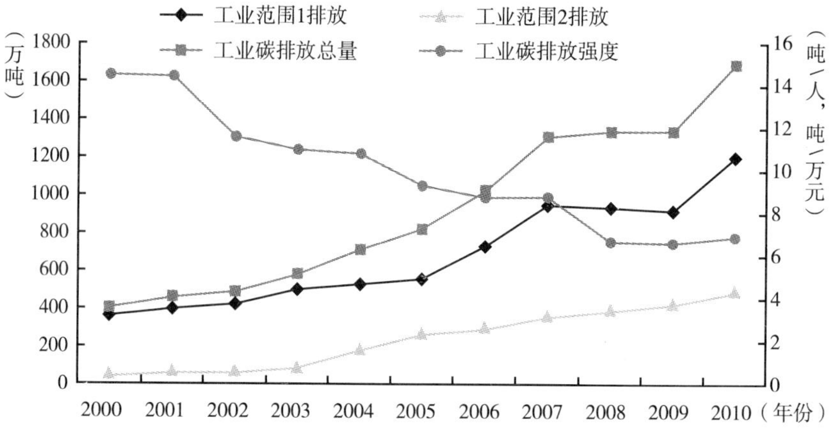

图1 2000～2010年济源市工业碳排放状况

世纪初的前两年，基本维持小幅上涨的局面；2003～2007年，碳排放曲线斜率逐渐变大，工业碳排放迅速升高，这与此阶段重工业化加速进行的历史背景相吻合；2007～2009年受金融危机的负面影响，工业碳排放总量基本维持不变；2009年后重显升势。从纵向对比来看，2010年济源市工业碳排放总量（范围2）达到了1682.54万吨，相比2000年的402万吨增幅达3倍以上，说明这段时间济源市工业的快速发展带来了碳排放绝对量的大幅攀升。

第二，从工业碳排放强度看，整体呈逐步降低走势，2008年后进入了一个稳定波动区间。虽然与全国城市的平均水平相比，该市目前碳强度绝对值仍然较高，但与国内一些工业城市如沈阳、无锡等相比，济源市工业碳排放强度的降低速率相对较快。① 这意味着，济源市工业低碳化过程取得了阶段性成效，而这得益于当地政府自2000年以来在“新型工业化”“科学发展观”等宏观发展战略指导下，所采取的一些具体、有针对性的节能减排措施，下文将介绍这些已经进行的、在新的生态文明发展理念下正加大力度推行的低碳城市建设举措。

① Fengming Xi, Yong Geng, Xudong Chen, et al., “Contributing to Local Policy Making on GHG Emission Reduction through Inventorying and Attribution: A Case Study of Shenyang”, *Energy Policy*, 2011, 39.

四 推进济源低碳城市与工业发展的良性互动

根据测算，济源市工业碳排放占城市碳排放总量的92.2%，由于产业发展本身具有一定的路径依赖性，短期内改变济源市以工业为主体的产业结构并不现实。因此，济源市低碳城市建设的重点在于如何削减现有工业部门的碳排放。

仅就减排效率而言，对工业发展的速度和规模进行限制无疑是短时间内降低碳排放量的“快捷方式”。但济源市人均收入水平与东部地区发达城市相比还存在较大差距，人们追求经济发展的愿望十分迫切，加之济源作为中部地区重要的能源、有色金属供应基地，对区域和国家相应产品的供应安全承担着重要责任，在未来一段时间内，工业仍将是支撑济源市经济社会发展的核心力量。因此，济源市的低碳城市建设必须统筹考虑减排、发展、就业及产业安全等问题。

（一）低碳城市建设的举措

面对日益沉重的减排压力，济源市为建设低碳城市在工业领域主要采取了以下举措。

1. 淘汰落后产能与节能

近几年，国内外市场对济源市特色工业产品的需求增长迅猛，使得一批效率低下、技术落后、管理不严格、经营粗放的小企业有了生长空间，这些企业能耗高、效益差、环境污染严重。另外，在整体效益较好的企业中，也存在一些落后的生产线、技术工艺等，亟待调整。这些落后产能产生的碳生产力（单位CO_2排放形成的产值）较低，恰好为政府提供了从“量的控制”这一角度减排温室气体的政策切入点。

济源市制定并严格落实了“十一五”“十二五”淘汰落后产能工作方案，关闭了一批高耗能、效益差的小企业，关停了部分小火电机组，关闭机立窑生产线，拆除实心黏土砖瓦窑，淘汰了铅冶炼烧结机生产线等落后生产线。重点在钢铁、有色金属、煤炭、电力、化工和建材等重点耗能行业以及年耗能在

5000 吨标准煤以上企业中开展节能工作，实施燃煤工业锅炉改造、余热余压利用、机电系统节能改造，严格控制市域电解铅、电解锌生产规模，支持发展再生铅资源的综合利用。

2. 发展和培育低碳产业

以低碳产业带动城市发展，是低碳城市建设最理想的运行模式。济源市首先对传统产业进行了以低碳化为导向的升级改造，依托现有优势产业，拉长产业链条，提高产品附加值，增强自主创新和产业配套能力，向集约化、系统化和精深加工发展。其次，抓住国家培育和发展战略新兴产业的机遇，根据济源市的资源禀赋、现有产业基础及企业能力，加强规划引导和政策支持，积极发展新能源电动车系列产品、风电设备的关键零部件及其他节能环保设备，努力培养以低碳为特征的新的经济增长点，目前新兴产业占工业的比重已经达到30%。

3. 政府与市场结合促进循环经济发展

循环经济是在物质的循环、再生、利用基础上发展经济，以资源的减量化、再利用、资源化为原则，其生产的基本特征是低消耗、低排放、高效率，这与低碳发展理念是具有共通之处的。

济源市的一些先进企业，在市场机制引导下，自主探索、形成了一些循环经济链条，比如铅锌冶炼行业的“铅锌冶炼－精深加工－废物综合利用－再生铅回收”循环经济链，最先就是由豫光金铅等市内企业在市场利益驱使下建立起来的，这一特色产业链充分利用了各种废弃物，节约了资源和能源消耗，产生了较好的经济效益，也在一定程度上降低了碳排放。

政府从不同企业发展循环经济的实践中总结、提炼出了一些先进经验、成功模式，在全市宣传推广，鼓励有潜在需求的企业联合起来探讨共建循环经济产业链的可能。济源市政府对循环经济理念的运用，还集中体现在其新一轮产业布局中，尤其是在对济源经济具有重要承载功能的虎岭产业集聚区、玉川循环经济园区内推广了循环经济理念。虎岭产业集聚区重点发展的是钢铁、煤化工、有色金属、装备制造等高耗能企业，着力打造“煤炭－焦炭－煤焦油、焦炉煤气精深加工”“配套加工－装备制造－再制造”集聚区两大循环经济产业链。玉川循环经济园区建设依托区内重点企业，围绕新能源及能源产业、有色金属及深加工产业等主导产业，着力打造“氯碱化工－多晶硅－太阳能电池－太阳能光伏发电”“煤炭－火电－粉煤灰、炉渣综合利用”“钢铁－深加工－废弃物综合利用”循环经济产业链，推进集聚区各种资源的循环高效利用，实现污染的低排放直至零排放。

4. 重视工业企业的技术进步

科技进步是应对气候变化的核心和关键，借助科技的力量控制城市碳排放往往能起到事半功倍的效果，而工业企业是科技力量发育的温床。济源市立足资源型工业特色，以节能降耗为工作重心，在三个方面加强了低碳城市建设中科技的引领作用。

一是注重运用高新技术和先进适用技术对传统产业进行升级改造，一批低效工业锅炉、窑炉、电机、变压器等最先得到更新改造，目前市内主要耗能设备的能效指标都达到了国内先进水平。二是加大对低碳类科技工作的政策扶持力度，逐年递增节能减排科技补助资金，鼓励企业自主进行技术研发，加快科技成果转化速度。三是重视高校等外部智力资源的引入，在济源有多家国内外著名高校与当地企业合作，共同进行科技攻关。

（二）低碳城市建设的成效及对工业发展的作用

济源市在低碳城市建设领域的一系列举措成效显著：“十一五”期间通过淘汰落后产能和节能工作，规模以上企业单位工业增加值能耗分别下降5.48%、4.89%、9.74%、10.15%、10.86%；通过发展具有低碳特征的战略性新兴产业，以更清洁的方式提高了工业现代化程度；企业循环经济的发展和累积的技术进步，不仅降低了碳排放，还产生了额外的经济效益。正是这些举措的联合作用，使得济源市工业碳排放强度的降低速率相对较快。目前，虽然济源市工业碳排放绝对量仍然在增长，但长期以来大幅、快速增长的势头已经得到初步遏制，2010年以来，当地市政府进一步以低碳发展为重要抓手进行城市建设，工业碳排放强度处于持续下降中。

更为重要的是，济源市建设低碳城市对当地工业发展起到了促进作用。济源市先后申请并成功成为“国家可持续发展实验区”（科技部）、“全国低碳交通运输体系试点城市”（交通运输部）、国家第二批低碳试点城市（国家发改委）、首批中美低碳生态试点城市（住建部），这都为济源市赢得了较高的声誉，扩大了城市在全国范围内的影响力。许多企业慕名前来投资创业，在这些企业中，除了东部发达地区梯度产业转移带来的传统劳动密集型工业项目（如富士康）外，还有一大批低碳类企业、项目开始向济源聚集，进一步壮大了济源市工业经济的规模和产出效益。虽然我们暂时无法核算城市层面的这些收益究竟有多少是因低碳城市建设举动带来的，也没有企业层面因加大低碳技术投资而获得的额外利润的数据统计，但这方面的数据无疑是可观的。

从以上情况看，济源市低碳城市建设与工业发展的良性互动机制已经初步形成。未来要综合考虑现有碳排放格局和经济社会发展需求，科学制定工业减排路线图，争取早日越过城市碳排放峰值，实现碳排放绝对量的降低。为完成这项任务，济源市在短期内还需进一步改善以煤为主体的能源消费结构，发展新能源和可再生能源，健全完善推动科学发展的体制机制，增强自主创新能力；长期内需渐进性调整产业结构，将工业置于农业和服务业的协同发展轨道中，在提高工业企业效益的基础上，降低重化工产业在国民经济中的比重。另外，作为中部地区承接产业转移的枢纽城市，济源市要重点研究如何在承接产业转移的动态过程中控制城市的温室气体排放总量，以及如何根据碳排放的流动性特点，加强与周边县市的合作，以实现协同减排。

五　结论

济源案例对国内同类城市具有一定的适用性和借鉴意义。工业城市的低碳建设不能靠抑制工业的发展来实现；相反，要在这一过程中实现两者的良性互动，短期内以降低工业碳强度为着力点，在此基础上逐渐调整产业结构。

达到低碳城市建设和工业发展良性互动状态的重点和难点在于，找到一些在提高（至少不降低）企业效益的基础上，降低碳排放量的方式和方法。济源市通过淘汰落后产能、狠抓工业节能、培养低碳产业、发展循环经济和促进技术创新等方式在这一问题上进行了探索，取得的成果卓有成效。这些探索也为我国其他面临着同样发展约束的重工业城市低碳建设道路，提供了有价值的参考。

G.26

统筹城乡与低碳发展协同性研究

——以广元市为例

黄黎明　周 勇　刘剑波*

摘　要：

本文以四川省广元市为例，分析统筹城乡与低碳发展之间的协同关系。统筹城乡与低碳发展之间存在着相互作用，在推动区域一体化发展方面表现为二者的“协同效应”。科学规划和实施低碳发展，着力推动城乡全面协调可持续发展，对于打破城乡二元结构、实现区域一体化发展具有重要意义。

关键词：

统筹城乡　低碳发展　协同理论

一　引言

统筹城乡发展战略是中国在新形势下，正确把握城乡发展关系做出的重大战略调整，是深入贯彻落实科学发展观，逐步改变城乡二元经济结构，从根本上解决中国“三农”问题，实现经济社会全面协调可持续发展的集中体现。为此，中共十八大提出了“以工促农、以城带乡”的统筹城乡发展思路，强调要加大统筹城乡发展力度，增强农村发展活力，逐步缩小城乡差距，促进城乡共同繁荣。而低碳概念的提出，是人类应对气候变化催生出的一种新的发展理念，是一场涉及生产方式、生活方式和价值观念的全球性革命，是人类未来

* 黄黎明，四川省广元市低碳经济发展研究会会长；周勇，四川省广元市低碳发展局专职副局长；刘剑波，四川省广元市人大常委会副秘书长。

生态社会的经济发展主要模式。发展低碳经济，是基于我国煤多、油少、气不足的国情，提高能源效率，实现科学发展、可持续发展的必由之路；是调整产业结构、转变增长方式的重要抓手。中共十八大强调，坚持节约资源和保护环境的基本国策，坚持节约优先、保护优先、自然恢复为主的方针，着力推进绿色发展、循环发展、低碳发展，形成节约资源和保护环境的空间格局、产业结构、生产方式、生活方式，从源头上扭转生态环境恶化趋势，为人民创造良好的生产生活环境，为全球生态安全做出贡献。可见，统筹城乡和低碳发展都是在科学发展观背景下，严格遵循经济社会发展规律的科学决策，对于促进经济社会全面协调可持续发展，具有极为重要的战略意义。

四川省广元市地处川陕甘结合部，是集边远山区、革命老区、集中连片贫困地区以及“5·12”汶川特大地震重灾区“四区合一”的特殊地区。辖区内山区多、平地少，山区占总面积的94%；农村人口多、城市人口少，农村人口达197.96万人，占总人口的64%以上；农村面积大、城区面积小，以城带乡的动力不足；经济总量小，产业化水平低，以工哺农的条件不成熟，其工业基础主要是20世纪60年代嵌入形成的军工企业，与当地经济融入度低，经济二元特征突出，是小城市带大农村的典型代表。2007年广元被确定为四川省统筹城乡综合配套改革试点市以来，特别是2008年汶川特大地震后，重灾区广元坚持低碳重建，抓住统筹城乡试点和灾后重建契机，积极探寻协同推进统筹城乡与低碳发展的路径①，统筹城乡和低碳城市建设互促互动、相得益彰，产生了明显的协同效应。广元的实践充分表明，统筹城乡与低碳发展之间存在着相互作用，在推动区域发展方面表现为二者的“协同效应”。科学规划和协同推进统筹城乡和低碳发展，对于打破城乡二元结构、解决“三农”问题，实现经济社会全面协调可持续发展具有重要意义。

二　统筹城乡与低碳发展的协同性分析

所谓统筹就是统一筹划之意，这是实践科学发展观的根本方法。统筹

① 庄贵阳、杨震：《后发地区低碳发展实证研究——以四川广元为例》，光明日报出版社，2012。

城乡发展就是在处理城乡发展关系时，总揽全局，科学规划，协调发展，促进城乡共同繁荣与进步。统筹城乡发展的关键在改革。通过改革，破除体制机制障碍，为发展创造条件，其实质是破除束缚生产力发展的生产关系，释放新兴生产力的活力。低碳发展则是在处理人与自然发展问题时，坚持尊重自然、顺应自然，保持能源消耗和二氧化碳排放处于较低的水平，减少人对自然的破坏，促进人与自然的和谐共处。新的社会要求，必然带来新的技术革命，低碳经济代表着未来经济发展的方向，代表着新兴生产力发展的轨迹。在统筹城乡体制机制壁垒破除后，不选择新的发展道路，工业发展势必重蹈乡镇企业覆辙，重蹈粗放发展的覆辙，农业即使是现代农业也会因为化肥农药的大量使用而影响其发展质量。新的发展道路，新的发展模式，是统筹城乡的必然选择，低碳发展应运而生，与统筹城乡有机融为一体。

统筹城乡是道路，低碳发展是模式，统筹城乡的发展需要低碳发展，而低碳发展需要统筹城乡体制机制支撑，尽管所涉及关系的逻辑范畴不同，但从本质上分析，二者在内涵、目标、途径等方面具有明显的协同性。一是内涵的协同性。低碳经济的本质就是提高能源利用效率和清洁能源结构问题，核心是通过能源技术创新、制度创新和人类生存发展观念的根本转变，提高资源利用效率和集约化程度，从而推动经济社会可持续发展。而统筹城乡不是简单地把农村变成城市、把农村居民变成市民，而是把城乡经济社会发展作为整体统一规划，通盘考虑，其实质是推动城乡区域经济粗放型向集约高效型转变。统筹城乡的内涵包含经济社会领域的方方面面，既有制度层面的统筹，也包括人口、土地、技术等生产要素层面的统筹，还包括城乡关系层面的统筹。从这个意义上讲，低碳经济所涉及的产业、土地、资源、技术等领域是统筹城乡发展中不可或缺的重要方面。二是目标的协同性。统筹城乡和低碳发展都是致力于解决经济社会发展一定历史阶段中出现的严重矛盾和突出问题，且共同的目标均是促进人类社会发展更加均衡、更加和谐，最终实现经济社会全面协调可持续发展。三是途径的协同性。统筹城乡发展通过规划统筹、产业统筹、投入统筹、体制统筹、政策统筹，实现城乡同步发展；低碳发展同样需要在规划、产业、投入、体制、政策等方面协同着力，推动产业结构、能源结构、消费结构的调整，催生发展方式和生活方式的转变。因此，二者在实现的途径上是一致的。

从广元的实践来看，一方面，先期的统筹城乡综合配套改革试点工作为广元低碳发展奠定了坚实基础。广元开展试点工作以来，以推进城乡一体化为核心，率先从改革入手，对土地、户籍、社会保障、农村金融等从制度源头进行改革。土地有偿流转和荒山荒坡转让为农业生态园区建设、经济林木发展打开了广阔空间，土地、林地向大户、专业户集中，专业合作组织如雨后春笋般出现；户籍制度改革促使农村人口有序流动，为农村小集镇建设、新型城镇化带来了活力；社会保障制度改革，特别是就医、入学、养老、各种培训，让农村居民摆脱束缚，享受与城市居民同等的公共服务权利，激发了农村居民参与热情，有效提高了劳动者素质；农村金融体制改革，率先在全国建立村镇银行使土地、资金、人口等生产要素大大被激活，有效地推进了经济建设、社会发展和生态文明的全面进步。在改革进程中，积极调整优化产业结构、促进经济发展方式转变，初步构建了符合科学发展观要求、符合低碳经济发展理念的规划体系和现代产业体系框架。[①] 毋庸置疑，统筹城乡发展为广元构建低碳产业格局、发展低碳经济，推行低碳生活方式、建设低碳城市奠定了坚实的基础。以全市能源消费结构变化为例，到2010年，煤炭虽在其中仍占大头，但比例已大幅下降至57%，而天然气、水电等清洁能源所占比例升至36%；单位生产总值能耗由2005年的1.55吨标准煤/万元下降到1.24吨标准煤/万元，累计降低20.11%；单位工业增加值能耗由2005年的4.11吨标准煤/万元下降到2.85吨标准煤/万元，累计降低30.67%。由此带来了环境等各方面条件的大幅改善，深受市民欢迎，迅速形成了建设低碳城市的全民共识。另一方面，低碳经济发展和低碳城市创建为广元统筹城乡发展提供了持续动能。广元2008年在地震重灾区中率先提出“低碳重建、低碳发展”的战略，在灾后重建中积极推广建筑节能技术和

---

① 蒋尉、郭俊：《低碳重建——来自“5·12”地震重灾区广元市的案例》，电子科技大学出版社，2011。

材料，对新建住房和公共建筑项目严格按照节能50%的标准进行设计、修建。经济加速发展突出低碳导向，单位能耗逐年下降。“十一五”期间单位GDP能耗累计下降20.11%，单位工业增加值能耗累计下降30.67%，经济结构逐步优化。加大落后产能淘汰力度，单位能耗工业增加值产出率不断提高。积极普及太阳能等环保节能产品，全面推广测土配方施肥，建成了10个低碳新农村综合体，沼气入户率达50%，森林覆盖率达54%，预计到2020年，全市生态系统固碳量将达2409.5万吨/年。广元低碳经济蓬勃发展，推动了经济结构趋优、经济质量提升、民生持续改善，整个经济社会持续又好又快发展，近七年始终保持了两位数的经济增速，这也为广元的统筹城乡综合配套改革试点工作提供了持续动能。

综上所述，统筹城乡发展和低碳发展不是孤立的，而是相互关联、互促共融、相得益彰的，能产生很强的协同效应。

三　协同推进统筹城乡与低碳发展的措施路径

广元市正是在认真厘清统筹城乡和低碳发展的协同关系的基础上，大胆改革和创新发展思路，在地震重灾区率先提出了“低碳重建、低碳发展”战略，逐步确立了“生态立市、工业强市、文旅兴市、统筹城乡”的基本思路，坚持以低碳的理念推进统筹城乡发展，以统筹城乡的理念推进低碳建设，把统筹城乡和低碳发展作为促进广元追赶跨越的“双引擎”，全面推进新型工业化、城镇化[①]和现代农业化，进行了富有成效的有益探索。

（一）推动工业低碳化

发展低碳经济不是不发展工业。尤其是像广元这样的欠发达地区，必须加快从工业化初期向工业化中期迈进步伐。广元在推进新型工业化的过程中，认真汲取经验教训，不走先污染后治理的老路，在加快推进资源转化、大力建设现代工业园的同时，坚持推动工业低碳化，大力发展新材料、电

① 仇保兴：《新型城镇化：从概念到行动》，《新华文摘》2013年第4期。

子、食品饮料、水电、天然气开发及利用、旅游等优势低碳产业，推进工业废弃物和再生原材料的循环综合利用，加大节能技术改造，使单位产品综合能耗逐步向国家标准先进值靠近，努力构建以高端化、集群化、生态化为特征的“5+2+1”现代产业体系，做强加快发展、以工促农的引擎。经过努力，到2012年，全市工业园区面积由2007年的9.9平方公里增至72.2平方公里，工业集中度达61.5%，工业化率突破40%，历史性地跨入工业化中期发展阶段。规模以上工业企业达347户，其中亿元产值企业141户，户数是2007年的4.5倍。主要工业产品产量增长达66%，其中铁矿石原矿量增长59.4%，商品混凝土增长33.5%，工业主导地位基本形成。与此同时，全市工业万元GDP能耗逐年下降，广元经济开发区升级为国家级，旺苍工业集中发展区成功创成省级经济开发区，被确定为四川省循环经济示范园区。

（二）发展低碳农业

统筹城乡的重点在农村，核心是解决“三农”问题。按照现代农业化的发展要求，在规划和示范方面绝不能走传统农业的老路子。广元在这一过程中，始终遵循低碳高效农业发展理念，按照“产园配套、园村相融”的新思路，以产业园区建设为核心，以生态小康新村建设为着力点，完善农村基础设施，不断提高园区及其周边区域的产业现代化水平，改善农村居民生产生活条件，增强农业基础地位。截至2012年底，全市共建成现代农业示范园区51个，核心区面积达52万亩，入园企业和专业合作组织达150余家，其中苍溪县被确定为国家现代农业示范区。建成79万亩全国绿色食品原料标准化生产基地，以及193万亩经国家认证的“三品”生产基地。“广元七绝”“剑门关土鸡”等特色优势品牌的影响力和市场占有率不断扩大。与美国环保协会合作，实施农村测土配方施肥、温室气体减排项目，与世博会、广州亚运会合作，实施“绿色出行”碳中和项目等。申报和已被受理的碳交易项目近2亿元。试点6年来，农业连续实现增产增收，农村人均纯收入达到5649元，比2007年翻了一番，农村发展的内生动力不断增强。

（三）创建绿色低碳小城镇

在新型城镇化进程中，小城镇具有城镇化成本小、门槛低，容易实现就地聚集人口、吸纳就业；城乡形态差别小、产业关联度大，人文生活融入性强；环境容量充足，发展潜力巨大等明显优势。研究表明，从战略高度重视和加快小城镇发展，是未来我国1/3以上农村人口实现就地或就近城镇化的重要路径。科学规划和建设好小城镇，是新型城镇化背景下统筹城乡发展的战略选择。广元市域面积达16314平方公里，辖四县三区248个乡镇。其中，县以下建制镇85个，乡集镇163个。由于地处米仓山、龙门山和盆北低山三大地貌单元的交汇地带，特殊的地理位置和复杂的自然条件从客观上决定了广元小城镇发展必须坚持科学处理好发展特色产业、加快城镇建设与防治环境污染、加强环境保护的关系，充分考虑环境资源的承载力，坚持走节约集约、绿色低碳的可持续发展路子。一是引导小城镇的合理布局和协调发展。根据经济社会发展水平、区位特点、资源禀赋和环境基础，结合资源和环境的承载能力来合理确定各地城镇化发展的目标，因地制宜地制定城镇化战略及相关政策措施，引导在一定区域内相邻小城镇之间注重产业关联度，实现功能互补、产业互动、协调发展。二是注重小城镇建设和资源综合利用的有机统一。从传统的资本拉动型、资源消耗型、管理粗放型的发展模式中走出来，因地制宜地积极开发以太阳能、沼气为代表的新能源技术，发展循环经济，保护生态环境，以最小的资源消耗获得最大的效益。三是加强小城镇生态基础设施建设。按照国家环保政策的要求和标准，解决重点城镇的垃圾、污水处理及环境卫生整治问题，实现人与自然的和谐共处。争取国家、省建立生态环境保护补偿资金，协调嘉陵江下游城市对广元生态环境保护给予支持和补偿，促进广元快速建成如宝轮、昭化、剑门关等一批具有一定低碳规模效应的生态小城镇。2008年以后，结合灾后恢复重建以及亭子口水利枢纽工程建设，有意识地引导灾区和库区人口转移聚集，全市城镇化水平以年均1个百分点以上的速度快速增长。2012年，广元城镇总人口超过71万人，城镇化水平达到36.42%。

（四）加强生态建设与环境保护

一是提高环境承载能力。以建设生态宜居城市、低碳试点城市为载体，实施生态广元建设工程，加强林地保护和林业建设，大力开展退耕还林还草、营造人工生态公益林、发展工业用材林，提高植被覆盖面积和品质，增加环境容量。2012 年，全市森林覆盖率达到 57%，生态系统年固碳能力达到 1300 万吨。建成区绿化覆盖率为 41.2%，林业用地面积为 1515 万亩，活立木蓄积量为 5212 万立方米，城市环境空气质量优良天数连续三年达 364 天以上，饮用水源地水质全部达到地表水Ⅲ类水质标准。二是加强基础设施建设。合理布局规划全市生活垃圾处理设施，建立完善城乡生活垃圾一体化处理模式，提升城乡环境生态硬件设施水平。大力实施水土流失综合治理、农村能源建设等重点生态工程，加强山、水、林、田、路综合治理，加强集镇绿化、通道绿化和新村绿化，加强农村面源污染整治，着力改善农村生态，建设山清水秀、村容整洁、环境优美的人居环境。预计到 2020 年，全市 90% 以上的村将建成生态小康新村，95% 以上的农户建成生态小康户。三是推广低碳生活理念。合理布局城市空间，严格执行国家和省有关节能标准和规范。优化低碳交通出行方式，贯彻“公共交通为主导”的城市低碳交通发展理念，推广低碳节能交通工具。把 8 月 27 日设立为广元低碳日，积极倡导城乡居民低碳生活新风尚，培育并命名了两批 36 个低碳发展示范单位，积极构建绿色交通网络，大力推广节能技术和产品，开展低碳生产生活方式“五进”（进机关、进社区、进学校、进乡村、进企业）活动，取得了显著成效。

通过 7 年来的努力，广元低碳城市建设先后荣获中国人居环境范例奖、“低碳中国贡献城市”“低碳发展突出贡献城市”“低碳生态先进城市”“杰出绿色生态城市”“国家低碳试点城市”等称号。

四　主要启示

广元协同推进统筹城乡和低碳发展的实践，有以下几点启示具有很强的现实意义。

（一）必须明晰思路，科学指导

思路决定出路，观念也是生产力。城乡一体化发展，是城乡经济社会的一场大变革，发展低碳经济也是一项全新的工作，没有现成的经验可以借鉴，诸如广元此类偏远落后的地区，相对于发达地区，产业结构正处于形成初期，经济模式和经济体系的可塑性强，产业向低碳转型的成本低、阻力小、速度快，抓住比较优势，在经济转型期实现追赶跨越，可少走弯路，抢占先机。广元把开展统筹城乡综合配套改革试点和低碳城市建设作为解放思想、完善思路的重大契机，不断深化认识，牢牢把握机遇，冷静应对挑战，紧密联系发展实际，科学地制定了广元统筹城乡综合配套改革总体方案和低碳试点城市工作实施方案，不断完善发展思路，以正确的思路引领统筹城乡发展和低碳发展各项工作。

（二）必须加强领导，统筹规划

统筹城乡和低碳发展，涉及面广，涵盖经济、政治、文化、社会、生态各个方面，抓好这项工作必须加强组织领导，整合各方力量，统筹推进。广元成立了统筹城乡发展暨推进综合配套改革试点领导小组、市低碳发展领导小组，各县区及市级有关部门也组建了相应的工作机构。成立了广元市统筹城乡工作委员会，在全国率先成立市低碳发展局、低碳经济发展研究会，指导全市统筹城乡综合配套改革和低碳发展工作，全市上下形成了多方积极参与、主动谋划工作的良好格局。坚持“一盘棋”理念，全域规划、分类指导，编制了《市域城镇体系规划》《镇乡总体规划》《县域新村建设总体规划》《新村（聚居点）规划》《“十二五”低碳经济发展规划》等，确保城乡各区域全覆盖；完成了广元市低碳发展线路图，在全省率先编制完成《“十二五”低碳经济发展规划》《广元市国家低碳城市试点工作实施方案》，制定出台了《建设低碳循环经济产业园区、实现低碳发展的意见》等一系列支持低碳发展的措施。统一的规划，防止了城乡建设的短期行为，有效地避免了重复建设，防止了低碳建设搞政绩工程，乱上项目，杜绝了“先发展、后治理”。

（三）必须因地制宜，分类实施

统筹推进城乡和低碳发展，必须结合实际，在统一规划的指导下，分类实施，稳步推进，切忌搞“一刀切”“一个样”。广元的做法是根据区域地理特征和经济发展状况，将全市划分为中部河谷走廊经济区、南部低山丘陵经济区和北部山区经济区三类经济功能区。中部河谷走廊经济区坚持“工业主导、产业兴市”，大力发展新兴优势特色产业，实现人口、资源等要素集聚，建成特色产业带和区域性城市群。南部低山丘陵经济区规模化发展特色生态农副产品及其加工业，加快推进天然气勘探进程，建成天然气综合开发利用基地。北部山区经济区立足环境保护，加大山区林业综合开发，深度开发生态旅游资源，大力发展农林特色产业，建成特色山区经济区。事实证明，只有坚持实事求是、因地制宜的原则，才可能使统筹城乡和低碳发展产生最大的协同效应。

（四）必须加大投入，强化保障

资金投入是低碳城市和统筹城乡发展建设的保障，广元一方面多渠道筹措建设资金，探索建立服务于城乡一体化、低碳发展的财政金融保险体制，并积极争取省委、省政府及各部门的大力支持，逐年加大对城乡一体化发展、低碳试点城市建设的资金投入，为统筹城乡发展和低碳城市建设提供了有力的保障，推动了城乡经济社会协调快速发展。另一方面，有机整合各类政策，把灾后恢复重建资金统筹用于科学发展。国家连片扶贫攻坚以及主体功能区生态补偿机制政策落实，与中国社会科学院城市发展与环境研究所合作，进行发展规划和路径设计，为广元提供充分的资金和智力支持，开拓了良好的发展空间。

（五）必须坚持改革，创新驱动

改革是永恒的动力，创新是持久的活力。统筹城乡发展最重要的是要建立符合实际的低碳发展及统筹城乡发展的体制机制和制度体系，而打破体制障碍、修复制度缺陷，最根本的是要靠改革创新。广元始终坚持以综合配套改革为动力，以低碳制度建设为抓手，着力建立城乡可持续发展的体制机制，始终坚持创新驱动战略推动自主创新，为统筹城乡、低碳发展释放出强大活力。比如，广元创新“产城一体”“园城一体”“产村一体”发展模式，打造了三江新区、081 产业新城、利州回龙河、旺苍卢家坝、青川三锅乡、剑阁剑坪村以及苍溪三井村等一大批统筹城乡综合体和低碳发展示范点，将产业与城市、园区和城区、产业和农村进行一体化发展，较好地避免了城镇空心化、园区孤立化、农村边缘化等问题的出现。

2007 年，广元开始统筹城乡综合改革试点；2008 年，地震重灾区广元开始低碳重建，并从此走上低碳经济发展道路；2012 年广元被国家发改委确定为国家第二批低碳试点城市。广元发展的实践表明，统筹城乡核心在改革、关键在改革，必须以改革推进城乡发展，不改革就没有新型的城镇化、工业化、农业现代化。低碳经济关键在发展，低碳经济不是慢发展，而是健康发展，在破除粗放经济模式中寻求可持续发展。正是统筹城乡和低碳发展双引擎的合力助推，使广元市社会经济发生了显著的变化，并正在实现新的跨越。

G.27

沿海地区经济发展和生态建设所面临的台风灾害风险

——飓风“桑迪”的启示

朱晓金　郭战峰*

摘　要：

本文在全球气候持续变暖、台风（飓风）活动呈现新变化的基础上，针对沿海地区的经济发展与生态建设将所面临的台风灾害风险这个问题，首先分析了美国飓风“桑迪”的特征及启示，紧接着分析了近年来登陆中国的热带气旋的特征及需要注意的问题，提出要加强台风（飓风）灾害风险管理能力，最后总结归纳“桑迪”重创美国带给中国的几点警示。

关键词：

经济发展　生态建设　台风灾害风险

一　引言

飓风和台风都是指风力达到12级以上的热带气旋，因发生的地域不同而有不同的名称，西北太平洋沿岸国家称台风，东北太平洋及大西洋沿岸国家称飓风，尽管飓风和台风都是指达到一定级别的热带气旋，但人们已经习惯把发生在洋面上的这种热带气旋系统统称为台风或者飓风，台风与飓风的相应级别如附表所示，防御由强台风（飓风）等极端天气气候事件所引发的重特大自然灾害是全球面对的共同问题。台风能量巨大，摧毁力极强，直接和衍生灾种

* 朱晓金，国家气候中心，博士，研究领域为台风的结构与强度变化、台风灾害风险区划等；郭战峰，国家气候中心气候与气候变化服务室，处长。

最多，对生命安全、经济发展和社会稳定造成的影响都十分严重。在全球气候持续变暖背景下，全球台风（飓风）活动呈现出如下新变化：强台风（飓风）增多；台风（飓风）移动路径复杂多变，影响范围变数大，台风灾害脆弱区增多（如2012年登陆美国纽约的“桑迪”飓风，下文将具体分析其特征）；台风登陆时间变得很不规则，有时早，有时又晚，有时长时间没有台风，有时又一个接一个地出现，并可能出现组合式（密集型）登陆台风或与其他天气系统配合而导致台风（飓风）影响势力加重、时间延长（如2012年8月登陆中国的“达维”“苏拉”“海葵”）；若与人类不科学、不合理、无序开发建设和工业生产相联系，灾害损失势必增大。

2012年10月30日，一级飓风（相当于12级风力的台风，见表1）“桑迪”在美国新泽西州大西洋城附近沿海登陆（见图1左图），虽然美国气象部门提前5天发布了“桑迪”登陆美国东海岸的预报，联邦政府和受影响各州及时进入了紧急状态，但“桑迪”仍造成严重影响，共造成100多人死亡，一度有18个州超过820万住户和商家停电，1.95万架次航班取消，纽约、华盛顿与费城三大城市交通中断，美国大选中断，石油冶炼公司Motiva的一个储油设施破裂导致30万加仑柴油泄漏，纽约市及新泽西州的约半数加油站关闭，经济损失达到300亿～500亿美元，仅次于2005年“卡特里娜”造成的1080亿美元损失，远远超过常年一年中所有飓风给美国造成经济损失的多年平均值（142.2亿美元），成为美国历史上最严重的自然灾害之一。

表1　台风与飓风等级对照表

<table>
<tr><th colspan="2">台　风</th><th colspan="2">飓　风</th></tr>
<tr><td>等级</td><td>风力(风速)</td><td>等级</td><td>风速</td></tr>
<tr><td>热带低压</td><td>6～7级(10.8～17.1米/秒)</td><td>热带低压</td><td>10.8～17.1米/秒</td></tr>
<tr><td>热带风暴</td><td>8～9级(17.2～24.4米/秒)</td><td rowspan="2">热带风暴</td><td rowspan="2">17.2～32.6米/秒</td></tr>
<tr><td>强热带风暴</td><td>10～11级(24.5～32.6米/秒)</td></tr>
<tr><td>台　风</td><td>12～13级(32.7～41.4米/秒)</td><td>一级飓风</td><td>33.1～42.5米/秒</td></tr>
<tr><td>强台风</td><td>14～15级(41.5～50.9米/秒)</td><td>二级飓风</td><td>42.8～49.2米/秒</td></tr>
<tr><td rowspan="3">超强台风</td><td rowspan="3">16级以上(≥51.0米/秒)</td><td>三级飓风</td><td>49.4～58.1米/秒</td></tr>
<tr><td>四级飓风</td><td>58.3～69.2米/秒</td></tr>
<tr><td>五级飓风</td><td>≥69.2米/秒</td></tr>
</table>

注：在西北太平洋沿岸国家称为台风，大西洋和东北太平洋沿岸国家称为飓风。

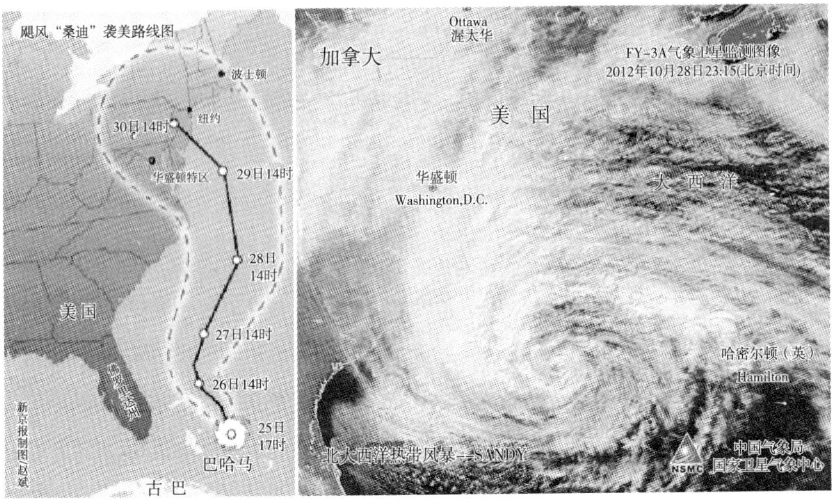

图1　飓风“桑迪”（SANDY）路径概率预报图（左）与气象卫星监测图（右）

二　“桑迪”（SANDY）飓风特征及启示

“桑迪”在秋季以一级飓风强度登陆美国东北部，是一次极端天气气候事件。与美国历史重创飓风相比，SANDY 登陆强度最弱、登陆位置最北、登陆时间最晚，但造成的经济损失及人员伤亡仅次于 2005 年的 KATRINA。

根据美国灾情数据库数据结果分析得出，对美国造成经济损失过百亿美元的飓风有：KATRINA（2005）、SANDY（2012）、IKE（2008）、ANDREW（1992）、IVAN（2004）、CHARLEY（2004）、RITA（2005）、WILMA（2005）、JEANNE（2004），如表 2 所示。这些飓风除了 2012 年的 SANDY 飓风登陆强度为 1 级以外，其余都是飓风 2 级以上，其中达飓风 4 级的有 ANDREW（1992）、CHARLEY（2004）。

表 2 显示的 9 个重创美国的飓风当中，除 2012 年的 SANDY 飓风登陆地点偏北外（登陆纬度为 40°N 左右），其余飓风登陆纬度不超过 30°N，即集中在美国的南部诸州（路易斯安那、德克萨斯、福罗里达、亚拉巴马）沿海。这些州也是飓风经常光顾的地区，据统计，自 1851 年以来登陆美国一级以上飓

表 2　对美国造成经济损失过百亿美元的飓风情况

名称	登陆时间	飓风级别	经济损失（亿美元）	登陆地点	登陆纬度	最大风速（米/秒）	气压（毫巴）	死亡人口
KATRINA	2005/08/29	3	1250	路易斯安那州	29.3	56.59	920	1500
SANDY	2012/10/30	1	500	新泽西州	40	36	946	113
IKE	2008/09/13	2	300	德克萨斯州	29.3	48.87	950	20
ANDREW	1992/08/24	4	265	佛罗里达州	25.5	64.31	922	26
IVAN	2004/09/16	3	180	亚拉巴马州	30.2	54.02	946	25
CHARLEY	2004/08/13	4	160	佛罗里达州	26.6	66.88	941	10
RITA	2005/09/24	3	160	路易斯安那州	29.7	51.44	937	7
WILMA	2005/10/24	3	143	佛罗里达州	25.9	54.02	882	5
JEANNE	2004/09/26	3	110	佛罗里达州	27.2	54.02	950	4

风共有 194 个，其中登陆上述南部诸州的飓风就达 154 个（占 79%）；而登陆位置在 30°N 以北的飓风只有 40 个（占 21%）。

“桑迪”飓风是近百年来对美国的经济及人员伤亡造成重大影响最北的一个飓风，且是近百年来新泽西州迎来的第一个登陆飓风，而在这个纬度(40°N)及以北地区登陆的飓风历史上（包括 SANDY）只有 16 个。因此，这里隐含着一个问题，就是同样登陆偏北的这 16 个飓风，为何 2012 年的“桑迪”飓风造成的损失惨重？除了“桑迪”飓风本身具有的特点及天气背景特征以外，还有一个很重要的原因就是飓风“桑迪”登陆及主要经过地区是美国经济最繁荣、人口最密集的地区，随着城镇化的发展，这些地区应对气象灾害的脆弱性及暴露度都急剧增加，进而使得造成的伤亡及经济损失也随之增大。

表 2 所示的 9 个对美国造成经济损失过百亿美元的飓风登陆时间普遍集中在 8 ~ 9 月，只有两个飓风（2005 年的 WILMA 及 2012 年的 SANDY）登陆时间是 10 月，2012 年 10 月 30 日登陆的飓风“桑迪”（SANDY）据各方面的统计结果表明对美国造成的损失超过 500 亿美元，因而它也将是 1900 年以来造成损失过百亿美元登陆美国最晚的飓风。

2005 年的 KATRINA 飓风对美国造成了巨大的人员伤亡（1500 人）和经济损失（1250 亿美元），其余的 IKE（2008）；ANDREW（1992）；IVAN（2004）；CHARLEY（2004）；RITA（2005）；WILMA（2005）；JEANNE（2004）飓风对美国

造成的经济损失虽也过百亿美元但人员伤亡都不超过 26 人，有些飓风不超过 10 人，而 2012 年 SANDY 飓风不仅重创美国经济（经济损失超过 500 亿美元），且造成了较大的人员伤亡（113 人死亡），仅次于 2005 年的 KATRINA 飓风。

尽管“桑迪”登陆强度不强、登陆时间偏晚，但由于飓风正面袭击美国东部沿海城市（见图 1 左图），而且恰逢天文大潮，加剧了“桑迪”的破坏力。“桑迪”即将登陆前移动速度变慢，使登陆点附近地区受强风影响时间长，加之其移动路径几乎与海岸线垂直，持续的向岸大风不断推高潮位、形成大浪。再加上“桑迪”登陆期间恰逢天文大潮，风暴潮、风浪与天文大潮相叠加，浪大潮高，纽约潮位涨到 4.18 米，超过历史最高纪录 0.6 米以上，严重程度超过 1938 年登陆纽约地区的飓风。高位潮致使大量海水倒灌，导致城市进水，街道被淹，许多变电设备被淹而损毁甚至爆炸，造成大面积停电，并引发火灾，出现连锁性城市灾害；纽约市哈德逊河决堤，造成曼哈顿街区被淹，纽约市一片汪洋，出现严重的洪涝灾害。

与此同时，“桑迪”与冷空气相结合影响范围广。根据中国风云三号气象卫星监测（见图 1 右图），“桑迪”飓风登陆前体量庞大，其云系最大覆盖直径超过 3000 公里，是迄今为止北大西洋历史上最大风圈的飓风。登陆后“桑迪”与冷空气结合，兼备飓风和冬季风暴的特点，使得影响区域进一步扩大，天气影响更加复杂。除“桑迪”中心产生强风暴雨以外，在距离其中心数百公里的地区还产生了暴风雪，降雪加重了“桑迪”对交通运输及电力保障等的不利影响。

三　近年来登陆我国热带气旋的特征分析

西北太平洋是世界上热带气旋最为活跃的海域之一，而中国地处其西岸，海岸线漫长，因此，中国是世界上受热带气旋影响较严重的国家之一，台风带来的大风、暴雨和风暴潮等灾害，每年都给我国带来一定的经济损失和人员伤亡。在全球气候变暖背景下，极端事件频发，“超乎寻常”的热带气旋时有发生，为此通过进一步的细致分析，得出了近年来登陆中国热带气旋的特征。

（一）登陆我国的热带气旋（风力≥8 级以上）强度明显增加

2001～2010 年，中国热带气旋生成个数偏少（见图 2），登陆个数多（见

图3），登陆比例增加，登陆强度增强。平均每年有8个热带气旋登陆我国，其中有一半是最大风力超过12级的台风或强台风（14级以上），与20世纪90年代相比分别增长了14%和1.4倍。

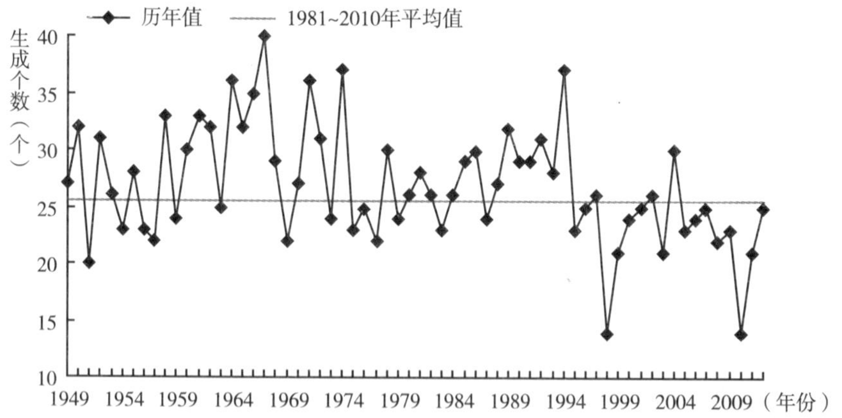

图2　热带气旋生成个数历年变化（1949～2012年）

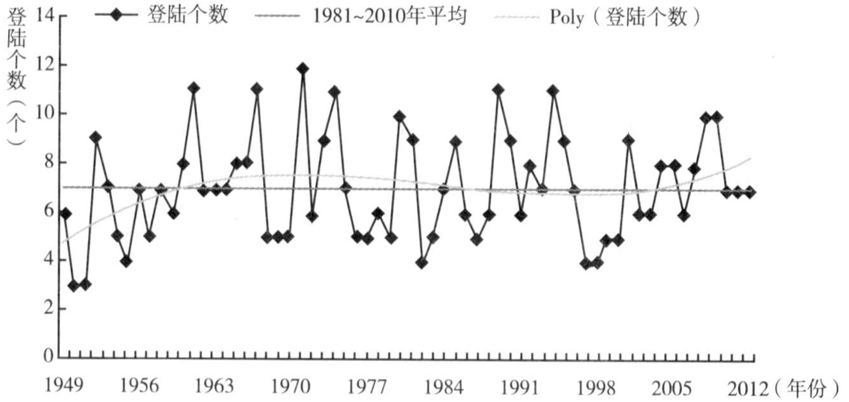

图3　热带气旋登陆个数历年变化（1949～2012年）

（二）登陆时间集中

21世纪以来，登陆中国沿海各省的热带气旋登陆时强度不断增加，登陆时间也越来越集中，经常有短短十几天内好几个热带气旋先后登陆的情况发生。本文用登陆时风力达12级及以上的热带气旋做了同期对比分析，即与20世纪90年代的同等强度的热带气旋同时期登陆个数及平均数进行对比分析，发现7～9月登陆的台风及其以上级别的热带气旋20世纪90年代个数为24个，年平均值为2.4个，较常年（1981～2010年）同期（2.63个）偏少，而21世纪为34个，较常年同期明显偏多，若加上近两年的登陆个数，年平均数则更高，为3.5个。

2012年登陆的热带气旋登陆时间尤为集中，7月24日至8月24日短短一个月内先后有6个级别为台风及以上的热带气旋登陆中国，为1949年来历史同期罕见。其中，“达维”“苏拉”“海葵”于8月2～8日先后在中国登陆，7天之内3个台风登陆中国，影响15个省（区、市），频次之高为1996年以来首次。双台风“达维”与“苏拉”在10小时内先后登陆中国大陆为1949年来历史罕见。

（三）热带气旋的起源及登陆位置有偏北的趋势

数据显示，2012年台风生成和登陆中国的位置明显偏北。从生成位置看（见图4），7个登陆中国的热带气旋生成纬度平均为18.8°N，比1991年以来平均值（15.6°N）偏北3.2°，和2010年同期并列最北；从登陆位置看，“达维”在江苏省响水县登陆，登陆时中心最大风力12级（35米/秒），是1949年以来首个以台风强度登陆中国长江以北的热带气旋。而2011年“米雷”（Meari）于6月26日在山东省荣成市成山镇沿海登陆，是近60年来6月登陆地点最北的热带气旋，也是近60年来6月登陆山东省的第1个热带气旋。

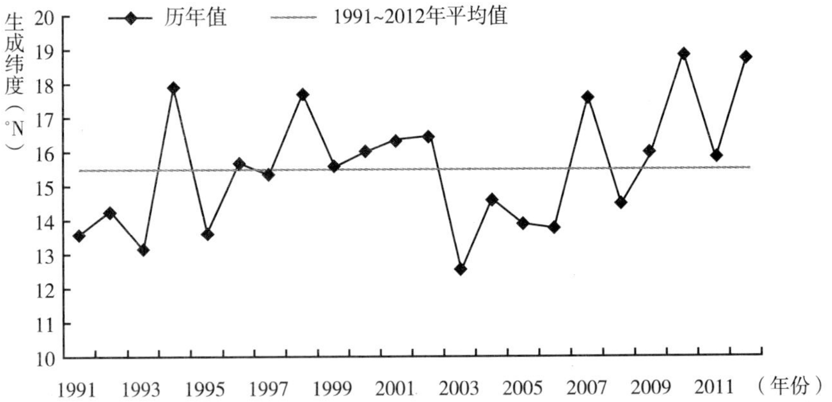

图4　1991～2012年登陆中国热带气旋平均起始纬度变化

（四）受灾地区北移、经济损失有增加趋势

针对 1982 年至今对中国东北地区造成影响的热带气旋灾情数据统计结果的分析表明：经济损失、受灾人口、受灾面积呈增长趋势，但死亡人口呈减少趋势。20 世纪 80 年代登陆或者影响东北三省的热带气旋造成的经济损失为 18.07 亿元（换算为 2000 年可比价），90 年代登陆或者影响东北的热带气旋造成的经济损失为 99.9 亿元，而 21 世纪登陆或者影响东北的热带气旋造成的经济损失为 239.6 亿元。

2012 年，“卡努”“达维”“天秤”“布拉万”“三巴”5 个台风北上，均对中国东北产生明显影响，北上和影响东北地区的台风数量均为历史之最。其中，“布拉万”“三巴”先后到达东北，直接到达东北的台风个数与 1985 年持平，同为 1980 年以来最多。

中国北方沿海地区由于历年登陆台风少，防御台风的意识淡薄、经验不足，防台风的工程性和非工程性措施远远不如南方沿海地区。更令人忧虑的是，北方沿海地区近年来社会经济发展迅速，大量居民区和企事业单位建在沿海地带，部分地区还出现了大量填海造地和过度发展水产养殖业的情况，这种盲目的高密度、大范围的开发行为增加了北方沿海防台减灾的脆弱性。

四　加强台风（飓风）灾害风险管理能力

在全球气候持续变暖背景下，全球台风（飓风）呈现强度增强、破坏力增大趋势，中国地处的西北太平洋发生台风的频数在全球各地区中最多，每年全球台风平均有 38% 发生在西北太平洋，全球有记录以来最强台风也出现在西北太平洋，使得中国成为世界上受热带气旋影响较为严重的国家之一。1971～2011 年，平均每年有 8.8 个热带气旋在中国登陆，登陆时强度达热带风暴及以上级别的有 7 个。受其影响，平均每年直接经济损失约占 GDP 的 0.4%，平均每年死亡人数为 400 人左右。

在极端天气气候事件频发以及社会经济快速发展的背景下，中国面对热带气旋的影响显得更为脆弱。长久以来，中国面对各种各样的气象灾害，缺乏有

效而可操作的气象灾害管理方法和模式，气象灾害常常被视为一种局部和偶发现象，以单项灾种的职能部门减灾应急管理为主，管理分散，各单一灾种部门缺少相关沟通及协调机制；对灾害处理也大多是采取临机处置的方式，通常是按照常规和经验来处置，“头痛医头、脚痛医脚”，完全处于被动应急的局面，缺乏制度化的灾害“舒缓、准备、回应和恢复”的灾害风险管理机制；灾害管理采用危机管理模式，强调灾后的救济和恢复，轻视灾前的预防和准备，即重救轻防，综合管理力度不够。

因此，在此背景下，加强热带气旋影响方面的研究分析及加强风险管理能力，可以争取防台减灾的主动性，在减少盲目性等方面具有非常重要的现实意义。

台风灾害风险是指台风灾害发生及其给人类社会造成损失的可能性。台风灾害风险既具有自然属性，也具有社会属性，无论是台风本身的变化多端还是人类活动都可能导致台风灾害发生，因此，需要做好台风灾害风险识别、风险分析、风险评价和风险管理。

风险管理有多种理解，从广义上来说，风险管理应贯穿于灾害发生和发展的全过程，包括灾害发生前的日常风险管理，灾害发生过程中的应急风险管理，灾害发生后的恢复和重建过程中的风险管理。风险管理过程是不断循环和完善的过程，主要包括建立风险管理目标、风险分析、风险决策、风险处理等几个基本步骤。其中，风险分析是分析评价的前提，而灾害风险评价是风险管理和决策的依据。灾害风险分析包括危险性分析、脆弱性分析和损失评估。具体来说一般包括以下几个部分①。

第一，灾害风险管理目标：对各种风险因素进行评估，确定对各项风险因素可以接受的标准，使风险管理成本最小，以此作为风险的管理目标。

第二，灾害风险识别：在确定的风险管理目标条件下，对仍然存在较大风险的因素进行判别，根据可能产生风险的大小进行排序，确定重点管理目标。

第三，灾害风险评估：计算或估算重点风险因素可能造成的灾害危险性的

① 刘树坤：《国外防洪减灾发展趋势分析》，《水利水电科技进展》2000 年第 1 期，第 2 ~9 页。

大小，如是否可能造成工程破坏等。

第四，灾害风险评价：具体计算灾害造成的社会、环境、生态、经济等方面的损失。

第五，灾害风险管理方案：选择可行的对策，应对灾害风险，使得灾害在总体上损失最小。①自留风险，由本地区承担灾害风险；②降低风险，采取应急措施，减少或消除一些风险因素，使总体风险降低；③回避风险，将人口和资产由高风险区域向低风险区和安全区疏散转移；④分担风险，采取保险或补偿等方式，由更大范围分担局部受灾区域的风险。管理方案可以是上述方案中的一种或多种的组合。

第六，灾害风险管理决策：对各种灾害风险管理方案可能产生的后果进行分析和比较，选择最优方案。

第七，灾害风险管理计划：风险管理方案确定后，要编制可行的计划，如动员、发布警报、人口资产转移、紧急抢险和救护、破堤分洪等，力求在方案实施过程中确保生命和财产损失最小。

第八，灾害风险管理效果评价：对计划实施后的社会、经济、生态、环境效果进行评价或预评估。

五　“桑迪”重创美国带给中国的几点警示

在全球气候变暖背景下，强台风（飓风）等极端天气气候事件发生的几率增大、影响趋重，台风（飓风）北上、登陆地点异常偏北的情况可能偏多，特别是台风（飓风）与天文大潮相遇，“风、雨、潮”三碰头会加剧台风的破坏力。“桑迪”飓风重创美国带来了如下警示。

（一）要高度重视极端强台风的灾害防御

在防御标准和防御措施建设等方面应充分考虑台风灾害的极端性，高度重视极端强台风的灾害防御。在全球气候变化导致极端天气气候事件增多，经济社会快速发展和人类不合理开发建设导致台风灾害脆弱性增大等形势下，减轻和防御极端天气气候事件对经济社会发展和人民生命财产安全的影响，各级政府和社会公众认识到台风是一种自然灾害，各级党委政府高度重视、有效领导，基层组织和基层干部的先锋模范作用是关键。

（二）要着力增强北方地区台风灾害防御能力

与“桑迪”登陆偏北相似，2012 年中国北方地区先后遭遇“达维”和“布拉万”两个台风的影响，北方沿海城市应借鉴纽约在“桑迪”事件中的教训，着力增强台风灾害防御能力，在城市规划和建设特别是重点工程、海岛开发、海洋工程建设时应充分考虑台风灾害风险，强化灾害风险管理，开展气候可行性论证。应科学规划城市建设和经济布局，强化台风灾害防御工程措施及避灾场所建设，切不可因为受强台风影响几率小而降低防台风工程建设标准。

（三）台风防御要特别注意强台风与天文大潮相遇的情况

“风、雨、潮”三碰头会加剧台风的破坏力。因此，在防御标准和防御措施建设等方面应充分考虑台风灾害的极端性，高度重视极端强台风的灾害防御。中国曾经发生登陆台风与风暴潮、天文潮叠加并造成重大灾害损失的情况，如 2009 年第 8 号台风“莫拉克”9 日 16 时 20 分在福建省霞浦县沿海登陆，恰逢天文大潮，造成浙江东南部、福建中北部沿海频频出现大范围超警戒洪水，福建长乐市梅花站实测潮位也达到了 4.73 米，是该站有历史记录以来第三高潮位。相比较而言，中国东南沿海城市防御台风、风暴潮的能力更强一些。

（四）进一步加强灾害防御机制建设

“桑迪”影响期间，美国联邦政府和受影响各州相继进入紧急状态，广播、电视等各类媒体中断正常节目播出，及时高密度插播预警信息，学校停课，体育比赛和娱乐活动取消。由于联动高效，应急处置有力，民众行为高度一致，在一定程度上降低了灾害损失，否则损失可能更大。中国创造性地建立了“政府主导、部门联动、社会参与”的气象灾害防御机制，在气象灾害防御中取得了明显成效，但重大气象灾害预警信息紧急发布机制还不健全，灾害应急联动机制还需进一步完善，应加强气象灾害救援基层队伍建设和公众防灾能力，将气象灾害救援系统建设纳入各级政府灾害管理体系，建立相应的救援队伍和救援启动机制。应从制度上保证，一旦灾害发生，能确保救援行动的及时启动。同时，应培养专业的救援队伍，强化公众的防灾自救能力，达到这个效果最主要的实施途径就是演习和培训。在美国的预案体系中，联邦应急管理学院开设了一系列应急计划方法的培训①，国土安全部经常组织大范围的演习。中国也应加大演习和培训的成本投入，这是为了在重大灾害面前减少和避免损失。

（五）提高全社会防御和减轻极端天气气候事件灾害的能力，必须坚持依靠科技进步，掌握和运用科学的方法

防御自然灾害必须以科学发展观为指导，坚持依靠科技进步，掌握科学的方法和手段。应该充分尊重自然规律，对台风这样能造成巨大灾害的极端天气气候事件进行科学研究，科学监测预测，科学地评估灾害影响并制定科学的防御和应变预案，科学地规划城市建设，台风灾害脆弱区要制定并执行建筑物防风、雨、潮标准。要把中央的宏观调控政策推进到防灾减灾的各项事务中，坚决避免只顾眼前利益和本地区、本部门利益，违背适应和减缓气候变化以及防灾减灾大局，违背科学规律的建设和发展。

（六）加强国际科技合作，共同承担应对极端天气气候事件的责任

极端天气气候事件是全球面临的共同挑战，防御和减轻气象灾害是人类共同的责任。作为最大的发展中国家和最大的发达国家，以及全球受台风影响较严重的国家，中国和美国政府应当为减轻极端天气气候事件做出各自应有的贡献。特别是中美在极端天气气候事件的特点、防御重点、监测预测方法等领域有许多共同性。在对外关系中，中国政府也应当强烈要求发达国家加快履行减缓全球气候变暖的义务，并加大对发展中国家，特别是中国周边受台风等极端天气气候事件影响较为严重的国家的科技援助，帮助他们提高应对能力。

---

① 李雪峰：《美国国家应急预案体系建构及其启示》，《中国应急管理》2012 年第 7 期，第 14 ~ 19 页。

附　　录

Appendix

G.28

世界各国、地区、城市社会经济、能源、碳排放指标

数据整理：朱守先*

表1　世界各国、地区人类发展指数及相关指标

HDI位次	国家、地区	人类发展指数(HDI)	期望寿命(岁)	人均国民总收入(GNI)(美元)	城市化率(%)	抚养比(%)
极高人类发展水平						
1	挪威	0.955	81.3	48688	79.7	51.5
2	澳大利亚	0.938	82	34340	89.4	49.3
3	美国	0.937	78.7	43480	82.6	50.7
4	荷兰	0.921	80.8	37282	83.6	50.6
5	德国	0.92	80.6	35431	74.1	51.7
6	新西兰	0.919	80.8	24358	86.3	51.4
7	爱尔兰	0.916	80.7	28671	62.5	50.8
8	瑞典	0.916	81.6	36143	85.4	55.5
9	瑞士	0.913	82.5	40527	73.8	47.9

* 朱守先，博士，中国社会科学院城市发展与环境研究所副研究员。

续表

HDI位次	国家、地区	人类发展指数(HDI)	期望寿命(岁)	人均国民总收入(GNI)(美元)	城市化率(%)	抚养比(%)
10	日本	0.912	83.6	32545	91.9	59.6
11	加拿大	0.911	81.1	35369	80.8	45.1
12	韩国	0.909	80.7	28231	83.5	38
13	中国香港	0.906	83	45598	100	32.3
13	爱尔兰	0.906	81.9	29176	93.8	49.6
15	丹麦	0.901	79	33518	87.1	54.1
16	以色列	0.9	81.9	26224	91.9	61.6
17	比利时	0.897	80	33429	97.5	53.3
18	奥地利	0.895	81	36438	67.9	48.1
19	新加坡	0.895	81.2	52613	100	35.4
20	法国	0.893	81.7	30277	86.4	55.7
21	芬兰	0.892	80.1	32510	83.8	53.5
22	斯洛文尼亚	0.892	79.5	23999	49.8	45
23	西班牙	0.885	81.6	25947	77.6	48.4
24	列支敦士登	0.883	79.8	84880	14.3	—
25	意大利	0.881	82	26158	68.5	53.8
26	卢森堡	0.875	80.1	48285	85.7	46.1
26	英国	0.875	80.3	32538	79.7	52.7
28	捷克	0.873	77.8	22067	73.4	42.9
29	希腊	0.86	80	20511	61.7	50.6
30	文莱	0.855	78.1	45690	76.4	41.6
31	塞浦路斯	0.848	79.8	23825	70.7	41.4
32	马耳他	0.847	79.8	21184	95	42.1
33	安道尔	0.846	81.1	33918	86.7	—
34	爱沙尼亚	0.846	75	17402	69.5	50
35	斯洛伐克	0.84	75.6	19696	54.7	37.9
36	卡塔尔	0.834	78.5	87478	98.9	18.3
37	匈牙利	0.831	74.6	16088	69.9	46.2
38	巴巴多斯	0.825	77	17308	44.9	40
39	波兰	0.821	76.3	17776	60.8	40.5
40	智利	0.819	79.3	14987	89.4	45.2
41	立陶宛	0.818	72.5	16858	67.2	44.9
42	阿拉伯联合酋长国	0.818	76.7	42716	84.7	20.9
43	葡萄牙	0.816	79.7	19907	61.6	50
44	拉脱维亚	0.814	73.6	14724	67.7	47.3
45	阿根廷	0.811	76.1	15347	92.7	54.4
46	塞舌尔	0.806	73.8	22615	54	—
47	克罗地亚	0.805	76.8	15419	58.1	47.9

续表

HDI位次	国家、地区	人类发展指数(HDI)	期望寿命(岁)	人均国民总收入(GNI)(美元)	城市化率(%)	抚养比(%)
高人类发展水平						
48	巴林	0.796	75.2	19154	88.7	29.2
49	巴哈马	0.794	75.9	27401	84.5	40.9
50	白俄罗斯	0.793	70.6	13385	75.5	40.5
51	乌拉圭	0.792	77.2	13333	92.6	56.2
52	黑山	0.791	74.8	10471	63.5	46.5
52	帕劳	0.791	72.1	11463	85.1	—
54	科威特	0.79	74.7	52793	98.3	41.1
55	俄罗斯	0.788	69.1	14461	74	39.8
56	罗马尼亚	0.786	74.2	11011	52.8	43.6
57	保加利亚	0.782	73.6	11474	73.7	47.3
58	沙特阿拉伯	0.782	74.1	22616	82.5	49
59	古巴	0.78	79.3	5539	75.1	41.8
60	巴拿马	0.78	76.3	13519	75.9	54.3
61	墨西哥	0.775	77.1	12947	78.4	53.5
62	哥斯达黎加	0.773	79.4	10863	65.1	44.5
63	格林纳达	0.77	76.1	9257	39.5	51.9
64	利比亚	0.769	75	13765	77.9	55
65	马来西亚	0.769	74.5	13676	73.5	52.8
66	塞尔维亚	0.769	74.7	9533	56.7	46.7
67	安提瓜和巴布达	0.76	72.8	13883	29.8	—
68	特立尼达和多巴哥	0.76	70.3	21941	14	38.6
69	哈萨克斯坦	0.754	67.4	10451	53.5	47.2
70	阿尔巴尼亚	0.749	77.1	7822	54.5	46.1
71	委内瑞拉	0.748	74.6	11475	93.7	53.3
72	多米尼克	0.745	77.6	10977	67.2	…
73	格鲁吉亚	0.745	73.9	5005	52.9	44.8
74	黎巴嫩	0.745	72.8	12364	87.4	45.1
75	圣基茨和尼维斯	0.745	73.3	12460	32	—
76	伊朗	0.742	73.2	10695	69.2	38.7
77	秘鲁	0.741	74.2	9306	77.6	54.9
78	马其顿	0.74	75	9377	59.4	41.2
79	乌克兰	0.74	68.8	6428	69.1	42.8
80	毛里求斯	0.737	73.5	13300	41.8	39.6
81	波斯尼亚和黑塞哥维那	0.735	75.8	7713	48.8	40.5
82	阿塞拜疆	0.734	70.9	8153	53.9	38.3
83	圣文森特和格林纳丁斯	0.733	72.5	9367	49.7	48.3
84	阿曼	0.731	73.2	24092	73.7	42.8

续表

HDI位次	国家、地区	人类发展指数(HDI)	期望寿命(岁)	人均国民总收入(GNI)(美元)	城市化率(%)	抚养比(%)
85	巴西	0.73	73.8	10152	84.9	46.8
86	牙买加	0.73	73.3	6701	52.1	55.9
87	亚美尼亚	0.729	74.4	5540	64.1	45.3
88	圣卢西亚	0.725	74.8	7971	16.8	46.9
89	厄瓜多尔	0.724	75.8	7471	68	56.3
90	土耳其	0.722	74.2	13710	72.5	46.8
91	哥伦比亚	0.719	73.9	8711	75.6	51.5
92	斯里兰卡	0.715	75.1	5170	15.2	50.6
93	阿尔及利亚	0.713	73.4	7418	73.8	45.6
94	突尼斯	0.712	74.7	8103	66.5	43.2
中等人类发展水平						
95	汤加	0.71	72.5	4153	23.5	76.1
96	伯利兹	0.702	76.3	5327	44.5	60.8
96	多米尼加	0.702	73.6	8506	70.3	58.3
96	斐济	0.702	69.4	4087	52.6	51.7
96	萨摩亚	0.702	72.7	3928	19.6	72.7
100	约旦	0.7	73.5	5272	83	66.9
101	中国内地	0.699	73.7	7945	51.9	37.6
102	土库曼斯坦	0.698	65.2	7782	49	48.4
103	泰国	0.69	74.3	7722	34.4	41.1
104	马尔代夫	0.688	77.1	7478	42.3	43.6
105	苏里南	0.684	70.8	7327	70.1	52.3
106	加蓬	0.683	63.1	12521	86.5	64
107	萨尔瓦多	0.68	72.4	5915	65.3	60.6
108	玻利维亚	0.675	66.9	4444	67.2	66.9
109	蒙古	0.675	68.8	4245	69.5	46.8
110	巴勒斯坦	0.67	73	3359	74.6	79.5
111	巴拉圭	0.669	72.7	4497	62.5	61.4
112	埃及	0.662	73.5	5401	43.6	57.2
113	摩尔多瓦	0.66	69.6	3319	48.4	38.8
114	菲律宾	0.654	69	3752	49.1	62.4
115	乌兹别克斯坦	0.654	68.6	3201	36.2	48.7
116	叙利亚	0.648	76	4674	56.5	65.2
117	密克罗尼西亚	0.645	69.2	3352	22.7	65.1
118	圭亚那	0.636	70.2	3387	28.4	55.8
119	博茨瓦纳	0.634	53	13102	62.3	56.7
120	洪都拉斯	0.632	73.4	3426	52.7	66.9
121	印度尼西亚	0.629	69.8	4154	51.5	47.3

续表

HDI位次	国家、地区	人类发展指数(HDI)	期望寿命(岁)	人均国民总收入(GNI)(美元)	城市化率(%)	抚养比(%)
121	基里巴斯	0. 629	68. 4	3079	44	…
121	南非	0. 629	53. 4	9594	62. 4	52. 9
124	瓦努阿图	0. 626	71. 3	3960	25. 2	70
125	吉尔吉斯斯坦	0. 622	68	2009	35. 4	51. 9
126	塔吉克斯坦	0. 622	67. 8	2119	26. 5	65. 3
127	越南	0. 617	75. 4	2970	31. 7	40. 9
128	纳米比亚	0. 608	62. 6	5973	39	64. 8
129	尼加拉瓜	0. 599	74. 3	2551	57. 8	61. 2
130	摩洛哥	0. 591	72. 4	4384	57. 4	49. 2
131	伊拉克	0. 59	69. 6	3557	66. 4	84. 3
132	佛得角	0. 586	74. 3	3609	63. 4	55. 8
133	危地马拉	0. 581	71. 4	4235	50. 2	82. 4
134	东帝汶	0. 576	62. 9	5446	28. 7	93
135	加纳	0. 558	64. 6	1684	52. 6	73
136	赤道几内亚	0. 554	51. 4	21715	39. 6	72
137	印度	0. 554	65. 8	3285	31. 6	53. 8
138	柬埔寨	0. 543	63. 6	2095	20. 1	53. 2
139	老挝	0. 543	67. 8	2435	35. 4	58. 4
140	不丹	0. 538	67. 6	5246	36. 4	49. 7
141	斯威士兰	0. 536	48. 9	5104	21. 2	69. 4
低人类发展水平						
142	刚果(布)	0. 534	57. 8	2934	64. 1	79. 3
143	所罗门群岛	0. 53	68. 2	2172	20. 9	74. 1
144	圣多美和普林西比	0. 525	64. 9	1864	63. 4	75. 8
145	肯尼亚	0. 519	57. 7	1541	24. 4	82. 1
146	孟加拉国	0. 515	69. 2	1785	28. 9	53
146	巴基斯坦	0. 515	65. 7	2566	36. 5	63. 4
148	安哥拉	0. 508	51. 5	4812	60	93. 9
149	缅甸	0. 498	65. 7	1817	33. 2	43
150	喀麦隆	0. 495	52. 1	2114	52. 7	78. 3
151	马达加斯加	0. 483	66. 9	828	33. 2	83. 7
152	坦桑尼亚	0. 476	58. 9	1383	27. 2	92. 6
153	尼日利亚	0. 471	52. 3	2102	50. 3	86. 1
154	塞内加尔	0. 47	59. 6	1653	42. 8	84. 3
155	毛里塔尼亚	0. 467	58. 9	2174	41. 7	73. 1
156	巴布亚新几内亚	0. 466	63. 1	2386	12. 5	70. 3
157	尼泊尔	0. 463	69. 1	1137	17. 3	64. 1

续表

HDI位次	国家、地区	人类发展指数(HDI)	期望寿命(岁)	人均国民总收入(GNI)(美元)	城市化率(%)	抚养比(%)
158	莱索托	0.461	48.7	1879	28.3	69.1
159	多哥	0.459	57.5	928	38.5	73.6
160	也门	0.458	65.9	1820	32.9	86.4
161	海地	0.456	62.4	1070	54.8	65.5
161	乌干达	0.456	54.5	1168	16	103.1
163	赞比亚	0.448	49.4	1358	39.6	99
164	吉布提	0.445	58.3	2350	77.1	62.8
165	冈比亚	0.439	58.8	1731	57.9	83.8
166	贝宁	0.436	56.5	1439	45.6	86.9
167	卢旺达	0.434	55.7	1147	19.4	84.2
168	科特迪瓦	0.432	56	1593	52	79.3
169	科摩罗	0.429	61.5	986	28.1	82.8
170	马拉维	0.418	54.8	774	15.8	96.3
171	苏丹	0.414	61.8	1848	33.3	76.0
172	津巴布韦	0.397	52.7	424t	39.1	71.6
173	埃塞俄比亚	0.396	59.7	1017	17.2	77.3
174	利比里亚	0.388	57.3	480	48.5	86
175	阿富汗	0.374	49.1	1000	23.8	92.6
176	几内亚比绍	0.364	48.6	1042	44.6	79.7
177	塞拉利昂	0.359	48.1	881	39.6	80.8
178	布隆迪	0.355	50.9	544	11.2	67.7
179	几内亚	0.355	54.5	941	35.9	85
180	中非	0.352	49.1	722	39.3	78
181	厄立特里亚	0.351	62	531	21.8	78.9
182	马里	0.344	51.9	853	35.6	97.3
183	布基纳法索	0.343	55.9	1202	27.4	90.5
184	乍得	0.34	49.9	1258	21.9	92.6
185	莫桑比克	0.327	50.7	906	31.4	89.1
186	刚果(金)	0.304	48.7	319	34.8	94
186	尼日尔	0.304	55.1	701	18.1	104.8
HDI组别						
极高人类发展水平		0.905	80.1	33391	81.2	50.3
高人类发展水平		0.758	73.4	11501	74.1	46.4
中等人类发展水平		0.64	69.9	5428	43.7	47
低人类发展水平		0.466	59.1	1633	33.6	75.5

续表

HDI位次	国家、地区	人类发展指数(HDI)	期望寿命(岁)	人均国民总收入(GNI)(美元)	城市化率(%)	抚养比(%)
区域						
	阿拉伯国家	0.652	71	8317	57.2	59.7
	东亚和太平洋地区	0.683	72.7	6874	49.7	40.9
	欧洲和中亚	0.771	71.5	12243	64.8	43.4
	拉丁美洲和加勒比地区	0.741	74.7	10300	79.3	52.1
	南亚	0.558	66.2	3343	32.9	54.6
	撒哈拉以南非洲	0.475	54.9	2010	37	83.4
	最不发达国家	0.449	59.5	1385	28.9	75.5
	小岛屿发展中国家	0.648	69.8	5397	52.6	57.3
	世界	0.694	70.1	10184	52.6	52.0

注：(1) 人类发展指数（HDI）：评估人类发展三大基本维度（即健康长寿的生活、知识以及体面的生活水平）所取得的平均成就的综合指数。人类发展指数的分类标准是相对的，以国家总数187的四分位数作为人类发展指数分类的基础，分为极高、高、中等和低人类发展指数。人类发展指数位列极高、高和中等的组别各有47国，低人类发展指数的组别有46国。

(2) 期望寿命：在新生儿出生时的各年龄组别死亡率经其一生保持不变的情况下，该新生儿的预计寿命。

(3) 人均国民总收入（GNI）：国内生产总值加上由于拥有生产要素获得的收入减去对使用国外生产要素的支出，采用2005年购买力平价比率换算成国际美元，除以年中的总人口。表中数据按2005年购买力平价计算。

(4) 抚养比：0～14岁和65岁及以上人口总数与15～64岁人口的比率。

资料来源：http：//hdr. undp. org/en/reports/global/hdr2013/。http：//datacatalog. worldbank. org/。

表2　世界主要国家、地区碳排放和能源消费指标（2012年）

国家、地区	碳排放(百万吨 CO_2)	能源消费量(百万toe)	人口(千人)	GDP(当年价，百万美元)	人均碳排放(吨 CO_2/人)	碳生产力(美元/吨 CO_2)	能源碳排放系数(吨 CO_2/toe)
美国	5786.1	2208.8	313914	15684800	18.43	2710.77	2.620
加拿大	619.6	328.8	34880	1821424	17.76	2939.68	1.884
墨西哥	496	187.7	120847	1177271	4.10	2373.53	2.643
北美洲合计	6901.7	2725.3	469641	18683495	40.29	8023.98	7.147
阿根廷	190.5	82.1	41087	474865	4.64	2492.73	2.320
巴西	500.5	274.7	198656	2252664	2.52	4500.83	1.822
智利	94.2	35.5	17465	268314	5.39	2848.34	2.654
哥伦比亚	75.6	36.5	47704.43	369813	1.58	4891.71	2.071
厄瓜多尔	35	14.4	15492.26	84532	2.26	2415.20	2.431

续表

国家、地区	碳排放（百万吨 CO_2）	能源消费量（百万 toe）	人口（千人）	GDP（当年价，百万美元）	人均碳排放（吨 CO_2/人）	碳生产力（美元/吨 CO_2）	能源碳排放系数（吨 CO_2/toe）
秘鲁	48.3	22.3	29987.8	197111	1.61	4080.97	2.166
特立尼达和多巴哥	50.9	21.2	1337.439	23986	38.06	471.24	2.401
委内瑞拉	187.1	86.8	29954.78	382424	6.25	2043.96	2.156
拉丁美洲合计	1182.1	573.5	581384	5348266	2.39	3853.22	2.086
奥地利	65.1	33.1	8462.446	399649	7.69	6139.00	1.967
阿塞拜疆	30.8	12.2	9297.507	67198	3.31	2181.75	2.525
白俄罗斯	67.4	25.9	9464	63267	7.12	938.68	2.602
比利时	141.5	60.6	11142.16	483709	12.70	3418.44	2.335
保加利亚	45.2	17.9	7304.632	51030	6.19	1128.98	2.525
捷克	111.1	41.9	10514.81	195657	10.57	1761.09	2.652
丹麦	41.4	17	5590.478	314242	7.41	7590.39	2.435
芬兰	45.9	26.4	5414.293	250024	8.48	5447.15	1.739
法国	383.4	245.4	65697	2612878	5.84	6815.02	1.562
德国	815	311.7	81890	3399589	9.95	4171.27	2.615
希腊	85.6	28.8	11280.17	249099	7.59	2910.04	2.972
匈牙利	50.6	21.9	9943.755	125508	5.09	2480.40	2.311
爱尔兰	34.3	13	4588.798	210331	7.47	6132.10	2.638
意大利	406.3	162.5	60918	2013263	6.67	4955.11	2.500
哈萨克斯坦	197.9	58.1	16797.46	201680	11.78	1019.10	3.406
立陶宛	15.7	6	2985.509	42246	5.26	2690.83	2.617
荷兰	246	89.1	16767.71	772227	14.67	3139.13	2.761
挪威	44.8	48.1	5018.869	499667	8.93	11153.28	0.931
波兰	326	97.6	38542.74	489795	8.46	1502.44	3.340
葡萄牙	54.9	22.7	10526.7	212454	5.22	3869.84	2.419
罗马尼亚	81.9	33.6	21326.91	169396	3.84	2068.33	2.438
俄罗斯	1704.3	694.2	143533	2014775	11.87	1182.17	2.455
斯洛伐克	36.2	16.9	5410.267	91619	6.69	2530.91	2.142
西班牙	338.6	144.8	46217.96	1349351	7.33	3985.09	2.338
瑞典	50.5	52.9	9516.617	525742	5.31	10410.73	0.955
瑞士	41.8	29	7997.152	632194	5.23	15124.26	1.441
土耳其	318.5	119.2	73997	789257	4.30	2478.04	2.672
土库曼斯坦	64	25.8	5172.931	33679	12.37	526.23	2.481
乌克兰	321.7	125.3	45593.3	176309	7.06	548.05	2.567
英国	530.5	203.6	63228	2435174	8.39	4590.34	2.606
乌兹别克斯坦	118.1	50.5	29776.85	51113	3.97	432.79	2.339
欧洲及中亚合计	7037.5	2928.5	892490.2	21185280	7.89	3010.34	2.403

续表

国家、地区	碳排放（百万吨 CO_2）	能源消费量（百万 toe）	人口（千人）	GDP（当年价，百万美元）	人均碳排放（吨 CO_2/人）	碳生产力（美元/吨 CO_2）	能源碳排放系数（吨 CO_2/toe）
伊朗	608.3	234.2	76424	514060	7.96	845.08	2.597
以色列	81.9	24.8	7907.9	242929	10.36	2966.17	3.302
科威特	100.6	36.4	3250.496	176590	30.95	1755.37	2.764
卡塔尔	79.9	31.6	2050.514	172982	38.97	2164.98	2.528
沙特阿拉伯	615.3	222.2	28288	576824	21.75	937.47	2.769
阿拉伯联合酋长国	233.2	89.3	9205.651	360245	25.33	1544.79	2.611
中东合计	2062.8	761.9	225378.3	2532143	9.15	1227.53	2.707
阿尔及利亚	116.5	44.6	38482	207955	3.03	1785.02	2.612
埃及	223.8	87.1	80722	257286	2.77	1149.62	2.569
南非	446.1	123.8	51189	384313	8.71	861.50	3.603
非洲合计	1156.9	403.3	1068444	2006779	1.08	1734.62	2.869
澳大利亚	392.2	125.7	22684	1520608	17.29	3877.12	3.120
孟加拉国	66.1	26.3	154695	115610	0.43	1749.02	2.513
中国内地	9208.1	2735.2	1350695	8227103	6.82	893.46	3.367
中国香港	91.1	28.1	7155	263259	12.73	2889.78	3.242
印度	1823.2	563.5	1236687	1841717	1.47	1010.16	3.235
印度尼西亚	495.2	159.4	246864	878043	2.01	1773.11	3.107
日本	1409	478.2	127561	5959718	11.05	4229.75	2.946
马来西亚	218.8	76.3	29239.93	303526	7.48	1387.23	2.868
新西兰	37.2	19.6	4433.1	139768	8.39	3757.20	1.898
巴基斯坦	165.9	69.3	179160	231182	0.93	1393.50	2.394
菲律宾	84.2	30.2	96706.76	250265	0.87	2972.27	2.788
新加坡	220.7	74	5312.4	274701	41.54	1244.68	2.982
韩国	763.7	271.1	50004	1129598	15.27	1479.11	2.817
中国台湾	326.5	109.4	23315.82	475036.6	14.00	1454.94	2.984
泰国	332.3	117.6	66785	365564	4.98	1100.10	2.826
越南	130.1	52	88776	141669	1.47	1088.92	2.502
亚太合计	15919.1	4992.2	3856679	22434758	4.13	1409.30	3.189
世界合计	34466.1	12476.6	7046369	71666350	4.89	2079.33	2.762
其中:经合组织	13899.8	5488.8	1256610	46133956	11.06	3319.04	2.532
非经合组织	20566.3	6987.8	5789759	25532394	3.55	1241.47	2.943
欧盟	3977.5	1673.4	504769.8	16653838	7.88	4187.01	2.377

资料来源：http：//www. bp. com/en/global/corporate/about - bp/statistical - review - of - world - energy - 2013. html。http：//datacatalog. worldbank. org/。

表 3　世界主要国家、地区能源消费结构（2012 年）

国家、地区	能源消费量（百万 toe）	能源消费结构(%)					
		石油	天然气	煤炭	核能	水电	其他可再生能源
美国	2208.8	37.12	29.61	19.82	8.3	2.86	2.3
加拿大	328.8	31.72	27.56	6.65	6.59	26.16	1.31
墨西哥	187.7	49.32	40.1	4.71	1.06	3.77	1.05
北美洲合计	2725.4	37.31	30.09	17.19	7.59	5.74	2.09
阿根廷	82.1	34.34	51.84	1.19	1.71	10.19	0.73
巴西	274.7	45.73	9.56	4.9	1.32	34.4	4.09
智利	35.5	50.39	15.24	18.83	0	13	2.54
哥伦比亚	36.5	34.76	24.25	10.97	0	29.54	0.48
厄瓜多尔	14.4	76.16	4.12	0	0	19.25	0.47
秘鲁	22.3	42.91	30.28	3.57	0	22.39	0.85
特立尼达和多巴哥	21.2	7.65	92.32	0	0	0	0.02
委内瑞拉	86.8	42.16	36.22	0.25	0	21.37	0
拉丁美洲合计	665.3	45.42	22.33	4.24	0.76	24.91	2.35
奥地利	33.1	37.6	24.59	5.95	0	26.91	4.95
阿塞拜疆	12.2	34.4	62.22	0.02	0	3.36	0
白俄罗斯	25.9	35.16	64.43	0.18	0	0.04	0.19
比利时	60.6	50.49	25.14	4.92	15.05	0.15	4.25
保加利亚	17.9	21.26	13.69	39.2	19.94	4.08	1.84
捷克	41.9	21.65	17.57	39.66	16.36	1.64	3.12
丹麦	17	44.84	20.69	14.6	0	0.02	19.85
芬兰	26.4	34.43	10.48	10.92	19.88	14.33	9.96
法国	245.4	32.97	15.58	4.65	39.22	5.37	2.21
德国	311.7	35.77	21.72	25.41	7.22	1.54	8.34
希腊	28.8	53.52	13.12	25.96	0	3.46	3.95
匈牙利	21.9	27.18	40.04	13.55	16.31	0.22	2.7
爱尔兰	13	47.88	31.01	11.44	0	1.75	7.92
意大利	162.5	39.5	38.04	9.97	0	5.77	6.71
哈萨克斯坦	58.1	22.04	14.7	60.14	0	3.11	0
立陶宛	6	43.14	49.96	3.16	0	1.04	2.69
荷兰	89.1	49.55	36.82	9.51	1	0.03	3.09
挪威	48.1	22.42	8.05	1.37	0	67.18	0.97
波兰	97.6	25.75	15.28	55.29	0	0.47	3.21
葡萄牙	22.7	48.09	18.61	12.82	0	6.65	13.83
罗马尼亚	33.6	26.24	36.11	19.83	7.72	8.23	1.87
俄罗斯	694.2	21.24	53.96	13.52	5.81	5.44	0.02
斯洛伐克	16.9	20.9	31.82	18.98	20.71	5.86	1.72
西班牙	144.8	44.06	19.5	13.33	9.59	3.2	10.31
瑞典	52.9	26.07	1.87	2.76	27.62	33.67	8.01
瑞士	29	38.72	9.92	0.48	19.97	29.53	1.38

续表

国家、地区	能源消费量（百万 toe）	能源消费结构（%）					
		石油	天然气	煤炭	核能	水电	其他可再生能源
土耳其	119.2	26.41	34.97	26.27	0	10.99	1.36
土库曼斯坦	25.8	18.78	81.22	0	0	0	0
乌克兰	125.3	10.52	35.63	35.57	16.28	1.89	0.1
英国	203.6	33.63	34.61	19.21	7.83	0.58	4.14
乌兹别克斯坦	50.5	7.76	85.3	2.42	0	4.52	0
欧洲及中亚合计	2928.5	30.04	33.29	17.65	9.11	6.52	3.38
伊朗	234.2	38.25	59.99	0.38	0.14	1.23	0.02
以色列	24.8	54.75	9.42	35.41	0	0.03	0.39
科威特	36.4	57.52	42.48	0	0	0	0
卡塔尔	31.6	25.42	74.58	0	0	0	0
沙特阿拉伯	222.2	58.36	41.64	0	0	0	0
阿拉伯联合酋长国	89.3	36.56	63.44	0	0	0	0.01
中东合计	761.9	49.33	48.64	1.29	0.04	0.67	0.02
阿尔及利亚	44.6	37.33	62.36	0	0	0.2	0.12
埃及	87.1	40.46	54.37	1.3	0	3.47	0.4
南非	123.8	21.73	2.74	72.52	2.6	0.35	0.06
非洲合计	403.3	41.29	27.41	24.18	0.8	5.98	0.35
澳大利亚	125.7	37.12	18.22	39.22	0	3.23	2.21
孟加拉国	26.3	21.37	74.41	2.69	0	1.46	0.06
中国内地	2735.2	17.68	4.73	68.49	0.81	7.12	1.17
中国香港	28.1	63.93	9.01	27.06	0	0	0
印度	563.5	30.45	8.71	52.93	1.33	4.64	1.93
印度尼西亚	159.4	44.93	20.22	31.64	0	1.82	1.39
日本	478.2	45.63	21.97	26.01	0.85	3.83	1.71
马来西亚	76.3	39.08	39.31	18.79	0	2.41	0.42
新西兰	19.6	35.46	19.33	8.83	0	26.25	10.13
巴基斯坦	69.3	28.87	53.85	6.14	1.86	9.28	0
菲律宾	30.2	42.86	10.17	31.08	0	8.12	7.76
新加坡	74	89.5	10.11	0	0	0	0.39
韩国	271.1	40.11	16.61	30.18	12.55	0.26	0.29
中国台湾	109.4	38.53	13.4	37.55	8.36	1.12	1.05
泰国	117.6	44.56	39.21	13.56	0	1.67	0.99
越南	52	31.97	16.27	28.73	0	22.97	0.06
亚太合计	4992.2	27.83	11.27	52.26	1.56	5.79	1.28
世界合计	12476.6	33.11	23.94	29.9	4.49	6.66	1.9
其中:经合组织	5488.8	37.76	26.12	19.19	8.1	5.75	3.08
非经合组织	6987.8	29.45	22.23	38.31	1.66	7.38	0.98
欧盟	1673.4	36.53	23.87	17.55	11.94	4.42	5.68

资料来源：http：//www. bp. com/en/global/corporate/about – bp/statistical – review – of – world – energy – 2013. html。http：//datacatalog. worldbank. org/。

表 4 世界主要城市碳排放指标

城市	国家	碳排放（百万吨 CO_2）	碳减排幅度（%）	基准年	目标年	GDP（十亿美元）	面积（km^2）	人口（百万）	人均碳排放（吨 CO_2/人）
亚的斯亚贝巴	埃塞俄比亚	0.3	75	2010	2020	12	504	2.9	0.10
约翰内斯堡	南非	19.54	30	2005	2025	58.1	1645	3.9	5.01
拉各斯	尼日利亚	17.2				43	3569	13	1.32
雅加达	印尼	43.86	30	2005	2030	70.2	662	9.6	4.57
首尔	韩国	49.75	40	1990	2020	224	605	10.6	4.69
悉尼	澳大利亚	5.5	70	2006	2030	213.2	26	0.18	30.56
东京	日本	61.64	25	2000	2020			13.18	4.68
横滨	日本	19.01	80	1990	2050			3.67	5.18
阿姆斯特丹	荷兰	5.09	40	1990	2025			0.75	6.79
柏林	德国	20.17	40	1990	2020	123.3	892	3.44	5.86
			85	1990	2050				
哥本哈根	丹麦	2.12	100	2010	2025			0.54	3.93
伦敦	英国	44.3	60	1990	2025	565	1572	7.8	5.68
马德里	西班牙	12.04	20	1990	2020	124.85	607	3.2	3.76
莫斯科	俄罗斯	44.6	20.7	2009	2020			10.56	4.22
奥斯陆	挪威	2.34	100	1990	2050	67.7	454	0.62	3.77
巴黎	法国	7.4	25	2004	2020			2.26	3.27
罗马	意大利	10.01	7	1990	2012	157.5	1297	2.7	3.71
鹿特丹	荷兰	29.46	50	1990	2025			0.6	49.10
斯德哥尔摩	瑞典	3.19	100	1990	2050			0.86	3.71
华沙	波兰	13.3	20	2007	2020	74.29	517	1.72	7.73
奥斯汀	美国	14.93	70	2007	2030	86	795	0.8	18.66
芝加哥	美国	35.55	80	1990	2050	476.4	592	2.83	12.56
洛杉矶	美国	33.94	35	1990	2030	717	1216	4.1	8.28
纽约	美国	53.36	30	2005	2030	1210.38	790	8.4	6.35
费城	美国	19.78	20	1990	2015	335.1	369	1.5	13.19
波特兰	美国	7.77	80	1990	2050	124.7	376	0.56	13.88
旧金山	美国	5.01	25	1990	2017			0.82	6.11
西雅图	美国	7.04	100	1990	2050			0.63	11.17
多伦多	加拿大	20.66	30	1990	2020	120.86	630	2.62	7.89
温哥华	加拿大	2.69	33	2007	2020	35	114	0.6	4.48
华盛顿	美国	10.5	80	1990	2050	91.64	117	0.62	16.94
波哥大	哥伦比亚	15.75	16	2007	2019	54.9	414	7.2	2.19
布宜诺斯艾利斯	阿根廷	9.81	33	2008	2030	75.1	203	2.89	3.39
里约热内卢	巴西	11.35	20	2005	2020			6.3	1.80
圣地亚哥	智利	19.59	20	2007	2020			6.7	2.92
圣保罗	巴西	15.12	30	2005	2012	165.9	1509	11.4	1.33

资料来源：CDP Cities 2012 Global Report，http：//www.c40cities.org/。

G.29
全球气候灾害及损失统计

数据整理和计算：苏布达　黄金龙*

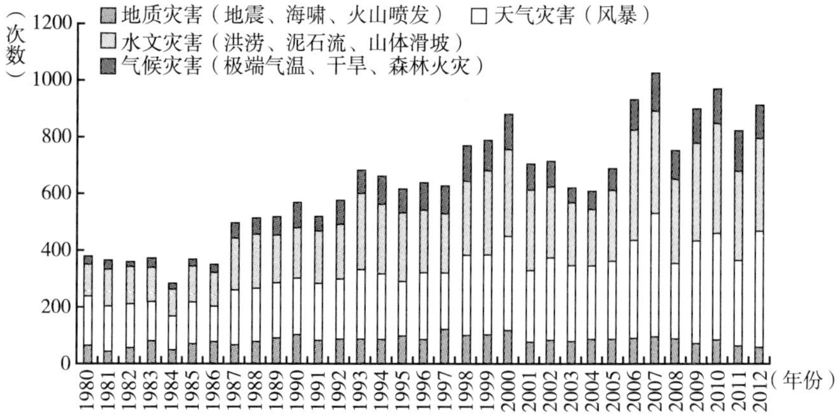

图1　1980～2012年全球重大自然灾害发生次数

资料来源：慕尼黑再保险公司和国家气候中心。

表1　1901～2010年六大洲大规模干旱统计

区　域	干旱数量及所占比例	<=6个月的干旱数量	>=12个月的干旱数量	最长持续时间（月）	最大影响范围（平方公里）
非　洲	76(13%)	46	8	21(1992～1993)	9.9(33%,1983年4月)
亚　洲	185(32%)	121	19	42(1986～1990)	9.8(22%,1987年6月)
欧　洲	81(14%)	45	9	25(1975～1977)	5.1(51%,1921年12月)
北　美	104(18%)	65	15	41(1954～1957)	7.5(31%,1956年10月)
大洋洲	45(8%)	27	7	24(1928～1930)	5.9(77%,1965年2月)
南　非	85(15%)	58	10	19(1982～1983)	10.8(61%,1963年10月)
世　界	576	362	68	42(1986～1990)	9.9(33%,1983年4月)

* 苏布达，国家气候中心副研究员，研究领域为气候变化影响评估；黄金龙，南京信息工程大学研究生，研究领域为气候变化影响评估。

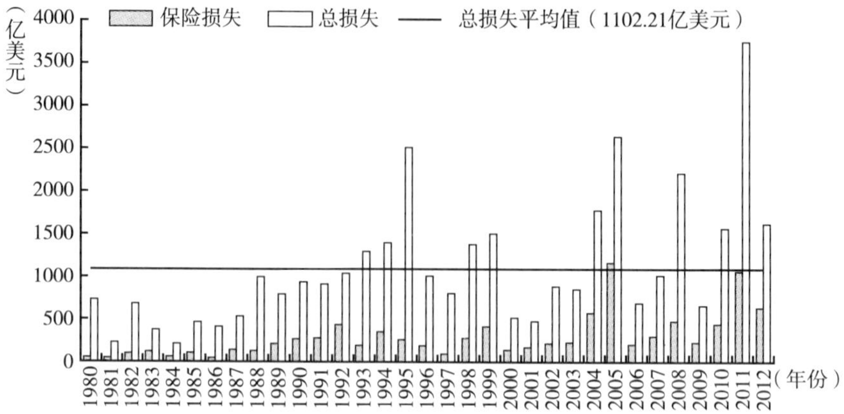

图 2　1980～2012 年全球重大自然灾害总损失和保险损失（以 2012 年市值计算）

资料来源：慕尼黑再保险公司和国家气候中心，图 3～图 4 同。

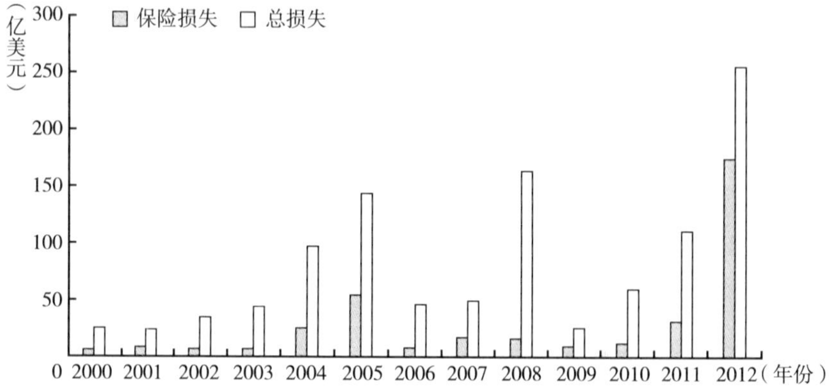

图 3　2000～2012 年全球干旱灾害总损失及保险损失

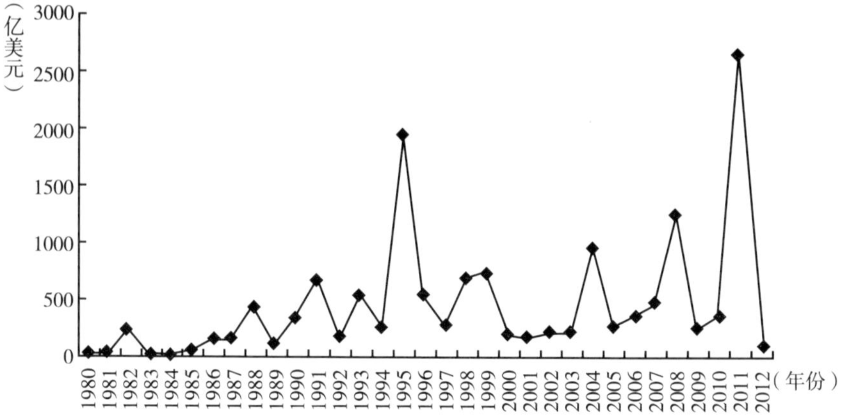

图 4　1980～2012 年亚洲重大自然灾害总损失

表 2　1980～2012 年美国重大气象有关灾害综述

灾害类型	发生次数	发生频率(%)	损失(十亿美元)	损失占总数比例(%)
强风暴	50	34.7	110.9	11.2
台风/飓风	33	22.9	485.2	48.8
干旱	17	11.8	240.1	24.1
洪水	16	11.1	85.1	8.6
火灾	12	8.3	23.2	2.3
暴风雪	10	6.9	29.3	2.9
冰冻天气	6	4.2	20.5	2.1
总　计	144	—	994.3	—

资料来源：NCDC，http：//www.ncdc.noaa.gov/billions/。

G.30

中国气候灾害历史统计

数据整理和计算：苏布达　黄金龙*

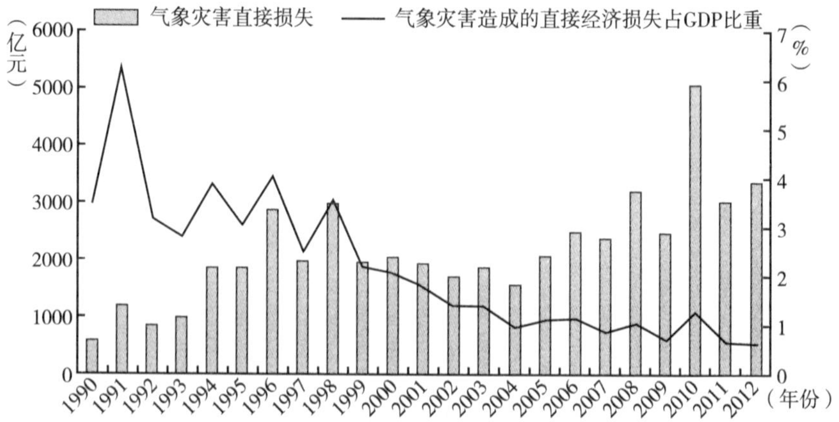

图1　1990～2012年中国气象灾害直接经济损失及其占GDP的比重

资料来源：《中国气象灾害年鉴》，中国气候公报。

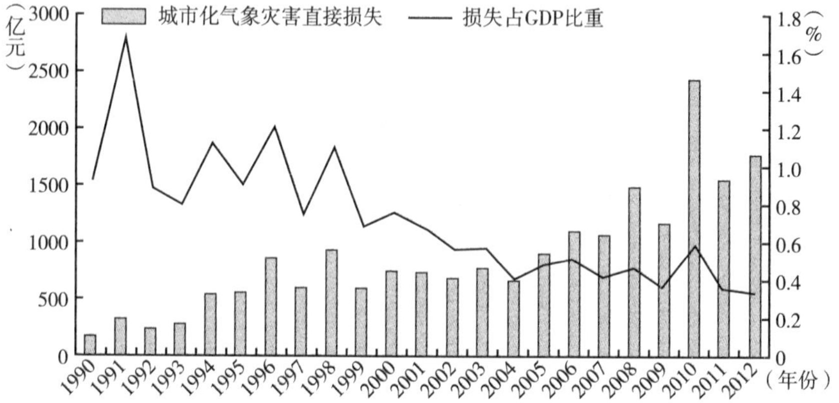

图2　1990～2012年中国城市化气象灾害直接经济损失及其占GDP的比重

资料来源：《中国气象灾害年鉴》，中国气候公报，国家统计局，表1同。

---

* 苏布达，国家气候中心副研究员，研究领域为气候变化影响评估；黄金龙，南京信息工程大学研究生，研究领域为气候变化影响评估。

表 1　中国气象灾害灾情统计

年份	农作物灾情(万公顷)		人口灾情		直接经济损失(亿元)	城市化气象灾害直接经济损失(亿元)
	受灾面积	绝收面积	受灾人口(万人)	死亡人口(人)		
2004	3765.0	433.3	34049.2	2457	1565.9	653.9
2005	3875.5	418.8	39503.2	2710	2101.3	903.3
2006	4111.0	494.2	43332.3	3485	2516.9	1104.9
2007	4961.4	579.8	39656.3	2713	2378.5	1068.9
2008	4000.4	403.3	43189.0	2018	3244.5	1482.1
2009	4721.4	491.8	47760.8	1367	2490.5	1160.3
2010	3742.6	487	42494.2	4005	5097.5	2421.3
2011	3252.5	290.7	43150.9	1087	3034.6	1555.8
2012	2496	182.6	27389.4	1390	3358	1766.3

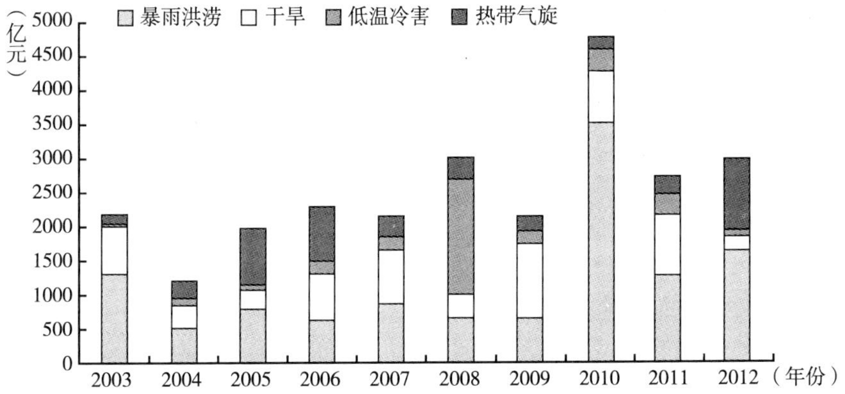

图 3　2003～2012 年各类灾害直接经济损失

资料来源：《中国气象灾害年鉴》，中国国家统计局，图 4 同。

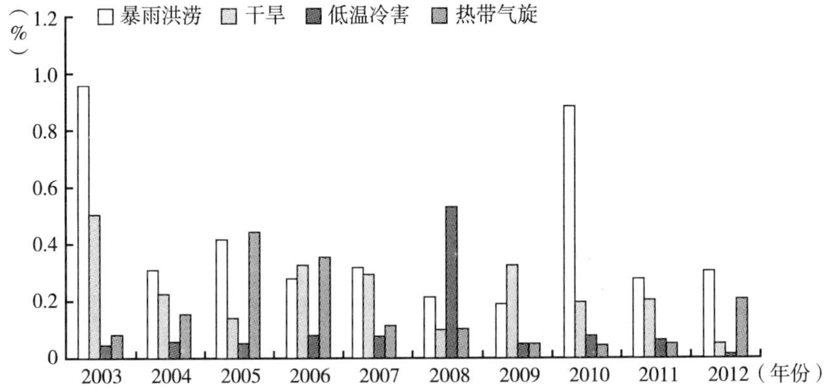

图 4　2003～2012 年各类灾害直接经济损失占 GDP 的比重

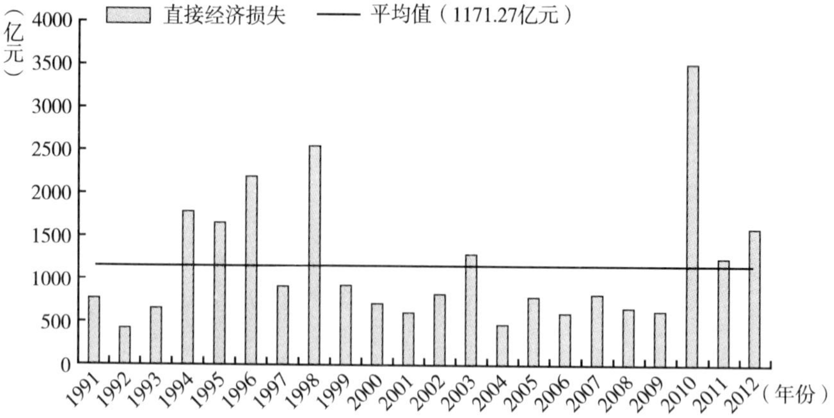

图5 1991～2012年暴雨洪涝灾害直接经济损失

资料来源：《中国气象灾害年鉴》，中国气候公报，图6～图8同。

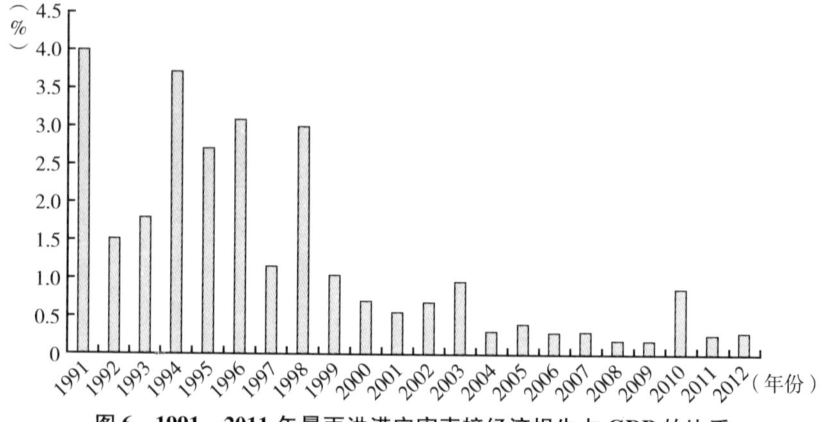

图6 1991～2011年暴雨洪涝灾害直接经济损失占GDP的比重

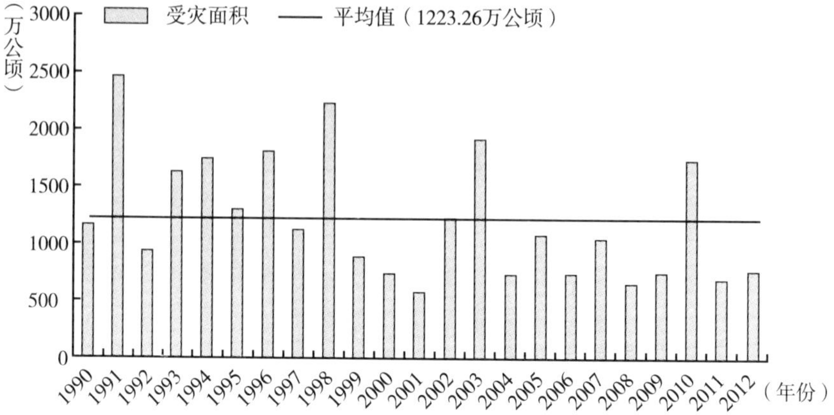

图7 1990～2012年暴雨洪涝面积

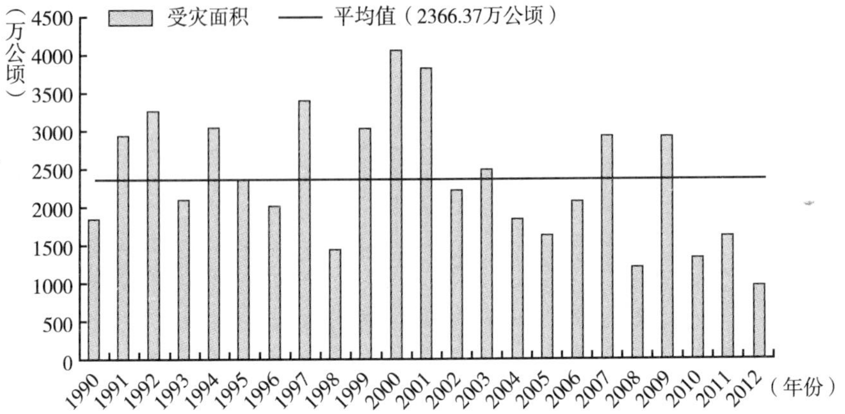

图 8　1990～2012 年干旱受灾面积

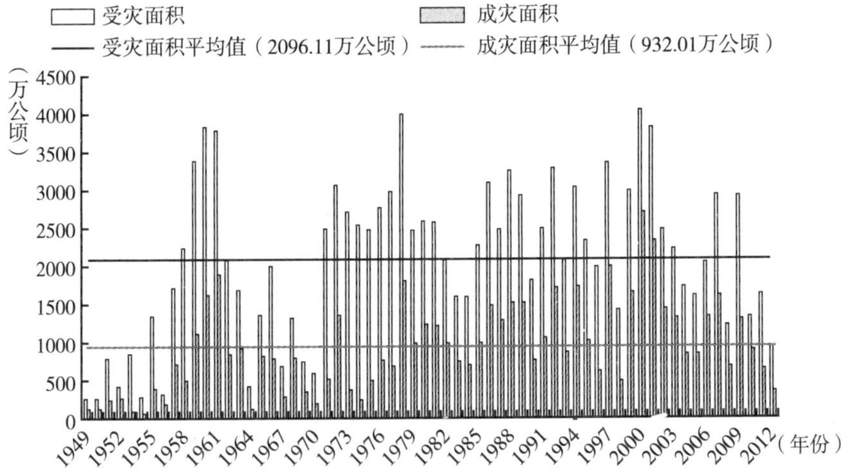

图 9　1949～2012 年中国历年农作物受灾和成灾面积变化（干旱灾害）

资料来源：中国种植业信息网，全国防汛抗旱工作会议。

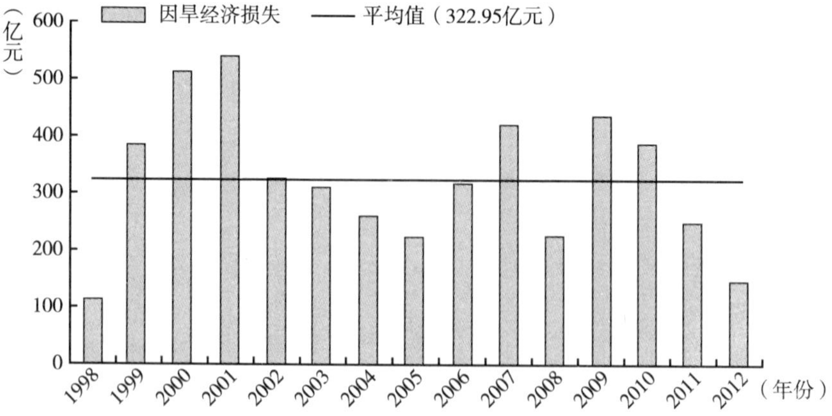

图 10　1998 年以来全国因旱经济作物损失历年变化

资料来源：水利部公报，全国防汛抗旱工作会议，图 11 同。

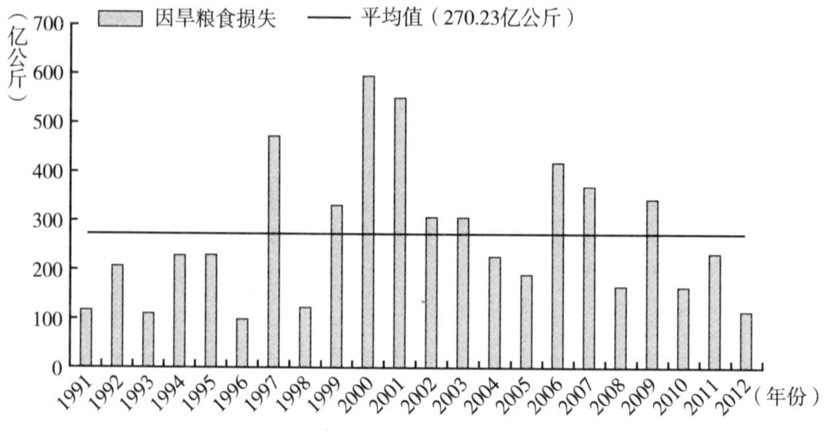

图 11　1991 年以来全国因旱粮食损失历年变化

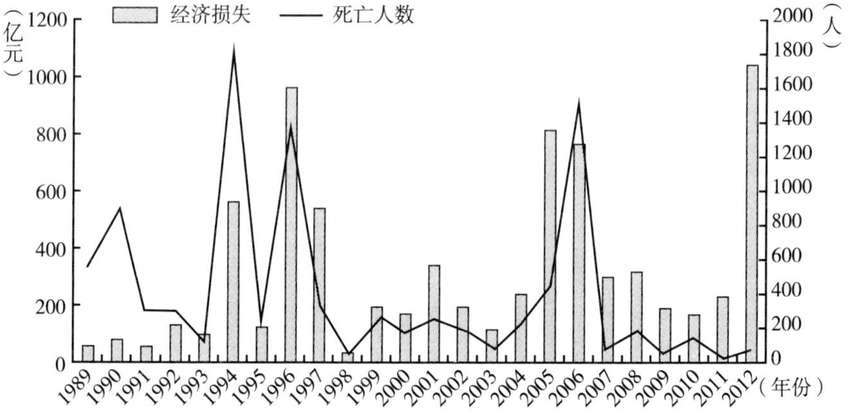

图 12　1990～2012 年台风灾害损失情况

资料来源：《中国气象灾害年鉴》。

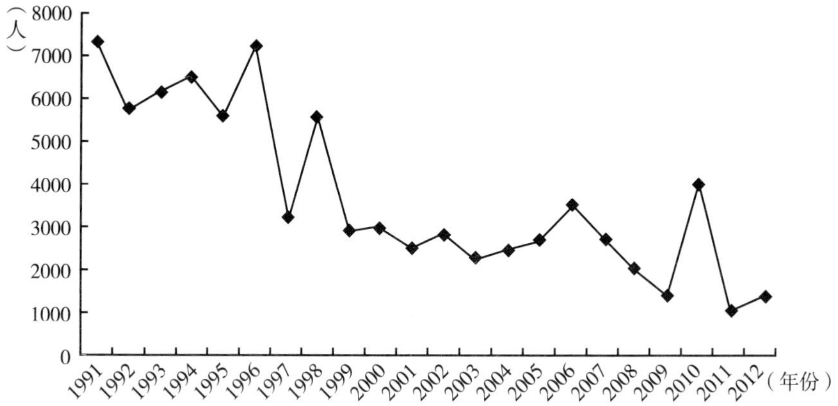

图 13　1991～2012 年全国气象灾害造成死亡人数

资料来源：《中国气象灾害年鉴》，国家气候中心。

G.31
缩略词

朱守先　胡国权*

AF——Adaptation Fund，适应基金

AMOC——the Atlantic Meridional Overturning Circulation，大西洋经向翻转环流

AOSIS——Alliance of Small Island States，小岛屿国家联盟

AR4——the Forth Assessment Report，第四次评估报告

AR5——the Fifth Assessment Report，第五次评估报告

BAP——Bali Action Plan，巴厘行动计划

BMS——Building Management System，智能建筑管理系统

BP——British Petroleum，英国石油公司

BRT——Bus Rapid Transit，快速公交

CAFE——Corporate Average Fuel Economy，公司平均燃料经济性

CBDR——Common But Differentiated Responsibilities，共同但有区别的责任

CCUS——Carbon Capture，Utilization and Storage，碳捕集利用与封存

CDM——Clean Development Mechanism，清洁发展机制

CDR——Carbon Dioxide Removal，二氧化碳去除

CER——Certification Emission Reduction，核证减排量

CIF——Climate Investment Funds，气候投资基金

CNG——Compressed Natural Gas，压缩天然气

COP——Conference of the Parties，缔约方大会

* 朱守先，博士，中国社会科学院城市发展与环境研究所副研究员；胡国权，博士，国家气候中心副研究员。

ERF——Effective Radiative Forcing，有效辐射强迫

GDP——Gross Domestic Product，国内生产总值

GCF——Green Climate Fund，绿色气候基金

GEF——Global Environment Facility，全球环境基金

GHG——Green House Gas，温室气体

GIS——Geographic Information System，地理信息系统

GTP——the Global Temperature Change Potential，全球温变潜能

GWP——Global Warming Potential，全球增温潜能

HDI——Human Development Index，人类发展指数

ICLEI——the International Council for Local Environmental Initiatives，国际地方政府环境行动理事会

IEA——International Energy Agency，国际能源署

IGCC——Integrated Gasification Combined Cycle，整体煤气化联合循环发电

IPCC——Intergovernmental Panel on Climate Change，联合国政府间气候变化专门委员会

LDCF——Least Developed Countries Fund，最不发达国家基金

LDCs——Least Developed Countries，最不发达国家

LED——Light Emitting Diode，发光二极管

LPG——Liquefied Petroleum Gas，液化石油气

LULUCF——Land Use, land Use Change and Forestry，土地利用、土地利用变化及林业活动

KP——Kyoto Protocol，《京都议定书》

MRV——Measure Report Verify，数据的监测、报告和核查

NAPA——National Adaptation Programmes of Action，国家适应行动计划

OECD——Organisation for Economic Cooperation and Development，经济合作与发展组织

PM2. 5——PM2. 5 refers to particulate matter with a diameter of less than 2. 5 micro-metres, a measure of aerosol concentration. 空气中直径小于等于 2. 5 微米的颗粒物

PV——Photovoltaic，光伏

RCPs——the Representative Concentration Pathways，典型浓度路径

REDD——Reducing Emissions from Deforestation and Forest Degradation，减少砍伐森林和森林退化而造成的碳排放

RF——Radiative Forcing，辐射强迫

SCCF——Special Climate Change Fund，气候变化特别基金

UNDP——United Nations Development Programme，联合国开发计划署

UNEP——United Nations Environment Programme，联合国环境规划署

UNFCCC——United Nations Framework Convention on Climate Change，《联合国气候变化框架公约》

VMT——Vehicle-Miles Traveled，车辆出行里程

WB——the World Bank，世界银行

WBCSD——World Business Council for Sustainable Development，世界可持续发展工商理事会

WRI——World Resources Institute，世界资源研究所

权威报告　热点资讯　海量资源

当代中国与世界发展的高端智库平台

皮书数据库 www.pishu.com.cn

皮书数据库是专业的人文社会科学综合学术资源总库，以大型连续性图书——皮书系列为基础，整合国内外相关资讯构建而成。包含七大子库，涵盖两百多个主题，囊括了近十几年间中国与世界经济社会发展报告，覆盖经济、社会、政治、文化、教育、国际问题等多个领域。

皮书数据库以篇章为基本单位，方便用户对皮书内容的阅读需求。用户可进行全文检索，也可对文献题目、内容提要、作者名称、作者单位、关键字等基本信息进行检索，还可对检索到的篇章再作二次筛选，进行在线阅读或下载阅读。智能多维度导航，可使用户根据自己熟知的分类标准进行分类导航筛选，使查找和检索更高效、便捷。

权威的研究报告，独特的调研数据，前沿的热点资讯，皮书数据库已发展成为国内最具影响力的关于中国与世界现实问题研究的成果库和资讯库。

皮书俱乐部会员服务指南

1. 谁能成为皮书俱乐部会员？

- 皮书作者自动成为皮书俱乐部会员；
- 购买皮书产品（纸质图书、电子书、皮书数据库充值卡）的个人用户。

2. 会员可享受的增值服务：

- 免费获赠该纸质图书的电子书；
- 免费获赠皮书数据库100元充值卡；
- 免费定期获赠皮书电子期刊；
- 优先参与各类皮书学术活动；
- 优先享受皮书产品的最新优惠。

（本卡为图书内容的一部分，不购书刮卡，视为盗书）

3. 如何享受皮书俱乐部会员服务？

（1）如何免费获得整本电子书？

购买纸质图书后，将购书信息特别是书后附赠的卡号和密码通过邮件形式发送到pishu@188.com，我们将验证您的信息，通过验证并成功注册后即可获得该本皮书的电子书。

（2）如何获赠皮书数据库100元充值卡？

第1步：刮开附赠卡的密码涂层（左下）；

第2步：登录皮书数据库网站（www.pishu.com.cn），注册成为皮书数据库用户，注册时请提供您的真实信息，以便您获得皮书俱乐部会员服务；

第3步：注册成功后登录，点击进入“会员中心”；

第4步：点击“在线充值”，输入正确的卡号和密码即可使用。

皮书俱乐部会员可享受社会科学文献出版社其他相关免费增值服务

您有任何疑问，均可拨打服务电话：010-59367227　QQ:1924151860

欢迎登录社会科学文献出版社官网(www.ssap.com.cn)和中国皮书网（www.pishu.cn）了解更多信息

"皮书"起源于十七、十八世纪的英国，主要指官方或社会组织正式发表的重要文件或报告，多以"白皮书"命名。在中国，"皮书"这一概念被社会广泛接受，并被成功运作、发展成为一种全新的出版形态，则源于中国社会科学院社会科学文献出版社。

皮书是对中国与世界发展状况和热点问题进行年度监测，以专家和学术的视角，针对某一领域或区域现状与发展态势展开分析和预测，具备权威性、前沿性、原创性、实证性、时效性等特点的连续性公开出版物，由一系列权威研究报告组成。皮书系列是社会科学文献出版社编辑出版的蓝皮书、绿皮书、黄皮书等的统称。

皮书系列的作者以中国社会科学院、著名高校、地方社会科学院的研究人员为主，多为国内一流研究机构的权威专家学者，他们的看法和观点代表了学界对中国与世界的现实和未来最高水平的解读与分析。

自 20 世纪 90 年代末推出以经济蓝皮书为开端的皮书系列以来，至今已出版皮书近 800 部，内容涵盖经济、社会、政法、文化传媒、行业、地方发展、国际形势等领域。皮书系列已成为社会科学文献出版社的著名图书品牌和中国社会科学院的知名学术品牌。

皮书系列在数字出版和国际出版方面成就斐然。皮书数据库被评为"2008~2009 年度数字出版知名品牌"；经济蓝皮书、社会蓝皮书等十几种皮书每年还由国外知名学术出版机构出版英文版、俄文版、韩文版和日文版，面向全球发行。

2011 年，皮书系列正式列入"十二五"国家重点出版规划项目；2012 年，部分重点皮书列入中国社会科学院承担的国家哲学社会科学创新工程项目；一年一度的皮书年会升格由中国社会科学院主办。

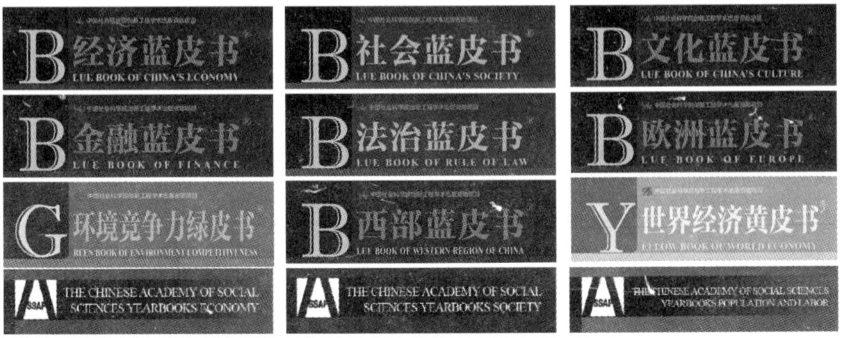

法律声明